자동차구조원리
9급운전직
공무원

GoldenBell
www.gbbook.co.kr

자 동 차 구 조 원 리
운전직공무원

  운전직 공무원은 10급 기능직에서 9급으로 변경되어 큰 인기를 얻게 되었다. 직렬로 구청이나 시청 및 군청 등 관공서에서 차량 운행 및 관리, 공문서 수발, 점검 등 차와 관련된 업무를 담당하는 것이 주 업무이며 타 직렬에 비해 시험과목이 적습니다(영어 과목 시험이 없고 2과목 or 3과목). 다만 운전직렬인 관계로 반드시 1종 대형면허 자격증이 있어야 합니다(또한 경력을 필요로 하는 곳도 있습니다). 누구나 응시가 가능하며 지방직 공무원, 교육청 공무원으로서 거의 매년 채용 기회가 있습니다. 또한 국내 베이비부머 세대 (1955~1963년 출생)의 정년이 완료되거나 진행중에 있으므로 새로운 인력 수요가 지속적으로 늘어날 것이라 예상되고 있습니다.

응시자격   ※ 학력, 성별 제한 없음(만 18세 이상)

🔵 **응시결격사유 등** (당해 면접시험 최종일 기준)

「지방공무원법」 제31조의 규정에 의한 결격사유에 해당하는 자, 제 66조(정년)에 해당하는 자 또는 「부패방지 및 국민권익위원회의 설치와 운영에 관한 법률」 제82 조(비위면직자의 취업제한) 및 「지방공무원 임용령」 제65조 등 관계 법령에 의하여 응시자격을 정지당한 자는 시험에 응시할 수 없습니다. [P.4~5 참조]

🔵 **지역제한**   지방공무원 임용시험에 응시하시려면 ①과 ②의 요건 중 하나를 충족하여야 합니다.

① 시험 당해 연도 1월 1일 이전부터 최종 시험일까지 계속하여 해당지역의 주소지를 갖고 있는 자

② 시험 당해 연도 1월 1일 이전까지 해당 응시지역에 본인의 주소지를 두고 있었던 기간을 모두 합산하여 총 3년 이상인 자

※ 가. 행정구역의 통·폐함 등으로 주민등록상 시·도의 변경이 있는 경우 현재 행정구역을 기준으로 하며, 과거 거주 사실의 합산은 연속하지 않더라도 거주한 기간을 월 단위로 계산하여 36개월 이상이면 충족합니다.

  나. 거주지 요건의 확인은 '개인별주민등록표'를 기준으로 합니다.

운 전 직 공 무 원

결격사유 (지방공무원법 제31조)

1. 피성년후견인 또는 피한정후견인
2. 파산선고를 받고 복권되지 아니한 사람
3. 금고 이상의 형을 선고받고 그 집행이 끝나거나 집행을 받지 아니하기로 확정된 후 5년이 지나지 아니한 사람
4. 금고 이상의 형을 선고받고 그 집행유예기간이 끝난 날부터 2년이 지나지 아니한 사람
5. 금고 이상의 형의 선고유예를 선고받고 그 선고유예기간 중에 있는 사람
6. 법원의 판결 또는 다른 법률에 따라 자격이 상실되거나 정지된 사람
6의2. 공무원으로 재직기간 중 직무와 관련하여「형법」제355조및 제356조에 규정된 죄를 범한 사람으로서 300만원 이상의 벌금형을 선고받고 그 형이 확정된 후 2년이 지나지 아니한 사람
6의3.「형법」제303조 또는「성폭력범죄의 처벌 등에 관한 특례법」제10조에 규정된 죄를 범한 사람으로서 300만원 이상의 벌금형을 선고받고 그 형이 확정된 후 2년이 지나지 아니한 사람
7. 징계로 파면 처분을 받은 날부터 5년이 지나지 아니한 사람
8. 징계로 해임 처분을 받은 날부터 3년이 지나지 아니한 사람

정 년 (제66조)

① 공무원의 정년은 다른 법률에 특별한 규정이 있는 경우를 제외하고는 60세로 한다.
② 제1항에 따른 정년을 적용할 때 공무원은 그 정년이 이른 날이 1월에서 6월 사이에 있으면 6월 30일에, 7월에서 12월 사이에 있으면 12월 31일에 각각 당연히 퇴직한다.

부정행위자 등에 대한 조치 (지방공무원임용령」 제65조)

① 임용시험에서 다음 각 호의 어느 하나에 해당하는 행위를 한 사람에 대해서는 그 시험을 정지 또는 무효로 하거나 합격 결정을 취소하고, 그 처분이 있는 날부터 5년간 이 영에 따른 시험과 그 밖에 공무원 임용을 위한 시험의 응시자격을 정지한다.
    1. 다른 수험생의 답안지를 보거나 본인의 답안지를 보여주는 행위
    2. 대리시험을 의뢰하거나 대리로 시험에 응시하는 행위
    3. 통신기기, 그 밖의 신호 등을 이용하여 해당 시험 내용에 관하여 다른 사람과 의사소통을 하는 행위
    4. 부정한 자료를 가지고 있거나 이용하는 행위
    5. 병역, 가점, 영어능력시험의 성적에 관한 사항 등 시험에 관한 증명서류에 거짓 사실을 적거나 그 서류를 위조·변조하여 시험결과에 부당한 영향을 주는 행위
    6. 그 밖에 부정한 수단으로 본인 또는 다른 사람의 시험 결과에 영향을 미치는 행위

비위면직자등의 취업제한 (부패방지 및 국민권익위원회의 설치와 운영에 관한 법률 제82조)

① 비위면직자 등은 다음 각 호의 어느 하나에 해당하는 자를 말한다.
  1. 공직자가 재직 중 직무와 관련된 부패행위로 당연퇴직, 파면 또는 해임된 자
  2. 공직자였던 자가 재직 중 직무와 관련된 부패행위로 벌금 300만원 이상의 형의 선고를 받은 자
② 비위면직자 등은 당연퇴직, 파면, 해임된 경우에는 퇴직일, 벌금 300만원 이상의 형의 선고를 받은
  경우에는 그 집행이 종료 (종료된 것으로 보는 경우 포함)되거나 집행을 받지 아니 하기로 확정된 날부터
  5년 동안 다음 각 호의 취업제한 기관에 취업할 수 없다.
  1. 공공기관
  2. 대통령령으로 정하는 부패행위 관련 기관
  3. 퇴직 전 5년간 소속하였던 부서 또는 기관의 업무와 밀접한 관련이 있는 영리사기업체 등

시험방법

1차 [필기시험]

1. 선택형 필기시험
  – 과목별 20문제, 100점 만점, 문제당 1분의 시험시간
  – 4지선다형 문제 [일부 5지선다형으로 진행된 적 있음 – 본서 기출문제 참조]

2. 시험과목 : 지역별로 상이
  – 2과목 : **사회,** 자동차구조 및 도로교통법규(1과목)
  – 3과목 : **국어, 한국사,** 자동차구조 및 도로교통법규(1과목)

※ 해당 응시기관의 채용공고를 반드시 확인하여 아래 사항을 준비하시기 바랍니다.
  – 시험과목 수 확인
  – 자격요건에 1종 대형면허 외에 경력이 필요한지도 확인(경력으로 인정 받을 수 있는 차량 제원 확인)

2차 [서류전형, 인성검사 및 면접시험]

서류전형은 합격자에 한해 응시자격, 가산점(미리 확인하여 자격증 취득 시 유리) 등을 서면으로 심사.
자격요건이 1종 대형면허인 경우 면접시험 전에 면허를 취득하면 가능.

머 리 말

자동차구조원리 과목은 국어, 한국사, 사회 과목들과 다르게 학창시절 접해볼 기회가 많지 않은 과목입니다. 이렇게 생소한 과목인 동시에 기구학적 요소가 많은 부분을 차지하고 있어 과목의 이름에서도 알 수 있듯이 구조와 원리를 이해하지 않고 단순히 글로 외워서 공부하기 힘든 과목이기도 합니다. 많은 수험자 분들이 이 과목을 힘들어하는 이유도 여기에 있습니다.

자동차구조원리 과목을 효율적으로 학습하기 위해서는 **기본이 되는 내용을 확실**하게 다져야 합니다. 그러기 위해서는 **각 시스템의 연관관계**를 찾아서 머릿속에 하나의 큰 그림을 그릴 줄 알아야 합니다. 자동차는 사람처럼 모든 시스템이 유기적으로 연관이 되어 있고 개발·발전 된 과정이 있습니다. 이 전체를 이해하지 않고 부분적으로 암기하다 보면 내용을 내 것으로 만드는데 많은 시간이 소요될 것 입니다.

이 수험서는 2013년을 시작으로 현재까지 시험에 출제되었던 내용 및 중요한 핵심이론, 최신 신기술까지 대부분의 시험 범위를 아우르고 있습니다. 또한 수험생의 이해도를 높이기 위해 어려운 내용은 해당 부품을 직접 동영상으로 촬영하여 보실 수 있게 **QR 코드**를 삽입하여 제가 관리하는 유튜브와 연동시켜 놓았습니다. 다양한 학습 영상도 확인하시고 궁금한 것이나 개선 사항이 있으면 **댓글로 의견** 주시면 됩니다. 항상 최고의 교재가 될 수 있도록 노력하겠습니다.

운전직 공무원 시험은 지역별로 이루어지며 서울시를 제외한 다른 지역에서는 필기시험 후 문제를 공개하지 않습니다. 이 때문에 서울시(2017년만 비공개)를 제외한 다른 지역의 기출문제는 완벽하게 복원된 내용이 아닙니다. 다만 관계자가 직접 시험을 치거나 시험을 치고 난 후 수험생의 피드백으로 최대한 시험내용에 가깝게 복원해 둔 것이니 이 점 참조하여 교재 제일 뒤 기출문제를 통해 해당 지역의 문제 난이도를 파악하시면 됩니다.

   정말 열심히 준비한 결과를 시험 당일 1시간도 안 되는 짧은 시간 동안 모두 쏟아 내어야 한다면.... 시험이 끝나고 나서 어쩌면 공허할 수도 있습니다. 하지만 컨디션 조절을 잘하지 못해 그 짧은 시간 오로지 시험에만 집중할 수 없다면 그 공허함의 특권도 누리기 어려울 것입니다. 좋은 컨디션을 유지하기 위해서는 건강한 체력과 마음이 바탕이 되어야 합니다. 오랜 기간 공부 하다 보면 몸과 마음이 지치는 경우가 많습니다. 모두가 지치고 힘들어지려고 고시를 시작하지는 않습니다. 보다 더 나은 삶과 행복을 위해 도전한다는 마음으로 초심을 잊지 마시고 항상 편안하시길 기원하겠습니다.

   ※ 본 교재는 (주)골든벨, 강주원 선생님의 저작권에 동의를 구하여 엔진, 전기, 섀시 애니메이션 자료를 사용하였음을 알려드립니다. 본 교재의 자세한 내용의 이해를 돕기 위한 애니메이션 자료는 (주)골든벨 홈페이지[www.gbbook.co.kr]에서 구매하실 수 있습니다. 끝으로 소중한 자료를 사용할 수 있게 해주신 강주원 선생님께 다시 한번 감사의 말씀을 전해드립니다.

   내용의 이해를 돕기 위해 사용한 QR코드 동영상의 일부는 장대호 선생님의 자료를 활용하였습니다. 사용할 수 있게 선뜻 허락해 주신 장대호 선생님께도 진심으로 감사의 말씀을 전해드립니다.

2020년 1월

저자 이 윤 승

PART 01   자동차 구조

1 자동차 일반

평가문제

- Section 정리 O,X 문제
- 단원평가문제

2 엔진 구조학

평가문제

- Section 정리 O,X 문제
- 단원평가문제

3 전기 구조학

평가문제

- Section 정리 O,X 문제
- 단원평가문제

Contents

PART 02 자동차 구조원리 모의고사

Contents

자 동 차 구 조 원 리
9 급 공 무 원

01

자동차일반
엔진·전기·섀시구조학

자동차구조

자동차 일반

Section 01 자동차의 정의

1 관련 법규에 따른 자동차의 정의

1. 자동차관리법 제2조 제1호

자동차란 원동기에 의하여 육상에서 이동할 목적으로 제작한 용구 또는 이에 견인되어 육상을 이동할 목적으로 제작한 용구

2. 도로교통법 제2조 제18호

"**자동차**"란 철길이나 가설된 선을 이용하지 아니하고 원동기를 사용하여 운전되는 차 (견인되는 자동차도 자동차의 일부로 본다)로서 다음 각 목의 차를 말한다.

가. 자동차관리법 제3조에 따른 다음의 자동차. 다만 원동기장치자전거는 제외한다.
   - 승용, 승합, 화물, 특수, 이륜자동차

나. 건설기계관리법 제26조 제1항 단서에 따른 건설기계
   - 덤프트럭, 아스팔트 살포기, 노상 안정기, 콘크리트 믹서트럭, 콘크리트 펌프, 천공기(트럭 적재식), 특수 건설기계 중 국토교통부장관이 지정하는 건설기계

Section 02 자동차의 분류

1 법규상의 분류

1. 승용자동차

10인 이하를 운송하기에 적합하게 제작된 자동차

구 분	경 형		소 형	중 형	대 형
	초소형	일반			
배기량	250cc 이하 (15kW)	1000cc 미만	1600cc 미만	1600cc~2000cc 미만	2000cc 이상이 거나
크기 / 길이	3.6m 이하		4.7m 이하	길이, 너비, 높이 중 어느 하나라도 소형 을 초과하는 것	길이, 너비, 높 이 모두 소형을 초과하는 것
크기 / 너비	1.5m 이하	1.6m 이하	1.7m 이하		
크기 / 높이	2.0m 이하				

2. 승합자동차

11인 이상을 운송하기에 적합하게 제작된 자동차, 내부의 특수한 설비로 인하여 승차정원이 10인 이하로 된 자동차, 경형자동차로서 승차정원이 10인 이하인 전방조종자동차

구 분	경 형	소 형	중 형	대 형
승차 정원	배기량 – 1000cc 미만	15인 이하	16인 ~ 35인 이하	36인 이상이거나
크기	길이 : 3.6m 이하 너비 : 1.6m 이하 높이 : 2.0m 이하	길이 : 4.7m 이하 너비 : 1.7m 이하 높이 : 2.0m 이하	어느 것 하나라도 소형을 초과하여 길이가 9m 미만	모두가 소형을 초과하여 길이가 9m 이상

3. 화물자동차

화물을 운송하기 적합한 화물적재공간을 갖추고, 화물적재공간의 총적재화물의 무게가 운전자를 제외한 승객이 승차공간에 모두 탑승했을 때의 승객의 무게보다 많은 자동차

구 분	경 형		소 형	중 형	대 형
	초소형	일반			
최대 적재량	250cc 이하 (15kW)	1000cc 미만	1톤 이하	1톤 초과 ~ 5톤 미만	5톤 이상
총중량	3.6m 이하		3.5톤 이하	3.5톤 초과 ~ 10톤 미만	10톤 이상
	1.5m 이하	1.6m 이하			
	2.0m 이하				

4. 특수자동차

다른 자동차를 견인하거나 구난작업 또는 특수한 용도로 사용하기에 적합하게 제작된 자동차로서 승용, 승합, 화물차가 아닌 자동차

구 분	경 형	소 형	중 형	대 형
총중량	배기량 : 1000cc 미만 길이 : 3.6m 이하 너비 : 1.6m 이하 높이 : 2.0m 이하	3.5톤 이하	3.5톤 초과 ~ 10톤 미만	10톤 이상

5. 이륜자동차

총배기량 또는 정격출력의 크기와 관계없이 1인 또는 2인의 사람을 운송하기에 적합하게 제작된 이륜의 자동차 및 그와 유사한 구조로 되어 있는 자동차

구 분	경 형	소 형	중 형	대 형
배기량	50cc 미만	100cc 이하	100cc 초과 ~ 260cc 이하	260cc 초과
정격 출력	4kW 이하	11kW 이하	11kW 초과 ~ 15kW 이하	15kW 초과
최대 적재량		60kg 이하	60kg 초과 ~ 100kg 이하	

▶ 배기량
① 행정체적의 부피를 말한다.
② 부피의 단위로 cm^3을 cc라고 표현한다.
③ 1기통 배기량 = $\pi \times r^2 \times L$
④ 총 배기량은 1기통 배기량 × 기통 수
⑤ 압축비 = $\dfrac{실린더 체적}{연소실 체적}$
⑥ 실린더체적 = 연소실체적 + 행정체적

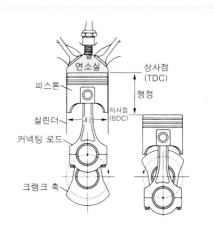

2 외형에 의한 분류

(1) 승용차

1) 세단 Sedan

① 엔진룸, 승객룸(캐빈룸), 트렁크룸 이렇게 3가지로 뚜렷하게 구분된다.
② 2도어, 4도어가 다수이고 3도어, 5도어도 있다.
※ 도어 : 승객룸으로 통하는 문

그림 세단

2) 리무진 Limousine

① 세단을 베이스로 1열과 2열 사이를 늘린 형태

② 운전석과 승객석을 분리하여 안전성을 강조한 형태

3) 해치백 Hatch-back

① 뒤가 열린다는 뜻으로 승객석과 트렁크가 연결된 형태

② 일반적으로 뒤쪽 시트를 접어서 화물 적재공간을 확보할 수 있다.

그림 리무진

그림 해치백

4) 왜건(Wagon)

① 해치백과 비교했을 때 트렁크 공간이 더 길다.

② 세단의 트렁크 부분을 지붕 후단까지 위로 끌어 올린 격에 가까움.

5) 쿠페(Coupe)

① 지붕(루프)이 낮고 2도어에 앞좌석만 있다.

② 주행 성능이 우수한 편이다.

그림 왜건

그림 쿠페

6) 컨버터블(Convertible)

① 지붕을 임의 탈착할 수 있는 형태로 외관상 스타일이 뛰어나다.

② 센터 필러를 없앤 것이 일반적이라 거주성이 떨어지고 차체의 강성을 확보하는데 어려움이 따른다.

그림 컨버터블

③ 지붕의 재질에 따라 천과 같이 부드러운 재질이면 소프트 탑(Soft top), 반대로 딱딱한 재질이면 하드 탑(Hard top)이라고 한다.

(2) 기 타

1) 보닛형 Bonnet Type

① 운전실이 엔진룸 뒤에 위치한다.

② 군용 트럭, 견인 트럭에 많이 사용된다.

그림 보닛형

그림 캡 오버형

2) 캡오버형 Cab Over Type

① 운전실이 엔진룸 위에 위치한다.

② 소형트럭이나 트레일러 차량에 많이 사용된다.

3) 픽업 Pick Up

① 지붕이 없는 적재함이 운전석 뒤쪽에 있다.

② 소형 트럭에서 주로 많이 사용된다.

그림 픽업

그림 밴형

4) 밴형 Van Type

① 박스형 구조이며 악천후 시에 화물 운송이 효율적이다.

② 소형 승합 및 RV차량과 라인을 공유하여 생산하는 경우도 있다.

01. 자동차관리법 제3조에 따른 자동차에 승용, 승합, 화물, 특수, 이륜자동차가 있다.

☐ O ☐ X

02. 원동기장치자전거는 자동차로 볼 수 없으나 콘크리트 펌프 및 천공기(트럭 적재식) 등의 건설기계는 자동차로 인정한다.

☐ O ☐ X

03. 10인 미만을 운송하기에 적합하게 제작된 자동차를 승용자동차라 한다.

☐ O ☐ X

04. 승차정원이 15인 이하의 자동차를 중형 승합자동차라 한다.

☐ O ☐ X

05. 일반 경형 자동차의 크기는 길이 3.6m이하, 너비 1.6m 이하, 높이 2.0m 이하여야 한다.

☐ O ☐ X

06. 실린더의 배기량을 실린더체적이라 표현한다.

☐ O ☐ X

07. 실린더에서 상사점과 하사점 사이의 체적을 행정체적이라 하고 각 실린더의 행정체적의 총합을 엔진의 총 배기량이라 한다.

☐ O ☐ X

08. 실린더체적과 연소실체적의 차를 행정체적이라 한다.

☐ O ☐ X

09. 연소실체적에 대한 실린더체적을 압축비라 한다.

☐ O ☐ X

10. 승용차에서 자동차의 지붕을 임의로 탈착할 수 있는 형태로 전복사고 발생 시 차체의 강성을 확보하기 어려운 형식이 쿠페다.

☐ O ☐ X

정답 1.○ 2.○ 3.✕ 4.✕ 5.○ 6.✕ 7.○ 8.○ 9.○ 10.✕

자동차의 기본 구조와 제원

1 기본 구조

(1) **차체** Body : 사람이나 화물을 싣는 부분

1) **섀시 프레임식** : 차체와 프레임을 분리한 형식

2) **일체 구조식** Monocoque Body : 차체와 프레임이 일체로 된 형식

(2) **섀시** Chassis

주행의 원동력이 되는 엔진을 비롯하여 동력전달장치, 현가장치, 조향장치, 제동장치 등의 주요장치로 구성

① **엔진** : 자동차가 주행하는데 필요한 동력을 발생하는 장치

② **동력전달장치** : 엔진에서 발생한 동력을 구동바퀴까지 전달하는 장치

③ **현가장치** : 자동차가 주행할 때 노면으로부터 받는 충격을 흡수하기 위한 장치로 주로 차체와 차축 사이에 설치된다.

④ **조향장치** : 자동차의 진행방향을 바꾸기 위한 장치

⑤ **제동장치** : 주행하는 자동차를 속도를 줄이거나 정지시키기 위한 장치

2 치 수

(1) **전장** Overall Length

1) 자동차를 측면에서 보았을 때 앞쪽에서 뒤쪽 끝까지의 최대길이이다.

2) 부속물(범퍼, 미등)까지 포함한다.

(2) **전폭** Overall Width

1) 자동차를 정면에서 보았을 때 최대 폭을 나타낸다.

2) 사이드 미러의 폭은 제외한다.

(3) **전고** Overall Height

1) 접지면에서 자동차의 가장 높은 부분까지의 높이

2) 타이어는 허용하중에 따른 최대 공기압 상태에서 측정한다.

3) 안테나는 가장 낮은 상태이다.

(4) 축거 Wheel Base

1) 자동차를 측면에서 보았을 때 전·후 차축 중심 사이의 거리이다.

2) 3축인 경우
① 제 1축거 : 전축과 중간축 사이거리
② 제 2축거 : 중간축과 후축 사이의 거리

그림 윤거, 전폭, 전고

(5) 윤거 Tread

1) 자동차를 정면에서 보았을 때 좌우 타이어의 중심 사이의 거리이다.

2) 복륜인 경우에는 복륜 타이어의 중심에서의 거리이다.

3) 윤거가 변하는 독립현가방식인 경우에는 총중량 상태에서 측정한다.

(6) 최저 지상고 Ground Clearance

1) 공차상태에서 측정한다.

2) 노면에서 자동차 최저부까지의 높이이다.

3) 타이어의 접지부분과 브레이크 드럼의 아랫부분은 측정에서 제외한다.

(7) 앞 오버행 Front Overhang

1) 앞차축 중심에서 자동차의 제일 앞부분 끝까지의 길이이다.

2) 부속물(범퍼, 훅 등)의 길이 포함이다.

(8) 뒤 오버행 Rear Overhang

뒤차축의 중심에서 부속물을 포함한 자동차 제일 뒷부분 끝까지의 길이이다.

그림 앞오버행, 전장, 축거, 뒤오버행

3 중 량

(1) 공차 중량 Unloaded Vehicle Weight

1) 자동차에 사람이 승차하지 아니하고, 물품을 적재하지 않는 상태로서 연료, 냉각수, 윤활유를 만재하고 예비타이어를 설치하여 운행할 수 있는 상태를 말한다.

2) **공차 상태에서 제외 품목** : 예비부품, 공구, 휴대물 등

(2) 적차 상태

공차 상태의 자동차에 승차정원, 최대 적재량의 화물이 적재된 상태를 말한다.

　① **윤중** : 1개의 바퀴가 수직으로 지면을 누르는 중량

　② **축중** : 수평상태에 1개의 축에 연결된 모든 바퀴의 윤중의 합

　③ 승차정원 1인은 65kg, 13세 미만은 1.5인의 정원이 1인으로 함

(3) 스프링 위 질량 Sprung Mass

현가장치인 스프링의 윗부분의 질량을 말한다.

(4) 스프링 아래 질량 Un sprung Mass

　1) 앞·뒤 차축에 고정된 부분의 질량을 나타낸다.

　2) 스프링과 쇽업소버의 질량은 반으로 나누어 스프링 위 질량과 스프링 아래 질량에
　　각각 더해준다.

4 성능과 공학

(1) 성능 곡선 Performance cure of an engine

엔진에 대한 여러 가지 성능을 선도로
나타내는 것으로 출력, 회전력, 연료 소비
율을 표시한 것이다. 엔진의 성능이란 실
린더 내에서 압력의 변화, 엔진의 회전속
도, 출력, 연료 소비율 등 엔진의 능률과
관계되는 사항을 말한다.

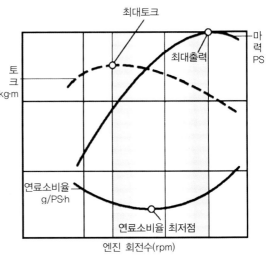

그림 엔진 성능 곡선

　1) **회전수–rpm** revolution per minute

　　① 엔진의 분당 회전수를 가리킨다.

　　② 6000rpm은 분당 6000 회전을, 이
　　　는 초당 100 회전을 의미한다.

　2) **토크** Torque

　　① 축이나 바퀴가 회전하는 힘을 회전력 즉, 토크라고 한다.

　　② 단위는 힘×거리로 사용하고 자동차가 0km/h에서 100km/h까지 도달하는 시간을
　　　결정하는 데 중요한 요소로 작용한다.

3) 연료 소비율

① 내연기관의 연료 소비 성능을 나타낸다.

② 축 출력 1PS당 1시간에 소비하는 연료의 양으로 나타낸다. → (g/PS·h)

4) 출력

엔진이 행할 수 있는 일의 능률로 보통 마력으로 표현한다.

① 지시마력(IHP-Indicated Horse Power) = 도시마력

실린더에서 연료가 연소하면서 발생된 이론적인 엔진의 출력

$$IHP = \frac{P_{평균유효압력(kg/cm^2)} \cdot A_{단면적(cm^2)} \cdot L_{행정(m)} \cdot N_{기통의\ 수} \cdot R_{엔진\ 회전수(rpm)}}{75 \times 60}$$

$$※ A = \frac{\pi \cdot D^2}{4} \quad ※4cycle = \frac{R}{2} \quad ※2cycle = R \quad ※D : 실린더의\ 내경(cm)$$

② 제동마력(BHP-Brake Horse Power) = 축마력 = 정미마력

엔진의 크랭크축에서 계측한 마력

$$BHP = \frac{2\pi \cdot T \cdot R}{75 \times 60} \fallingdotseq \frac{T_{엔진\ 회전력(m·kg)} \cdot R_{엔진\ 회전수(rpm)}}{716}$$

③ 손실마력 = 마찰마력(FHP-Friction Horse Power)

기계 부분의 마찰에 의하여 손실되는 동력

$$FHP = \frac{F \cdot V}{75}$$

$$V_{피스톤\ 평균속도} = \frac{2 \cdot R \cdot L}{60} = \frac{R_{분당\ 회전수(rpm)} \cdot L_{행정(m)}}{30}$$

④ 기계효율(η)

$$\eta = \frac{BHP}{IHP} \times 100 \qquad BHP = IHP - FHP$$

⑤ SAE마력(과세마력) = 공칭마력

• 실린더 안지름이 mm인 경우 : $SAE\ 마력 = \dfrac{D^2_{실린더\ 내경(mm)} \cdot N_{기통의\ 수}}{1613}$

• 실린더 안지름이 inch인 경우 : $SAE\ 마력 = \dfrac{D^2_{실린더\ 내경(inch)} \cdot N_{기통의\ 수}}{2.5}$

(2) 정지거리 = 공주거리 + 제동거리

1) 공주거리

운전자가 장애물을 인식하고 정지하려고 생각하여 제동을 하려는 순간부터 실제로 발이 브레이크 페달을 밟아 브레이크가 작동하기까지 주행한 거리

2) 제동거리

운전자가 브레이크를 밟아서 실제 브레이크가 작동하기 시작하여 정지할 때까지 이동한 거리

(3) 주행 저항 Running Resistance

주행 저항이란 자동차의 주행방향과 반대방향으로 주행을 방해하는 힘

1) 구름 저항 Rolling Resistance = R_1

자동차가 주행 시 타이어에 발생하는 저항으로서 타이어의 변형, 노면의 굴곡에 의한 충격저항 및 허브 베어링부의 마찰저항 등이 있다.

> **공식1** 구름 저항(R_1) = $\mu_r \times W$
>
> μ_r : 구름 저항계수 W : 차량 총중량

2) 공기 저항(Air Resistance) = R_2

자동차의 주행을 방해하는 공기의 저항으로 자동차의 투영면적과 주행속도의 제곱에 비례한다.

> **공식 2** 공기 저항(R_2) = $\mu_a \times A \times V^2$
>
> μ_a : 공기 저항계수 A : 전면 투영 면적(m^2)=(윤거×전고) V : 자동차의 주행속도(km/h)

3) 등판 저항 또는 구배 저항(Grade Resistance) = R_3

자동차가 경사면을 올라갈 때 차량중량에 의해 경사면에 평행하게 작용하는 분력의 성분이다.

경사면을 구배율(%)로 표시하면 다음과 같다.

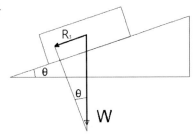

> **공식 3** 등판 저항(R_3) = $W \cdot \sin(\theta) = \dfrac{W \cdot G}{100}$
>
> W : 차량 총중량, θ : 경사각도, G : 구배율(%)

4) 가속 저항(Acceleration Resistance) = R_4

자동차의 주행속도를 변화시키는 데 필요한 힘을 가속 저항이라 하며, 자동차의 관성을 이기는 힘이므로 관성 저항이라고도 할 수 있다. 그리고 회전부분 상당중량(w')은 자동차 변속비에 따라 상이하고 저속 시에 중요한 인자가 된다.

> **공식 4**   가속 저항(R_4) $= (W + w') \times \dfrac{a}{g}$
>
> $$※ a = \frac{나중속도(V_1) - 처음속도(V_0)}{주행시간(t)} (m/\sec^2)$$
>
> W : 차량 총중량, w' : 회전부분 상당중량, a : 가속도, g : 중력가속도($9.8m/s^2$)

5) 전 주행 저항(Total running resistance) = R

> **공식 5**   전 주행 저항(R)
>
> = 구름 저항(R_1) + 공기 저항(R_2) + 구배 저항(R_3) + 가속 저항(R_4)

01. 사람이나 화물을 싣는 부분을 차체라 하고 차체와 프레임을 분리한 형식을 모노코크 (Monocoque) 형식이라 한다. ☐ O ☐ X

02. 엔진에서 발생한 동력을 구동바퀴까지 전달하는 장치를 동력전달장치(Power train)라고 한다. ☐ O ☐ X

03. 자동차를 정면에서 보았을 때 좌·우 타이어의 중심사이의 거리를 휠베이스라 한다. ☐ O ☐ X

04. 자동차 출고 시 포함되어 있는 예비타이어는 공차중량에 포함된다. ☐ O ☐ X

05. 자동차 출고 시 포함되어 있는 공구는 공차중량에 포함되지 않는다. ☐ O ☐ X

06. 1개의 바퀴가 수직으로 지면을 누르는 중량을 윤중이라 한다. ☐ O ☐ X

07. 승차정원 1인은 65kg, 13세 이하는 1.5인의 정원을 1인으로 한다. ☐ O ☐ X

08. 엔진의 성능곡선으로 알 수 있는 것은 엔진의 회전수 대비 엔진의 토크, 출력, 연료소비율이다. ☐ O ☐ X

09. 지시 마력에 대한 제동 마력의 비율을 백분율로 나타낸 것이 기계효율이다. ☐ O ☐ X

10. 주행 중 운전자가 위급한 상황을 인지하고 브레이크를 밟아 자동차가 정지할 때까지 이동한 거리를 제동거리라 한다. ☐ O ☐ X

11. 자동차가 주행하면서 발생되는 저항의 요소인 공기 저항은 차량의 총중량에 영향을 받지 않는다. ☐ O ☐ X

정답 1.× 2.○ 3.× 4.○ 5.○ 6.○ 7.× 8.○ 9.○ 10.× 11.○

01 도로교통법령상의 자동차로 볼 수 없는 것은?

① 이륜자동차

② 원동기장치자전거

③ 견인되는 자동차

④ 건설기계관리법상의 건설기계

　해설》 도로교통법 제2조 18 가항……. 다만 원동기장치자전거는 제외한다.

02 자동차관리법상 승용자동차의 소형 기준으로 틀린 것은?

① 배기량 1,600cc 미만

② 길이 4.7미터 미만

③ 너비 1.7미터 이하

④ 높이 2미터 이하

　해설》 길이 4.7미터 이하

03 자동차관리법상 승용자동차의 경형 기준으로 맞는 것은?

① 배기량 1,000cc 이하

② 길이 3.6미터 이하

③ 너비 1.5미터 이하

④ 높이 2미터 미만

　해설》 배기량 1000cc 미만
너비 1.6미터 이하
높이 2.0m 이하

04 자동차관리법상 자동차의 규모별 기준으로 틀린 것은?

① 화물자동차의 소형 기준은 최대적재량이 1톤 이하인 것으로서, 총중량이 3.5톤 이하인 것

② 승합자동차의 소형 기준은 승차정원이 16인 이하인 것으로서 길이 4.7미터·너비 1.7미터·높이 2.0미터 이하인 것

③ 승용자동차의 중형 기준은 배기량이 1,600cc 이상 2,000cc 미만이거나 길이·너비·높이 중 어느 하나라도 소형을 초과하는 것

④ 승용자동차의 경형 기준과 화물자동차의 경형 기준은 같다.

　해설》 ② 승합자동차의 소형 기준은 승차정원이 15인 이하인 것으로서 ……

05 4기통 기관의 행정과 직경이 100mm일 때 이 기관의 총배기량은 얼마인가?

① 785cc　　② 3140cc

③ 6280cc　　④ 12560cc

　해설》 πr^2(3.14×반지름의 제곱 : 원의 단면적)
$\times L$(행정) $\times N$(기통수)
$= 3.14 \times (5\text{cm})^2 \times 10\text{cm} \times 4$
$= 3140\text{cm}^3$
$= 3140\text{cc}$　($1\text{cm}^3 = 1\text{cc}$)
※ 직경(지름) 100mm = 10cm
⇒ 반지름 = 5cm

정답 　**01.**② 　**02.**② 　**03.**② 　**04.**② 　**05.**②

06 기관의 연소실 체적이 210cc이고 행정 체적이 1470cc일 때 이 기관의 압축비는 얼마인가?

① 8 : 1 ② 7 : 1
③ 10 : 1 ④ 9 : 1

해설 압축비(ε)

$$= \frac{V_{실}}{V_{연}} = \frac{V_{행} + V_{연}}{V_{연}}$$

$$= 1 + \frac{V_{행}}{V_{연}} = 1 + \frac{1470cc}{210cc} = 8$$

07 차체의 모양과 용도에 따른 분류 중 지붕을 임의로 탈착할 수 있고, 필러가 없는 세단형의 승용자동차는?

① 리무진
② 쿠페
③ 해치 백
④ 하드 탑

해설 컨버터블 : 지붕을 임의 탈착할 수 있는 형태로 외관상 스타일이 뛰어나다.
컨버터블은 지붕의 재질에 따라 소프트 탑과 하드 탑으로 나눌 수 있다.

08 자동차를 차체와 섀시로 구분할 때 다음 중 차체에 속하는 것은?

① 제동장치
② 동력전달장치
③ 현가장치
④ 트렁크

해설 차체 : 기계 부품과 승객, 화물을 수용하고 보호하도록 설계된 자동차 구조물

09 자동차가 주행할 때 노면으로부터 받는 충격을 흡수하기 위한 장치로 주로 차체와 차축 사이에 설치되는 장치를 무엇이라 하는가?

① 조향장치 ② 제동장치
③ 현가장치 ④ 동력전달장치

10 자동차를 정면에서 보았을 때 좌우 타이어 각각의 중심에서 중심까지의 거리를 무엇이라고 하는가?

① 축거 ② 윤거
③ 전폭 ④ 전장

11 아래 그림의 □ 안에 들어갈 알맞은 용어는 무엇인가?

① 축거 ② 윤거
③ 전폭 ④ 전장

12 공차중량의 설명으로 틀린 것은?

① 사람이 승차하지 않은 상태이다.
② 예비타이어가 있는 차량에서는 예비타이어의 무게도 공차중량에 포함이 된다.
③ 예비 부분품 및 공구도 공차중량에 포함이 된다.
④ 연료·냉각수 및 윤활유를 만재한 상태이다.

해설 "공차상태"란 자동차에 사람이 승차하지 아니하고 물품(예비부분품 및 공구 기타 휴대물품을 포함한다.)을 적재하지 아니한 상태로서 연료·냉각수 및 윤활유를 만재하고 예비타이어(예비타이어를 장착한 자동차만 해당한다)를 설치하여 운행할 수 있는 상태를 말한다.

13 적차상태에 대한 설명으로 바르지 않은 것은?

① 승차정원의 인원이 승차하고 최대적재량의 물품이 적재된 상태를 말한다.
② 승차정원 1인의 중량은 65kg으로 계산한다.
③ 13세 이하의 자는 1.5인을 승차정원 1인으로 본다.
④ 물품적재 시는 적재 장치에 균등하게 적재시킨 상태이어야 한다.

해설 ③ 13세 미만의 자는 1.5인을 승차정원 1인으로 본다.

14 윤중의 설명으로 옳은 것은?

① 자동차가 수평상태에 있을 때 1개의 바퀴가 수직으로 지면을 누르는 중량
② 자동차가 수평상태에 있을 때 1개의 차축에 연결된 모든 바퀴의 하중의 총합
③ 자동차가 공차상태로 있을 때의 중량
④ 자동차의 제작 시 발생되는 제원치의 허용 중량

해설 시험에 자주 출제되는 중요한 문제이다. 특히 윤중, 윤거의 정의가 자주 출제된다.

15 엔진에 대한 여러 가지 성능을 선도로 표시한 성능곡선에 표기되는 내용이 아닌 것은?

① 배기량
② 출력
③ 회전력
④ 연료소비율

16 엔진의 회전수가 3000rpm일 때 초당 회전수는 얼마인가?

① 3000회
② 300회
③ 100회
④ 50회

해설 rpm은 분당회전수를 나타내므로 초당 회전수를 구하기 위해 60으로 나누면 된다.

17 토크(구동력)의 단위로 맞는 것은?

① kg·m
② kg/cm²
③ g/PS·h
④ kg·m/s

해설 토크의 단위는 힘×거리이다.
① 힘×거리 ②는 압력의 단위,
③은 연료소비율의 단위,
④는 1PS(마력)=75kg·m/s 이다.

18 실린더에서 연료가 연소하면서 발생된 이론적인 기관의 출력으로 평균유효압력, 총 배기량, 엔진의 회전수와 비례하는 마력은?

① 과세마력
② 도시마력
③ 제동마력
④ 손실마력

해설 도시마력

$$= \frac{P_{평균유효압력(kg/cm^2)} \cdot A_{단면적(cm^2)} \cdot L_{행정(m)} \cdot N_{기통의 수} \cdot R_{기관의 회전수(rpm)}}{75 \times 60}$$

→ 분자에 있는 항목은 도시마력과 비례관계에 있다.

19 지시마력이 150ps이고 손실마력이 60 ps일 때 기계효율은 얼마인가?

① 20% ② 40%

③ 60% ④ 90%

 제동마력 = 지시(도시)마력 − 손실마력
　　　　 = 150PS − 60PS
　　　　 = 90PS

기계효율$(\eta) = \dfrac{제동마력}{지시마력} \times 100$

$= \dfrac{90}{150} \times 100 = 60\%$

20 자동차의 중량과 관계없는 저항은?

① 공기저항
② 마찰저항
③ 구름저항
④ 가속저항

[공식1]

　구름저항(R_1) $= \mu \times W$

　μ : 구름저항계수　W : 차량 총중량

[공식2]

　공기저항(R_2) $= \mu \times A \times V^2$

　μ : 공기저항계수

　A : 전면 투영 면적(㎡)=(윤거×전고)

　V : 자동차의 주행속도(m/s)

[공식3]

　등판저항(R_3) $= \mathrm{W} \cdot \sin(\theta) = \dfrac{W \cdot G}{100}$

　W : 차량 총중량,
　θ : 경사각도,
　G : 구배율(%)

[공식4]

　가속저항(R_4) $= (\mathrm{W} + \mathrm{w}') \times \dfrac{\mathrm{a}}{\mathrm{g}}$

　※ $a = \dfrac{나중속도(V_1) - 처음속도(V_0)}{주행시간(t)} (m/\sec^2)$

　W : 차량 총중량,
　w' : 회전부분 상당중량,
　a : 가속도,
　g : 중력가속도

→ 4개의 공식 중에서 차량 총중량이 들어가지 않은 식은 공기저항과 관련된 2번 공식이다.

※ 전주행저항(R) = 구름저항(R_1) + 공기저항(R_2) + 구배저항(R_3) + 가속저항(R_4)

그리고 전주행저항을 구하는 문제 중에 4개의 저항을 모두 주지 않고 일부인 2개 혹은 3개의 항목만 주어졌을 경우도 있다. 이럴 경우에는 조건의 2개 혹은 3개의 저항을 모두 더한 값을 전주행전항의 값으로 사용하기도 한다.

21 제동거리와 정지거리의 차를 무엇이라 하는가?

① 여유거리　② 페달유격
③ 공주거리　④ 감속거리

 정지거리 = 공주거리 + 제동거리

엔진 구조학

엔진의 개요

연료의 연소에 의해 발생된 열에너지를 기계적 에너지로 변환시키는 장치를 엔진(기관)이라 하고 기관에는 내연기관과 외연기관이 있다.

■ 엔진의 종류

(1) 내연 기관 Internal combustion engine

연료를 실린더 내에서 연소·폭발시켜 동력을 얻는 형식으로 가솔린 엔진, 디젤 엔진, LPG 엔진 등이 여기에 한다.

(2) 외연 기관 External combustion engine

실린더 바깥쪽에 설치된 연소장치에서 연료를 연소시켜 얻은 열에너지(증기)를 실린더 내부로 도입하여 피스톤에 압력을 가하여 간접적으로 엔진을 구동시키는 방식이다.

■ 엔진의 분류

(1) 엔진의 위치와 구동방식에 따른 분류

1) 앞 엔진 전(前)륜 구동방식(Front-engine Front wheel drive : F·F방식)

① 차량의 앞쪽에 엔진을 설치하고 전륜을 구동하는 방식이다.
② 뒤쪽으로 동력을 전달하기 위한 추진축이 필요하지 않으므로 차량 실내 공간의 활용성을 높일 수 있다.
③ 무게 중심을 앞쪽으로 편중시킨 다음 슬립이 일어나지 않도록 전륜을 구동시킨 방식이다.
④ 대부분의 소형 세단이 이 방식을 채택하고 구동과 조향이 전륜에서 작동되므로

노면의 조건이 좋지 못한 도로에서 조향 안정성이 뛰어나다.

⑤ 전륜에 피로도가 높아 부품의 내구성이 짧아질 수 있다.

⑥ 일반적으로 조향 시 언더스티어 현상이 잘 발생된다.

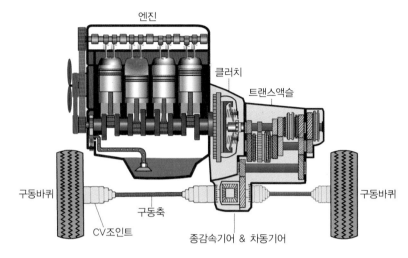

그림 앞 엔진 전륜 구동방식

2) 앞 엔진 후륜 구동방식(Front-engine Rear wheel drive : F·R방식)

① 차량의 앞쪽에 엔진을 설치하고 후륜을 구동하는 방식이다.

② 후륜을 구동시키기 위해 추진축이 필요하여 차량의 실내 공간 및 적재 공간의 높이가 높아진다.

③ 화물차나 레저용 차량 등에 주로 많이 사용되는 방식으로 무게 중심이 가운데 혹은 뒤쪽에 위치하게 된다.

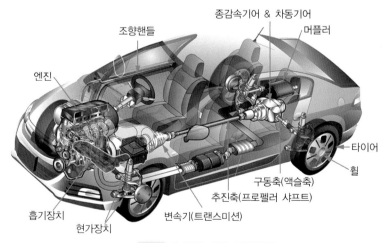

그림 앞 엔진 후륜 구동방식

3) 뒤 엔진 후륜 구동방식(Rear-engine Rear wheel drive : R·R방식)

① 차량의 뒤쪽에 엔진을 설치하고 후륜을 구동하는 방식이다.

② 추진축이 필요하지 않으므로 실내 공간의 활용성을 높일 수 있는 구조이므로 대형 버스에 주로 많이 사용된다.(저상버스 구현 가능)

4) 4륜(全輪) 구동방식(4-Wheel Drive : 4WD)

차량은 항시 On-road(포장도로)에서 기후 조건이 좋은 상태에서만 주행하는 것이 아니다. 상황에 따라 Off-road(비포장도로) 및 눈길, 빗길에서 주행할 경우도 있다. 이때 전륜(前輪)이나 후륜(後輪) 구동의 한쪽만을 선택하여 구동하는 차량이 순간적으로 노면(路面)에 구동력을 전달하지 못하고 슬립을 일으키는 경우가 있다. 이러한 경우 전륜과 후륜이 모두 구동되는 4륜(全輪) 구동 차량이 더욱 안정성이 높다.

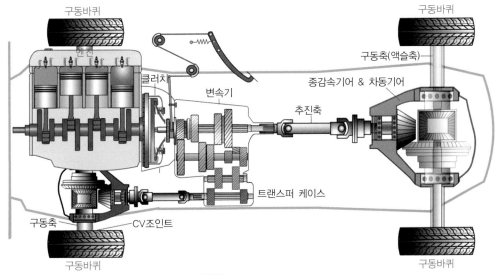

그림 4륜 구동방식

(2) 작동 방식에 의한 분류

1) 피스톤 왕복형

① 작동 유체의 폭발되는 힘을 피스톤에 전달한다.

② 피스톤의 직선운동을 크랭크축의 회전운동으로 변환시켜 축을 구동한다.

③ 가솔린 엔진, 디젤 엔진, LPG 엔진 등이 여기에 속한다.

이 책에서는 피스톤 왕복형 엔진 위주로 내용을 구성한다.

2) 회전운동형

① 작동 유체의 폭발압력을 임펠러로 받아서 축으로
전달하는 형식이다.

② 가스 터빈, 로터리 엔진이 여기에 속한다.

3) 분사 추진형

① 작동 유체의 폭발압력을 일정한 방향으로 엔진
외부에 분출시켜 그 반동력을 동력으로 하는 형식
이다.

② 제트 엔진, 로켓 엔진이 여기에 속한다.

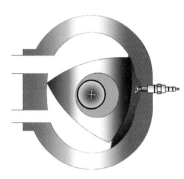

로터리 엔진 폭발행정

그림 로터리 엔진

(3) 사용 연료에 의한 분류

1) 가솔린 엔진

휘발유를 연료로 사용하며, 연소하기 위한 기본 조건으로
규정의 압축 압력, 정확한 점화, 적당한 혼합비 이 3가지가
요구된다.

2) 디젤 엔진

경유를 연료로 사용하며, 연소하기 위해 공기만을 흡입하
여 압축한 뒤 연료를 높은 압력으로 강하게 분사시켜 점화불
꽃 없이 발화(자기착화)하여 동력을 얻는 기관이다.

TIP

▶ **엔진 해체 정비 시기의 기준**
① 압축압력이 규정값의 70%
이하일 때
② 연료 소비율이 표준 소비율
의 60% 이상일 때
③ 윤활유 소비율이 표준 소비
율의 50% 이상일 때

3) LPG 엔진

액화석유가스(Liquefied Petroleum Gas)를 연료로 사용하며, 가솔린 엔진과 거의
같은 구조이나 연료 공급 계통이 다르다.

4) 착화점(자연발화 최저온도)과 인화점(불꽃을 가까이 했을 때 연소되는 최저온도)

구 분	착화(발화)점($℃$)	인화점($℃$)	발열량(kcal/kg)	비 고
휘발유	450	−42.8	11,000	연소 환경 및 품질에 따라 데이터 값의 편차가 큼. 상대적 높·낮이 만 참고
경유	350	60~80	10,500	
LPG	480	−60	12,000	

(4) 기계학적 사이클에 따른 분류

1) 4행정 사이클 엔진 4 Stroke cycle engine

동영상

크랭크축이 2회전 할 때 각 실린더가 한 번씩 폭발하는 기관이며, 이때 캠축은 1회전하고, 각 흡·배기 밸브는 1번씩 개폐한다.

구분	위치	흡기	배기	크랭크축
흡입	하강	열림	닫힘	0~180도
압축	상승	닫힘	닫힘	180~360도
폭발	하강	닫힘	닫힘	360~540도
배기	상승	닫힘	열림	540~720도

구분	가 솔 린	디젤-분사펌프
압축압력	8~10kg/cm²	30~45kg/cm²
압 축 비	8~11 : 1	15~20 : 1
압축온도	120~140℃	500~550℃
폭발압력	35~45kg/cm²	55~65kg/cm²

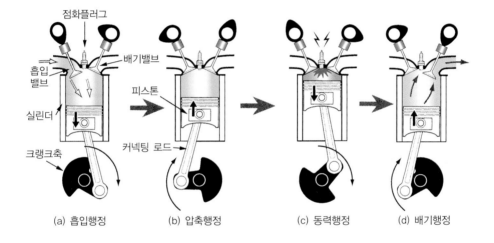

(a) 흡입행정　　(b) 압축행정　　(c) 동력행정　　(d) 배기행정

그림 4행정 사이클 엔진의 작동 원리

① 각 행정이 완전히 구분되어 있으며, 회전속도 범위가 넓다.

② 체적 효율이 높고, 연료 소비율 및 열적 부하가 적고, 기동이 쉽다.

③ 실린더 수가 적을 경우 사용이 곤란하고, 밸브 기구가 복잡하다

④ 마력 당 중량이 무겁고, 충격이나 기계적 소음이 크다.

TIP

▶ 블로 다운(Blow down)
배기행정 초기에 배기밸브가 열려 배기가스의 압력에 의해 자연히 배출되는 현상을 말한다.

2) 2행정 사이클 엔진 2 Stroke cycle engine

크랭크축이 1회전 할 때 각 실린더가 1번씩 폭발하는 엔진으로 주 행정 = 압축과 폭발이며, 부 행정 = 흡입과 배기이다.

① 4행정 사이클에 비해 1.6~1.7배의 출력이 발생하며, 마력 당 중량이 적고 값이 싸다.

② 크랭크축 1회전에 1회 폭발하므로 실린더 수가 적어도 회전이 원활하다.

③ 밸브 장치가 간단하므로 소음이 적고, 회전력의 변동이 적다.

④ 유효 행정이 짧아 흡·배기가 불완전하며, 저속이 어렵고 역화가 발생한다.

⑤ 피스톤 링의 소손이 빠르며, 연료 소비율 및 윤활유의 소비량이 많다.

> **TIP**
>
> ▶ 디플렉터(Deflector)
> 2사이클 엔진에서 피스톤 헤드에 설치한 돌출부를 말하며, 작용은 미연소 가스의 와류(맴돌이) 작용, 잔류 가스를 배출하고 연료 손실의 감소 및 압축비를 높인다.

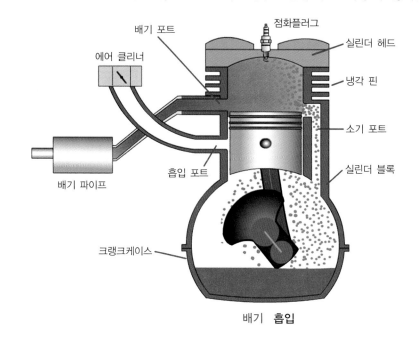

그림 2행정 사이클 엔진의 작동 원리

※ 소기방법의 종류

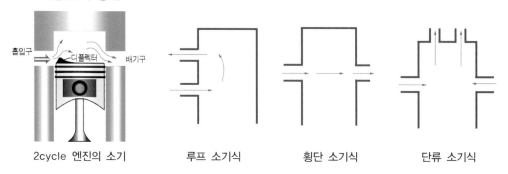

2cycle 엔진의 소기   루프 소기식   횡단 소기식   단류 소기식

(5) 밸브 배열에 따른 분류 / (L, I, F, T로 암기)

1) L-헤드형 : 실린더 블록에 흡·배기 밸브를 모두 설치한 형식

2) I-헤드형 : 실린더 헤드에 흡·배기 밸브를 모두 설치한 형식

3) F-헤드형 : 흡입 밸브는 실린더 헤드에, 배기 밸브는 실린더 블록에 설치한 형식

4) T-헤드형 : 실린더를 중심으로 흡·배기 밸브를 양쪽에 설치한 형식

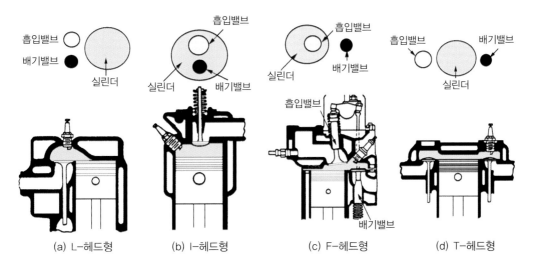

| (a) L-헤드형 | (b) I-헤드형 | (c) F-헤드형 | (d) T-헤드형 |

그림 밸브 배열에 의한 분류

(6) 실린더 내경과 행정 비에 따른 분류

1) 장 행정 엔진 Under square engine

L/D 〉1 : 실린더 내경에 대한 행정의 비율이 1보다 크다.

① 흡입량이 많고, 폭발력이 크다.

② 저속 시 회전력이 크다.

③ 측압이 작고, 엔진의 높이가 높다.

2) 단 행정 엔진 Over square engine

L/D 〈 1 : 실린더 내경에 대한 행정의 비율이 1보다 작다.

① 피스톤의 평균 속도를 높이지 않아도 회전속도를 높일 수 있다.

② 측압이 크고, 엔진의 높이가 낮다.

③ 피스톤이 과열되기 쉽고, 베어링을 크게 해야 한다.

④ 흡입 효율을 높일 수 있다.

3) 정방행정 엔진 Square engine (L/D = 1)

실린더 내경과 피스톤 행정의 크기가 똑같은 엔진이다.

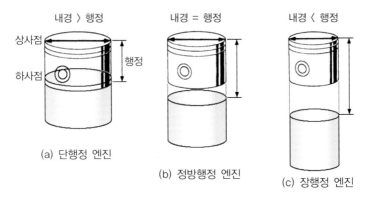

그림 실린더 내경 / 행정비에 따른 분류

(7) 열역학적 사이클에 의한 분류

1) 오토 사이클 Otto Cycle

가솔린 엔진의 이론적인 사이클로 일정한 체적 하에서 연소가 일어나므로 정적 사이클이라고도 한다.

2) 디젤 사이클 Diesel Cycle

저속 디젤 엔진의 이론적인 사이클로 일정한 압력 하에서 연소가 일어나므로 정압 사이클이라고도 한다.

3) 사바테 사이클 Sabathe Cycle

고속 디젤 엔진의 이론적인 사이클로 정적과 정압 사이클을 혼합한 사이클이며, 합성 또는 복합 사이클 이라고도 한다.

4) 열역학적 사이클의 비교

① 공급 열량 및 압축비가 일정할 때의 열효율 비교
  : 오토 〉 사바테 〉 디젤

② 공급 열량 및 최대 압력이 일정할 때의 열효율 비교 : 오토 〈 사바테 〈 디젤

③ 공급 열량 및 최고 압력 억제에 의한 열효율 비교
  : 오토 〈 디젤 〈 사바테

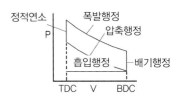

그림 오토사이클

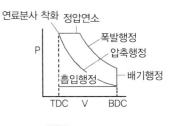

그림 디젤사이클

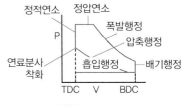

그림 사바테 사이클

01. 추진축이 필요 없어 차량 실내 공간의 활용성을 높일 수 있는 구동방식은 앞 엔진 전(全)륜구동방식이다.

□ O □ X

02. 추진축이 필요하고 화물차에 주로 사용되는 방식으로 차량의 뒤쪽에 무게 중심이 큰 차량에 주로 사용되는 구동방식은 앞 엔진 후륜 구동방식이다.

□ O □ X

03. 피스톤 왕복형의 엔진은 피스톤의 직선운동을 크랭크축의 회전운동으로 변환시켜 축을 구동한다.

□ O □ X

04. 가솔린 엔진이 연소하기 위한 기본조건 3가지는 규정의 압축압력, 정확한 시기의 점화, 적당한 혼합비이다.

□ O □ X

05. 디젤 엔진은 공기만을 흡입하여 압축한 뒤 높은 압력으로 연료를 분사하여 불꽃을 일으키는 불꽃 점화방식이다.

□ O □ X

06. 경유는 착화점이 높아 높은 압력과 온도에서 착화가 잘 이루어진다.

□ O □ X

07. 엔진을 해체하여 정비해야하는 경우로 압축압력이 규정값의 70%이하일 때, 윤활유 소비율이 표준비율의 60%이상일 때, 연료 소비율이 표준 소비율의 50% 이상일 때이다.

□ O □ X

08. 크랭크축이 2회전 할 때 각 실린더가 한 번씩 폭발하는 기관을 4행정 사이클 엔진이라 한다.

□ O □ X

정답 1.× 2.○ 3.○ 4.○ 5.× 6.× 7.× 8.○

09. 4행정 사이클 엔진은 밸브기구가 복잡하여 충격이나 기계적 소음이 크고 마력당 중량이 무겁다.

☐ O ☐ ✕

10. 4행정 사이클 엔진은 체적효율이 높고 열적 부하가 적고 기동이 쉬우나 연료 소비율이 높다.

☐ O ☐ ✕

11. 2행정 사이클 엔진에서 주 행정은 압축과 폭발이며, 부 행정은 흡입과 배기이다.

☐ O ☐ ✕

12. 2행정 사이클 엔진은 4행정 사이클 엔진에 비해 1.6~1.7배의 출력이 발생한다.

☐ O ☐ ✕

13. 2행정 사이클 엔진의 소기 방법에는 루프, 단류, 횡단 소기식 등이 있다.

☐ O ☐ ✕

14. 밸브 배열에 의한 분류에서 L-헤드형은 흡·배기 밸브 및 피스톤이 실린더 블록에 위치한다.

☐ O ☐ ✕

15. 행정에 비해 직경이 커서 흡입체적 효율이 좋고 폭발력이 좋아 저속 시 회전력이 큰 엔진이 단 행정 엔진이다.

☐ O ☐ ✕

16. 가솔린 엔진의 이론적인 사이클을 오토사이클이라 하고 일정한 압력 하에서 연소가 일어나므로 정압 사이클이라고도 한다.

☐ O ☐ ✕

정답 9. ◯ 10. ✕ 11. ◯ 12. ◯ 13. ◯ 14. ◯ 15. ✕ 16. ✕

01 내연기관의 종류가 아닌 것은?

① 가솔린 기관
② 디젤기관
③ 증기기관
④ LPG 기관

해설 "증기" 자가 붙은 기관은 외연기관이다.

02 앞기관 앞바퀴(F·F)방식의 특징이 아닌 것은?

① 추진축이 짧거나 불필요하다.
② 험로에서 차량 조정성이 양호하다.
③ 후륜이 무거워 언덕길 출발 시 유리하다.
④ 실내공간이 넓어지고 무게가 가볍다.

해설 하중이 많이 가해지는 쪽이 구동륜이 되어야만 바퀴의 슬립이 발생할 확률이 줄어든다. 화물차 같이 후륜이 무거운 차량에는 F·R 방식이 적합하다.

03 기관-클러치-변속기-추진축-종감속기어 및 차동기어-액슬축-구동바퀴로 이루어진 형식은?

① 앞기관 앞바퀴 구동방식(FF)
② 앞기관 뒷바퀴 구동방식(FR)
③ 뒷기관 뒷바퀴 구동방식(RR)
④ 앞기관 전륜(全輪) 구동방식(4WD)

04 앞기관 뒷바퀴 구동방식(FR)에 대한 설명으로 틀린 것은?

① 추진축이 반드시 필요하다.
② 전륜에 사용하는 부품에 대한 피로도가 적다.
③ 차속이 높은 상태에서 급선회 시(제동 상태) 언더스티어(under-steer) 현상이 일어나기 쉽다.
④ 변속기의 모양이 둥글지 않고 나팔(확성기) 형에 가깝다.

해설 언더스티어 현상은 F·F 방식의 차량에서 주로 나타난다. F·R 방식은 오버스티어 현상이 일어나기 쉽다.

05 작동유체의 폭발압력을 일정한 방향으로 엔진 외부로 분출시켜 그 반동력을 동력으로 하는 형식인 분사 추진형 엔진에 속하는 것은?

① 제트 엔진   ② 로터리 엔진
③ 가스터빈   ④ 디젤 엔진

06 가솔린 엔진에서 연소하기 위해 기본으로 필요한 요구사항이 아닌 것은?

① 규정의 압축 압력
② 정확한 시기의 점화
③ 적당한 혼합비
④ 규정의 흡기온도

정답 **01.③ 02.③ 03.② 04.③ 05.① 06.④**

07 엔진 안에서 연소하기 위해 공기만을 흡입하여 높은 압력으로 압축한 뒤 연료를 높은 압력으로 강하게 분사시켜 점화불꽃 없이 발화(자기착화)하여 동력을 얻는 엔진을 고르시오.

① 가솔린 엔진
② 디젤 엔진
③ LPG 엔진
④ CNG 엔진

08 다음 중 구동력이 커서 건설차량이나 군용 차량에 많이 사용되는 구동방식은?

① 앞기관 뒷바퀴 구동방식(FR)
② 뒤기관 뒷바퀴 구동방식(RR)
③ 앞기관 전륜 구동식(Front Engine 4-Wheel Drive)
④ 차실바닥 기관 뒷바퀴 구동방식

09 주로 중·소형 승용차에 쓰이고 있는 형식으로 조향 안정성의 향상에 유리한 구동방식은?

① 앞기관 앞바퀴 구동방식(FF)
② 앞기관 뒷바퀴 구동방식(FR)
③ 뒤기관 뒷바퀴 구동방식(RR)
④ 뒤기관 전륜 구동식

10 고속 디젤 기관의 사이클은 어느 것인가?

① 오토 사이클 ② 정적 사이클
③ 디젤 사이클 ④ 사바테 사이클

11 자동차의 구동방식과 기관의 위치에 따른 특징의 설명으로 옳지 않은 것은?

① 앞기관 뒷바퀴 구동식은 자동차 전체로서의 중량 분배의 조절이 어려우나, 조정성이나 안정성이 있다.
② 뒤기관 뒷바퀴 구동식은 일부의 승용차와 버스에 이용된다.
③ 앞기관 앞바퀴 구동식은 차실공간을 유효하게 이용할 수 있으며, 연료가 절약되는 형식이다.
④ 앞기관 전륜 구동식(4-Wheel Drive)은 앞·뒤 바퀴에 모두 동력을 전달하여 구동하는 형식으로 산길이나 고르지 않은 도로운행에 적합하다.

12 일반적으로 가솔린 기관(승용차)에서 많이 사용하는 열역학석 사이클은 어느 것인가?

① 오토 사이클 ② 복합 사이클
③ 디젤 사이클 ④ 사바테 사이클

13 다음 그림은 어떤 사이클 기관의 P-V (지압) 선도인가?

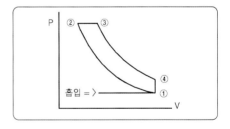

① 오토 사이클 ② 복합 사이클
③ 디젤 사이클 ④ 사바테 사이클

14 압축비가 동일할 때 이론 열효율이 가장 높은 사이클은 어느 것인가?

① 오토 사이클
② 복합 사이클
③ 디젤 사이클
④ 사바테 사이클

15 2사이클 디젤 기관의 소기방식이 아닌 것은?

① 단류 소기식
② 루프 소기식
③ 횡단 소기식
④ 복류 소기식

16 2행정 1사이클 기관에서 디플렉터 작용이 아닌 것은?

① 혼합기의 와류작용
② 잔류가스 배출
③ 압축비의 감소
④ 연료 손실 감소

17 다음 중 4행정 사이클 기관의 장점이 아닌 것은?

① 체적 효율이 높다.
② 연료 소비율이 적다.
③ 회전 속도의 범위가 넓다.
④ 2행정 사이클 기관에 비해 출력이 높다.

18 4행정 1사이클 6기통 기관에서 모든 실린더가 한 번씩 폭발하기 위해서 크랭크축은 몇 회전하여야 하는가?

① 2회전　② 4회전
③ 6회전　④ 8회전

19 다음 중 2행정 사이클 기관의 장점이 아닌 것은?

① 회전력의 변동이 적다.
② 밸브기구가 간단하다.
③ 실린더 수가 적어 회전이 원활하지 못하다.
④ 소음이 적고, 마력당 중량이 가볍다.

20 디젤 기관의 압축비가 가솔린 기관보다 높은 이유는?

① 전기 불꽃으로 점화하므로
② 소음 발생을 줄이기 위해서
③ 압축열로 착화시키기 위해서
④ 노크 발생을 일으키지 않기 위해서

21 피스톤의 평균 속도를 높이지 않고 회전속도를 높일 수 있으며, 단위 체적당 출력이 크고, 기관의 높이를 낮게 할 수 있는 행정 기관은?

① 장행정 기관
② 정방형 기관
③ 스퀘어 기관
④ 단행정 기관

22 흡·배기 밸브 배치에 의한 분류에 대한 설명 중 거리가 먼 것은?

① 밸브의 설치 위치에 따라 I, L, F, T 헤드형 엔진으로 나눌 수 있다.

② 흡입 및 배기 밸브가 모두 실린더 헤드에 설치되며 현재 가장 많이 사용하는 형식은 I 헤드형이다.

③ 흡입 및 배기 밸브가 실린더 블록에 설치되어 있으며 초창기에 사용했던 형식은 F 헤드형이다.

④ 흡입 밸브와 배기 밸브로 분리하여 실린더 블록 양쪽에 설치되어 있는 형식은 T 헤드형이다.

23 실린더 내경과 행정의 비에 따른 분류의 설명 중 틀린 것은?

① 장 행정 엔진은 저속에서 높은 회전력을 필요로 하는 곳에 주로 사용된다.

② 실린더 행정에 대한 실린더 내경의 비가 1보다 작은 엔진을 단 행정 엔진이라 한다.

③ 단 행정 엔진을 오버 스퀘어 엔진(Over square engine)이라 한다.

④ 행정과 실린더 내경이 같은 엔진을 정방형 엔진(Square)이라 한다.

24 장행정(Under square)기관의 특징을 설명한 것이 아닌 것은?

① 행정이 안지름보다 큰 엔진이다.

② 회전속도가 늦은 반면에 회전력이 크다.

③ 기관의 높이를 낮게 한다.

④ 측압이 작아 실린더 벽의 마모가 적다.

 22.③ 23.② 24.③

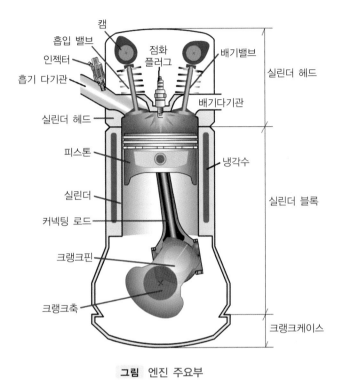

그림 엔진 주요부

1 실린더 헤드 Cylinder Head

실린더 헤드는 밸브, 점화플러그, 피스톤과 함께 연소실을 형성하며, 재질은 주철이나 알루미늄 합금을 사용한다. 알루미늄 합금 실린더 헤드는 가볍고 열전도성이 크기 때문에 연소실의 온도를 낮게 유지할 수 있고 압축비를 높일 수 있다. 또한 냉각성능이 우수하기 때문에 조기점화가 잘 생기지 않고 중량이 가벼운 장점이 있다. 그러나 열팽창이 크기 때문에 변형이 쉽고 부식이나 내구성이 적은 단점도 있다.

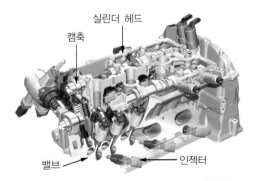

그림 실린더 헤드

(1) 연소실 Combustion chamber

실린더 헤드와 피스톤이 상사점에 있을 때 형성되는 공간으로 연소실 체적(간극 체적)이라 한다. 즉, 혼합 가스를 연소하여 동력을 발생시키는 곳이며, 구비조건은 다음과 같다.

① 연소실 내의 표면적은 최소가 되도록 할 것
② 가열되기 쉬운 돌출부를 두지 않을 것
③ 밸브 구멍에 충분한 면적을 주어 흡·배기 작용이 원활하게 될 것
④ 압축 행정에서 혼합기에 와류를 일으켜 화염 전파시간을 짧게 할 것
⑤ 연소실의 종류 ─┬─I-head : 반구형, 쐐기형, 욕조형, 지붕형
　　　　　　　　 └─L-head : 리카도형, 제인웨어형, 와트모어형, 편평형

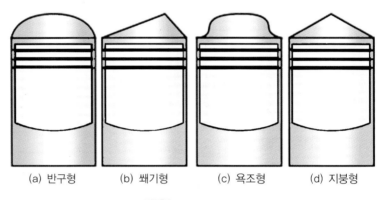

| (a) 반구형 | (b) 쐐기형 | (c) 욕조형 | (d) 지붕형 |

그림 연소실의 종류

(2) 헤드 가스켓 Head gasket

실린더 헤드와 블록의 접합면 사이에 끼워져 압축가스, 냉각수 및 엔진오일의 기밀을 유지하기 위해 사용하는 석면계열의 물질이다. 최근에는 스틸의 가스켓이 사용된다. 다음과 같은 구비조건이 요구된다.

① 내열성과 내압성이 클 것
② 적당한 강도가 있으며 기밀유지성이 클 것
③ 엔진 오일 및 냉각수가 누출되지 않을 것

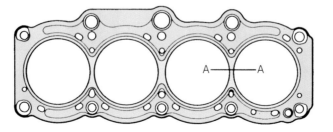

2 실린더 블록 Cylinder block

엔진의 기초 구조물로서 실린더 부분과 물재킷 및 크랭크 케이스로 구성되어 있다.

(1) 실린더 Cylinder

실린더는 피스톤이 기밀을 유지하면서 왕복 운동을 하는 진원통형이며, 그 길이는 피스톤 행정의 약 2배이다. 피스톤 Top링 또는 실린더에 Cr 도금한 것도 있다. 반드시 둘 중 한 곳에만 Cr 도금해야 한다. 이유는 피스톤의 마찰 및 마모를 적게 하기 위해서이다. 종류에는 일체식, 라이너식(건식과 습식)이 있다.

1) 건식 라이너 → (가솔린 엔진)

라이너가 냉각수와 간접 접촉하는 것이며, 삽입할 때 유압 프레스로 2~3ton의 힘을 가해야 하고, 라이너의 두께는 2~3㎜이다.

2) 습식 라이너 → (디젤 엔진)

라이너가 냉각수와 직접 접촉하고 바깥 둘레가 물 재킷의 일부로 된 것이며, 삽입할 때 외주에 비눗물을 칠해 끼우고, 라이너의 두께는 5~8mm이다. 그리고 라이너 상부에는 플랜지를, 하부에는 2~3개의 실링을 끼워 냉각수 누출을 방지한다.

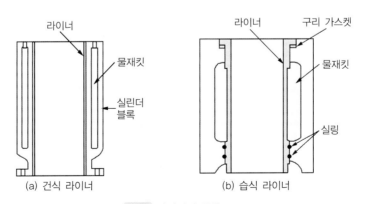

그림 라이너의 종류

3) 실린더 상부의 마모가 가장 큰 이유

윤활 상태의 불량과 피스톤 헤드가 받는 압력이 가장 크므로 피스톤 링과 실린더 벽과의 밀착력이 최대가 되고, 피스톤 링의 호흡작용으로 유막이 끊기기 쉽기 때문이다.

4) 피스톤 링의 호흡작용(플래터-Flutter 현상)

엔진이 고속으로 작동하면 상사점에서 하사점으로, 하사점에서 상사점으로 피스톤의 작동 위치가 변환될 때 피스톤 링의 접촉 부분이 바뀌는 과정에서 순간적으로 떨림 현상이 발생되는 현상을 말한다.

(2) 피스톤 Piston

피스톤은 실린더 내에 설치되어 상하 왕복운동을 하며, 커넥팅 로드를 통하여 크랭크축에 회전력을 전달한다.

◎ 재료

- Y합금 : Al(92.5%)+Cu(4%)+Mg(1.5%)+Ni(2%)
- Lo-Ex합금 : Al+Cu(1%)+Mg(1%)+Ni(1~2.5%)+Si(12~25%)+Fe(0.7%)의 합금

◎ 구비조건

- 열전도성이 크고, 고온·고압에 견딜 것
- 열팽창률이 작으며 기계적 강도가 클 것
- 무게가 가벼우며, 관성이 작을 것

동영상

1) 피스톤의 구조

피스톤은 연소실의 일부를 형성하는 피스톤 헤드, 링지대(링 홈과 랜드), 스커트부, 보스부 등으로 되어 있으며 제1번 랜드에는 헤드부의 높은 열이 스커트부로 전달되는 것을 방지하는 히트댐(heat dam)을 두는 형식도 있다. 그리고 측압은 피스톤이 섭동하면서 실린더 벽에 압력을 가하는 현상이다. 측압은 커넥팅 로드의 길이와 행정에 관계되며 동력행정에서 가장 크다.

피스톤 헤드
피스톤 링 및 링 홈
피스톤 보스
피스톤 스커트
커넥팅 로드

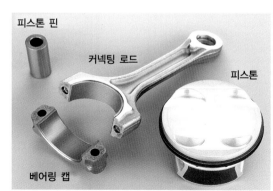

피스톤 핀
커넥팅 로드
피스톤
베어링 캡

그림 피스톤 및 커넥팅 로드 구조

2) 피스톤의 간극

피스톤 간극은 엔진의 작동 중 열팽창을 고려해서 두며, 스커트부에서 측정한다. 규정 간극은 보통 실린더 내경의 0.05%정도이다. 간극이 크면 압축압력의 저하, 연소실에 오일상승, 블로바이 및 피스톤 슬랩이 발생하고, 간극이 너무 작으면 마찰 증대되고 과하면 열 변형 및 소착(타붙음 현상)이 발생한다.

3) 피스톤 링 Piston ring

피스톤 링은 금속제 링의 일부를 잘라서 링의 바깥쪽으로 탄성을 유지하며, 피스톤 링은 2~3개의 압축링과 1~2개의 오일 링이 피스톤의 링 홈에 설치된다.

① 링의 작동

그림 피스톤 간극

◎ 상사점 → 하사점 : 실린더 벽과의 마찰로 링 홈의 윗면과 밀착되고 유막 위를 미끄러짐.

◎ 하사점 → 상사점 : 링 홈의 아랫면과 밀착되어 링 위쪽의 간극에 긁힌 오일이 고인다.

고인오일이 실린더 벽에 공급되어 항상 실린더 전면에는 유막을 형성하게 된다.

② 링의 3대 작용 : 기밀 작용, 오일 제어 작용, 열전도 작용(냉각작용)

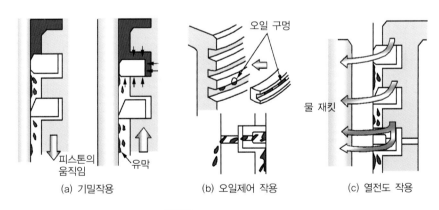

(a) 기밀작용   (b) 오일제어 작용   (c) 열전도 작용

그림 피스톤 링의 작용

③ 오일링 : 링의 전 둘레에 홈이 파져 있어 실린더 벽을 윤활하고 남은 오일을 긁어내리며 실린더 벽의 유막을 조절함과 동시에 피스톤 안쪽으로 보내어 피스톤 핀의 윤활을 돕는다.

④ 링 이음 방향 : 120~180도의 각도 차를 두고 측압 부를 피해서 설치된다. 이유는 링 이음 부 쪽 가스가 새는 것(블로바이)을 방지하기 위함이다.

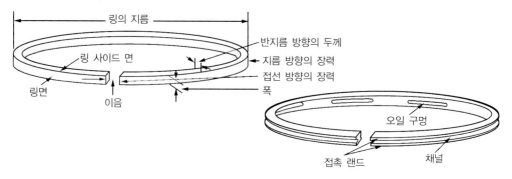

그림 피스톤 링의 형상

4) 피스톤 핀 Piston pin

피스톤 핀은 피스톤 보스부에 끼워져 피스톤과 커넥팅 로드 소단부를 연결해 주는 것이며, 재질은 저탄소 침탄강, Ni-Cr, Cr-Mo강이며, 표면을 경화하여 사용한다. 설치 방법에 따라 고정식, 반부동식, 전부동식으로 분류된다.

① **고 정 식** : 핀을 보스부에 고정 볼트로 고정하는 방식

② **반부동식** : 커넥팅로드 소단부에 클램프로 고정하는 방식

③ **전부동식** : 고정된 부분이 없고, 이탈을 방지키 위해 스냅링을 사용하는 방식

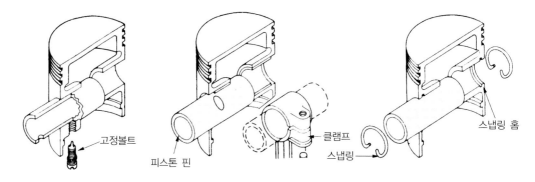

그림 피스톤 핀의 고정방식

5) 피스톤의 종류

① **캠 연마 피스톤**(Cam ground piston) : 타원형이고 상·중·하부의 직경이 다른 형상으로 온도 상승에 따라 진원이 된다.

② **스플릿 피스톤**(Split piston) : 가로 홈(스커트부의 열전달 억제)과 세로 홈(전달에

의한 팽창 억제)을 둔 피스톤(I, U, T)

③ **인바 스트럿 피스톤**(Invar strut piston) : 인바(invar)강{Ni(35~36%) + Mn(0.4%) + C(0.1~0.3%)}을 넣고 일체 주조한 형식

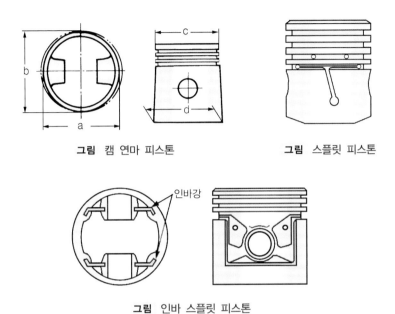

그림 캠 연마 피스톤   **그림 스플릿 피스톤**

그림 인바 스플릿 피스톤

④ **슬리퍼 피스톤**(Slipper piston) : 측압을 받지 않는 부분을 잘라낸 것으로 무게를 가볍게 하는 효과가 있다.

⑤ **옵셋 피스톤**(Off-set piston) : 피스톤 핀의 중심을 1.5㎜정도 옵셋시킨 형식으로 슬랩 방지용 피스톤이다.

⑥ **솔리드 피스톤**(Solid piston) : 기계적 강도가 높은 재질을 사용하여 스커트부의 열에 대한 보상장치 없고 통형이다.

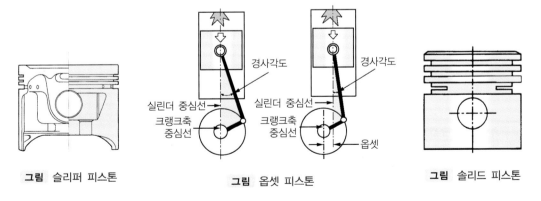

그림 슬리퍼 피스톤   **그림 옵셋 피스톤**   **그림 솔리드 피스톤**

(3) 커넥팅 로드 Connecting rod

피스톤과 크랭크축을 연결하는 막대로 피스톤의 왕복운동을 크랭크축의 회전운동으로 바꾸는 기능을 한다. 그 길이는 피스톤 행정의 1.5~2.3배이다. 재질은 Ni-Cr, Cr-Mo강이며 최근에는 두랄루민(Al+Cu+Mg)을 중량 감소 목적으로 사용한다.

그리고 커넥팅 로드의 휨 및 비틀림 변형은 크랭크축의 과도한 엔드플레이와 반복하중에 의해서이고, 그 결과 피스톤의 측압 증대, 블로바이 증대, 소음과 진동 증대, 크랭크축의 이상 마모 증대 등에 영향을 미친다.

(4) 크랭크축 Crank shaft

메인저널, 핀, 암, 평형추로 구성되고, 피스톤의 힘을 커넥팅로드를 거쳐 회전운동으로 바꾸어 팬벨트 풀리, 크랭크축 스프로켓, 플라이휠 등에 동력을 전달하는 역할을 한다.

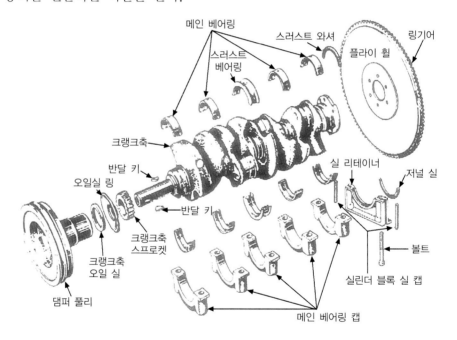

그림 크랭크 축

1) 크랭크축의 위상차 및 점화순서

① 위상차

ⓐ 4행정 기관 : 크랭크축 2회전에 모든 실린더 1회씩 폭발, 즉 위상차는 '720÷실린더의 수'

<blockquote>
예　4행정 4실린더는 크랭크축이 몇도 회전할 때 마다 폭발하게 되는가?
</blockquote>

$$\frac{720\,°}{4} = 180\,°$$

ⓑ 2행정 기관 : 크랭크축 1회전에 모든 실린더 1회씩 폭발, 즉 위상차는 '360÷실린더의 수'

<blockquote>
예　2행정 4실린더는 크랭크축이 몇도 회전할 때 마다 폭발하게 되는가?
</blockquote>

$$\frac{360\,°}{4} = 90\,°$$

② **점화순서** : 다기통 엔진의 점화순서를 실린더 배열순으로 하지 않는 이유는 엔진 발생 동력 평등, 축의 원활한 회전과 무리가 없도록 하기 위해서이다.

– 점화순서 결정 시 고려할 사항은 다음과 같다.

ⓐ 연소가 같은 간격으로 일어나도록 한다.

ⓑ 인접한 실린더에 연이어 점화되지 않게 한다.

ⓒ 혼합기가 각 실린더에 균일하게 분배되게 한다.

ⓓ 크랭크축에 비틀림 진동이 일어나지 않게 한다.

→ 크랭크축 비틀림 진동 발생은 회전력이 클수록, 길이가 길수록, 강성이 작을수록 크다.

연습문제 1

1-3-4-2에서 1번 배기일 때 4번은 무슨 행정을 하고 있는가?

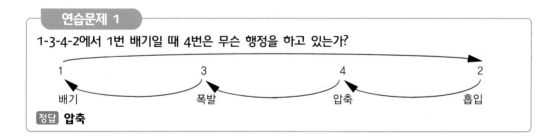

정답 압축

연습문제 1-1

[연습1] 문제에서 크랭크축 방향으로 180도 회전시킬 때 4번은 무슨 행정을 하고 있는가?

정답 **폭발** (행정기준 질문: 화살표 따라서 한 행정이동 → 위상각이 180도 이기 때문)

연습문제 2

1-5-3-6-2-4에서 5번 흡입 초일 때 6번은 무슨 행정을 하고 있는가?

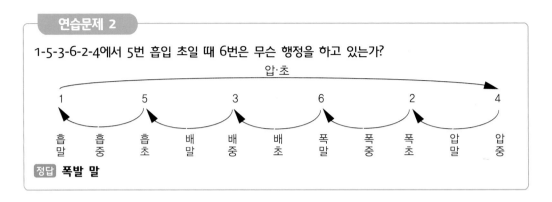

정답 폭발 말

연습문제 2-1

[연습2] 문제에서 크랭크축 방향으로 120도 회전시킬 때 6번은 무슨 행정을 하고 있는가?

정답 배기중 (행정기준 질문: 화살표 따라서 한 행정이동 → 위상각이 120도 이기 때문)

연습문제 3

4행정 6실린더 기관의 제 3실린더가 배기 말 행정일 때 압축 말에 가장 가까운 실린더는?
(단, 점화순서는 1-5-3-6-2-4)

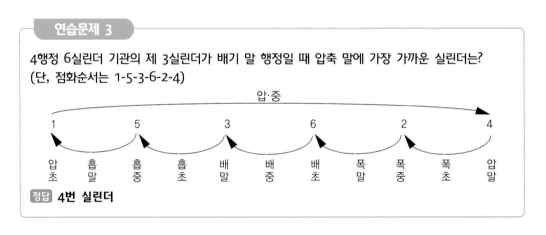

정답 4번 실린더

연습문제 3-1

[연습3] 문제에서 크랭크축 방향으로 120도 회전시킬 때 압축 말 행정에 가장 가까운 실린더는?

정답 1번 실린더(행정 기준으로 질문 → 화살표를 따라 이동해온 실린더를 선택)

(5) 플라이 휠 Fly wheel

플라이 휠은 폭발 행정 시 발생한 회전력을 저장하였다가 속도를 일정하게 유지하여 주는 관성력을 이용한다.

1) 재질 : 주철 → 알루미늄

플라이 휠의 크기 및 무게는 기관의 회전수와 실린더 수에 관계가 있고 고속 다기통화가 진행됨에 따라 무게가 가벼워져도 상관없어 최근에는 알루미늄 재료를 사용하고 있다.

2) 구성

ⓐ 링기어 : 플라이 휠의 외주에 기동전동기의 피니언 기어와 맞물리기 위해 설치

ⓑ 점화시기 : 제1번 실린더의 압축 상사점 위치를 알려주는 것(풀리나 플라이 휠에 표시)

그림 DMF

3) DMF Dual Mass Fly-wheel

엔진에서 발생된 폭발 충격이 변속기에 전달되지 않도록 혹은 변속기에 발생된 변속충격이 엔진에 전달되지 않도록 하여 각각의 시스템의 내구성을 증대시키기 위해 토션 댐퍼 기능이 추가 된 플라이 휠을 말한다.

(6) 엔진 베어링 Engine bearing

베어링이란 회전 또는 직선운동을 하는 축을 지지하면서 운동을 하는 부품으로 베어링의 외주가 하우징에 의해 고정되고 베어링의 안쪽의 유막에 의해 유체 마찰을 발생시켜 마찰 및 마모를 방지하여 출력의 손실을 적게 하는 역할을 한다.

1) 분류

ⓐ 레이디얼 베어링 : 하중이 가해지는 방향에 따라 축의 직각 방향에 가해지는 하중을 지지하는 베어링(메인저널과 핀 저널에 설치된다.)

ⓑ 스러스트 베어링 : 축 방향의 하중을 지지하는 베어링

2) 구비조건

ⓐ 하중 부담 능력과 길들임성이 좋을 것

ⓑ 내피로성, 내식성, 매입성(베어링 표면으로 이물질을 묻어버리는 성향)이 있을 것

3) 종류 및 재질

배빗메탈 Sn(80~90%)+Sb(3~12%)+Cu(3~7%)+Zn+Pb, 켈밋합금, 알루미늄 합금, 트리메탈 등이 있다.

그림 엔진 베어링의 종류

4) 윤활 간극(0.038~0.1mm)

ⓐ **윤활간극이 크면** : 유압이 저하되고 실린더 벽에 비산되는 오일의 양이 과대하여 연소실에 유입되는 원인이 되므로 오일의 소비가 증대된다.

ⓑ **윤활간극이 적으면** : 저널과 베어링 표면이 직접 접촉되어 마찰 및 마모가 증대되고 실린더 벽에 오일의 공급이 불량하게 된다.

5) 베어링의 크러시와 스프레드

ⓐ **베어링의 크러시(Bearing crush)** : 조립 시 베어링의 밀착이 잘 되고 열전도가 잘 되도록 하기 위해서 베어링의 바깥둘레를 하우징의 안 둘레보다 크게 하여야 한다. 이 베어링의 바깥 둘레와 하우징의 안 둘레와의 차를 말한다.

ⓑ **베어링 스프레드(Bearing spread)** : 베어링을 끼우지 않았을 때, 하우징의 지름과 베어링 바깥쪽 지름의 차를 말하며, 통상적으로 차이는 0.125~0.50㎜이며, 두는 이유는 조립 시 베어링이 제자리에 밀착을 좋게 하고, 크러시로 인한 안쪽으로 찌그러짐을 방지하며, 작업 시 베어링의 이탈을 방지한다.

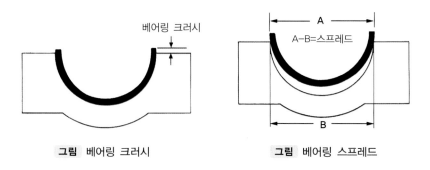

그림 베어링 크러시   **그림** 베어링 스프레드

(7) 밸브 기구 Valve train

밸브 기구는 각 실린더에 설치되어 있는 흡입밸브 및 배기밸브를 캠의 회전운동을 이용하여 개폐시키는 것이며, 밸브의 구비조건은 다음과 같다.
- 고온에서 장력과 충격에 대한 저항력이 클 것
- 무게가 가볍고 내구성 및 헤드부의 열전도성이 클 것

1) OHC(SOHC) & DOHC 밸브기구의 분류

OHC 밸브기구는 캠축이 실린더 헤드에 설치된 형식으로 캠축 1개, 로커 암 어셈블리, 흡·배기밸브 각각 1개씩 설치되어 있는 방식이며, DOHC 밸브기구는 캠축이 실린더 헤드에 설치된 형식으로 캠축 2개, 흡·배기밸브 각각 2개씩 설치되어 있는 방식이다. 그리고 DOHC 밸브기구의 특징으로는 다음과 같다.

① 흡입 효율의 향상 및 허용 최고 회전수의 향상

② 높은 연소 효율 및 응답성의 향상

③ 구조가 복잡하고 생산 단가가 높다.

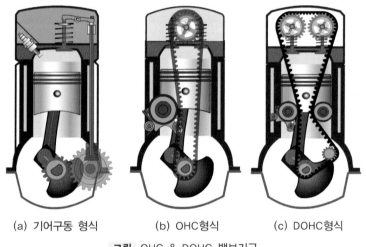

(a) 기어구동 형식　　　(b) OHC형식　　　(c) DOHC형식

그림 OHC & DOHC 밸브기구

2) 캠축과 캠

크랭크축으로부터 동력을 전달받아 캠을 구동하며, 배전기 및 연료펌프, 오일펌프, 밸브 등을 구동한다. 구동 방식에는 기어식, 체인식, 벨트식 등이 있으며, 캠은 캠축의 회전 운동을 직선운동으로 바꾸어 태핏이나 로커암에 전달하는 기능을 한다. 그리고 크랭크축 기어와 캠축 기어의 회전비 2 : 1, 지름비(잇수비) 1 : 2이다.

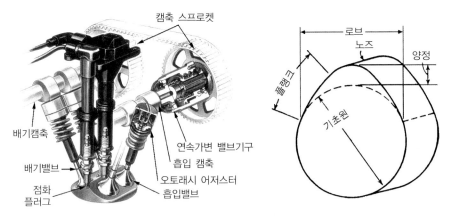

그림 캠축과 캠의 구조

3) 밸브 간극

기관 작동 중 열팽창을 고려하여 두며, I-헤드형 기관과 OHC 기관은 밸브 스템 끝과
로커암 사이의 간극으로 표시

밸브간극이 너무 클 때	밸브간극이 너무 작을 때
· 밸브가 늦게 열리고 일찍 닫힌다. · 운전온도에서 밸브의 열림이 작아진다. · 흡입밸브 간극이 너무 크면 흡입량이 부족해진다. · 배기밸브 간극이 너무 크면 배기 불충분으로 엔진이 과열한다.	· 밸브가 일찍 열리고 늦게 닫힌다. · 블로백이 발생한다. · 흡입밸브 간극이 너무 작으면 역화나 실화가 발생한다. · 배기밸브 간극이 너무 작으면 후화가 일어나기 쉽다.

◎ 밸브의 양정(h)

$$= \frac{d_{(밸브\ 지름)}}{4}$$

$$= \frac{캠의\ 양정 \times 밸브쪽\ 로커암의\ 길이}{캠축쪽\ 로커암의\ 길이} - 밸브간극$$

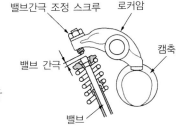

그림 밸브 간극

4) 밸브 리프터(태핏)

캠의 회전운동을 상하 운동으로 바꾸어 푸시로드나 밸브로 전달하며, 편 마모를 방지하
기 위해 캠과 태핏을 오프셋(Off-set : 편심)시킨다. 종류에는 일체식으로 되어있으며
밸브간극을 조정하는 조정나사가 있는 기계식과 유압식 밸브 리프터로 윤활장치의 오일
순환 압력과 오일의 비압축성을 이용하는 유압식이 있다. 특히, 유압식은 기관의 온도

변화에 관계없이 밸브의 간극이 항상 '0'이다. 유압식 밸브 리프터의 특징은 다음과 같다.

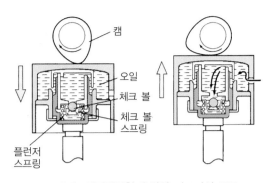

그림 직접작동형 유압식 리프터의 구조

① 밸브개폐가 정확하고, 작동이 조용하며 밸브간극 조정이 필요 없다.
② 충격을 흡수하므로 밸브기구의 내구성이 증대 된다.
③ 구조가 복잡하고, 오일펌프 및 유압회로가 고장 나면 작동이 불량해진다.

5) 밸브의 주요기능

① 흡 ·배기 밸브

구 분	온 도	간 극	헤드 지름	흡기 밸브를 더 크게 하는 이유
흡기 밸브	450~500℃	0.2~0.35㎜	크 다	흡입효율 증대시킬 목적
배기 밸브	700~800℃	0.3~0.40㎜	작 다	

② 밸브의 주요부

ⓐ 마진 : 마진의 두께는 0.8㎜정도이며, 재사용 여부의 기준이 되고, 기밀유지를 해준다.

ⓑ 밸브면(페이스) : 밸브시트와 접촉하여 기밀유지 및 열전도 작용을 하며 30°, 45°, 60° 각도의 것이 있으나 45°를 주로 사용한다.

ⓒ 밸브 스템 : 밸브 운동을 지지하며 스템 끝(엔드)은 평면으로 다듬질한다.

ⓓ 나트륨 밸브 : 밸브 스템을 중공하여 내부에 Na 용액 (40~60%)을 봉입, 밸브헤드의 온도를 약 100도 정도 낮출 수 있어 밸브의 변형을 방지한다.

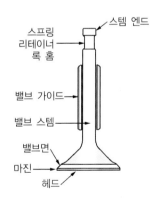

그림 밸브의 주요부

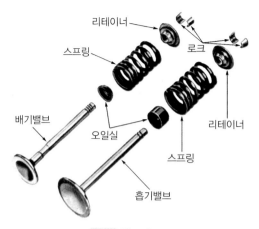

리테이너

스프링

로크

배기밸브

오일실

스프링

리테이너

흡기밸브

그림 밸브의 구조

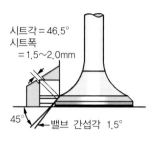

시트각 = 46.5°
시트폭
= 1.5~2.0mm

45°

밸브 간섭각 1.5°

그림 밸브 시트 폭과 간섭각

③ 밸브 시트(Valve seat)

동영상

밸브면과 접촉하고, 시트폭은 1.5~2.0㎜이며, 밸브 시트의 각은 30도, 45도의 것이 있으며, 작동 중 열팽창을 고려하여 밸브면과 시트 사이에 0.25~1.5도 정도의 간섭각을 두고 있다.

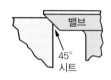

밸브

45°
시트

밸브

1°
간섭 각도

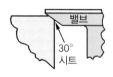

밸브

30°
시트

밸브 시트

그림 밸브 시트

④ 밸브 가이드

밸브 가이드는 밸브가 작동할 때 밸브 페이스와 밸브 시트의 접촉이 바르게 되도록 밸브 스템을 안내하는 역할을 한다. 스템과의 사이에 0.015~0.07㎜ 정도의 간극을 두며, 종류에는 직접식과 일체식이 있다. 밸브 가이드 끝 부분에는 밸브 스템을 통하여 오일이 연소실에 유입되는 것을 방지하기 위하여 고무제의 실(seal)이 설치되어 있다.

6) 밸브 스프링 Valve spring

밸브가 캠의 모양대로 작동하도록 하고, 밸브가 닫혀있는 동안 밸브시트와 밸브 페이스를 밀착시켜 기밀을 유지하는 역할을 하고 재질은 니켈(Ni), 규소(Si)-크롬(Cr)강이 사용된다.

① 밸브 스프링 서징현상과 방지책

ⓐ 서징(Surging)현상 : 캠에 의한 밸브 개폐 횟수가 밸브 스프링의 고유진동수와 같거나 또는 정수배로 되었을 때 밸브 스프링은 캠에 의한 강제 진동과 스프링자체의

고유진동이 공진하여 캠에 의한 작동과 관계없이 진동을 일으키는 현상이다.

ⓑ 방지책

㉠ 이중 스프링을 사용한다.

㉡ 원뿔형 스프링을 사용한다.

㉢ 부등 피치 스프링을 사용한다.

㉣ 정해진 양정 내에서 충분한 스프링 정수를 얻도록 한다.

㉤ 고유 진동수를 높인다. (스프링을 유연하게 하면 진동수가 낮아진다.)

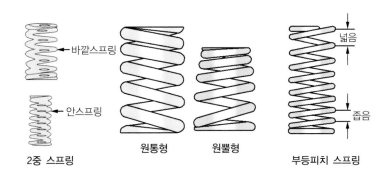

그림 스프링의 종류

7) 밸브 개폐시기 Valve timing

흡기밸브는 상사점 전에 열려서 하사점 후에 닫히고, 배기밸브는 하사점 전에 열려서 상사점 후에 닫힌다. 그리고 상사점 부근에서 흡·배기 밸브가 동시에 열리는 것을 밸브 오버랩(Valve over lap) 또는 정의 겹침(Positive over lap)이라고 한다. 또한, 흡·배기 밸브를 각각의 사점 전에 열어주는 것을 밸브 리드(lead)라 한다.

TIP

▶ 밸브 오버랩(Valve over lap)을 두는 목적
흡·배기가스의 관성을 유효하게 이용하여 흡입행정 시 흡입 효율을 상승시키고, 배기행정에서는 잔류 배기가스 배출을 원활하게 하기 위함이며, 엔진 연소실내의 냉각효과를 증대시킬 수 있다.

예제

어느 4행정 사이클 엔진의 밸브 개폐시기가 아래 보기와 같다. 흡·배기 밸브가 열려있는 기간과 밸브 오버랩을 구하시오.

[보기]
흡입밸브 열림 : 상사점 전 15° 흡입밸브 닫힘 : 하사점 후 30°
배기밸브 열림 : 하사점 전 35° 배기밸브 닫힘 : 상사점 후 12°

정답 ⓐ **흡입밸브 열림 기간 : 15 + 180 + 30 = 225°**
ⓑ **배기밸브 열림 기간 : 35 + 180 + 12 = 227°**
ⓒ **밸브 오버랩 : 15 + 12 = 27°**

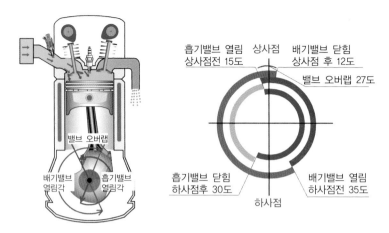

그림 밸브 개폐시기 선도

8) 가변밸브 타이밍 장치 Variable valve timing system

엔진의 운전 상태에 따라 밸브 개폐 시기 등을 바꾸어 흡배기 효율을 높이고 출력 상승 및 연비 향상, 유해 배출가스 저감 등을 실현 할 수 있는 장치이다. 주로 고속에서는 밸브 오버랩을 크게 하여 흡배기 저항을 줄이고 저속에서는 밸브 오버랩을 작게 하여 연소되지 않은 혼합가스가 배기 쪽으로 빠져나가는 것을 방지하여 연비를 향상시키고 배출가스 중의 유해물질을 줄일 수 있다.

동영상

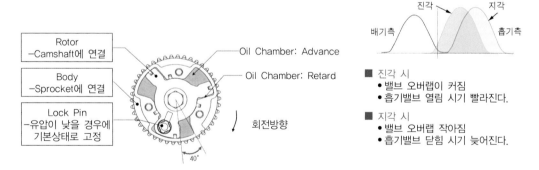

그림 가변 밸브 타이밍 장치의 구조 및 진각과 지각

01. 일반적인 가솔린 실린더 헤드의 구성요소로는 흡·배기 밸브, 점화플러그, 캠축 등이 있고 재질은 가볍고 열전도성이 큰 알루미늄 합금을 많이 사용한다.

☐ O ☐ X

02. 연소실의 구비조건으로 표면적은 최소가 되어야 하며, 돌출부를 두지 말아야 한다. 또한 밸브 구멍에 충분한 면적을 주어 흡·배기 작용이 원활해야 하며 압축행정 중에 와류가 발생되지 않아야 한다.

☐ O ☐ X

03. 피스톤 Top링이나 실린더 둘 중 한 곳에 Cr 도금을 하게 되면 내마모성을 높일 수 있다.

☐ O ☐ X

04. 습식 라이너는 주로 가솔린엔진에 사용되며 라이너 두께는 5~8mm, 상부에는 플랜지를 하부에는 2~3개의 실링을 끼워 냉각수의 누출을 방지할 수 있다.

☐ O ☐ X

05. 실린더 상부에서 마모가 가장 큰 이유는 폭발행정 시 피스톤 헤드가 받는 압력이 가장 크고 윤활 상태가 불량할 경우가 많기 때문이다.

☐ O ☐ X

06. 각각의 사점에서 피스톤이 방향전환이 이루어질 때 피스톤 링의 접촉부에서 순간적으로 떨림 현상이 발생되는 것을 링의 호흡작용이라 한다.

☐ O ☐ X

07. 피스톤의 구비조건으로 내열성과 내압성, 열전도성이 좋아야 하고 열팽창률이 작으면서 기계적 강도는 커야한다. 또한 무게가 가벼우며 회전관성이 작아야 한다.

☐ O ☐ X

08. 피스톤의 제1번 랜드에서 헤드부의 높은 열이 스커트부로 전달되는 것을 방지하는 역할을 하는 것이 오일링이다.

☐ O ☐ X

정답 1.○ 2.× 3.○ 4.× 5.○ 6.○ 7.○ 8.×

09. 피스톤 간극이 크면 마찰이 증대되고 심할 경우 열 변형 및 소착현상이 발생한다.

☐ O ☐ X

10. 피스톤 링의 3대 작용으로 냉각작용, 기밀 유지작용, 마찰 및 마멸 감소 작용 등이 있다.

☐ O ☐ X

11. 피스톤 핀의 설치 방법 중 반부동식은 스냅링을 사용하여 피스톤 핀이 이탈하는 것을 방지한다.

☐ O ☐ X

12. 옵셋 피스톤은 측압을 받지 않는 부분을 잘라내어 중량을 가볍게 하는 특성을 가진다.

☐ O ☐ X

13. 레이디얼 베어링의 윤활이 불량할 경우 베어링과 커넥팅로드가 소착되어 커넥팅로드가 파손될 수도 있다.

☐ O ☐ X

14. 크랭크축의 구성요소로 메인저널, 핀저널, 커넥팅로드, 플라이휠 등이 있다.

☐ O ☐ X

15. 4행정 6기통 기관의 위상차는 120도 이다.

☐ O ☐ X

16. 1-2-4-3의 점화순서를 가진 엔진에서 4번 실린더가 흡입행정일 때 1번 실린더는 동력행정을 한다.

☐ O ☐ X

17. 플라이휠은 실린더수가 많을수록 고속용 엔진일수록 관성력이 커야한다.

☐ O ☐ X

18. 크랭크축의 축방향의 유격을 수정하기 위해 스러스트 베어링을 활용한다.

☐ O ☐ X

정답 9.✕ 10.✕ 11.✕ 12.✕ 13.○ 14.✕ 15.○ 16.○ 17.✕ 18.○

19. 엔진 베어링은 하중 부담능력과 길들임성이 좋아야하고 내피로성, 내식성, 매입성이 있어야 한다.

<input> O <input> X

20. 베어링을 끼우지 않았을 때 하우징의 지름과 베어링 바깥쪽 지름의 차이를 크러시라 한다.

<input> O <input> X

21. 흡·배기 밸브는 내열성이 좋으며 무게가 가볍고 헤드부의 열전도성이 클수록 좋다.

<input> O <input> X

22. 캠축은 크랭크축의 회전수보다 1/2회전하며 기어, 체인, 벨트 등에 의해 크랭크축으로부터 피동된다.

<input> O <input> X

23. 밸브간극이 너무 클 때 각각의 밸브가 일찍 열리고 늦게 닫히게 된다.

<input> O <input> X

24. 흡기 밸브 헤드의 지름이 배기 밸브 헤드의 지름보다 크며 밸브간극 또한 흡기밸브가 더 크다.

<input> O <input> X

25. 캠에 의한 밸브 개폐 횟수가 밸브 스프링의 고유진동수와 같거나 정수배로 되었을 때 캠에 의한 작동과 관계없이 진동을 일으키는 현상을 밸브 스프링의 서징현상이라 한다.

<input> O <input> X

26. 흡·배기가스의 관성을 유요하게 이용하여 흡입과 배기 효율을 향상시키기 위해 상사점 부근에서 흡·배기 밸브가 동시에 열리는 것을 정의겹침이라 한다.

<input> O <input> X

정답 19.○ 20.× 21.○ 22.○ 23.× 24.× 25.○ 26.○

01 내연기관의 연소실이 갖추어야 할 조건으로 틀린 것은?

① 화염전파 시간이 짧을 것
② 연소실 표면적을 최소화 할 것
③ 흡·배기 밸브의 지름을 최대한 작게 할 것
④ 가열되기 쉬운 돌출부를 없앨 것

02 어떤 4행정 사이클 기관의 점화순서가 1-2-4-3이다. 1번 실린더가 압축 행정을 할 때 3번 실린더는 어떤 행정을 하는가?

① 흡기 행정   ② 압축 행정
③ 배기 행정   ④ 폭발 행정

03 흡·배기 밸브의 오버랩(정의 겹침)이란?

① 흡기밸브는 열려 있고 배기밸브는 닫혀 있는 상태
② 흡기밸브는 닫혀 있고 배기밸브는 열려 있는 상태
③ 흡기밸브와 배기밸브가 모두 열려 있는 상태
④ 흡기밸브와 배기밸브가 모두 닫혀 있는 상태

04 4행정 6실린더 기관의 점화순서가 1-4-2-6-3-5이고 제 2번 실린더는 폭발 중의 행정일 때 3번 실린더는 무슨 행정을 하고 있는가? 또한 크랭크축을 회전 방향으로 120도 회전시켰을 때 3번 실린더는 어떤 행정 인가?

① 압축 초, 압축 말
② 배기 초, 배기 말
③ 흡기 중, 압축 초
④ 배기 말, 흡입 초

05 4행정 사이클 기관의 점화순서가 1-3-4-2 이다. 3번 실린더가 흡입 행정일 때 2번 실린더는 어떤 행정을 하는가? (단, 크랭크축의 회전 방향으로 180도 회전을 더 했다.)

① 흡기 행정   ② 압축 행정
③ 배기 행정   ④ 폭발 행정

06 기관 본체를 크게 3부분으로 나눌 경우 이에 해당하지 않는 것은?

① 실린더 헤드
② 실린더 블록
③ 피스톤
④ 크랭크 케이스

정답 **01.③ 02.④ 03.③ 04.① 05.③ 06.③**

07 실린더 헤드를 알루미늄합금의 주물을 사용하였을 경우의 장·단점과 거리가 먼 것은?

① 주철에 비해 열전도성이 매우 좋기 때문에 연소실의 온도를 낮게 할 수 있다.

② 조기점화의 원인이 되는 열점이 생기지 않아 압축비를 어느 정도 높일 수 있는 장점이 있다.

③ 파열되면 혼합가스가 누출될 수 있으므로 단열성과 내압성이 강한 재료인 알루미늄 합금이 사용된다.

④ 열팽창이 커서 풀리기 쉽고 염분에 의한 부식이나 내구성이 떨어지는 단점이 있다.

08 다음 중 건식 라이너에 대한 설명으로 맞는 것은?

① 냉각수와 직접 접촉하는 라이너이다.

② 디젤 기관에서 사용한다.

③ 라이너 두께가 5~8mm이다.

④ 라이너 삽입 시 2~3ton의 힘이 필요하다.

09 압축행정 시 연소실내 혼합기 또는 공기에 압축 와류가 있게 하는 이유는?

① 조기점화

② 연소시간 단축

③ 노킹방지

④ 열효율 높임

10 연소실의 설계 시 가열되기 쉬운 돌출부를 없게 하는 이유는?

① 조기점화 및 노킹방지

② 연소시간 단축

③ 기관의 회전수 높임

④ 열효율 높임

11 실린더 마모가 TDC에서 가장 많이 일어난다. 그 이유로 틀린 것은?

① 디플렉터에 의해 발생된 와류가 연소를 촉진시키기 때문이다.

② 피스톤 링의 호흡 작용 때문이다.

③ 폭발 행정 시 TDC에 연소압력이 더해지기 때문이다.

④ 피스톤이 TDC에서 일단 정지하여 유막이 파괴되기 때문이다.

12 DOHC 가솔린 엔진의 실린더 헤드의 구성요소로 거리가 먼 것은?

① 점화플러그

② 벨트 텐셔너

③ 캠축

④ 흡기 및 배기밸브

13 피스톤 헤드부의 고열이 스커트부로 전달됨을 차단하는 역할을 하는 것은?

① 옵셋 피스톤

② 링 캐리어

③ 솔리드 형

④ 히트댐

 정답 07.③ 08.④ 09.② 10.① 11.① 12.② 13.④

14 실린더 내의 마모는 어느 곳에서 제일 적게 일어나는가?

① 상사점
② 하사점
③ 상사점과 하사점의 중간
④ 실린더의 하단부

15 베어링의 밀착력을 높이고 열전도가 잘 되도록 하기 위해 베어링의 바깥둘레를 하우징의 안 둘레보다 크게 하는 것을 무엇이라 하는가?

① 메인저널
② 스러스트
③ 스프레드
④ 크러시

16 베어링을 끼우지 않았을 때, 하우징의 지름괴 베어링의 바깥쪽 지름의 차를 말하며 조립 시 베어링의 밀착력을 좋게 하여 작업 시 이탈을 방지하기 위해 두는 것은?

① 메인저널
② 스러스트
③ 스프레드
④ 크러시

17 피스톤 링의 기능이 아닌 것은?

① 밀봉 기능
② 마멸 기능
③ 오일제어 기능
④ 열전도 기능

18 피스톤 링이 갖추어야 할 조건으로 틀린 것은?

① 내열 및 내마모성이 양호할 것
② 열의 전도가 양호하여 방열성이 좋을 것
③ 기관 작동 중 실린더 벽을 마모시키지 않을 것
④ 피스톤 중심을 향하여 누르는 압력이 일정할 것

> **해설** 피스톤링은 피스톤 밖으로 장력이 작용하여 실린더 벽면을 누르는 압력이 균일해야 함

19 압축링에 대한 설명이 아닌 것은?

① 하강 시 오일을 긁어내리고 상승 시 오일을 묻혀 올라간다.
② 실린더 벽에 밀착하여 압축행정 시 혼합가스 누출을 막고 폭발행정 시 연소가스의 누출을 막는다.
③ 기관의 작동 중 실린더 벽에 뿌려진 오일의 균형을 맞춰 주며 긁어내린다.
④ 피스톤이 받은 열을 실린더에 전달한다.

20 엔진오일이 연소실에 올라오는 직접적인 원인 중 맞는 것은?

① 피스톤 핀의 마모
② 피스톤 오일링의 마모
③ 크랭크축의 마모
④ 크랭크 저널의 마모

 정답   14.④ 15.④ 16.③ 17.② 18.④ 19.③ 20.②

21 피스톤 링의 장력이 큰 경우와 작은 경우의 설명이 잘못된 것은?

① 링의 장력이 클 경우 실린더 벽과의 마찰손실이 증대한다.
② 링의 장력이 작을 경우 열전도 감소 현상이 발생한다.
③ 링의 장력이 클 경우 블로바이 현상이 발생한다.
④ 링의 장력이 작을 경우 마모가 감소한다.

22 피스톤핀의 고정 방식이 아닌 것은?

① 고정식   ② 반부동식
③ 전부동식   ④ 3/4 부동식

23 엔진의 운전 상태에 따라 밸브의 개폐시기를 조절하여 효율을 높이고 출력 상승 및 연비향상, 유해 배출가스 저감 등을 실현할 수 있는 장치를 무엇이라 하는가?

① 가변흡기조절
② 가변밸브타이밍
③ 가변형상과급
④ 연속가변변속

24 디젤 기관에 주로 사용하는 습식라이너에 대한 설명으로 맞는 것은?

① 라이너가 냉각수와 직접 접촉하여 열 방산 능력이 뛰어나다.
② 삽입할 때 2, 3톤의 유압 프레스를 사용하여 힘을 고르게 가하여 조립한다.
③ 라이너의 두께가 2~3mm 정도 되는 것이 일반적이다.
④ 라이너와 물 재킷부의 조립이 확실하여 내구성에 문제되는 실링이 필요 없다.

25 크랭크축의 점화시기에 고려할 사항으로 틀린 것은?

① 연소가 같은 간격으로 일어나게 한다.
② 크랭크축에 비틀림 진동이 일어나지 않게 한다.
③ 혼합기가 각 실린더에 균일하게 분배되게 한다.
④ 인접한 실린더에 연이어 점화되어야 한다.

26 크랭크축의 재료로 일반적으로 사용되는 것이 아닌 것은?

① 고탄소강
② 니켈-크롬강
③ 크롬-몰리브덴강
④ 알루미늄 합금

27 플라이휠의 무게는 무엇과 관계가 있는가?

① 회전속도와 실린더 수
② 크랭크축의 길이
③ 링기어의 잇수
④ 클러치판의 길이

정답 **21.③ 22.④ 23.② 24.① 25.④ 26.④ 27.①**

28 유압식 밸브 개폐의 장점의 내용이 아닌 것은?

① 밸브 개폐시기가 정확하다.
② 작동이 조용하고 간격조정이 필요 없다.
③ 충격을 흡수하여 밸브기구의 내구성이 좋다.
④ 구조가 간단하다.

29 엔진에서 밸브 간극이 너무 클 때는 어떻게 되는가?

① 푸시로드가 휘어진다.
② 밸브 스프링이 약해진다.
③ 밸브가 확실하게 밀착되지 않는다.
④ 밸브가 완전하게 개방되지 않는다.

30 엔진의 밸브 간극이 너무 작을 경우 발생할 수 있는 것은?

① 밸브기구의 마모가 줄어든다.
② 작동온도에서 밸브가 확실하게 밀착되지 않는다.
③ 가스누설을 방지하는 기밀작용을 전혀 할 수 없다.
④ 연소열에 의한 밸브의 팽창이 전혀 없다.

31 밸브 스프링 서징 현상의 설명 중 알맞은 것은?

① 밸브가 열릴 때 천천히 열리는 현상
② 흡기밸브가 동시에 열리는 현상
③ 밸브가 고속회전에서 저속으로 변화할 때 스프링의 장력의 차가 생기는 현상
④ 고속 시 밸브 스프링의 신축이 심하여 밸브의 고유진동수와 캠의 회전수의 공명에 의해 스프링이 튕기는 현상

32 밸브 오버랩이 필요한 이유로 맞는 것은?

① 노킹방지   ② 연료절약
③ 효율증대   ④ 마모방지

냉각 장치

엔진의 정상적인 온도는 80±5℃이며, 연소실에 의한 과열을 방지하고 기관의 손상 방지와 내구성 향상에 그 목적을 두고 있다.

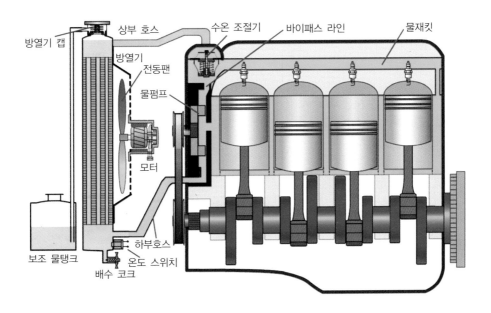

1 냉각장치 순환

(1) 엔진 예열(워밍업) 전 / 수온 조절기 닫힘
물펌프 → 실린더 블록 및 헤드 물재킷 부 순환

(2) 엔진 예열 후 / 수온 조절기 열림
물펌프 → 실린더 블록 및 헤드 물재킷 부 순환 → 실린더 헤드 쪽 방열기 상부 호스
→ 방열기 상부 탱크 → 방열기 하부 탱크 → 방열기 하부 호스 → 물펌프

(3) 엔진 과열 시 / 방열기 캡 속 압력밸브 열림
→ 보조물탱크로 냉각수 유출 후 냉각계통 압력유지
방열기 하부 탱크의 온도 스위치 작동으로 전동팬 구동

2 냉각 방식

(1) 공랭식

1) 자연 통풍식 : 주행 시 받는 공기로
엔진 외부를 냉각시키는 방식

2) 강제 통풍식 : 냉각팬과 시라우드를
두고 강제로 다량의 공기를 보내어 냉
각시키는 방식

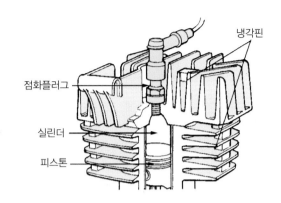

그림 공랭식의 구조

(2) 수냉식

1) 자연 순환식 : 물의 대류작용을 이용하여 냉
각시키는 방식

2) 강제 순환식 : 냉각수를 물펌프에 의해 강제
적으로 순환시켜 냉각시키는 방식

3 냉각 장치 구성

(1) 물재킷 : 실린더 블록 및 헤드의 물 순환통로

(2) 물펌프 : 원심력식 펌프를 사용

1) 기관 회전수에 1.2~1.6배로 회전한다.

2) 펌프의 효율은 냉각수 온도에 반비례하고
냉각수 압력에 비례한다.

3) 벨트 : 크랭크축 풀리, 발전기 풀리, 물펌
프 풀리와 연결 구동한다.

4) 장력 : 10kg의 힘을 가하였을 때 13~20㎜ 정도여야 한다.

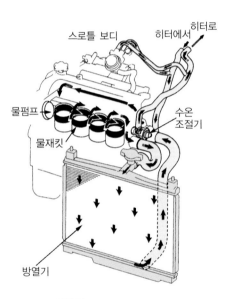

그림 수냉식의 주요 구성

팬벨트의 장력이 클 때(단단하다)	팬벨트의 장력이 작을 때(느슨하다)
• 물펌프 및 발전기 베어링의 마모가 촉진된다. • 물펌프의 고속회전으로 엔진이 과냉 할 염려가 있다.	• 물펌프 및 냉각 팬의 회전속도가 느려 엔진이 과열한다. • 발전기 출력이 저하되고, 소음이 발생한다.

그림 물펌프와 구동벨트

(3) 냉각팬

라디에이터를 통하여 공기를 흡입하여 방열을 도와주는 기능을 한다.

1) **유체커플링 방식** : 고속회전에서 유체커플링에 슬립을 발생시켜 기관의 동력손실을 줄인다.(대형 FR, RR방식의 차량에 주로 사용됨)

2) **전동 팬 방식** : 냉각팬을 구동시키기 위해 전동기에 전원을 공급한다. 설치 위치가 자유롭고 기관 공전 시 충분한 냉각효과를 얻을 수 있으나 구동 소음이 큰 단점이 있다.(소형 FF 방식의 차량에 주로 사용됨)

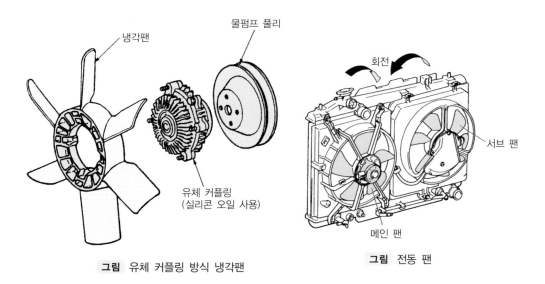

그림 유체 커플링 방식 냉각팬   **그림** 전동 팬

(4) 방열기(라디에이터)

방열기는 다량의 냉각수를 저장하고 연소실 벽 및 실린더 벽에서 흡수한 열을 대기 중으로 방출시키는 역할을 하며 유출·입 온도 차이는 5~10℃이고 20% 이상 막혔을 경우 교환하여야 한다.

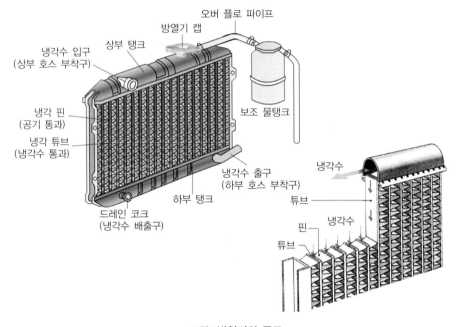

그림 방열기의 구조

1) 라디에이터의 구비 조건

① 단위 면적당 방열량이 클 것

② 공기 흐름 저항이 작을 것

③ 가볍고 경량이며 강도가 클 것

④ 냉각수 흐름 저항이 작을 것

2) 라디에이터 캡 Radiator cap

냉각장치의 비등점을 높여 냉각범위를 넓히기 위해 사용하며, 압력은 게이지 압력으로 0.9kg/㎠ 정도이며, 비등점은 112℃이다.

▸ 라디에이터에 기름이나 기포 발생 시 고장 개소
- 실린더 헤드 또는 가스켓의 파손
- 실린더 헤드 볼트 파손 또는 이완
- 자동변속기 장착차량은 붉은색의 기름이 떠있으면, 라디에이터 불량이다.

① 압력밸브(Pressure valve)

압력밸브는 냉각장치 내의 압력이 규정값 이상으로 되면 열려 오버플로 파이프를 통하여 보조물탱크 쪽으로 냉각수를 배출시켜 필요 이상의 압력이 상승되는 것을 방지하며, 압력이 낮으면 스프링 장력에 의해서 닫히므로 냉각장치 내의 압력을 규정 압력까지 유지시키는 역할을 한다. 따라서 냉각장치 내의 압력을 항상 일정한 압력으로 유지시켜 비점을 높인다.

그림 라디에이터 캡의 작동

② 진공밸브(Vacuum valve)

진공밸브는 냉각장치 내의 압력이 높으면 닫혀 있지만 엔진이 정지하면 냉각수 온도가 저하되어 부분 진공이 형성된다. 그때 진공밸브 스프링을 당기고 냉각수를 유입하여 라디에이터 내의 압력을 대기압과 동일하도록 유지시키는 역할을 한다. 즉 진공밸브는 냉각수 온도 저하로 발생되는 진공을 방지한다.

3) 라디에이터 코어

라디에이터 코어는 공기가 흐를 때 접촉되어 냉각 효과를 향상시키는 냉각핀과 냉각수가 흐르는 튜브로 구성되어 있다. 냉각핀의 종류로는 평면으로 된 판을 일정한 간격으로 설치한 플레이트 핀, 냉각핀을 파도 모양으로 설치하여 방열량이 크고 가벼우며 현재 많이 사용하는 코르게이트 핀, 냉각핀을 벌집 모양으로 배열한 리본 셀룰러 핀 등으로 분류된다.

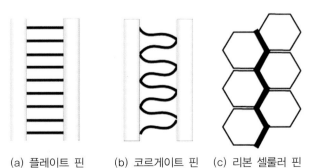

(a) 플레이트 핀   (b) 코르게이트 핀   (c) 리본 셀룰러 핀

그림 코어 핀의 종류

(5) 수온 조절기(Thermostat : 정온기)

수온 조절기는 실린더 헤드 물재킷 출구에 설치되어 냉각수 통로를 개폐하여 냉각수 온도를 알맞게 조절한다. 그리고 열림 온도는 65℃~85℃이고 95℃ 정도이면 완전히 개방된다.

▶ 수온조절기가 열려서 고착되면 엔진이 과냉이 되고, 닫혀서 고착되면 과열의 원인이 된다.
① **펠릿형** : 왁스의 팽창성과 합성 고무의 신축 작용으로 개폐하는 방식이다.
② **바이메탈형** : 코일 모양의 바이메탈이 수온에 의해 밸브가 열리는 형식이다.
③ **벨로즈형** : 에테르나 알코올을 봉입하고 냉각수 온도에 따라서 액체가 팽창, 수축하여 밸브가 통로를 개폐하는 방식이다.

(6) 수온 스위치 thermal switch

라디에이터 하부 탱크에 위치하여 냉각수의 온도가 90~100° 정도 되었을 때 전동팬을 작동시키기 위한 전원을 공급하는 역할을 한다. 반대로 설정온도 이하에서는 전원을 차단하여 팬의 작동을 중지시킨다.

(7) 냉각수와 부동액

1) **냉각수** : 산이나 염분이 없는 연수(증류수, 수돗물) 사용

2) **부동액** : 원액과 연수를 혼합

　① **영구 부동액** : 에틸렌글리콜 – 현재 많이 사용
　　　　　　　　　　(비등점 197.2℃, 응고점 –50℃, 팽창계수 크고 금속부식성 있음)

　② **반영구 부동액** : 메탄올(비등점 82℃)

　③ **기타** : 글리세린(비등점 290℃, 융점 17℃ – 저온에서 결정화, 단맛의 액체, 비중이 크고 산이 포함되면 금속 부식성 있음)

3) **부동액의 세기는 비중으로 표시한다.**

4) **부동액의 구비조건**

　① 비등점이 높고, 빙점이 낮아야 되며 물과 혼합이 잘될 것

　② 휘발성이 없고, 순환이 잘되며 침전물이 없을 것

　③ 내부식성(내식성)이 크고, 팽창계수가 적을 것

(8) 수온계

계기판에 냉각수의 온도를 나타내는 장치로 밸런싱 코일방식을 주로 사용한다.

냉간 시에 C(Cool)쪽에 지침이 위치하다가 정상작동 온도에서는 그림의 지침처럼 중간 정도에 위치하게 된다. 만약 냉각수의 순환이 좋지 못하거나 냉각수 라인에서 일부 누수가 발생될 경우에는 H(High)쪽으로 지침이 이동하게 된다. 온도를 측정하기 위해 물재킷부 (실린더 헤드쪽)에 설치되며 부특성 서미스터를 사용한다.

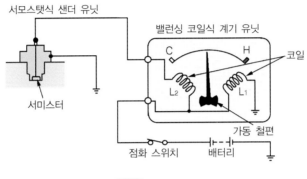

그림 수온계

4 열의 제어

(1) 출구 제어방식과 입구 제어방식

1) 출구제어방식 : 수온조절기가 엔진의 냉각수 출구 쪽에 위치하는 형식

① 한랭 시 엔진을 단시간에 정상 작동 온도로 만들 수 있다.

② 수온의 핸칭량(순간적인 온도차에 의한 갑작스런 온도변화)이 입구제어방식에 비해 크다.

③ 수온조절기 작동이 빈번하여 고장 확률이 높다.

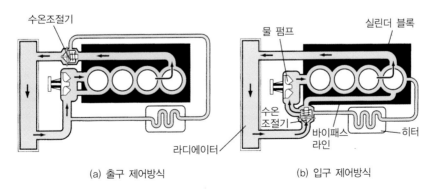

(a) 출구 제어방식   (b) 입구 제어방식

그림 출구 제어방식과 입구 제어방식

2) **입구제어**Bottom by-pass **방식** : 수온조절기를 엔진 냉각수 입구 쪽에 설치한 형식

   ① 수온조절기의 급격한 온도 변화가 적어 내구성이 좋다.

   ② 수온조절기가 열렸을 때 바이패스 회로를 닫기 때문에 냉각효과가 좋다.

   ③ 기관 내부의 온도가 일정하고 안정적인 히터 성능의 효과를 볼 수 있다.

   ④ 기관이 정지했을 때 냉각수의 보온 성능이 좋다.

   ⑤ 제어 온도를 출구제어방식 보다 낮게 설계하여 노킹이 잘 일어나지 않는다.

(2) 냉각장치에서 흡수되는 열

1) **연료의 전체 발열량을 100%라 하면,**

   ① 냉각 손실 : 32%   ② 배기 손실 : 37%

   ③ 기계 손실 : 6%   ④ 정미 출력 : 25%

2) **엔진의 종류별 정미 열효율(%)**

   ① 증기엔진 : 6~29%   ② 가스엔진 : 20~22%

   ③ 가솔린엔진 : 25~28%   ④ 디젤엔진 : 30~38%

   ⑤ 가스터빈 : 25~28%

01. 냉각 장치는 연소실에 의한 과열을 방지하고 기관의 손상방지와 내구성 향상을 위해 필요하다.
　　□ O 　□ X

02. 팬벨트는 일반적으로 크랭크축 풀리와, 발전기 풀리, 물펌프 풀리와 연결하여 구동된다.
　　□ O 　□ X

03. 전동 팬 방식은 설치 위치가 자유롭고 기관 공전 시 충분한 냉각효과를 얻을 수 있어 대형 FR, RR방식에 주로 사용된다.
　　□ O 　□ X

04. 방열기의 상부탱크와 하부탱크의 온도차는 5~10도이고 막힘률이 신품대비 20% 이상이면 교환한다.
　　□ O 　□ X

05. 방열기내 압력이 높을 때 작동하는 것이 방열기캡 내부의 압력밸브이고 온도가 낮아져 압력이 낮아졌을 때 작동하는 것이 진공밸브이다.
　　□ O 　□ X

06. 수온조절기는 90도에서 개방되어 100도에서 완전 개방된다.
　　□ O 　□ X

07. 수온조절기가 닫힌 상태에서 작동이 불량할 경우 엔진이 과열된다.
　　□ O 　□ X

08. 부동액으로 사용되는 에틸렌글리콜은 끓는점이 높고 응고점이 낮은 큰 장점을 가지나 열팽창 계수가 크고 금속의 부식시키는 성질이 있다.
　　□ O 　□ X

09. 부동액은 물과 혼합이 잘 되어야 하고 휘발성이 강해 주변의 열을 잘 빼앗을 수 있어야 한다.
　　□ O 　□ X

10. 냉각수의 출구제어방식은 입구 제어방식에 비해 행칭량이 커서 온도변화가 크다. 이러한 이유로 수온조절기의 내구성에 좋지 않은 영향을 미친다.
　　□ O 　□ X

정답　1.○　2.○　3.×　4.○　5.○　6.×　7.○　8.○　9.×　10.○

01 냉각장치의 기능이라고 볼 수 없는 것은?

① 엔진의 과열로 인한 부품의 강도저하 방지 기능
② 노킹이나 조기점화 방지 기능
③ 기관 부품의 기계적 마찰을 줄여 주는 기능
④ 기관의 적정 온도 유지 기능

02 다음은 기관 냉각장치의 종류이다. 맞지 않는 것은?

① 강제통풍식 ② 공랭식
③ 오일 냉각식 ④ 수냉식

03 자동차 엔진의 대표적인 냉각방식은?

① 공랭식 중 자연통풍식
② 공랭식 중 강제통풍식
③ 수냉식 중 자연순환식
④ 수냉식 중 강제순환식

04 일반적으로 냉각수의 수온을 측정하는 곳은?

① 라디에이터 상부
② 실린더 블록 물재킷부
③ 실린더 헤드 물재킷부
④ 실린더 블록 하단부

05 출구제어방식의 서모스탯에 대한 설명으로 틀린 것은?

① 엔진의 상부 물재킷과 라디에이터 사이에 설치되어 있다.
② 냉각수 온도변화에 따라 밸브가 자동적으로 개폐된다.
③ 밸브가 완전히 닫히기 위한 작동온도는 보통 75도~100도이다.
④ 라디에이터로 흐르는 유량을 조절함으로써 냉각수의 적정온도를 유지하는 역할을 한다.

06 라디에이터에 요구되는 조건의 설명으로 틀리는 것은?

① 단위면적의 방열량이 적어야 한다.
② 공기의 저항이 적어야 한다.
③ 가볍고 소형이며 견고해야 한다.
④ 냉각수의 저항이 적어야 한다.

07 라디에이터의 코어 막힘률은 얼마 미만이여야 하는가?

① 15%   ② 20%
③ 25%   ④ 30%

 01.③ 02.③ 03.④ 04.③ 05.③ 06.① 07.②

08 수냉식 냉각장치의 주요 구조부가 아닌 것은?

① 물재킷   ② 서모스탯
③ 냉각핀   ④ 냉각팬

09 전동팬은 모터로 냉각팬을 구동하는 형식이다. 전동팬의 장점이 될 수 없는 것은?

① 라디에이터의 설치가 자유롭다.
② 엔진의 워밍업이 빠르다.
③ 냉각수의 일정한 온도에서 작동되므로 불필요한 동력손실을 줄일 수 있다.
④ 팬을 가동하는 소비전력이 적고 소음이 작다.

10 전동팬의 사용은 보통 어느 자동차에서 많이 사용되는가?

① 앞기관 앞바퀴구동 자동차
② 앞기관 뒷바퀴구동 자동차
③ 뒤기관 뒷바퀴구동 자동차
④ 뒤기관 전륜구동 자동차

11 서모스위치의 설정온도는 일반적으로 몇 도인가?

① 70~80도   ② 90도~100도
③ 110도~120도   ④ 120도~130도

해설 서모스위치는 전동펜을 작동시키기 위한 기준 신호이므로 수온조절기와 구분하여야 함.

12 팬 벨트에 관한 설명으로 적당하지 않는 것은?

① 크랭크축의 회전을 발전기 풀리와 팬 풀리(물펌프와 동시구동)에 전달하여 팬을 회전시킨다.
② 전동팬을 사용하는 엔진에서는 팬 풀리 대신에 펌프 풀리를 회전시킨다.
③ 팬 벨트는 보통 이음이 없는 V벨트를 사용한다.
④ 팬 벨트의 장력이 너무 단단해지면 충전 불량 및 과열의 원인이 되기도 한다.

13 팬 벨트의 장력이 느슨할 때의 결과가 아닌 것은?

① 라디에이터의 냉각능력이 저하된다.
② 기관이 과열하는 원인이 된다.
③ 베어링 등의 마모가 쉽게 된다.
④ 배터리 충전이 잘 안 된다.

14 팬 벨트의 장력은 적절한 장력을 유지할 것이 요구되는데 만일 10kg의 힘을 가했을 때 얼마 정도의 장력이어야 하는가?

① 약 5㎜~10㎜ 정도
② 약 13㎜~20㎜ 정도
③ 약 20㎜~25㎜ 정도
④ 약 23㎜~30㎜ 정도

15 부동액 사용 시 주의점으로 틀린 것은?

① 부동액은 장시간 사용하지 않는다.
② 냉각액이 100도를 넘는 것을 예상할 수 있을 때에는 퍼머넌트(영구부동액)형을 사용한다.
③ 세미 퍼머넌트형(반영구 부동액)은 인화성이 있으므로 화기에 주의한다.
④ 추운 지방의 환경에서 사용하는 부동액은 물의 함유량을 늘려야 한다.

16 냉각장치에서 흡수되는 열은 연료의 전 발열량의 몇 % 정도인가?

① 30~35%   ② 40~50%
③ 55~60%   ④ 70~80%

17 방열기에서 사용하는 코어 핀의 종류로 거리가 먼 것은?

① 플레이트 핀
② 코르게이트 핀
③ 리본 셀룰러 핀
④ 킹핀

18 냉각 장치의 냉각수 비등점을 올리기 위한 장치는?

① 압력식 캡
② 코어
③ 라디에이터
④ 물 재킷

19 기관의 온도 조절기에 대한 설명 중 틀린 것은?

① 온도 조절기의 종류에는 벨로즈형, 펠릿형 등이 있다.
② 온도 조절기는 냉각수의 온도를 일정하게 유지하도록 한다.
③ 온도 조절기 내에는 에테르 또는 알코올 등을 넣어 봉입한 것도 있다.
④ 냉각수 온도가 95도에서 열리기 시작하여 105도에서 완전히 열린다.

20 수온 조절기 종류에는 벨로즈형과 펠릿형이 있는데, 각각의 종류에 들어있는 물질은 무엇인가?

① 알코올과 벤젠
② 벤젠과 왁스
③ 에테르와 왁스
④ 에테르와 알코올

윤활 장치

윤활 장치는 엔진 내부의 각 운동부에 윤활유를 공급하여 마찰손실과 부품의 마모를 감소시켜 기계효율을 향상시키는 역할을 하며, 윤활유의 가장 중요한 성질은 점도이다.

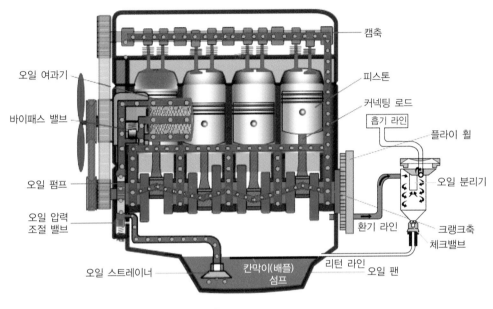

그림 윤활 장치의 구성

1 윤활유 순환 순서

오일팬(섬프) → 오일스트레이너 → 오일펌프(압력⇑ 유압조절밸브 통한 오일팬 리턴가능) → 오일필터(필터 막혔을 때 : 바이패스밸브 작동) → 크랭크 축 및 엔진블록으로 순환 → 실린더 헤드

2 윤활 작용

(1) 윤활유 6대 작용

① 감마 작용(마찰 및 마모방지 작용)　② 응력 분산 작용(충격완화작용)
③ 밀봉 작용(가스 누출 방지작용)　④ 냉각 작용(열전도 작용)
⑤ 세척 작용(청정작용)　⑥ 방청 작용(부식방지 작용)

(2) 윤활유 소비의 가장 큰 원인은 **연소**와 **누설**이며, 원인은 다음과 같다.

① 피스톤 링의 마모 또는 장력 부족

② 실린더 벽의 마모

③ 밸브 스템과 가이드의 마모

④ 밸브가이드 오일실 파손 또는 마모

⑤ 엔진 오일 누출 또는 오일 과다 주유

⑥ 오일의 열화 및 점도 저하

※ 오일이 연소될 경우 배출가스의 색이 흰색으로 변한다.

(3) 윤활 방식

① 비산식

② 압력식

③ 비산 압력식(현재차종)

④ 혼기식(2륜 자동차)

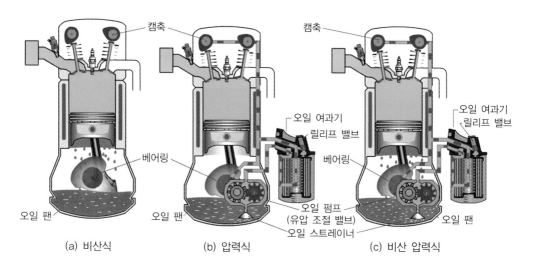

(a) 비산식   (b) 압력식   (c) 비산 압력식

그림 윤활방식의 종류

(4) 윤활유 구비조건

① 점도가 적당하고 점도지수가 클 것

② 청정력이 커야하고 기포 발생이 적어야 한다.

③ 열과 산에 대한 안정성이 있어야 한다.

④ 비중이 적당해야 한다.(0.86~0.91)

⑤ 카본 생성이 적어야 하고 카본에 대한 저항력이 있어야 한다.

⑥ 응고점은 낮고 인화점과 발화점이 높아야 한다.

(5) 여과 방식

① **분류식** : 일부는 여과하고 일부는 여과하지 않은 오일이 윤활부로 공급

② **전류식** : 전부 여과하여 윤활부로 공급(필터가 막히면 바이패스 통로를 통함)

③ **샨트식** : 여과된 오일과 여과되지 않은 오일이 같이 윤활부로 공급(전류식+분류식)

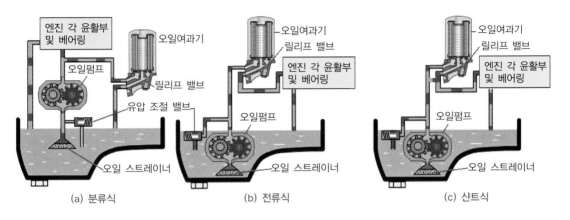

(a) 분류식   (b) 전류식   (c) 샨트식

그림 오일 여과방식의 종류

③ 윤활 장치 구성

(1) 오일 팬

오일이 담겨지는 용기로 냉각작용을 위해 강철판으로 제작

① **섬프**(sump) : 자동차가 한쪽으로 심하게 기울어져도 오일을 충분히 고일 수 있도록 제작한 깊은 홈으로 오일 스트레이너가 이곳에 위치하게 된다.

② **칸막이**(baffle) : 급출발, 급제동 등 차량에 심하게 흔들릴 때 오일이 출렁이는 것을 방지하기 위한 칸막이를 오일 팬의 바닥으로부터 평형하게 설치해 놓았다.

③ **드레인 플러그** : 오일을 교환할 때 아래쪽으로 배출하기 위한 마개를 말한다.

(2) 오일 스트레이너

금속 여과망을 이용하여 윤활장치로 유입되는 입구에서 커다란 불순물을 여과한다.

(3) 오일 펌프

크랭크축, 캠축상의 헬리컬 기어와 접촉 구동하고 오일 팬의 오일을 흡입 가압하여 윤활부로 송출한다.

1) 종류 : 기어 펌프, 로터리 펌프, 베인 펌프, 플런저 펌프

2) 송출 압력(압송압력) : $2 \sim 3 \mathrm{kg/cm}^2$

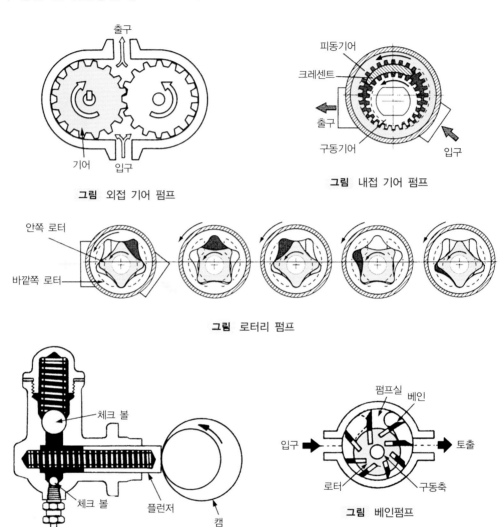

그림 외접 기어 펌프

그림 내접 기어 펌프

그림 로터리 펌프

그림 플런저 펌프

그림 베인펌프

(4) 유압 조절 밸브(릴리프 밸브)

회로 내의 유압이 과도하게 상승하는 것을 방지하여 유압을 일정하게 해주는 작용을 하는 기구이다.

1) 유압이 높아지는 원인 - (오일 펌프와 오일 필터 사이 압력 기준)

① 기관의 온도가 낮아 점도가 높을 때

② 유압 조절 밸브 스프링의 장력이 강할 때

③ 오일 여과기 및 배유관이 막혔을 때

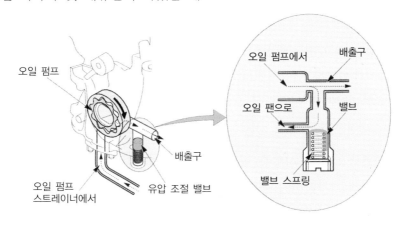

그림 유압 조절 밸브

2) 유압이 낮아지는 원인 - (오일 펌프와 오일 필터 사이 압력 기준)

① 오일의 점도저하, 오일의 심한 오염

② 오일펌프의 과다 마모 및 오일량 부족

③ 유압 조절 밸브 스프링의 장력과소

(5) 오일 여과기

오일 속의 수분, 연소 생성물, 금속분말 등의 불순물을 여과한다.

바이패스 밸브 : 필터가 막혔을 때 강제로 순환하기 위한 보상구멍을 제어하는 밸브

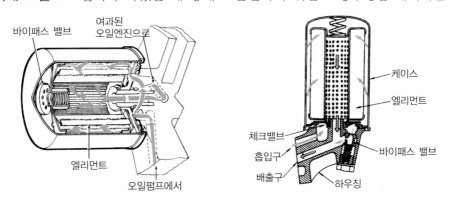

그림 오일 여과기의 구조

(6) 유면표시기

오일팬 내의 오일량, 질, 색깔을 점검하며 F(MAX)선 가까이 있으면 정상이다.

1) 엔진오일 점검 방법

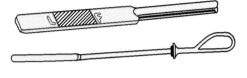

그림 유면 표시기

① 평지에 차량을 주차 후 엔진을 예열 시킨다.

② 시동을 끄고 변속레버를 "P"에 놓고 주차브레이크를 체결시킨다.

③ 유면표시기를 이용하여 오일의 상태를 점검한다.

2) 오일 색깔로 점검하는 방법

① 검은색 : 교환 시기를 넘겨 심하게 오염되었을 때

② 붉은색 : 가솔린이 유입되었을 때

③ 우유색 : 냉각수가 섞여 있을 때

④ 회 색 : 연소생성물인 4에틸납($C_2H_5)_4Pb$의 혼입

(7) 윤활유 냉각기 및 크랭크케이스 환기장치

1) 윤활유 냉각기

엔진오일의 온도가 상승하게 되면 점도가 낮아져 윤활 능력이 저하되게 된다. 오일 섬프의 온도를 130℃ 이하로 유지하기 위해 별도로 냉각기를 설치하는 경우가 있다.

2) 크랭크케이스 환기장치

블로바이 가스 중에 포함되어 있는 오일, 연료 잔유물, 수증기, 연소생성물 등을 오일 분리기에서 분리하여 흡기통로로 유입시켜 연소실로 보낸다. 분리기로 원심식, 사이클론식, 레비린스식 등이 사용된다.

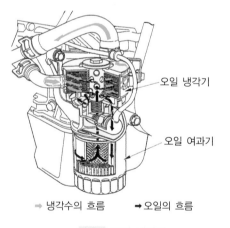

오일 냉각기

오일 여과기

→ 냉각수의 흐름   ➡ 오일의 흐름

그림 오일 냉각기

(8) 유압계의 종류

부든 튜브식, 밸런싱 코일식, 바이메탈 서모스탯식, 유압 경고등이 있다.

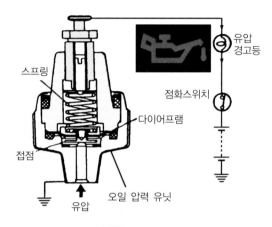

그림 유압 경고등

4 윤활유의 분류

SAE(미국 자동차 기술 협회) : 온도에 따른 점도 분류	
단급 윤활유 : SAE 5W, SAE 10W, SAE 20W, SAE 10, SAE 20 "W" 겨울철용으로 −17.78℃의 점도 "W" 없을 때에는 100℃의 점도	**다급 윤활유**(전계절용 범용오일) SAE 5W/20, SAE 10W/30, SAE 20W/40 등 현재 대부분 다급 윤활유 등급을 사용 함.

사용 범위	가솔린 기관		디젤 기관	
	SAE 신	API 구	SAE 신	API 구
좋은 조건	SA	ML	CA	DG
중간 조건	SB	MM	CB, CC	DM
나쁜 조건	SC, SD	MS	CD	DS

	가솔린	도입년도		디젤
A P I 신	SG	1989	1984	CE
	SH	1993	1994	CF
	SJ	1996	2002	CI-4
	SL	2001	2007	CJ-4
	SN	2010	2017	CK-4
	⋮			⋮

◆ SAE 신분류 : 미국(자동차기술, 재료시험, 석유)협회와 협력하여 엔진오일의 사용 용도, 품질 분류, 기술적 분류에 기본적 취지를 두고 분류.
◆ API 구분류 : 미국 석유 협회에서 엔진의 운전조건에 따라 구분 지었다. 등급 변화 없음.
◆ API 신분류 : 미국(석유, 재료시험) 협회 그리고 SAE와 공동으로 도입연도별 설계특성에 따른 새로운 분류.
◆ 기 타 분 류 : 유럽자동차회사 제정 CCMC(1983년) → ACEA(1993), 다수 자동차회사 제정 HTHS등

01. 윤활유의 가장 중요한 성질은 점도이다.

□ O □ X

02. 윤활유의 6대 작용은 감마, 응력분산, 밀봉, 냉각, 세척, 방청 작용이다.

□ O □ X

03. 윤활유 소비의 가장 큰 원인은 연소와 누유이다.

□ O □ X

04. 윤활유는 점도가 적당하고 점도지수는 작아야 한다.

□ O □ X

05. 윤활유는 응고점은 낮고 인화점 및 발화점은 높아야 한다.

□ O □ X

06. 분류식 여과방식에서는 바이패스 밸브가 꼭 필요하다.

□ O □ X

07. 오일 팬의 구성요소로 섬프, 배플, 드레인 플러그 등이 있다.

□ O □ X

08. 윤활회로 내의 유압이 과도하게 상승하는 것을 방지하여 유압을 일정하게 해주는 작용을 하는 기구가 체크밸브이다.

□ O □ X

09. 기관의 온도가 낮거나 유압조절밸브 스프링의 장력이 강할 때 윤활회로에 공급되는 유압은 낮아지게 된다.

□ O □ X

10. 엔진오일을 점검하여 오일 색깔이 우유색인 것을 확인했다. 이는 윤활계통에 냉각수가 섞여서 일어나는 현상 중에 하나이다.

□ O □ X

정답 1.◯ 2.◯ 3.◯ 4.✕ 5.◯ 6.✕ 7.◯ 8.✕ 9.✕ 10.◯

01 엔진 오일을 점검하는 설명으로 틀린 것은?

① 계절 및 기관에 알맞은 오일을 사용한다.
② 평탄한 곳에서 자동차를 주차하여 점검한다.
③ 오일을 점검할 때는 시동이 걸린 상태에서 한다.
④ 오일은 정기적으로 점검 및 교환한다.

02 다음 중 윤활유의 사용 목적이 아닌 것은?

① 금속 표면의 방청 작용
② 작동 부분의 응력 분산 작용
③ 섭동부의 운동 및 열에너지 저장
④ 혼합기 및 가스 누출 방지의 기밀 작용

03 윤활유는 각부의 마찰 및 마모를 방지하는데, 마찰면 사이에 충분한 유체 막을 형성하는 이상적인 윤활 상태를 무엇이라 하는가?

① 경계 윤활
② 극압 윤활
③ 마찰 윤활
④ 유체 윤활

해설➡ ① 경계 윤활 : 얇은 유막으로 쌓여진 두 물체 간의 마찰로 불완전 윤활이라고도 한다.

② 극압 윤활 : 기계의 마찰면에 특히 큰 압력이 걸려, 미끄럼 마찰에 의해 발열이 커지고 유막이 파괴되기 쉬운 윤활상태
③ 오일 윤활 베어링은 모두 유체 윤활이며 그리스 윤활 베어링은 반유체 윤활이라 한다.

04 자동차의 윤활유가 갖추어야 할 구비조건으로 틀린 것은?

① 점도지수가 높을 것
② 응고점이 낮을 것
③ 발화점이 낮을 것
④ 카본 생성에 대한 저항력이 클 것

05 윤활유의 여과방식 중에서 가장 깨끗하게 오일을 여과하는 방식은?

① 분류식
② 전류식
③ 샨트식
④ 병용식

06 오일펌프의 종류가 아닌 것은?

① 기어 펌프
② 모터 펌프
③ 로터리 펌프
④ 베인 펌프

정답 **01.③ 02.③ 03.④ 04.③ 05.② 06.②**

07 다음 중 엔진의 오일펌프와 오일 필터 사이를 기준으로 유압이 높아지는 원인이 아닌 것은?

① 기관 오일의 점도가 높은 때
② 오일 필터의 일부분이 막혔을 때
③ 유압 조절 밸브의 스프링 장력이 과대할 때
④ 기관 베어링의 마모가 심해 오일간극이 커졌을 때

08 엔진 오일을 점검하였더니 오일의 색깔이 검은 색을 띠었다. 이것으로 알 수 있는 사실은?

① 엔진 오일이 심하게 오염되었다.
② 가스켓이 파손되어 냉각수가 오일에 섞였다.
③ 피스톤 간극이 커져서 가솔린이 오일에 섞였다.
④ 엔진 오일에 4에틸납이 유입되었다.

09 윤활 회로 내의 유압이 과도하게 상승되는 것을 방지하고 일정하게 유지하는 것은?

① 오일펌프   ② 오일 스트레이너
③ 유압 조절밸브   ④ 오일 여과기

10 윤활유의 가장 중요한 성질은 무엇인가?

① 점도   ② 온도
③ 습도   ④ 비중

11 크랭크축 베어링의 오일 간극이 클 때 일어나는 현상으로 틀린 것은?

① 유압이 저하된다.
② 운전 중 이상음이 난다.
③ 순환회로 내의 오일 유출량이 많다.
④ 베어링에 소결이 일어난다.

12 자동차의 배기가스의 색깔이 백색이다. 원인은 무엇인가?

① 혼합비가 진하다.
② 혼합비가 엷다.
③ 완전 연소가 되었다.
④ 윤활유가 연소되었다.

13 윤활유 소비 증대의 원인이 되는 것은?

① 비산과 누설
② 비산과 압력
③ 희석과 혼합
④ 연소와 누설

14 다음 중 윤활유가 연소되는 원인이 아닌 것은?

① 피스톤 간극이 과대할 때
② 밸브 가이드 실이 파손되었을 때
③ 밸브 가이드가 심하게 마모되었을 때
④ 오일 팬 내에 규정보다 윤활유의 양이 적을 때

정답 07.④ 08.① 09.③ 10.① 11.④ 12.④ 13.④ 14.④

15 현재 사용되는 윤활유의 사용 용도에 따라 분류한 것은?

① SAE 분류
② API 분류
③ SAE 신분류
④ API 신분류

해설» ① SAE 분류 : 온도에 따른 점도의 분류
② SAE 신분류 : 윤활유의 사용 용도에 따른 분류
③ API 구분류 : 엔진운전 조건에 따른 분류
④ API 신분류 : 도입연도별 설계특성에 따른 분류

16 다음 중 가솔린 기관의 윤활 방식이 아닌 것은?

① 비산식　　② 압송식
③ 자연식　　④ 비산 압송식

17 윤활유의 분류방식을 나타내었다. SAE 신분류 방식에 해당하는 것은?

① SA, SB, SC
② ML, MM, MS
③ DG, DM, DS
④ 5W, 10W, 20W

18 어느 디젤 차량이 고온, 고부하에서 장시간 사용하는 가혹한 조건에 사용한다면 이 차량에 사용하는 가장 적당한 윤활유는?

① DD　　② DG
③ DM　　④ DS

19 다음 중 기관의 유압이 낮아지는 원인이 아닌 것은?

① 기관 오일의 점도가 낮을 때
② 윤활유가 심하게 희석되었을 때
③ 유압 조절 밸브의 스프링 장력이 과대할 때
④ 윤활 회로 내의 어느 부분이 파손되었을 때

20 온도 변화에 따른 오일 점도의 변화정도를 표시한 것은 무엇인가?

① 점도 유성
② 점도 지수
③ 한계 점도
④ 점도 계수

전자제어 장치가 도입되게 된 계기는 배기가스 감소 및 연비, 엔진의 효율, 운전성능을 향상시키기 위함이다. 그리고 MPI 방식의 이론 공연비는 14.7 : 1이다.

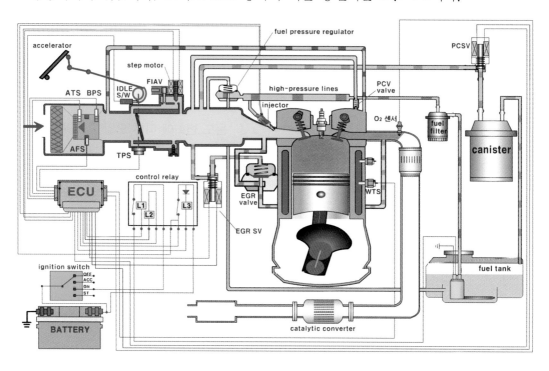

그림 전자제어식 연료 장치의 구성

1 전자제어 가솔린 엔진 기본요소의 구성

(1) 공기의 흐름

공기여과기 → 공기유량 계측기 ⓐ직접계측방식(BPS, ATS) → 스로틀 바디(TPS, 공전 조절장치) → 서지 탱크(ⓑ간접계측 : MAP 센서) → 흡기다기관(인젝터) → 연소실 → 배기다기관(산소 센서) → 촉매 변환기 → 소음기

동영상

▲ 소음기구조

(2) 연료의 흐름 (MPI 방식)

연료 → 연료 → 연료 → 연료분배 → 연료압력조절기 → 연료
탱크   펌프   여과기   파이프   (리턴)   탱크

↓ ↓ ↓ ↓

인젝터 → 흡기밸브 앞 연료 분사

2 연료장치의 일반적인 사항

(1) 가솔린의 연료

1) 가솔린의 옥탄가 : 내폭성의 정도를 나타낸 값

2) 옥탄가 $= \dfrac{\text{이소옥탄}}{\text{이소옥탄} + \text{노멀헵탄}} \times 100$

3) 가솔린은 탄소와 수소의 유기 화합물 혼합체이고, 일반식은 CnH_{2n+2}이다.

(2) 인젝터 배치에 따른 종류

1) SPI Single Point Injection

인젝터 1~2개를 한곳에 모아서 설치하고, 컴퓨터(ECU or ECM)에 의해 흡기다기관에 연료를 분사시키는 방식으로 TBI(Throttle Body Injection)라고도 한다.

2) MPI Multi Point Injection

인젝터를 각 실린더마다 1개씩 두고 흡기밸브 앞쪽에서 연료를 분사시키는 방식이다.

3) GDI Gasoline Direct Injection

인젝터를 연소실 내에 설치하여 고압 분사하는 방식으로 초 희박연소를 가능하게 하는 방식이다.

3 전자제어 연료분사 방식의 분류

(1) K-제트로닉 & KE-제트로닉   ※ 제트로닉 = 분사(Injection) + 전자(Electronic)

K-제트로닉은 흡기다기관 압력제어분사(MPC)방식으로 연료분배기, 스타트 밸브, 공전 조절기 등의 구성 요소로 이루어진 기계식 연료분사장치지만 산소센서, TPS 등으로 구성되어진 전자제어 시스템이다.

KE-제트로닉은 K-제트로닉에 플레이트 위치를 검출하여 압력 조절 액추에이터를 사용하는 기계·전자식 연료분사장치이다.

(2) L-제트로닉 & D-제트로닉

L-제트로닉은 흡입 공기량 제어 분사식(AFC) 방식으로 공기량을 직접 검출하는 방식이며, D-제트로닉은 흡입 다기관내의 압력변화(진공도)를 검출하여 흡입 공기량 검출하는 MAP센서를 사용하는 간접 검출방식이다.

(3) Mono-제트로닉 & 모트로닉

Mono-제트로닉은 연료분사를 간헐적으로 하는 방식이며 SPI방식이 여기에 속하며, 모트로닉은 점화장치와 분사장치를 결합한 방식으로 동일한 센서를 이용한다. 따라서 저렴한 비용으로 더 큰 효과를 얻을 수 있는 장점이 있다.

4 전자제어식 연료장치의 각종 센서

전자식 연료 분사량 조절 방식은 AFS, BPS, ATS등 각종 센서로 기관의 작동상태를 검출하여 컴퓨터에서 연산된 후 인젝터를 작동시켜 연료 분사량을 조절한다. 즉, 컴퓨터에서 인젝티에 진류가 통전되는 시간에 의해서 연료의 분사량을 조절한다.

(1) 흡기 온도 센서(ATS : Air Temperature Sensor)

흡기 온도 센서는 흡입되는 공기 온도를 측정하여 **연료보정과 점화시기 보정**에 사용한다. 흡기 온도 센서와 수온 센서는 보통 **부특성 서미스터**를 사용하는데, 온도가 상승하면 저항값이 감소하여 출력전압이 감소한다.

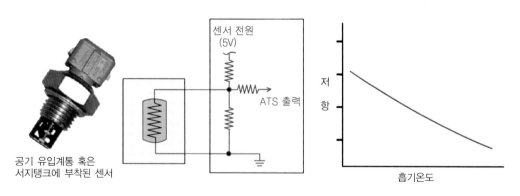

그림 흡기 온도 센서의 특성

(2) 대기압 센서(BPS : Barometric Pressure Sensor)

공기 유량 센서에 부착되며, 차량의 고도(高渡)를 계측하여 **연료 분사량과 점화시기를 보정하는 피에조 저항형 센서**로서 전압으로 변환한 신호를 ECU에 보낸다.

(3) 공기 유량 센서(AFS : Air Flow Sensor)

기관으로 흡입되는 공기량을 계측하여 **기본 분사량을 결정**하는 센서이다.

1) 메저링 플레이트식(베인식 : Measuring plate type)

메저링 플레이트식은 공기의 체적 유량을 계량하는 방식으로 메저링 플레이트의 열림 각이 메저링 플레이트 축에 설치된 포텐쇼미터에서 변화되는 저항값을 전압비로 바꾸어 흡입 공기량을 검출한다.

한 끝을 축으로 하고 리턴 스프링에 의하여 지지된 플레이트를 공기의 통로에 설치하여 기관에 흡입되는 공기가 플레이트를 밀어 열릴 때의 각도를 포텐쇼미터에서 저항값이 변화되는 것을 전압비로 바꾸어 전기적인 신호를 컴퓨터에 보내는 방식이다. 흡입 공기의 체적 유량은 전압에 비례한다. 즉 흡기량이 많아지면 플레이트의 각도가 커지며, 전압이 높아진다.

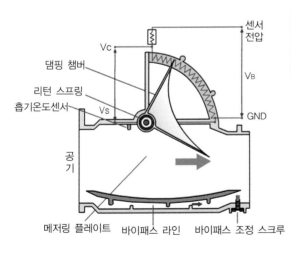

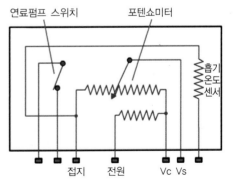

Vc : ECU 입력   Vs : ECU 입력

흡입공기량	플레이트 각도	Vs 전압
많다	크다	높다
적다	적다	낮다

그림 메저링 플레이트식 구조와 특징

2) 열선식 Hot wire type 및 열막식 Hot film type

열선식 및 열막식은 공기의 질량 유량을 계량하는 방식으로 공기 중에 발열체를 놓으면 공기에 의하여 열을 빼앗기므로 발열체의 온도가 변화하며, 이 온도의 변화는 공기의 흐름 속도에 비례한다. 이러한 발열체와 공기와의 열전달 현상을 이용한 것이 열선 또는 열막 방식이다.

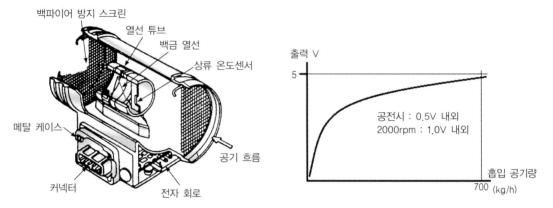

그림 열선식의 구조와 특성

3) 칼만 와류식 Karman vortex type

칼만 와류식은 공기의 체적 유량을 계량하는 방식으로 공기의 흐름 속에서 발생된 와류를 이용하여 공기량을 검출한다. 발신기로부터 발신되는 초음파가 칼만 와류에 의해 잘려질 때 칼만 와류 수만큼 밀집되거나 분산된 후 수신기에 전달되면 변조기에 의해 전기적인 신호로 컴퓨터에 보내는 방식으로 공기 체적 검출 방식이다. 흡입 공기의 체적 유량은 전압에 비례한다.

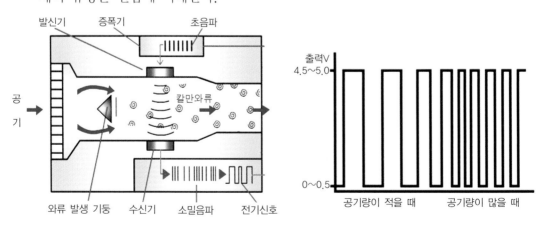

그림 칼만 와류식의 구조와 출력

4) MAP 센서 Manifold Absolute Pressure sensor

일명 흡기다기관 절대 압력 센서라고도하며 이것은 흡기 다기관의 부압을 검출하여 부압 변화에 따른 흡입 공기량을 간접적으로 측정하여 ECU로 신호를 보내는 방식이며, D-제트로닉에서 사용한다.

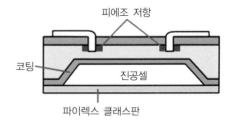

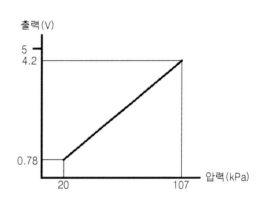

(4) 스로틀 포지션 센서(TPS : Throttle Position Sensor)

TPS는 스로틀 밸브 축과 함께 회전하며 스로틀 밸브의 열림 각을 감지하는 **회전 가변 저항형**이다. 이것은 흡기의 체적 변화율, 즉, 운전자의 조작에 의한 기관의 공전상태, 부분부하, 전부하 상태를 감지하여 ECU 또는 ECM으로 보내주는 센서이다. 그리고 **스로틀 보디의 구성 구품은 MPS, TPS, ISC-서보, 공기 밸브 등이 부착되어 있다.**

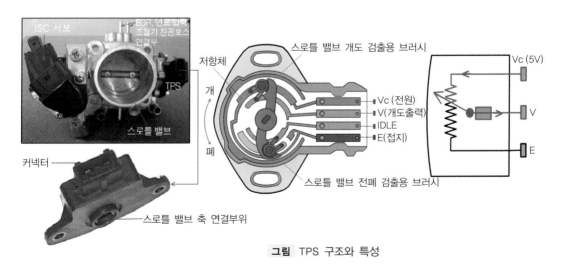

그림 TPS 구조와 특성

(5) 공전속도 조절기

1) 공전속도 조절 서보(ISC : Idle Speed Control servo)

난기 운전 및 기관에 가해지는 부하
가 증가됨에 따라서 공전속도를 증가
시키는 역할과 ECU의 제어 신호에 따
라 바이패스 통로를 열고 닫아 공전속
도를 조절한다. 이 공전속도를 제어
하기 위해 직류 모터를 사용하는 방식
이다.

모터 제어가 정밀하지 못한 관계로
모터 위치 센서(MPS)를 두어 공전 조
절 서보 푸시 핀의 위치를 감지하여
ECU로 보내게 된다. ECU는 MPS, 공
전 스위치, WTS, TPS, 차속 신호를
조합하여 스로틀 밸브의 열림 정도를
제어하게 된다.

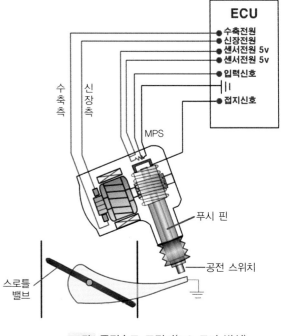

그림 공전속도 조절기(DC 모터 방식)

2) 공전 액추에이터 방식(ISA : Idle Speed Actuator)

공전 시 기관에 부하가 가해지면 엔진 회전수를 높이기 위해 공전 액추에이터의 솔레
노이드 코일에 흐르는 전류를 듀티 제어하여 솔레노이드 밸브에 발생하는 전자력과
스프링 장력이 서로 평형을 이루는 위치까지 밸브를 이동시켜 공기 통로의 단면적을
제어하는 방식이다.

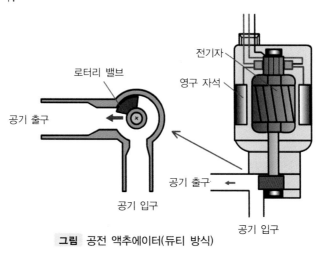

그림 공전 액추에이터(듀티 방식)

3) 스텝 모터 방식

ECU가 스텝 모터를 통해 단계별로 밸브를 작동을 시키기 때문에 MPS 없이도 정확한 제어(회전오차가 누적되지 않는다.)가 가능하다. 그리고 모터에서 사용하는 브러시를 사용하지 않으므로 신뢰성이 높다. 하지만 정지 할 때 회전력이 크고 출력 당 무게가 크고 특정 주파수에서 공진 및 진동현상이 일어날 수 있다.

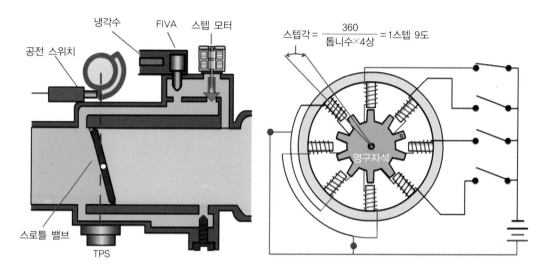

그림 스텝 모터 방식

(6) 냉각수 온도 센서(수온 센서 : Water Temperature Sensor)

WTS는 냉각수 통로에 장착되어 있는 저항식 센서로서 냉각수의 온도를 검출하여 ECU에 입력하면 ECU는 센서의 출력 전압으로 엔진이 워밍업 상태임을 판단하며 수온이 80℃ 이하에서는 분사량을 증량한다.

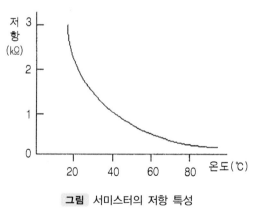

그림 서미스터의 저항 특성

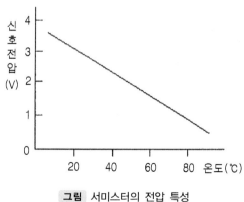

그림 서미스터의 전압 특성

(7) O₂센서(지르코니아 O₂센서 & 티타니아 O₂센서)

O_2센서는 배기가스 중의 O_2와 대기 중의 O_2농도 차에 따라 이론 공기와 연료 혼합비를 중심으로 출력 전압이 급격히 변화되는 것을 이용하여 피드백의 신호를 공급해주는 역할을 한다. 삼원 촉매기를 사용하는 경우 촉매의 정화율은 λ=1 부근으로 제어할 때가 가장 좋다.

1) 지르코니아 O₂센서 Zirconia λ-sensor

O_2센서는 고체 전해질의 **지르코니아 소자(ZrO₂)의 양면에 백금 전극을 설치**하고 이 전극을 보호하기 위하여 전극 외측을 세라믹으로 코팅하였다. 센서의 안쪽에는 산소 농도가 높은 대기가 있고 외측에는 산소 농도가 낮은 배기가스가 접촉되도록 되어 있다.

이 지르코니아 소자는 고온에서 양측의 산소 농도 차이가 크면 기전력이 발생되는 원리를 이용하여 산소 농도차를 전압으로 ECU로 전달하게 되므로 지르코니아 O_2 센서는 1개의 출력배선으로 구성되어 진다.

① 배기가스 중의 산소량이 많으면 산소 센서에서 기전력이 낮게 발생되어 출력 전압(0.1V 정도)이 감소하여 ECU는 혼합기가 희박하다고 판단한다.

② 배기가스 중의 산소량이 적으면 산수센서에서 기진력이 높게 발생되어 출력 전압(0.9V 정도)이 증가하여 ECU는 혼합기가 농후하다고 판단한다.

③ 산소 센서의 정상 작동 범위는 300~400℃ 이상이다.

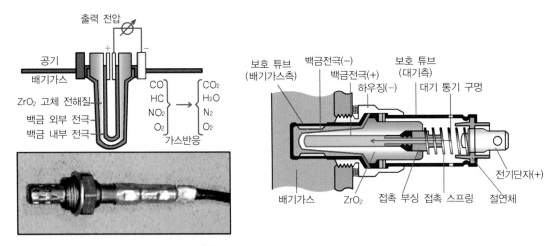

그림 지르코니아 산소 센서의 구조

2) 티타니아 O₂센서 – 활성화 온도 370℃ 이상 (내부에 히터 내장-외부12V)

티타니아 산소 센서(Titanic λ-sensor)는 세라믹 절연체의 끝에 티타니아가 설치되어 있는데 전자 전도체인 티타니아(TiO_2)가 주위의 산소 분압에 대응해서 산화·환원되어 **전기 저항이 변화하는 것을 이용**하여 배기가스 중의 산소 농도를 검출하게 된다. 외부에서 5V(센서 전원)와 12V(히터 전원)의 전원을 공급하게 된다. 이러한 이유로 HEGO(Heated Exhaust Gas Oxygen)센서 라고도 불린다.

① 희박한 공연비에서 저항⇑, 출력전압⇑(전압강하량을 측정) – 4.5~4.7V
② 농후한 공연비에서 저항⇓, 출력전압⇓ – 0.3~0.8V 가 출력된다.

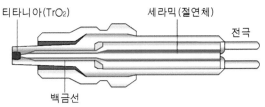

그림 티타니아 산소 센서

3) 전영역, 광대역(Wide Band) O₂센서 – UEGO(Universal Exhaust Gas Oxygen)

린번과 GDI엔진 모두 열효율이 높고 열손실이 적은 희박연소방식으로 기존의 산소센서로 공연비를 제어하는데 어려움이 따르게 되었다. 이에 희박상태일 때 지르코니아 고체전해질에 정(+)의 전류를 흐르게 하여 산소를 펌핑 셀 내로 받아들이고 그 산소는 외측전극에서 CO 및 CO_2를 환원하는 특징을 활용하여 이론공연비 부근에서 2.5V의 출력을 나타내고 희박할수록 높은 출력을 나타내는 전영역 산소센서를 사용하게 되었다.

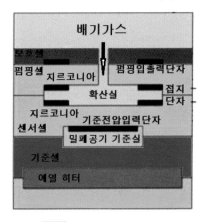

그림 전영역 산소 센서

▶ **배기가스 색깔에 따른 엔진의 상태**

① **정상** : 무색 or 엷은 청색
② **희박 연소** : 엷은 자색
③ **불완전 및 농후한 연소** : 검은색
④ **오일 연소** : 흰색
⑤ **노킹발생 시** : 검은색 or 황색

(8) TDC 센서와 크랭크각 센서

1) TDC 센서 Top Dead Center sensor

TDC 센서는 연료의 분사 순서를 결정하기 위하여 설치된 센서로서 4실린더 기관에서는 1번 실린더, 6실린더 기관에는 1번, 3번, 5번 실린더의 상사점을 디지털 신호로 바꾸어 ECU에 입력시키는 역할을 한다.

TDC 센서는 발광 다이오드 및 포토다이오드, 디스크로 구성되어 있으며, 디스크가 회전할 때 발광 다이오드에서 발생된 빛이 슬릿을 통하여 포토다이오드에 전달되면 디지털 신호로 바꾸어 ECU에 입력되며 ECU는 크랭크축의 압축 상사점이 정 위치에 있는지 검출하여 1번 실린더 또는 1번, 3번, 5번 실린더에 대한 기본 신호를 식별하여 연료의 분사 순서를 결정한다.

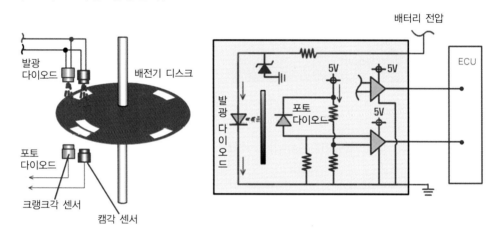

그림 광학식 크랭크각 센서(옵티컬 타입)

2) 크랭크각 센서(CAS : Crank Angle Sensor)

크랭크각 센서는 배전기 및 크랭크축에 설치되어 있으며 연료 분사시기와 점화시기를 결정하고 연료의 기본 분사량을 제어하기 위하여 엔진의 회전수 및 크랭크축 위치를 검출하여 ECU에 입력시키게 된다. 페일 세이프 기능이 없어 고장이 나면 엔진의 시동이 되지 않는다.

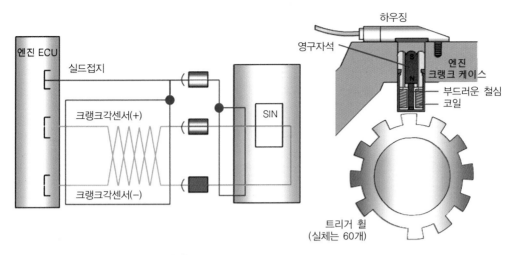

그림 크랭크각 센서(마그네틱 타입)

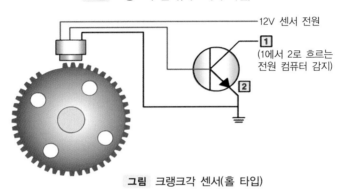

그림 크랭크각 센서(홀 타입)

(9) 노킹 센서 Knocking sensor

노킹 센서는 기관의 작동 중에 노킹이 발생되면 점화시기를 조절하여 노킹을 방지하기 위하여 설치된 센서이며, 실린더 블록에 설치된 압전소자로 수정편 양쪽에 금속판을 접촉시켜 노킹이 발생되면 수정편에서 고주파 진동을 전기적 신호로 변환시켜 ECU에 입력시키는 역할을 한다. 노크 발생 시 ECU는 점화시기를 지각하는 제어를 하게 되고 노크 발생신호가 입력되지 않으면 점화시기를 다시 진각 시키는 제어를 하게 된다.

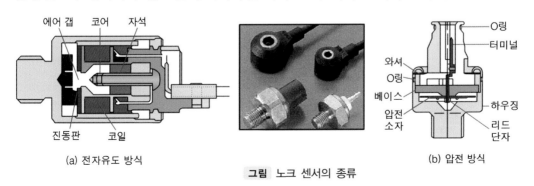

(a) 전자유도 방식

(b) 압전 방식

그림 노크 센서의 종류

5 연료 계통 Fuel system

(1) 연료 펌프 Fuel pump

연료 펌프는 축전지 전원에 의해서 직류 모터를 구동하며, 주로 연료 탱크 내에 설치되는 내장형으로써, 연료 탱크에 저장되어 있는 연료를 인젝터에 공급하는 역할을 한다. 연료 펌프는 **기관의 회전수가**

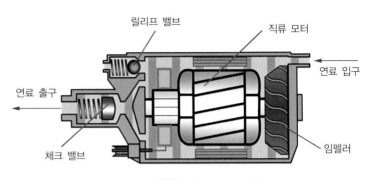

그림 전기식 연료 펌프

50rpm 이상에서만 작동되고 기관이 정지되면 전원의 공급이 차단되므로 연료 펌프는 작동되지 않는다. 체크 밸브는 기관이 정지하면 **체크 밸브가 닫혀 연료 라인에 잔압을 유지시켜 베이퍼 록을 방지**하고, **재시동성을 향상시키며**, 릴리프 밸브는 **연료 펌프 및 연료 내의 압력이 과도하게 상승하는 것을 방지**하기 위한 장치이고, 작동 압력은 $4.5\sim6.0\text{kg/cm}^2$ 이다.

(2) 연료 압력 조정기 Fuel pressure regulator

연료 공급 파이프 한쪽 끝에 설치되며, 흡기 다기관의 압력(진공도)변화에 따라 인젝터에서 분사되는 연료의 분사 압력과 흡기 다기관의 압력 차이를 항상 2.55kg/cm^2이 유지되도록 하여 분사량의 변화를 방지한다. 이에 따라 흡기 다기관의 진공이 커지면 연료 분사 압력은 낮아지고, 흡기 다기관의 진공이 작아지면 연료의 분사 압력이 높아진다.

연료 압력이 낮아지는 원인	연료 압력이 높아지는 원인	비 고
① 연료 공급 라인에 공기 침입 ② 연료 압력 조절기 작동 불량 ③ 연료펌프 체크 밸브 밀착 불량 ④ 연료량 부족 & 연료 필터의 막힘	① 인젝터의 막힘 ② 연료 리턴라인의 막힘 ③ 연료펌프의 릴리프 밸브 고착 ④ 연료 압력 조절기의 진공 누출	연료분배 파이프 압력 기준

(3) 연료여과기 및 연료 분배 파이프

연료 중에 포함된 먼지나 수분을 제거 분리해 주는 장치이며, 교환 시기는 2만km 정도이다. 또, 연료 공급 파이프는 각 인젝터에 동일한 연료압력이 되도록 하는 파이프이다. 즉, 연료의 저장기능을 가지고 있다.

(4) 인젝터

ECU 또는 ECM에서 발생된 신호에 의해서 연료를 분사하며, 분사 압력은 펌프의 송출 압력으로 결정하며, 분사량은 컴퓨터의 분사 신호에 의한 니들 밸브의 열림 시간으로 결정된다.

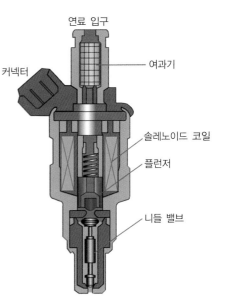

그림 인젝터의 구조

1) 최종 연료 분사는 다음과 같이 계산할 수 있다.

연료 분사시간
  = (기본 분사시간×보정계수) + 무효 분사시간

2) 인젝터의 분사 제어 방식

① 동시 분사(비동기 분사)는 각 기통을 동시에 크랭크축 1회전에 1회 분사하는 방식을 말한다.
  ⇒ 행정에 무관하게 1사이클 당 2회 분사
  (1번 실린더 기준 : 흡입, 폭발행정 전 각각 1회)

② 그룹 분사(정시 분사)는 2실린더씩 짝을 지어 분사시키는 방식을 말하며, 4기통의 경우는 1, 3기통과 2, 4번 기통의 2그룹으로 나누어 크랭크축 1회전에 1회씩 교대로 연료를 분사한다.
  ⇒ 흡입 행정 근처에서 분사하여 가속할 때 응답성 향상

③ 동기 분사(독립 분사, 순차 분사)는 1사이클 당 1회 분사로 각 기통마다 엔진 흡입 행정 직전에 분사하는 방식을 말한다.
  ⇒ 배기 행정 끝 무렵에 분사한다.

④ 연료공급 차단(fuel cut) 제어 : 감속과 엔진이 고속 회전할 때 연료를 차단하여 연비의 향상 및 배출가스의 정화, 고속 회전으로 인한 시스템의 파손 등을 방지할 수 있다.

3) 전압·전류 제어 방식의 인젝터

① 전압 제어 방식
  인젝터에 직렬로 저항을 넣어 전압을 낮추어 제어하게 된다.
  배터리 → 점화스위치 → 저항 → 인젝터 → ECU(NPN방식 TR제어)

② 전류 제어 방식
  저항을 사용하지 않고 인젝터에 직접 축전지 전압을 가해 응답성을 향상시켜 무효

분사 시간을 줄일 수 있다. 플런저를 유지하는 상태에서는 전류를 감소시켜 코일의 발열을 방지함과 동시에 소비를 감소시킨다.

4) 시동 인젝터(Cold start injector) ← 공전 조절 제어가 어려웠던 과거에 사용한 시스템

콜드 스타트 인젝터는 기관을 시동할 때 기관의 온도에 따라서 흡기 다기관 내에 연료를 일정시간 동안 추가적으로 분사시키는 역할을 한다. 한랭 시 기관을 기동할 때 농후한 혼합비를 공급하기 위하여 서지 탱크에 인젝터 1개를 더 설치한 것이며, ECU에 의해 제어되지 않고 온도–시간 스위치에 의해 작동이 정해진다. 따라서 냉각수 온도가 40℃에 이를 때까지는 콜드 스타트 인젝터를 통하여 연료를 추가로 분사시켜 기관의 냉각 운전 상태가 안정되도록 한다.

콜드 스타트 인젝터는 솔레노이드 코일, 플런저, 플런저 스프링, 와류 노즐로 구성되어 기관의 온도에 의해서 작동되는 서모 타임스위치에 의해 제어된다. 그러나 현재는 대개 시동 인젝터가 없고 엔진을 기동할 때 연료 분사량을 증대하는 방식을 사용하고 있다.

6 제어 계통 Controled system

(1) 컨트롤 릴레이 control relay

컨트롤 릴레이는 축전지 전원을 전자제어 연료 분사장치에 공급하는 메인 스위치로 ECU, 연료펌프, 인젝터, 공기유량센서 등에 공급하는 역할을 한다.

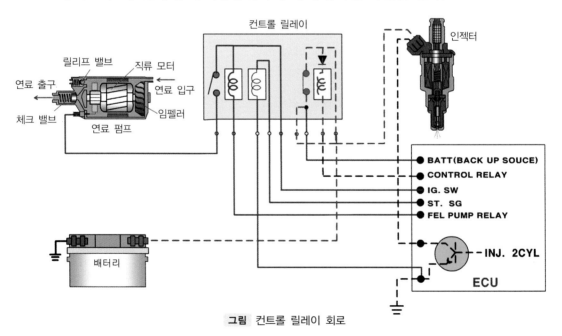

그림 컨트롤 릴레이 회로

(2) ECU의 제어 계통

ECU는 각종 센서들로부터 정보를 받아서 각종 회로와 시스템을 가동하도록 설계된 반도체 장치로서 기억장치, 중앙처리장치, 입출력장치 등으로 구성되어 있으며 기관에 흡입되는 공기량과 회전속도를 기준으로 기본 분사 시간을 연산하고 각종 센서로부터 입력되는 신호를 이용하여 기관의 작동상태에 따른 인젝터의 분사시간을 조절하여 연료 분사량의 조절 및 보정하는 역할을 한다.

7 신기술

(1) 전자제어 스로틀 밸브(ETS)

과거에 가속페달에 케이블을 연결해 스로틀 밸브를 기계적으로 작동시키는 것이 아니라 스로틀 밸브에 전자제어를 접목시킨 시스템이다.

1) 제어 : 가속페달 위치 센서(APS) → ECU → 스로틀 밸브 전동기

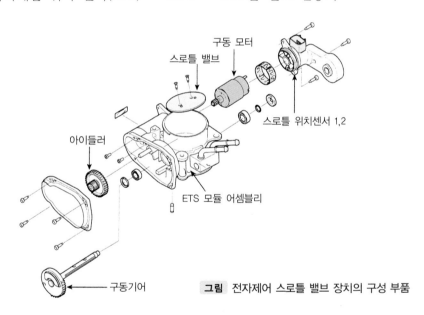

구동 모터
스로틀 밸브
스로틀 위치센서 1,2
아이들러
ETS 모듈 어셈블리
구동기어
그림 전자제어 스로틀 밸브 장치의 구성 부품

2) 시스템의 장점

① 각종 센서의 정보를 활용하여 흡입 공기량을 정밀하게 제어할 수 있다.

② 흡입 공기와 연료의 양을 ECU가 모두 제어 할 수 있게 됨 → 연비 향상 및 배출가스 저감

③ 운전자의 가속의사를 APS 통해 빨리 인지가 가능 → 가속 응답성 향상

(2) 가변 흡기 다기관 Variable Intake Manifold

흡입공기의 관로의 길이를 엔진의 회전속도에 맞춰 조절함으로서 저속 성능저하 방지 및 연비 향상을 도모할 수 있다.

1) 구성

흡입제어 밸브, 밸브위치 센서, 서
보모터, ECU

2) 원리

- 1차 포트

(저속에서 사용 : 관로를 길게 함)

- 2차 포트

(고속에서 사용 : 관로를 짧게 함)

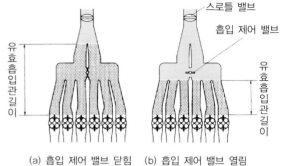

(a) 흡입 제어 밸브 닫힘　(b) 흡입 제어 밸브 열림

그림 가변 흡기 다기관

3) 제어

- 저속 영역 : 관로의 길이를 길게 제어

　　→ 공기의 유속을 빠르게 하여 관성 과급효과를 높임

- 고속 엉역 : 관로의 길이를 짧게 제어

　　→ 관성 효과를 줄여 빠른 회전수로 인해 흡입밸브에 부딪히게 되는 공기저항을 최대한 줄임

(3) 연소실 직접분사 장치(GDI)

압축행정 말에 연료를 분사하여 점화플러그 주위의 혼합비를 농후하게 하는 성층연소로 매우 희박한 공연비(25~40 : 1)에서도 쉽게 점화가 가능하도록 하였다.

1) 계통도

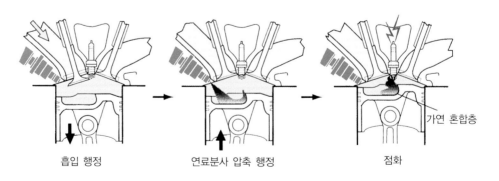

흡입 행정　　　　연료분사 압축 행정　　　　점화

가연 혼합층

그림 연소실 직접 분사장치

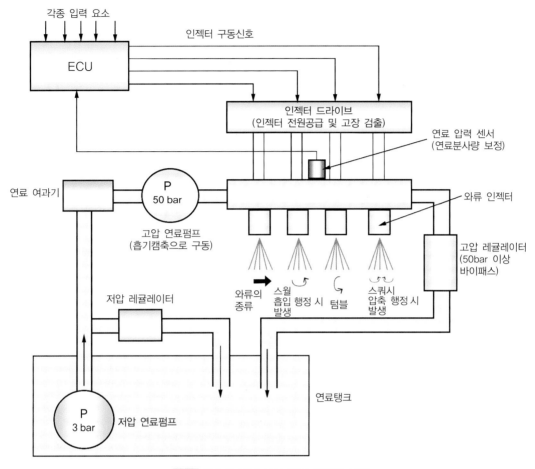

각종 입력 요소

인젝터 구동신호

ECU

인젝터 드라이브
(인젝터 전원공급 및 고장 검출)

연료 압력 센서
(연료분사량 보정)

연료 여과기

P
50 bar

와류 인젝터

고압 연료펌프
(흡기캠축으로 구동)

고압 레귤레이터
(50bar 이상
바이패스)

저압 레귤레이터

와류의
종류

스월
흡입 행정 시
발생

텀블

스쿼시
압축 행정 시
발생

연료탱크

P
3 bar

저압 연료펌프

그림 연소실 직접 분사 연료 장치의 구성

2) 와류 인젝터의 제어

① 부분부하 : 압축 행정 말에 분사(성층 연소 활용으로 초희박 연소)

② 전부하 : 흡입 행정 중에 분사(일반연소)

3) 시스템의 장·단점

① 장점 : 엔진의 출력과 연비가 증대된다.

② 단점 : 고압분사 시스템으로 인한 소음과 진동이 증대되고 엔진 내구성에 문제가
될 수 있다.

01. 휘발유가 완전연소하기 위한 이론 공연비는 14.7 : 1 이다.

    ☐ O ☐ ✕

02. 옥탄가는 내폭성의 정도를 나타낸 값으로 이소옥탄과 노멀헵탄으로 구성된다.

    ☐ O ☐ ✕

03. 가솔린 엔진에서 인젝터를 연소실 내에 설치하여 고압으로 연료를 분사하는 방식으로 초희박연소가 가능한 방식이 MPI(Multi Point Injection)이다.

    ☐ O ☐ ✕

04. 흡입공기량을 직접계측하는 방식으로 베인식, 칼만와류식, 열선·열막식 등이 있다.

    ☐ O ☐ ✕

05. 흡입공기량을 간접계측하는 방식으로 흡기다기관의 진공도를 측정하는 센서는 MAP (Manifold Absolute Pressure)센서이다.

    ☐ O ☐ ✕

06. 스로틀 보디의 구성요소로 스로틀 밸브, TPS, 공전조절장치 등이 부착되어 있다.

    ☐ O ☐ ✕

07. WTS(Water Temperature Sensor)는 냉각수의 온도를 검출하여 ECU에 신호를 보내주며 냉간 시에는 연료분사량을 줄여주는 제어를 할 수 있게 해준다.

    ☐ O ☐ ✕

08. 지르코니아 산소센서는 냉간 시에도 피드백 제어를 할 수 있어 다른 방식의 산소센서보다 효율이 좋은 편이다.

    ☐ O ☐ ✕

09. 배기가스 색이 흰색이면 엔진오일이 연소되었을 확률이 높다.

    ☐ O ☐ ✕

10. 전자제어 엔진에서 크랭크각 센서는 연료의 기본분사량을 결정하기 위해 AFS, TPS와 함께 ECU에 입력되는 중요한 신호 중 하나이다.

    ☐ O ☐ ✕

정답   1.○   2.○   3.✕   4.○   5.○   6.○   7.✕   8.✕   9.○   10.○

11. 노킹센서가 있는 가솔린 전자제어엔진에서 노킹이 발생되면 점화시점을 좀 더 빠르게 하여 회전수를 올리는 제어를 하게 된다.

☐ O ☐ X

12. 연료펌프 내에서 연료의 잔압유지 및 역류방지 재시동성 향상에 도움이 되는 것은 체크밸브이다.

☐ O ☐ X

13. 연료압력조정기의 진공호스가 파손되면 연료의 잔압은 높게 유지된다.

☐ O ☐ X

14. 연료의 분사량은 ECU에서 인젝터로 보내는 전류의 통전시간에 의해 제어된다.

☐ O ☐ X

15. 정시 분사에서 4실린더 엔진의 경우 1번과 2번, 3번과 4번 실린더가 동시에 연료를 분사하게 된다.

☐ O ☐ X

16. 컨트롤 릴레이에 의해 전원을 공급받는 구성품에는 인젝터, 연료펌프, ECU 등이 있다.

☐ O ☐ X

17. 스로틀 밸브에 전자제어를 적용하여 흡입공기량을 보다 정밀하게 제어하여 출력 및 연비향상, 배출가스 중 유해물질 저감 등에 도움이 되는 것이 가변 흡기 다기관이다.

☐ O ☐ X

정답 11.✕ 12.○ 13.○ 14.○ 15.✕ 16.○ 17.✕

01 전자제어 연료분사 장치의 기본 목적에 해당되지 않는 것은?

① 유해 배출 가스 감소
② 가속 시 응답 속도 향상
③ 연료 소비량 증가
④ 엔진 토크 증대

02 전자제어 가솔린엔진의 공기흐름을 기술한 것이다. 빈칸에 들어갈 명칭들로 바르게 짝지어 진 것은?(단, AFS는 직접계측방식이다.)

공기여과기 → (   ) → 스로틀바디 → 흡기다기관 → (   )
→ 배기다기관 → (   ) → 촉매변환기 → 소음기

① MAP 센서, 인젝터, 배기가스 후처리 장치
② 스로틀포지션센서, 인젝터, 과급기의 터빈
③ 인젝터, 공기유량계측기, EGR 환원 포트
④ 공기유량계측기, 연소실, 산소센서

03 전자제어 연료 분사장치의 연료 흐름 계통으로 맞는 것은?

① 연료 탱크 → 연료 여과기 → 연료 펌프 → 분배 파이프 → 인젝터
② 연료 탱크 → 연료 펌프 → 연료 여과기 → 분배 파이프 → 인젝터
③ 연료 탱크 → 연료 펌프 → 분배 파이프 → 연료 여과기 → 인젝터
④ 연료 탱크 → 연료 펌프 → 연료 여과기 → 인젝터 → 분배파이프

04 흡기다기관의 흡기밸브 바로 앞에 각각 인젝터를 1개씩 설치하는 방식은?

① SPI 방식
② MPI 방식
③ 기계식 연료펌프
④ AFS 방식

05 전자제어 연료 분사장치에서 엔진 정지 시 연료라인 내의 잔압이 점차 낮아질 경우 그 고장 원인은 무엇인가?

① 연료 리턴 라인 막힘
② 체크 밸브 불량
③ 연료 탱크 불량
④ 연료압력 조절기 진공호스 불량

정답 **01.③ 02.④ 03.② 04.② 05.②**

06 다음 중 연료 압력이 높아지는 원인이 아닌 것은?

① 인젝터가 막혔을 때
② 연료의 체크 밸브가 불량할 때
③ 연료의 리턴 파이프가 막혔을 때
④ 연료 펌프의 릴리프 밸브가 고착되었을 때

07 전자제어 연료 장치에서 연료 펌프가 연속적으로 작동될 수 있는 조건이 아닌 것은?

① 크랭킹할 때
② 공회전 상태일 때
③ 급 가속할 때
④ 키 스위치가 ON에 위치할 때

[해설] ① 크랭킹(시동작업)을 할 때의 엔진회전수는 200~300rpm으로 연료를 지속적으로 분사한다.
② 공전상태의 엔진회전수 700~800rpm을 유지하기 위해 연료를 지속적으로 분사한다.
③ 급 가속할 때 역시 농후한 공연비를 유지하기 위해 연료를 지속적으로 분사한다.
④ 키 스위치의 위치는 LOCK / ACC / ON / START 이렇게 4단계로 나눌 수 있으며 ON의 위치는 크게 2가지로 나눌 수 있다.
시동을 걸고 난 뒤의 ON과 시동을 걸지 않았을 때의 ON이다.
시동을 걸고 난 뒤의 ON은 차량을 운행할 수 있는 상태라 엔진의 회전수가 700rpm을 넘지만 시동이 걸리지 않았을 때의 ON은 엔진의 회전이 없는 상태이다. 앞에서 기술한 바와 같이 엔진의 회전수가 없을 때 즉, 50rpm이하에서는 연료를 분사하지 않기 때문에 ④ 선지가 답이 되는 것이다.

08 다음 중 인젝터의 분사량을 결정하는 것은?

① 인젝터 솔레노이드 코일 통전 시간
② 인젝터 분구의 면적
③ 연료 분사 압력
④ 연료 펌프 내 체크 밸브의 신호

09 다음 중 인젝터의 분사 방법이 아닌 것은?

① 그룹분사
② 동시분사
③ 독립분사
④ 자동분사

10 전자제어 연료분사장치에서 연료 인젝터의 구조 설명 중 틀린 것은?

① 플런저 : 니들 밸브를 누르고 있다가 ECU신호에 의해 작동된다.
② 솔레노이드(코일) : ECU 신호에 의해 전자석이 된다.
③ 니들 밸브 : 솔레노이드의 자력에 직접 작동된다.
④ 배선 커넥터 : 솔레노이드에 ECU로부터 신호를 연결해 준다.

[해설] ③ 니들밸브는 솔레노이드 밸브 자력에 영향을 받은 플런저의 작동에 의해 간접적으로 유압에 의해 작동된다.

11 인젝터에 걸리는 연료압력을 흡기다기관의 압력보다 높게 조절하는 것은?

① 압력판
② 밸브스프링
③ 연료압력조절기
④ 유압조절 밸브

12 다음 중 흡기 계통의 핫 와이어 공기량 계측 방식은 무엇인가?

① 공기 체적 검출방식
② 공기 질량 검출방식
③ 간접 계량방식
④ 흡입 부압 감지방식

13 가솔린 전자제어 엔진에서 연료를 연소실에 직접분사하는 장치의 설명으로 거리가 먼 것은?

① 소음과 진동이 크고 내구성이 좋지 못하다.
② 엔진의 출력이 높고 연료소비율이 낮다.
③ 질소산화물 배출량이 MPI 방식보다 적다.
④ 와류 인젝터를 사용하여 공연비 25 ~ 40 : 1의 희박연소가 가능하다.

해설 ③ 기존의 MPI 방식보다 고압분사 시스템으로 엔진온도가 높게 유지되므로 질소산화물의 배출량이 더 많아지는 단점을 가지고 있다.

14 전자제어 연료 분사 차량에서 크랭크 각 센서(CAS)의 역할이 아닌 것은?

① 냉각수 온도 검출
② 연료의 분사시기 결정
③ 점화시기 결정
④ 피스톤의 위치 검출

15 흡입 매니폴드 압력변화를 피에조(Piezo)저항에 의해 감지하는 센서로 D-제트로닉에 사용하는 센서는?

① 차량속도 센서
② MAP 센서
③ 수온 센서
④ 크랭크 포지션 센서

16 스로틀 바디에 위치하며 운전자의 가속 의사를 ECU에 전달하기 위해 사용하는 센서는?

① AFS   ② ATS
③ BPS   ④ TPS

17 연료의 기본 분사시간을 결정하기 위해 사용하는 센서로 알맞게 묶인 것은?

① AFS, CAS
② ATS, BPS
③ BPS, WTS
④ TPS, O$_2$ 센서

18 다음 중 공연비 피드백 장치에 사용되는 O_2 센서의 기능은?

① 배기가스의 온도감지
② 흡입공기의 온도감지
③ 흡입공기 중 산소농도 감지
④ 배기가스 중 산소농도 감지

19 지르코니아 산소센서에 관한 설명으로 틀린 것은?

① 피드백의 기준신호로 사용된다.
② 저온상태에서도 작동이 잘 되므로 냉간 시동 시 별도로 가열 및 가열장치가 필요 없다.
③ 이론 공연비를 중심으로 하여 출력전압이 변화되는 것을 이용한다.
④ 혼합비가 희박할 때는 기전력이 적고 농후할 때는 기전력이 크다.

20 전자제어 가솔린 기관에서 티타니아 산소센서의 출력전압이 약 4.3~4.7V로 높으면 인젝터의 분사시간은?

① 길어진다.
② 짧아진다.
③ 짧아졌다 길어진다.
④ 길어졌다 짧아진다.

21 전자제어 가솔린 기관에서 메인 컨트롤 릴레이에 의해 전원을 공급받는 것이 아닌 것은?

① ECU
② 연료펌프
③ 인젝터
④ 연료압력 조절기

22 휘발유의 내폭성을 나타내는 정도로 옥탄가를 사용한다. 옥탄가 90의 함유량을 바르게 설명한 것은?

① 노말헵탄 10, 이소옥탄 90
② 세탄 90, α-메틸나프탈랜 10
③ 이소옥탄 90, α-메틸나프탈랜 10
④ 노말헵탄 90, 세탄 10

자동차로부터 배출되는 유해가스의 3종류는 기관의 크랭크 케이스로부터 배출되는 **블로바이 가스**, 연료 탱크로부터 배출되는 **연료 증발가스**, 배기관으로부터 배출되는 **배기가스**이다. 인체에 유해한 CO, HC, NOx 등을 정화시켜 배출시키는 장치가 배기가스 정화 장치이다.

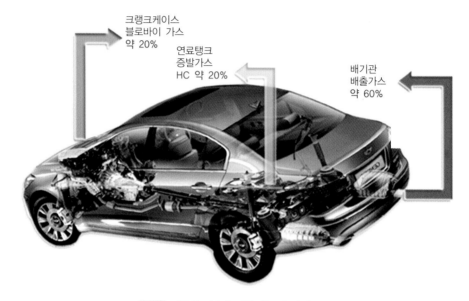

그림 자동차로부터 배출되는 유해가스

1 유해(有害)가스의 배출 특성

HC와 NOx이 대기 중에서 자외선을 받아 광화학 반응이 반복되어 눈, 호흡기 계통에 자극을 주는 것을 광화학 스모그라고 한다.

ⓐ 공전 시에는 CO, HC 증가, NOx 감소

ⓑ 가속 시에는 CO, HC, NOx 모두 증가

ⓒ 감속 시에는 CO, HC 증가, NOx 감소 (fuel cut 제어는 제외)

배출가스의 발생원인 및 인체에 미치는 영향		
CO	HC	NOx
· 공전 운전 시 · 공연비(혼합비) 농후 · 산소 부족으로 어지럼증, 구토, 심한 경우 사망	· 연소 시 소염 경계층 및 실화 · 공연비 희박 및 농후 · 호흡기와 눈을 자극 · 심한 경우 암을 유발한다.	· 고온(2000℃)·고압 연소 시 · 광화학 스모그의 원인 · NO_2 호흡기 질환 및 폐에 염증 유발 및 눈을 자극

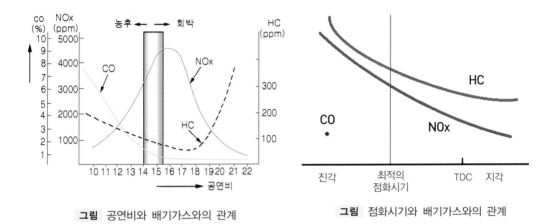

| 그림 공연비와 배기가스와의 관계 | 그림 점화시기와 배기가스와의 관계 |

2 배출 가스 제어 장치

(1) 블로바이 가스 제어 Blow-by gas control

엔진 운전 중에 발생된 블로바이 가스(HC)를 대기 중으로 방출하지 않고, 흡기 다기관의 진공에 의해서 서지 탱크로 재 유입시키는 역할을 하며, 작동 시기는 경중 부하 시에는 PCV(Positive Crankcase Ventilation)밸브로, 고 부하 시에는 브리드 호스로 제어한다.

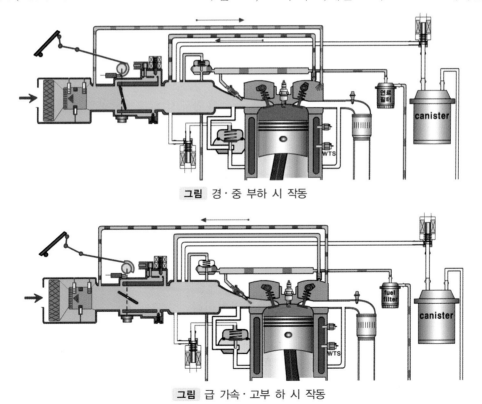

그림 경·중 부하 시 작동

그림 급 가속·고부 하 시 작동

(2) 연료 증발 가스 제어 Fuel evaporation gas control

기화기와 연료 탱크 사이에 설치한 차콜 캐니스터(Charcoal canister)에 일시적으로 저장한 후 ECU의 제어 신호에 의해서 PCSV를 통하여 흡기 다기관에 유입된다.

1) 차콜 캐니스터(Charcoal canister)

엔진 정지 상태일 때 연료 탱크와 기화기 등에서 발생된 증발가스(HC)를 포집하였 다가 공전 및 워밍업 이외의 기관 가동에서 PCSV가 ECU의 신호에 의해서 작동되어 서지탱크에서 흡기 다기관을 통해 연소실로 유입된다.

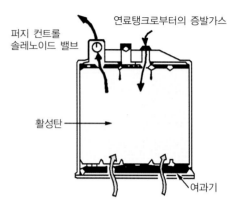

그림 차콜 캐니스터

2) 삼방향 체크밸브(3way check valve)

연료펌프가 작동될 때 탱크 내에 진공이 발생되면 진공밸브가 작동되어 에어 클리너를 통해 공기유입하고 연료탱크 내에 압력이 발생되면 압력밸브가 열려 캐니스터로 방출되도록 한다.

3) 퍼지 컨트롤 솔레노이드 밸브(PCSV)

캐니스터에 포집된 연료 증발 가스를 제어하는 장치이며, ECU의 제어 신호에 의하여 작동되어 캐니스터에 저장되어 있는 연료 증발가스를 흡기 다기관에 유입 또는 차단시 키는 역할을 한다. PCSV는 공전 및 워밍업 전(엔진의 냉각수 온도가 65℃ 이하)에는 밸브가 닫혀 증발가스(HC)가 서지 탱크로 유입되지 않으며, 워밍업 되어 정상온도에 도달하면 밸브가 열려 저장되었던 증발가스(HC)를 PCSV가 ECU의 신호에 의해서 작동 되어 서지 탱크에서 흡기 다기관을 통해 연소실로 유입되어 연소시킨다.

(3) 배기가스 제어 Exhaust gas control

1) 배기가스 재순환 장치 EGR Exhaust Gas Recirculation

① 구성

ⓐ EGR 밸브 : 배기가스의 일부를 연소실로 재순환하며 연소 온도를 낮춤으로서 NOx의 배출량을 감소시키는 장치이다.

ⓑ EGR 솔레노이드 밸브 : 엔진 ECU가 65℃ 이상이고 중속 중부하시 EGR 솔레노 이드 밸브를 활용하여 EGR 밸브를 간접 작동시킨다. 과거에는 온도밸브 (Thermo valve)로 역할을 대신했다.

ⓒ EGR 쿨러 : 환원시키는 배출가스의 열을 냉각장치(수냉식 or 공랭식)를 이용하여 부품의 내구성을 증대시키고 고열에 의해 발생되는 조기점화 또한 줄일 수 있다.

② EGR률 $= \dfrac{EGR\,가스량}{흡입공기량 + EGR\,가스량} \times 100$

③ EGR 밸브 결함 시 발생 현상

ⓐ 밸브가 열린 상태로 고착 시 :

시동성이 불량하고 공전 또는 주행 시 엔진이 정지된다.

CO, HC 배출량이 증가된다.

ⓑ 밸브가 닫힌 상태로 고착 시 : 질소산화물의 배출량이 증대된다.

2) 2차 공기공급 장치(二次 空氣供給 裝置)

배기관에 신선한 공기를 보내서 배기가스 중에 포함되는 유해한 HC와 CO를 연소하여, H_2O와 CO_2로 변환하기 위한 시스템이다. 즉, 엔진에 혼합기로서 흡입되는 공기를 1차로 생각하고 펌프에 의해서 공기를 보내는 에어 인젝션 시스템, 배기 맥동을 이용하여 공기를 흡입하는 에어 섹션 시스템이 있다.

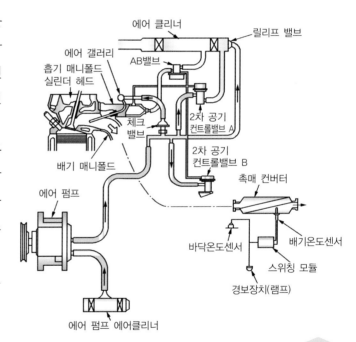

그림 2차 공기 공급 장치

(4) 촉매 변환기 | Catalytic converter

1) 기 능

촉매변환기는 가솔린을 연료로 하는 기관의 배기가스에 포함된 유해물질(HC, NOx, CO)을 무해물질(CO_2, H_2O, N_2, O_2)로 변환시켜 유해배기 가스의 성분을 낮추는 역할을 한다.

2) 구 조

내부 알루미나(AL_2O_3) 뼈대에 반응 물질 백금(Pt), 로듐(Rh), 팔라듐(Pd)을 부착시켜 산화 및 환원 반응을 일으키도록 한다.

3) 정화율

촉매의 정화율은 320℃ 이상, 그리고 이론 혼합비 부근에서 높은 정화율을 나타낸다. 따라서 산소센서가 정상적으로 작동되는 폐회로(Closed loop)에서 촉매변환기의 정화율은 높아지게 된다.

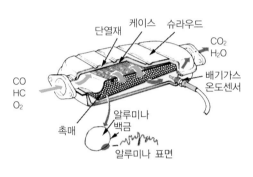

그림 촉매 컨버터의 구조

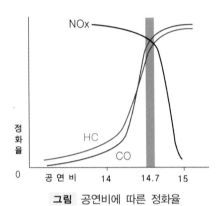

그림 공연비에 따른 정화율

4) 공기 과잉률(λ)에 따른 유해물질 발생 농도

공기 과잉률이 " 1 "에 가까울 때(이론적 공연비) 촉매변환기의 정화율이 가장 높게 나타난다. 산소센서의 중요성을 설명해준다.

$$\lambda = \frac{실제 \ 공기량}{이론상 \ 필요한 \ 공기량}$$

5) 촉매 변환기 설치 자동차 운용 시 주의사항

① 연료는 무연 가솔린을 사용할 것
② 자동차를 밀거나 끌어서 시동을 걸지 말 것
③ 주행 중에는 절대로 점화 스위치를 끄지 말 것
④ 엔진 가동 중에 촉매나 배기가스 정화장치에 손대지 말 것
⑤ 촉매 변환기는 그 기능이 상실되면 교환할 것
⑥ 무부하 급가속을 하지 말 것

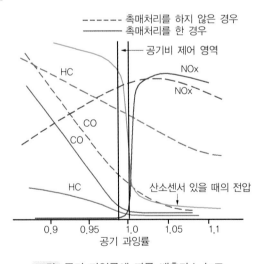

그림 공기 과잉률에 따른 배출가스 농도

01. 자동차로부터 배출되는 유해가스는 블로바이 가스, 연료증발 가스, 배기가스 이렇게 3가지로 나눌 수 있다.

☐ O ☐ X

02. 자동차에서 배출되는 유해가스의 성분 중 사람에게 가장 치명적인 요소는 질소산화물로 산소 부족으로 인한 어지럼증, 구토, 심한 경우 사망에 이르게 한다.

☐ O ☐ X

03. 이론공연비 부근에서 가장 많이 발생되는 유해물질은 질소산화물이다.

☐ O ☐ X

04. 블로바이 가스의 주 성분은 탄화수소이다.

☐ O ☐ X

05. 연료증발 가스를 제어하기 위한 구성요소로 차콜 캐니스터, 삼방향 체크밸브, 퍼지 컨트롤솔레노이드 밸브 등이 활용된다.

☐ O ☐ X

06. 배기가스 재순환 장치는 배기가스 중에 CO를 줄이기 위한 장치이다.

☐ O ☐ X

07. 촉매변환기는 배기가스 중에 포함된 유해물질인 CO, HC, NOx 모두를 정화시켜 주는 기능을 가진다.

☐ O ☐ X

08. 촉매변환기는 냉간 시에도 우수한 정화율을 보이는 장점을 가지고 있으나 귀금속을 재료를 사용하여 고가이다.

☐ O ☐ X

09. 공기과잉률이 "1" 부근에서 촉매변환기의 정화율이 가장 높게 나타난다.

☐ O ☐ X

10. 탄화수소가 차량 외부로 방출되는 것을 줄이기 위해 PCV밸브, 차콜 캐니스터, PCSV, 2차 공기 공급장치 등이 활용된다.

☐ O ☐ X

정답 1.○ 2.× 3.○ 4.○ 5.○ 6.× 7.○ 8.× 9.○ 10.○

01 자동차의 배기가스 중 유해가스가 아닌 것은?

① 일산화탄소 ② 이산화탄소
③ 탄화수소 ④ 질소산화물

02 피스톤과 실린더 사이에서 크랭크 케이스로 누출되는 가스를 블로바이 가스라고 한다. 이 가스의 주성분은 무엇인가?

① 일산화탄소 ② 이산화탄소
③ 탄화수소 ④ 질소산화물

03 MPI 연료 분사 방식의 차량에서 촉매 변환장치의 징화율이 가장 높은 공연비는?

① 8 : 1 ② 10 : 1
③ 14.7 : 1 ④ 18 : 1

04 연소 후 배출되는 유해가스 중 삼원촉매 장치에서 정화되는 것이 아닌 것은?

① CO ② NOx
③ HC ④ CO_2

05 삼원촉매 장치에 사용되는 반응 물질이 아닌 것은?

① Pt(백금)
② Rh(로듐)

③ Pd(팔라듐)
④ Al_2O_3(알루미나)

06 가솔린 기관의 조작불량으로 불완전 연소를 했을 때 배기가스 중 인체에 가장 해로운 것은?

① NOx 가스 ② H_2 가스
③ SO_2 가스 ④ CO 가스

07 배기가스 재순환 장치는 어느 가스의 발생을 억제하기 위한 장치인가?

① CO ② HC
③ NOx ④ CO_2

08 차콜 캐니스터는 무엇을 제어하기 위해 설치하는가?

① CO ② HC
③ NOx ④ CO_2

09 자동차의 배출가스 중 가장 많이 차지하는 가스는 무엇인가?

① 배기가스
② 블로바이 가스
③ 블로다운 가스
④ 연료증발가스

정답 **01.② 02.③ 03.③ 04.④ 05.④ 06.④ 07.③ 08.② 09.①**

10 피스톤과 실린더 사이에서 크랭크 케이스로 누출되는 가스를 무엇이라 하는가?

① 배기가스
② 블로바이 가스
③ 블로다운 가스
④ 연료증발 가스

11 연료탱크에서 발생한 증발 가스를 흡수 저장하는 증발가스 제어 장치를 무엇이라 하는가?

① 캐니스터
② 서지탱크
③ 카탈리틱 컨버터
④ 챔버

12 블로바이 가스는 어떤 밸브를 통해 흡기 다기관으로 유입되는가?

① EGR 밸브
② PCSV
③ 서모밸브
④ PCV 밸브

13 다음 중 NOx가 가장 많이 배출되는 시기는 언제인가?

① 농후한 혼합비일 때
② 감속할 때
③ 고온에서 연소할 때
④ 저온에서 연소할 때

14 이론 혼합비보다 농후할 때 배출되는 가스의 설명으로 맞는 것은?

① NOx, CO, HC 모두 증가한다.
② NOx는 증가하고 CO, HC는 감소한다.
③ NOx, CO, HC 모두 감소한다.
④ NOx는 감소하고 CO, HC는 증가한다.

15 다음은 배기가스 재순환(E.G.R)의 설명이다. 해당되지 않는 것은?

① E.G.R 밸브 작동 중에는 엔진의 출력이 증가한다.
② E.G.R 밸브의 작동은 진공에 의해 작동한다.
③ E.G.R 밸브가 작동되면 일부 배기가스는 흡기관으로 유입된다.
④ 공전상태에서는 작동되지 않는다.

16 다음 중 EGR률을 구하는 공식은?

① $EGR률 = \dfrac{EGR가스량}{배기가스량 + 흡입공기량} \times 100$

② $EGR률 = \dfrac{EGR가스량}{EGR가스량 + 흡입공기량} \times 100$

③ $EGR률 = \dfrac{EGR가스량}{EGR가스량 + 배기가스량} \times 100$

④ $EGR률 = \dfrac{배기가스량}{배기가스량 + 흡입공기량} \times 100$

정답 10.② 11.① 12.④ 13.③ 14.④ 15.① 16.②

17 블로바이 가스를 환원시키는데 PCV (Positive Crankcase Ventilation) 밸브가 완전히 열리는 시기는 언제인가?

① 공회전 시
② 경부하 시
③ 중부하 시
④ 급가속 시

18 다음 장치 중에서 배출가스 제어 시스템이 아닌 것은?

① 캐니스터
② EGR 제어
③ 서지 탱크
④ 3원 촉매장치

19 연료탱크에서 증발되는 증발가스를 제어하는 퍼지 컨트롤 솔레노이드 밸브는 어느 때에 가장 많이 작동되는가?

① 시동 시
② 가속 시
③ 공회전 시
④ 감속 시

20 배출가스의 발생조건을 설명한 것 중 틀린 것은?

① 기관의 압축비가 낮은 편이 NOx의 발생농도가 적다.
② 냉각수의 온도가 높으면 NOx의 발생농도는 높고 HC의 발생농도는 낮다.
③ 점화시기가 빠르면 CO의 발생농도는 낮고 HC와 NOx의 발생농도는 높다.
④ 혼합비가 농후할수록 NOx의 발생이 증가하고 CO의 발생은 감소한다.

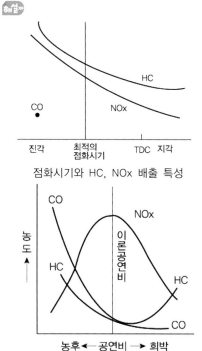

점화시기와 HC, NOx 배출 특성

LPG(Liquefied Petroleum Gas-액화석유가스) **연료장치**

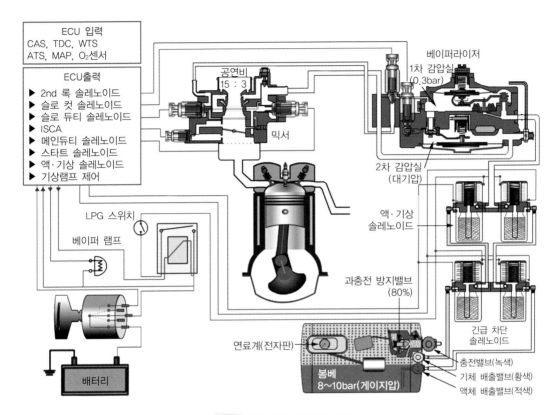

그림 LPG 연료 장치의 구성

1 연료공급순서

봄베(연료 펌프×, 자체 압력으로 공급) → 액·기상 송출 밸브 → 긴급차단 전자밸브 → 액·기상 전자밸브 → 감압 기화장치(베이퍼라이저) → 가스 혼합기(믹서) → 연소실

2 연료의 특성

① 상온에서 가스 상태의 석유계 또는 천연가스 계의 HC에 압력을 가해 액화한 연료.

② 냉각이나 가압에 의해 쉽게 액화되고 가열이나 감압하면 기화되는 성질을 이용하여 연료 공급.

③ 액체 상태의 비중은 0.5정도이고 기체 상태에서의 비중은 1.5~2.0 정도 되어 공기보다 무겁다.

④ 부탄과 프로판이 주성분이며 부탄의 함유량이 높으면 연비가 좋아지고 프로판의 함유량이 높으면 겨울철 시동성이 좋아진다. → 기화 한계 온도

   (프로판 : -42.1℃ / 부탄 : - 0.5℃)

⑤ 옥탄가가 높아 노킹 발생이 적다.(옥탄가 가솔린 91~94, LPG 100~120)

⑥ 높은 연소 온도 때문에 카본의 발생이 적고 연료가 저렴하여 경제적이다.

3 구성

① **봄베** : LPG 저장 탱크이며, 유지 압력은 7~10kg/㎠이다.

② **긴급차단·액기상 솔레노이드 밸브** : 시동 스위치 및 LPG 공급 스위치, ECU 제어의 영향을 받는다.

③ **과류 방지 밸브** : 연료 파이프가 손상되었을 때 작동하는 밸브로 액상 방출 밸브에만 존재한다.

④ **안전 밸브** : 봄베가 폭발 위험(24bar 이상 작동, 18bar 이하 닫힘)에 있을 때 강제로 LPG를 대기로 방출한다. 충전 밸브에 설치된다.

⑤ **베이퍼라이저** : LPG를 감압, 기화시키는 장치이다.

⑥ **가스 혼합기(믹서)** : 베이퍼라이저에서 기화된 LPG를 공기와 혼합하여 공급하는 것이다.

4 L.P.G 기관의 특징

① 배기가스 중에 CO 함유량이 적고, 장시간 정지 시 및 한랭 시 기동이 어렵다.

② 가솔린에 비해 쉽게 기화되어 연소가 균일하여 작동 소음이 적다.

③ 봄베로 인해 중량이 높아지고 트렁크 공간의 활용성이 떨어지며 가속성이 가솔린 차량보다 못하다.

5 피드백 믹서(전자제어 믹서) 방식

배전기 내의 옵티컬 방식의 크랭크각 센서, 1번 상사점 센서의 신호를 기초로 엔진의 회전속도를 검출하고 액·기상 전자(솔레노이드) 밸브도 ECU가 제어하게 된다.

(1) 입력신호

- 크랭크각 센서, MAP 센서, TPS, ATS, WTS, O_2센서

(2) 출력장치

① 액·기상 솔레노이드 밸브 : 15℃를 기준으로 이하에서는 기체의 연료를 이상에서는 액상의 연료를 공급하기 위해 ECU가 제어하는 솔레노이드 밸브이다.

② 메인 듀티 솔레노이드 밸브 : 연료의 메인 분사량을 제어하기 위해 ECU의 제어를 받는다.

③ 슬로 듀티 솔레노이드 밸브 : 믹서에 설치되어 베이퍼라이저 1차실 압력을 저속 라인으로 공급해 준다.

④ 슬로 컷 솔레노이드 밸브 : 베이퍼라이저에서 설치되어 1차실의 LPG를 저속 라인으로 공급해주는 밸브를 개폐한다.

⑤ 2차 록 솔레노이드 밸브 : 베이퍼라이저 2차실로 내려가는 연료를 잠그는 기능을 수행한다.

⑥ 스타팅 솔레노이드 밸브 : 시동 시 농후한 공연비를 위래 추가로 연료를 공급한다.

⑦ 공전 속도 제어 밸브 : 공전 시 들어가는 공기량을 제어한다.

    LPI는 압력에 의존한 기계식 LPG 연료 방식과는 달리 연료 탱크 내에 연료 펌프를 설치하여, 연료 펌프에 의해 고압(5~15bar)으로 송출되는 액상 연료를 인젝터로 분사하여 엔진을 구동하는 구조로 되어 있다. 액상의 연료를 분사하므로, 믹서 형식 LPG 엔진의 구성품인 베이퍼라이저, 믹서 등의 구성 부품은 필요 없게 되었으며 새롭게 적용되는 구성품은 고압 인젝터, 봄베 내장형 연료 펌프, 특수 재질의 연료 공급 파이프, LPI 전용 ECU, 연료 압력을 조절해주는 레귤레이터 등이 적용되었다.

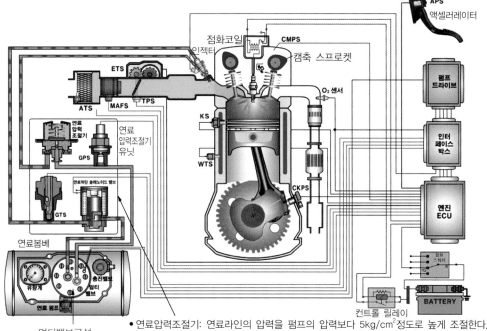

• 연료압력조절기: 연료라인의 압력을 펌프의 압력보다 $5kg/cm^2$정도로 높게 조절한다.
• 가스온도센서: 가스 온도에 따른 연료량의 보정신호로 사용되며, LPG의 성분 비율을 판정할 수 있는 신호로 이용된다.
• 가스압력센서 : LPG압력의 변화에 따른 연료량의 보정신호로 이용되며, 시동시 연료펌프 구동시간제어에 영향을 준다.
• 연료차단 솔레노이드 밸브 : 연료를 차단하기 위한 밸브로 점화스위치 OFF시 연료를 차단한다.

그림 LPI 연료 장치의 구성

1 LPG 액상 연료분사 장치(LPI)의 특징

    ① 겨울철 시동성 향상 및 연비 개선

    ② 정밀한 연료 제어로 환경규제 대응에 유리하고 배출가스 저감

    ③ LPG 연료의 고압 액상 인젝터 분사 시스템으로 타르 생성 및 역화 발생 문제 개선

    ④ 가솔린 엔진과 동등 수준의 뛰어난 동력 성능 발휘

01. LPG 연료장치에서 연료공급 순서는 봄베 → 전자밸브 → 믹서 → 감압기화 장치 → 연소실 순이다.

☐ O ☐ ✕

02. LPG는 액체 상태에서 비중은 1보다 크고 기체 상태에서 비중은 1보다 작다.

☐ O ☐ ✕

03. 겨울철 LPG의 기화한계 온도를 낮추기 위해 부탄의 함유량을 늘린다.

☐ O ☐ ✕

04. LPG는 휘발유보다 옥탄가가 높아 노킹 발생이 적다.

☐ O ☐ ✕

05. 안전밸브는 봄베가 폭발 위험에 있을 때 LPG를 대기 중으로 방출하는 역할을 한다.

☐ O ☐ ✕

06. LPG엔진은 배기가스 중에 CO 함유량이 적고 매연이 거의 없어 위생적이다.

☐ O ☐ ✕

07. 가솔린에 비해 쉽게 기화하므로 연소가 균일하여 작동소음이 적다.

☐ O ☐ ✕

08. LPI엔진은 대용량 봄베에 더 많은 가스를 충전할 수 있어 높은 압력 상태의 LPG를 액상의 상태로 인젝터에 공급할 수 있게 되었다.

☐ O ☐ ✕

09. 액상연료분사장치인 LPI는 기존 LPG엔진보다 시동성, 연비, 출력 등이 대폭 개선되었다.

☐ O ☐ ✕

10. 연료압력조절기 유닛의 구성요소로 연료차단솔레노이드 밸브, 수동 밸브, 릴리프 밸브, 리턴 밸브, 과류방지밸브 등이 있다.

☐ O ☐ ✕

정답 1.✕ 2.✕ 3.✕ 4.○ 5.○ 6.○ 7.○ 8.✕ 9.○ 10.✕

01 LPG 연료의 특성으로 맞지 않는 것은?

① 무색, 무취, 무미이다.
② 기체일 때의 비중은 1.5~2 이다.
③ 옥탄가는 100~120 정도이다.
④ LPG 연료는 프로판 가스 100%로 구성되어 있다.

02 다음 중 LPG 기관의 장점이 아닌 것은?

① 혼합기가 가스 상태로 CO(일산화탄소)의 배출량이 적다.
② 블로바이에 의한 오일 희석이 적다.
③ 옥탄가가 높고 연소속도가 가솔린보다 느려 노킹 발생이 적다.
④ 용적 효율이 증대되고 출력이 가솔린 엔진보다 높다.

> **해설** ④ 용적(체적)효율은 흡입 공기의 저항과 온도가 낮을 때 높아지게 된다. LPG 엔진은 믹서의 벤튜리 부분 때문에 공기 저항이 크고 베이퍼라이저에서 감압기화된 상태의 연료가 공급되므로 온도도 높다.

03 LPG 기관에서 액체를 기체로 변화시켜 주는 장치로 가장 적당한 것은?

① 솔레노이드 스위치
② 베이퍼라이저
③ 봄베
④ 프리히터

04 LPG 차량에서 LPG를 충전하기 위한 고압 용기는?

① 봄베
② 슬로 컷 솔레노이드
③ 베이퍼라이저
④ 연료 유니온

05 LPI 엔진의 연료압력조절기 구성요소로 틀린 것은?

① 가스온도센서
② 가스압력센서
③ 연료차단 솔레노이드밸브
④ 아이싱 팁

06 LPG 저장 용기에 설치되어 있지 않은 부품은?

① 연료 게이지
② 안전밸브
③ 연료 출구 밸브
④ 액체 및 기체 절환 솔레노이드

07 LPG 연료에 대한 설명으로 틀린 것은?

① 기체 상태는 공기보다 무겁다.
② 저장은 가스 상태로만 한다.
③ 연료 충전은 탱크 용량의 약 85% 정도로 한다.
④ 주변온도 변화에 따라 봄베의 압력변화가 나타난다.

 정답 01.④ 02.④ 03.② 04.① 05.④ 06.④ 07.②

08 LPG 기관에서 연료공급 경로로 맞는 것은?

① 봄베 → 액·기상 전자밸브 → 베이퍼라이저 → 믹서
② 봄베 → 베이퍼라이저 → 액·기상 전자밸브 → 믹서
③ 봄베 → 베이퍼라이저 → 믹서 → 액·기상 전자밸브
④ 봄베 → 믹서 → 액·기상 전자밸브 → 베이퍼라이저

09 LPI 엔진에서 연료의 부탄과 프로판의 조성비를 판단하는 입력요소로 맞는 것은?

① 크랭크각 센서, 캠각 센서
② 연료온도 센서, 연료압력 센서
③ 공기유량 센서, 흡기온도 센서
④ 산소 센서, 냉각수온 센서

10 LPI 엔진의 특성과 거리가 먼 것은?

① 겨울철 시동성이 향상되고 연료소비율이 낮아진다.
② ECU에 의한 정밀한 연료제어로 출력이 향상되고 배출가스 중 유해물질이 줄어든다.
③ 고압펌프를 따로 설치하여 기체상태의 연료를 인젝터까지 바로 공급할 수 있다.
④ 멀티밸브의 구성 요소로 연료차단솔레노이드, 수동밸브, 리턴밸브 등이 있다.

11 LPG 자동차의 장점 중 맞지 않는 것은?

① 연료비가 경제적이다.
② 가솔린 차량에 비해 출력이 높다.
③ 연소실 내의 카본 생성이 낮다.
④ 점화플러그의 수명이 길다.

12 사전공기 혼합(믹서)방식 LPG기관의 장점으로 틀린 것은?

① 점화플러그의 수명이 연장된다.
② 연료펌프가 불필요하다.
③ 증기폐쇄 현상이 없다.
④ 가솔린에 비해 냉시동성이 좋다.

13 LPG기관에서 냉각수 온도 스위치의 신호에 의하여 기체 또는 액체 연료를 차단하거나 공급하는 역할을 하는 것은?

① 과류방지밸브
② 유동밸브
③ 안전밸브
④ 액·기상 솔레노이드 밸브

14 LPG기관 피드백 믹서 장치에서 ECU의 출력신호에 해당하는 것은?

① 산소센서
② 파워스티어링 스위치
③ 맵 센서
④ 메인 듀티 솔레노이드

15 LPI 기관에서 LPG 압력의 변화에 따른 연료량의 보정 신호로 이용되며 연료펌프 구동 시간제어에 영향을 주는 입력신호는?

① 연료압력조절기
② 가스온도센서
③ 릴리프밸브
④ 가스압력센서

16 LPG(Liquefied Petroleum Gas) 기관 중 피드백 믹서방식의 특징이 아닌 것은?

① 연료 분사펌프가 있다.
② 대기오염이 적다.
③ 연료 구매 시 경제성이 좋다.
④ 엔진오일의 수명이 길다.

> **해설** ① LPG 엔진은 봄베의 압력으로 연료를 공급한다. ④ 블로바이가스의 양이 가솔린 기관에 비해 상대적으로 적고(혼합비 희박) 카본발생이 적어 엔진오일 오염도가 크지 않다.

17 LPG기관의 연료장치에서 냉각수의 온도가 낮을 때 시동을 좋게 하기 위해 작동되는 밸브는?

① 기상밸브   ② 액상밸브
③ 안전밸브   ④ 과류방지밸브

18 자동차용 LPG 연료의 특성을 잘못 설명한 것은?

① 옥탄가가 높아서 엔진의 운전이 정숙하다.
② 높은 압력에서 사용되는 연료로 액화상

태에서 연소실에 공급하기 용이하다.
③ 대기오염이 적어 친환경적이고 연료비가 저렴하여 경제적이다.
④ 연소 시 질소산화물의 생성이 휘발유보다 다소 높다.

> **해설** LPG의 연료 특성상 주로 무화가 이루어진 상태에서 연료를 공급하는 관계로 증발잠열에 의한 온도 저하를 기대할 수 없고 연료의 발열량이 높은 관계로 엔진의 작동 온도가 가솔린 엔진보다 높은 편이다. 이러한 이유로 질소산화물의 발생량은 LPG 엔진이 가솔린 엔진보다 높은 편에 속한다. 다만 현재 상용화 되어 있는 LPI엔진에서는 액체 상태의 연료를 분사하여 기화되면서 발생되는 증발잠열에 의해 엔진의 온도가 다소 낮아지는 효과를 기대할 수 있어 LPG 엔진보다 질소산화물의 발생량이 적다.

19 LP 가스 용기 내의 압력을 일정하게 유지시켜 폭발 등의 위험을 방지하는 역할을 하는 것은?

① 안전밸브
② 과류방지밸브
③ 긴급 차단 밸브
④ 과충전 방지 밸브

20 LPG 사용 차량의 점화 시기는 가솔린 사용 차량에 비해 어떻게 해야 되는가?

① 다소 늦게 한다.
② 빠르게 한다.
③ 시동 시 빠르게 하고 시동 후에는 늦춘다.
④ 점화 시기는 상관없다.

> **해설** 희박연소로 인해 완전 연소하는데 보다 시간이 소요되므로 점화시기를 빠르게 가져간다.
> 또한 옥탄가가 높은 관계로 점화시기를 다소 빠르게 하여도 조기점화에 의한 노킹발생 현상이 덜하다.

 15.④ **16.**① **17.**① **18.**② **19.**① **20.**②

디젤 엔진의 연료장치

1 디젤 엔진 일반

(1) 특징

1) 압축비 : 15~22 : 1 (자기착화 방식)

2) 압축 압력 : 30~45 kg/cm^2

3) 압축 온도 : 500~550℃

(2) 장 · 단점

장 점	단 점
· 가솔린 엔진보다 열효율이 높다. · 가솔린 엔진보다 연료 소비량이 적다. · 인화점이 높아 화재의 위험이 적다. · 배기가스에 CO, HC 양이 적다.	· 마력당 중량이 무겁다. · 평균유효압력* 및 회전속도가 낮다. · 운전 중 진동 소음이 크다. · 기동 전동기의 출력이 커야 한다.

▶ **평균유효압력**
- **평균유효압력** : 폭발 행정에서 연소가스의 압력이 피스톤에 작용하여 피스톤에 행한 일(균일한 압력 기준.)
- **평균유효압력** = 일 / 행정체적 → 일에 비례, 배기량에 반비례. 즉, 배기량이 작으면서 많은 일을 하면 높다.
- **제동평균유효압력**(4행정 승용 기준 : 단위 bar) → 오토기관 7~12, 디젤기관 5~7.5로 디젤기관이 낮다.

2 디젤 연료 Diesel fuel

(1) 디젤 연료인 경유가 갖추어야 할 구비조건

① 적당한 점도를 가지고 점도지수가 커야 한다.

② 내폭성 및 내한성(저온을 견디는 성질)이 클 것.

③ 고형 미립물이나 협잡물을 함유하지 않을 것.

④ 인화점이 높고 착화점(발화점)이 낮을 것.

⑤ 발열량이 클 것.

(2) 착화 지연 방지하기 위한 촉진제

- 질산에틸, 과산화테드탈렌, 아질산아밀, 초산아밀 등이 있다.

연료의 착화성은 연소실 내의 분사된 연료가 착화할 때까지의 시간으로 표시하며
착화성을 나타내는 수치로 세탄가를 사용한다.

$$※ \ 세탄가 = \frac{세탄}{세탄 + \alpha \cdot 메틸나프탈렌} \times 100$$

3 디젤 연소 과정의 4단계

(1) 착화 지연기간(연소 준비기간)

연료가 실린더 내에서 분사시작에서부터 자연발화가 일어나기까지의 기간(A~B)으로
통상 $\frac{1}{1000} \sim \frac{4}{1000}$초를 두며 이 착화 지연기간이 길어지면 디젤 노크가 발생한다.

1) 착화 지연의 원인

① 연료의 착화성이 좋지 못할 때
   및 공기의 와류발생이 원활하지 못할 때
② 실린더 내의 압력·온도가 낮을 때
③ 연료의 미립 및 분사상태가 불량할 때

2) 착화 지연기간이 짧아지는 경우

① 압축비가 높은 경우
② 분사시기를 상사점 근방에 두는 경우
③ 연료의 무화가 잘되는 경우
④ 흡기 온도가 상승하는 경우
⑤ 와류가 커지는 경우

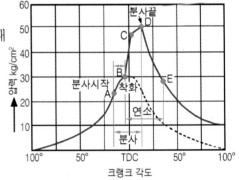

그림 디젤 연료의 연소 과정

(2) 화염 전파기간(폭발 연소기간, 정적 연소기간, 급격 연소기간)

연료가 착화되어 폭발적으로 연소하는 기간(B~C)으로 회전각(시간)대비 압력 상승비
율이 가장 큰 연소 구간이다. 또한 실린더 내의 압력이 급상승하는 기간이다.

(3) 직접 연소기간(제어 연소기간, 정압 연소기간)

분사된 연료가 분사와 동시에 연소하는 기간(C~D)으로 실린더내의 연소 압력이 최대로
발생하는 구간이다.

(4) 후기 연소기간(무기 연소기간)

직접 연소기간 중에 미연소된 연료가 연소되는 기간(D~E)이며, 팽창행정 중에 발생하는 것으로 후기 연소기간이 길어지면 연료소비율이 커지고 배기가스의 온도가 높아진다. 특히 연소과정의 4단계 중 가장 연소기간이 길다.

4 디젤 연료장치 Diesel fuel system

연료장치는 압축된 공기 속에 기관의 부하 상태에 따라 알맞은 압력의 연료를 각 실린더에 분사시키는 장치를 말하며, 형식에는 연소실에 압축된 공기의 압력보다 높은 공기의 압력을 이용하여 연료를 분사시키는 유기 분사식(현재 사용 안함)과 연료에 압력을 가하여 자체 압력으로 연료가 분사되는 무기 분사식(현재 사용함)으로 분류한다.

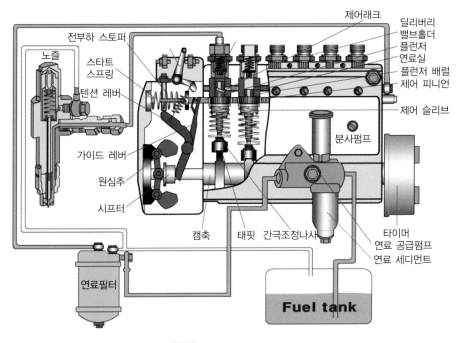

그림 독립식 연료 분사펌프

(1) 연료 공급 순서

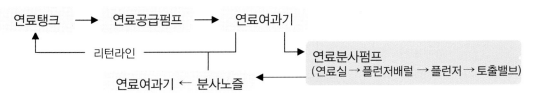

(2) 공급 펌프 Fuel pump

디젤기관의 보쉬형 연료장치에서 연료 공급펌프는 분사펌프 캠축의 회전에 의해 구동되며, 캠축은 크랭크축에 의해 구동되고, 연료 공급펌프 및 플런저를 작동시키며, 피스톤(플런저)이 마모되면 공급펌프의 송출압력($2 \sim 3kg/cm^2$)이 저하된다. 그리고 4행정 사이클은 크랭크축의 1/2이고, 2사이클의 경우는 크랭크축의 회전수와 같다.

● TIP

▶ 연료 여과 장치가 설치되어 있는 곳은 다음과 같다.
연료 탱크의 주입구, 연료 공급 펌프의 입구 쪽, 연료 여과기, 분사 펌프 입구, 노즐 홀더 등 5개소이다.

(3) 연료 여과기 Fuel filter

연료 여과기는 공급 펌프와 분사 펌프 사이에 설치되어 연료 속에 포함되어 있는 불순물을 여과하여 분사 펌프에 공급하는 역할을 한다(여과성능 0.01mm 이상). 또한, 오버플로 밸브는 연료 여과기 내의 규정압력 ($1.5kg/cm^2$)이상으로 상승되면 연료 압력에 의해서 오버플로 밸브 스프링이 압축되므로 밸브가 열려 과잉 연료가 연료 탱크로 돌아간다.

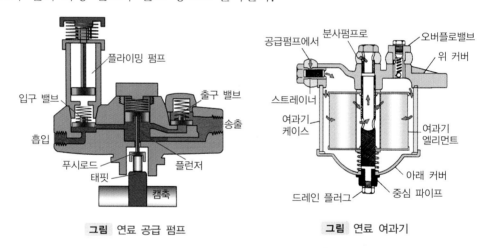

그림 연료 공급 펌프   **그림** 연료 여과기

공기빼기 순서로는 연료 공급 펌프 → 연료 여과기 → 분사 펌프 순이며, 인젝션 펌프에서 공기를 제거하는 이유는 분사노즐에 많은 연료를 보내기 위함이다. 그리고 플라이밍 펌프는 엔진정지 시 수동으로 공기빼기 작업을 하는 장치이다.

(4) 연료 분사 펌프 Fuel injection pump

공급 받은 연료를 고압으로 압축하여 분사 순서에 따라서 각 실린더의 분사 노즐로 압송하는 펌프이다. 연료 분사 펌프는 각 실린더 수에 해당하는 독립적인 펌프 엘리먼트가 설치되어 있으며, 연료 분사 펌프에는 연료 공급 펌프, 연료 분사량을 조절하는 조속기와 분사시기를 조절하는 타이머가 설치되어 있다. 그리고 디젤 기관의 연료 공급 3가지 방식에는 독립식(대형 엔진), 분배식, 공동식(커먼레일식) 등이 있다. 이 교재에서는 시험에 출제되는 독립식 분사 펌프를 기준으로 설명한다.

1) 연료 분사 펌프 작동부

① 캠축

연료 공급 펌프를 구동하기 위한 편심 캠과 태핏을 통하여 플런저를 작동시키는 캠이 분사 노즐의 수와 동일하게 설치되어 있고, 재질은

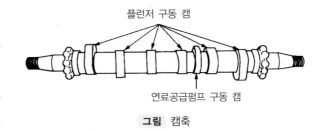

그림 캠축

탄소강, 니켈크롬강이며, 캠축은 양쪽에 볼베어링 또는 테이퍼 롤러 베어링에 의해서 지지되어 기관의 동력을 받는 쪽에는 연료 분사시기를 자동적으로 조절하는 타이머를 설치하기 위한 나사가 있고, 다른 한쪽에는 연료 분사량을 자동적으로 조절하는 조속기를 설치하기 위한 나사가 있다.

② 태핏(Tappet)

태핏은 캠축의 회전 운동을 직선 운동으로 바꾸어 플런저에 전달하는 것으로 연료의 분사 간격이 일정하지 않을 때 태핏 간극을 조정하기 위한 조정 스크루가 설치되어 있다.

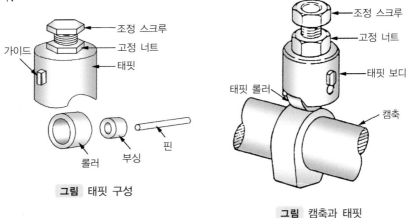

그림 태핏 구성

그림 캠축과 태핏

③ 펌프 엘리먼트(Pump element)

펌프 엘리먼트는 캠에서 동력을 받아 연료를 분사 노즐로 공급하는 펌프로 분사 펌프로 분사 펌프 하우징에 고정핀이나 고정 스크루로 회전하지 않도록 고정되어 있는 플런저 배럴과 플런저 배럴 내에서 상하 운동하여 연료의 압력이 발생되도록 하는 플런저로 구성되어 있다. 플런저의 유효 행정을 크게 하면 연료 송출량(분사

량, 토출량)이 증가되며, 연료 송출량은 플런저 유효행정에 정비례한다.

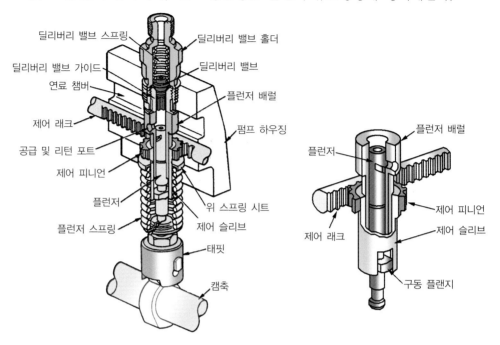

그림 펌프 엘리먼트

④ 리드의 종류와 분사시기와의 관계

ⓐ 정 리드형(Normal lead type) : 분사개시 일정, 분사말기 변화되는 플런저이다.

ⓑ 역 리드형(Reverse lead type) : 분사개시 변화, 분사말기 일정한 플런저이다.

ⓒ 양 리드형(Combination lead type) : 분사개시, 분사말기 모두 변화되는 플런저이다.

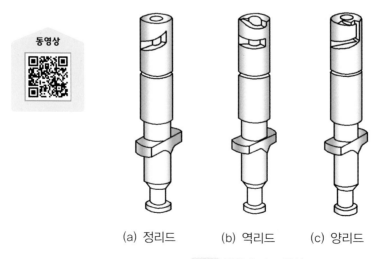

(a) 정리드   (b) 역리드   (c) 양리드

그림 플런저 리드 형식

2) 분사량 조절기구(플런저 회전기구, 연료 제어기구)

가속 페달이나 조속기의 움직임을 플런저에 전달하는 기구이며, 제어 래크 → 제어 피니언 → 제어 슬리브 → 플런저 회전 순으로 작동하며, 분사량 조정은 제어 슬리브와 피니언의 관계 위치를 바꾸어서 한다.

① 제어기구

ⓐ 제어 래크 : 가속페달이나 조속기에 의해 구동되며 제어 피니언을 좌우로 작동한다.

ⓑ 제어 피니언 : 제어 래크의 움직임을 제어 슬리브에 전달하는 역할을 한다.

ⓒ 제어 슬리브 : 피니언의 운동을 플런저에 전달하여 유효 행정을 변화시킨다.

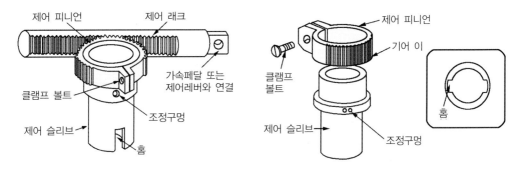

그림 연료분사량 조절기구

3) 토출 밸브(Delivery valve)

고압의 연료를 분사 노즐로 송출시켜주며, 배럴 내의 압력이 낮아지면 닫혀, 연료의 후적과 역류를 방지한다. 즉, 배럴 내의 압력이 일정 압력 이상이 되었을 때 분사관으로 연료를 송출하는 일종의 체크밸브이다. 밸브 내의 압력은 $150kg/cm^2$ 이상 올려야 하며, 작동 압력은 $10kg/cm^2$ 이상이다.

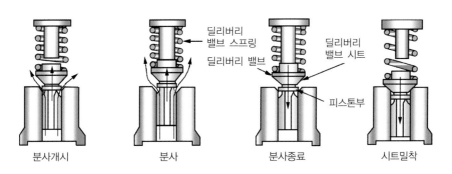

그림 토출 밸브의 작동 과정

(5) 조속기 Governor

엔진의 회전 속도나 부하 변동에 따라 자동적으로 제어 래크를 움직여 분사량을 가감하여 운전이 안정되게 한다. 즉, 최고속도를 제어하고 동시에 전속도 운전을 안정되게 하며, 특히 저속 운전에서는 분사량이 상당히 미소량이고 제어 래크의 작은 움직임에 대해 분사량의 변화가 크기 때문에 조속기를 설치하여 자동적으로 분사량을 조절하여 저속 운전을 안정시키는 작용을 한다.

1) 조속기의 종류

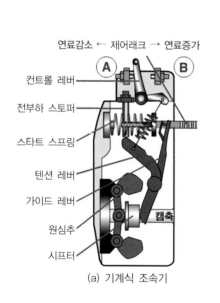

(a) 기계식 조속기

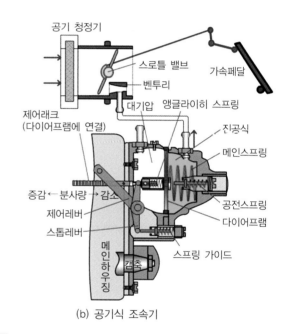

(b) 공기식 조속기

그림 조속기의 종류

2) 앵글라이히 장치 Angleichen device

앵글라이히 장치는 제어 래크가 동일한 위치에 있어도 모든 범위에서 공기와 연료의 비율을 알맞게 유지하는 역할을 한다.

3) 디젤 엔진에서 분사량 부족 원인

① 분사 펌프의 플런저가 마모되었다.
② 토출(딜리버리)밸브 시트의 손상
③ 토출밸브 스프링의 약화

▶ 분사펌프 시험기
  ① 연료의 분사시기 측정 및 조정
  ② 연료 분사량 측정
  ③ 조속기 작동 시험과 조정

4) 분사량의 불균율 산출식 : ± 3% 이내

① (+) 불균율 $= \dfrac{최대\ 분사량 - 평균\ 분사량}{평균\ 분사량} \times 100$

② (−) 불균율 $= \dfrac{평균\ 분사량 - 최소\ 분사량}{평균\ 분사량} \times 100$

연습문제 1

디젤 기관의 분사량을 시험한 결과 아래와 같을 때 분사량을 조정해야 하는 실린더는? (단, 불균율 ±3%)

실린더 번호	1	2	3	4
분 사 량	75	77	83	85

정답 모두(1, 2, 3, 4)

평균 분사량 $= \dfrac{75 + 77 + 83 + 85}{4} = 80$ $* 80 \times (\pm 0.03) = 77.6 \sim 82.4$

---

(6) 분사시기 조정기(타이머 : Injection timer)

엔진의 부하, 회전 속도에 따라 연료 분사시기를 조절하고 보쉬형 연료 분사 펌프의 분사시기는 펌프와 타이밍 기어의 커플링으로 조정하며, 보쉬형 연료장치의 분사 압력의 조정은 분사노즐 스프링 또는 노즐 홀더에서 한다.

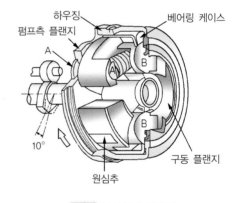

그림 분사시기 조정기

▶ 분사시기를 빠르게 하는 시기
① 시동을 할 때
② 기관의 부하가 클 때
③ 기관의 회전수를 높일 때
④ 급격한 구배(언덕길)를 오를 때

(7) 분사 노즐 Injection nozzle

분사 노즐은 분사 펌프에서 보내준 고압의 연료를 미세한 안개 모양으로 연소실 내에 분사하는 일을 하는 장치이다.

1) 연료 분무 형성의 3대 요건

① 관통력

② 분산(분포)

③ 무화

2) 분사 노즐의 구비 조건

① 분무가 연소실의 구석구석까지 뿌려지게 할 것

② 연료를 미세한 안개모양으로 하여 쉽게 착화되
게 할 것

③ 연료의 분사 끝에서 완전히 차단하여 후적이
일어나지 않을 것

3) 분사 노즐의 과열 원인

① 과부하에서 연속적으로 운전할 때

② 분사 시기가 틀릴 때

③ 분사량이 너무 과다할 때

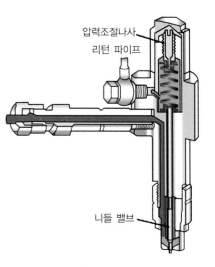

그림 분사 노즐

4) 분사 노즐의 분류와 특징

구 분	밀폐형(폐지형)				개방형 (사용안함)
	구 멍 형		핀틀형	스로틀형	
	단공식	다공식			
분사압력	150~300kg/cm²		100~150kg/cm²	100~140kg/cm²	밸브 없이 항상 열려 있음.
분사각도	4~5도	90~120도	4~5도	45~65도	
분공직경	0.2~0.4mm		1mm	1mm	

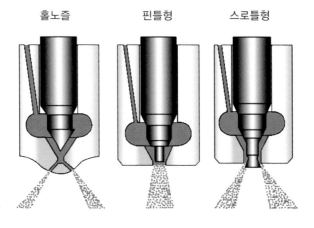

그림 분사 노즐의 종류

5 디젤 연소실 Diesel combustion chamber

연소실은 혼합기를 연소하여 동력을 발생하는 곳으로 밸브 및 분사 노즐이 설치되어 있다. 형상은 기관의 성능에 영향을 받게 되므로 주어진 크기의 연소실에서 혼합기의 연소에 소요되는 시간을 짧게 하기 위해서는 구형으로 하여 그 중앙에서 혼합기가 연소될 수 있도록 하면 이상적으로 된다.

(1) 연소실의 구비조건

1) 고속회전 시 연소 상태가 좋을 것
2) 기동이 쉬우며 노킹을 일으키지 않는 형상일 것
3) 평균 유효 압력이 높으며, 연료소비량이 적을 것
4) 분사된 연료를 가능한 짧은 시간에 완전 연소시킬 것
5) 압축행정 끝에서 강한 와류를 일으키게 할 것

(2) 연소실의 종류

종 류	단 실 식	복 실 식		
연소실 종류	직접분사실식	예연소실식	와류실식	공기실식
폭발 압력(kg/㎠)	80	55~60	55~65	45~50
예열 플러그	필요가 없다	필요로 하다	필요로 하다	필요가 없다
분사압력(kg/㎠)	200~300	100~120	100~140	
연료소비율(g/ps·h)	170~200	200~250	190~220	210~230
압 축 비	13~16 : 1	16~20 : 1	15~17 : 1	13~17 : 1

1) 직접분사실식Direct injection chamber type의 특징

① 실린더 헤드와 피스톤 헤드에 요철로 둔 것으로 피스톤의 강도가 약해진다.
② 구조가 간단하여 연소실 체적에 대한 표면적 비가 작아 냉각 손실이 적고 열효율이 높다.
③ 높은 분사 압력이 요구되어 다공식 분사 노즐을 사용하며 가격이 비싸고 수명이 짧다.
④ 사용 연료에 민감하고 **노크가 잘 발생**되며 대형 엔진에 주로 사용된다.
⑤ 하나의 연소실에 직접 압축압력을 가하므로 기동이 쉽다.

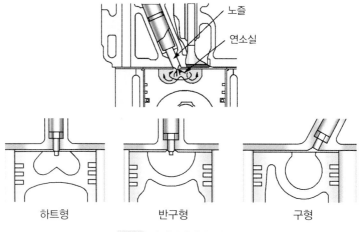

하트형　　　　　　　반구형　　　　　　　구형

그림 직접분사실식 연소실

2) **예연소실식**Precombustion chamber type**의 특징**

① 연소실 구조가 복잡하여 연료 소비율 및 냉각 손실이 크다.

② 분사 압력이 낮아 연료장치의 고장이 적고, 수명이 길다.

③ 사용연료 변화에 둔감하므로 연료의 선택 범위가 넓다.

④ 운전이 정숙하고, 노크를 가장 일으키기 어려운 연소실이다.

⑤ 압축비가 높아 큰 출력의 기동 전동기가 필요하다.

그림 예연소실식 연소실

3) **와류실식**Turbulence chamber type**의 특징**

① 압축행정에서 발생하는 강한 와류를 이용하므로 연소가 빠르고 평균유효압력이 높다.

② 분사압력이 낮아도 되고, 연료소비율이 비교적 적다.

③ 분출구멍의 조임 작용, 연소실 표면적에 대한 체적비가 커 열효율이 비교적 낮다.

그림 와류실식 연소실

④ 와류발생이 원활하지 못한 저속에서 노크발생이 쉽다.

⑤ 회전속도 범위가 넓고 고속회전이 가능하고 운전이 원활하다.

4) 공기실식 Air chamber type의 특징

① 폭발압력이 가장 낮고, 압력상승이 낮고, 작동이 조용하다.

② 연료소비율이 비교적 크고, 분사시기가 엔진 작동에 영향을 준다.

③ 연료가 주연소실로 분사되므로 기동이 쉽다.

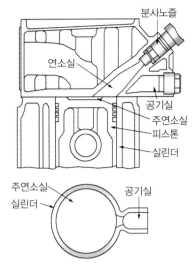

그림 공기실식 연소실

6 디젤 엔진의 시동 보조기구

(1) 감압장치(데콤프장치 : De-Compression Device)

디젤 엔진은 압축압력이 높기 때문에 한랭시 기동을 할 때 원활한 시동이 어렵다. 이런 점을 고려하여 시동 할 때 흡기밸브나 배기밸브를 캠축의 운동과는 상관없이 강제적으로 열어서 기관의 시동 또는 조정을 위하여 회전시킬 때 실린더 내의 압축압력을 감압시켜 기관의 시동을 도와주는 장치이며 디젤엔진을 정지시키는 역할을 한다.

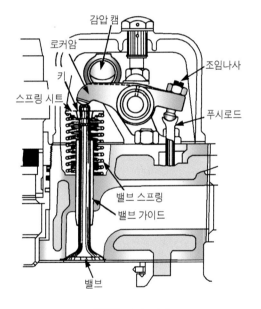

그림 감압 장치

1) 디젤 엔진 정지 방법

① 연료공급을 차단한다. 분사펌프 입구에 차단밸브 설치

② 압축행정에서 감압하여 시동을 정지시킨다. – 감압장치 사용

③ 흡입공기의 공급을 차단하여 시동을 정지시킨다.
– 인테이크 셔터(Intake shutter) 사용

2) 디젤 엔진 시동 곤란 시 대비 사항

① 연소 촉진제를 공급한다.

② 감압장치를 사용한다.

③ 흡입 공기의 온도를 높여준다.

④ 예열 플러그로 연소실을 예열시킨다.

⑤ 실린더 내의 온도를 높여준다.

(2) 예열 장치

예열 장치는 실린더나 흡기다기관 내의 공기를 미리 가열하여 기동을 쉽게 해주는 장치이다. 종류에는 예열 플러그식과 흡기 가열식이 있다.

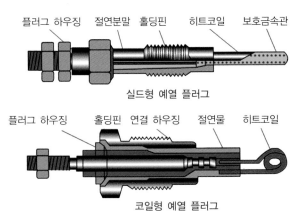

실드형 예열 플러그

코일형 예열 플러그

그림 예열 플러그

1) 예열 플러그식

예연소실 및 와류실식에 사용되는 것으로서 연소실 내의 압축공기를 예열하여 착화를 쉽게 하며 예열 플러그, 예열 플러그 파일럿, 예열 플러그 저항기 등으로 구성되어 있다.

구 분	코 일 형	실 드 형	예열 플러그가 단선되는 원인
발 열 량	30~40W	60~100W	· 예열시간이 길다. · 과대전류가 흐른다. · 엔진 작동 중에 예열시킬 때 · 엔진이 과열되었다.
예열시간	40~60초	60~90초	
회로연결	직렬접속	병렬접속	
발열온도	950~1050℃	950~1050℃	

※ 히트 릴레이(Heat relay)는 예열 플러그에 흐르는 전류가 크기 때문에 기동전동기 스위치의 소손을 방지하기 위하여 사용하는 것이다.

2) 흡기 가열식

흡기 가열식은 직접분사실식에서 흡기 다기관에 흡기 히터(Intake heater)나 히트 레인지(Heat range)설치하여 흡입되는 공기를 가열시켜 실린더에 공급하는 형식이다. 특히, 히트 레인지는 흡기 다기관 내에 열선을 설치하여 축전지 전류를 공급하면 약 400~600W의 발열량에 의해 엔진 시동 시 흡입되는 공기가 열선을 통과할 때 가열되어 흡입된다.

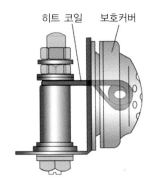

그림 예열플러그 파일럿

7 가솔린 노킹과 디젤 노킹의 비교

(1) 가솔린의 노킹

실린더 내의 연소에서 점화플러그의 점화에 의한 정상연소가 아닌 말단부분의 미연소 가스들이 자연 발화하는 현상이다.

1) 화염 전파 속도

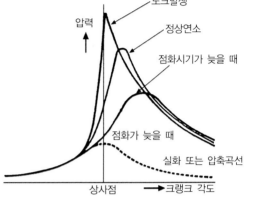

① 정상 연소 시 : 20~30m/s

② 노크 발생 시 : 300~2500m/s

2) 노크 발생원인

① 엔진에 과부하가 걸렸을 때

② 엔진이 과열되었거나 열점이 있을 때

③ 점화시기가 너무 빠르거나 혼합비가 희박(조기점화 요건에 만족)할 때

④ 저 옥탄가 연료를 사용하거나 엔진 회전수가 낮아 정상 연소보다 화염 전파속도가 느릴 때

⑤ 흡기 온도, 압력, 제동평균 유효압력이 높을 때

3) 노크 방지 방법

① 혼합 가스에 와류를 발생시키고 농후한 공연비로 **화염 전파 속도**를 빠르게 **거리**를 짧게 한다.

② 압축비, 혼합 가스 및 냉각수 온도를 낮추고 열점이 생기지 않도록 카본을 제거한다.

③ 노킹이 발생되지 않을 정도로 점화시기를 늦추어 준다.(과도한 지각은 출력 부족으로 연결)

④ 고 옥탄가 연료를 사용한다.

4) 노크가 엔진에 미치는 영향

① 연소실 온도는 상승(연소실 벽면의 가스층을 파괴)하고 배기가스 온도는 낮아진다.

② 최고 압력은 상승하고 평균 유효압력은 낮아진다.

③ 엔진의 과열 및 출력이 저하된다.

④ 타격음이 발생하며, 엔진 각부의 응력이 증가한다.

⑤ 배기가스의 색이 황색 및 흑색으로 변한다.

⑥ 실린더와 피스톤의 손상 및 고착이 발생한다.

(2) 디젤의 노킹

착화지연이 길어져 화염전파 중에 많은 양의 연료가 급격하게 연소하여 발생하는 충격으로 엔진에 소음과 진동이 발생되는 현상이다.

1) 노크 발생 원인

① 엔진의 저속 운전으로 인한 낮은 온도가 유지될 때 주로 발생한다.

② 착화성이 좋지 못한 연료를 사용하였을 때(세탄가가 낮을 때)

③ 연료의 분사시기가 빠르거나 초기 분사량이 많을 때 착화가 지연된다.

2) 노크 방지 방법

① 엔진의 회전속도를 높이고 압축비, 압축압력, 압축온도를 높인다.

② 세탄가가 높은 연료를 사용하고 촉진제를 사용하여 지연을 방지한다.

③ 분사시기를 알맞게 조정하고 연료의 초기 분사량을 감소시켜 착화지연을 방지한다.

④ 흡입 공기에 와류를 발생시켜 연소 효율을 높인다.

(3) 특징 및 기타 이상 연소

1) 가솔린 노킹은 연소의 말기(불꽃으로 단시간에 연소)에 발생하는데 반하여 디젤 노킹은 연소 초기(착화 지연된 연료가 단번에 연소)에 발생한다.

2) 이상 연소의 종류

① 터드(Thud) : 혼합기의 급격한 연소가 원인으로 비교적 빠른 회전속도에서 발생하는 저주파 굉음

② 럼블(Rumble) : 기관의 압축비가 9.5 이상으로 높은 경우에 노크 음과 다른 저주파의 둔한 뇌음을 내며 기관의 운전이 거칠어지는 현상으로 연소실의 이물질이 원인이 된다.

8 과급기

과급기는 엔진의 출력을 향상시키기 위해 흡기 다기관에 설치한 공기 펌프이다. 즉 강제적으로 많은 공기량을 실린더에 공급시켜 엔진의 출력 및 회전력의 증대, 연료 소비율을 향상시킨다. 과급기는 배기가스에 의해 작동되는 배기 터빈식과 엔진의 동력을 이용하는 루트식이 있다. 과급기를 설치하면 엔진 중량이 10~15% 증가하고 출력은 35~45% 증가한다.

(1) 인터쿨러 Inter cooler

인터쿨러는 임펠러와 흡기 다기관 사이에 설치되어 과급 임펠러에 의해서 과급된 공기는 온도가 상승함과 동시에 공기 밀도의 증대 비율이 감소하여 노킹이 발생되거나 충전 효율이 저하된다. 따라서 이러한 현상을 방지하기 위하여 라디에이터와 비슷한 구조로 설계하여 주행 중 받는 공기로 냉각시키는 공랭식과 냉각수를 이용하여 냉각시키는 수랭 식이 있다.

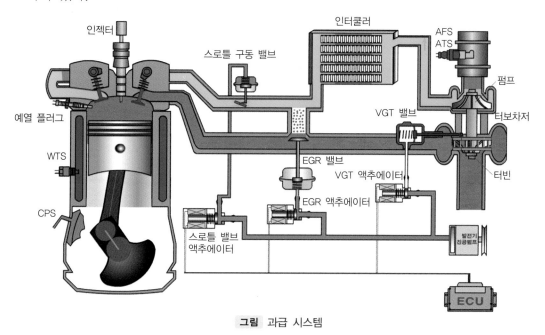

그림 과급 시스템

(2) 터보차저 Turbo charger

터보차저는 1개의 축 양 끝에 각도가 서로 다른 터빈을 설치하여 하우징의 한쪽은 흡기 다기관에 연결하고 다른 한쪽은 배기 다기관에 연결하여 배기가스의 압력으로 배기 쪽의 터빈을 회전시키면 흡입 쪽의 펌프(임펠러)도 회전되기 때문에 펌프 중심 부근의 공기는 원심력을 받아 외주로 가속되어 디퓨저에 들어간다. 디퓨저는 확산한다는 뜻으로 유체 또는 기체의 통로를 넓혀서 흐름의 속도를 느리게 압력을 높게 변환(베르누이 원리)하는 장치로 체적 효율이 향상된다. 또한, 배기 터빈이 회전하므로 배기 효율이 향상되며, 터보 차저를 배기 터빈 과급기라고도 한다.

(3) 부동 베어링 Floating bearing

10,000~15,000rpm 정도로 고속 회전하는 터빈축을 지지하는 베어링으로 엔진으로부터 공급되는 오일로 윤활 된다.

이러한 이유로 고속 주행 직후에는 엔진을 공전시켜(오일펌프 계속 구동) 터보차저를 냉각시킨 후 시동을 꺼야지만 장치의 열변형을 막을 수 있다.

그림 플로팅 베어링

(4) 가변 용량 제어장치 Variable Geometry Turbocharger

동영상

VGT는 배기가스의 흐름을 이용하여 엔진으로 흡입되는 공기량을 증가시키는 터보차저의 일종이다.

일반 터보차저의 경우는 저속 구간에서는 배출 가스양이 적고 유속이 느려 터보의 효과를 발휘할 수 없지만 VGT는 저속 구간에서 배출가스의 통로를 좁힘으로서 배출가스의 속도를 빠르게 하여 터빈을 빠르고 힘 있게 구동시키므로 저속에서도 일반 터보차저보다 많은 공기를 흡입할 수 있으므로 저속구간의 출력을 향상시킬 수 있다.

> Section 10   **CRDI 연료장치**

■ CRDI 연료 분사장치의 개요

CRDI 연료 분사장치는 지금까지 적용되어 왔던 인젝션 펌프 방식을 완전히 탈피한 전자제어 축압식(Common rail)을 적용한 엔진으로 직접분사 디젤 엔진이다. 기존 디젤 엔진에 비해 약 30% 출력 및 연비 향상을 얻어 냈으며, 배기가스를 최소화하여 배기가스 규제를 만족하는 친환경적 디젤 엔진을 실현하였다.

전자제어 연료 시스템에서 새로이 개발된 "커먼레일"이라 불리는 어큐뮬레이터와 초고압 연료 공급 시스템 및 인젝터 그리고 복잡한 시스템을 정밀하게 제어하기 위한 전기적 입출력 요소와 엔진 컴퓨터(ECU) 등으로 구성되어 있다.

2 CRDI 연료 분사장치 제어

ECU는 센서로부터 나오는 신호를 입력 받고 엔진에서 공연비의 효율적인 제어를 실시한다. 엔진 속도는 크랭크 각 센서에 의해 측정되며, 캠 위치 센서는 분사순서를 결정하고, 또한 가속 페달 위치 센서는 운전자의 페달 밟은 양을 감지한다. ECU는 분사개시와 후분사에 대한 설정 값, 그리고 다양한 작동과 변수에 대처하기 위해 냉각수 온도와 공기온도 센서를 입력받아 보정신호로 사용한다.

3 CRDI 연료 분사장치의 구성 및 작동원리

연료장치의 구성 요소들은 고압을 형성 분배할 수 있게 되어 있으며 또한 엔진 ECU에 의하여 전자제어 된다. 따라서 연료장치는 기존 디젤엔진의 연료 분사장치인 분사펌프 타입의 연료 공급 방식과는 완전히 다르며 커먼레일 연료 분사 시스템은 연료의 저압 라인 및 고압라인 그리고 제어부인 ECU로 구성된다.

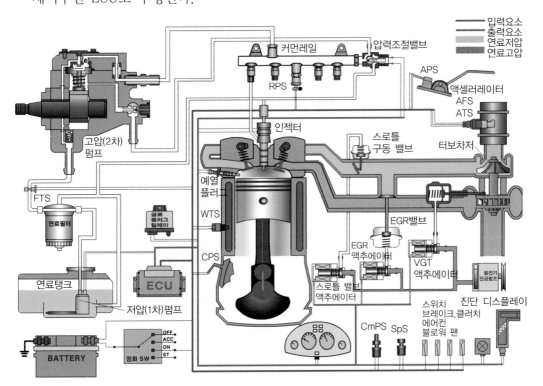

그림 CRDI 디젤엔진 계통도(전자식 저압펌프) - 출구제어방식

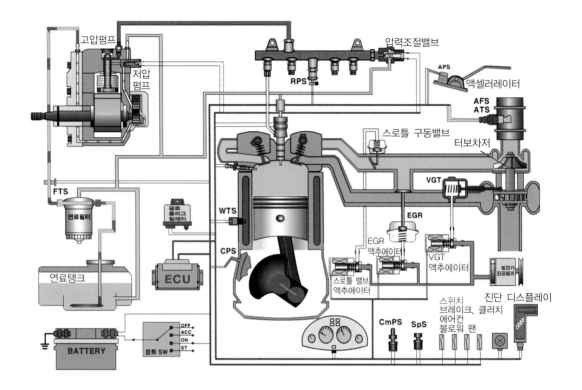

그림 CRDI 디젤엔진 계통도 (기계식 저압펌프) - 입구제어방식

(1) 연료의 공급 순서

1) 전자식 저압 펌프 CRDI

저압 펌프 → 연료 여과기 → 고압 펌프 → 커먼레일 → 인젝터

2) 기계식 저압 펌프 CRDI

연료 여과기 → 저압 펌프 → 고압 펌프 → 커먼레일 → 인젝터

(2) 저압 · 고압 연료 라인 구성

1) 저압 라인

① **연료 탱크** : 스트레이너, 연료 센더, 스월 포트로 구성된다.

② **저압 펌프**(1차 연료 공급펌프)

③ **연료 필터** : 수분 감지 센서, 플라이밍 펌프(공기 빼기용), 온도 스위치, 가열장치로 구성된다.

2) 고압 라인

① **고압 펌프** : 연료의 압력을 1350bar 정도로 높여 커먼레일로 공급한다.

② **커먼레일(고압 어큐뮬레이터)** : 레일 압력 센서, 압력 조절 밸브(1750bar이상 작동)로 구성된다.

③ **고압 파이프**

④ **인젝터** : 리턴라인이 포함되어 있어 분사 후 남은 연료는 탱크로 돌아간다.

(3) 디젤 전용 경고등의 종류

1) 연료수분 감지 경고등

연료 필터 내에 규정량 이상의 물이 쌓이면 시동상태에서도 경고등이 계속 점등되게 된다.

2) DPF 경고등

배기가스 후처리 장치로 배기가스 중 입자상 물질(PM)을 물리적으로 포집하고 연소시켜 제거하는 장치이다. 주로 시내 주행이 많은 경우 경고등이 켜지게 되며 고속도로에서 정속 주행을 20분 정도 하게 되면 경고등이 꺼지게 된다.

3) 예열 플러그 작동 지시등

키 스위치는 보통 'ACC-ON-START'의 3단계 과정을 거치게 되는데 키를 ON 상태에서 유지시킬 경우 돼지꼬리 모양의 경고등이 뜨게 된다. 이는 디젤엔진의 특성상 한랭 시 자기착화를 원활하게 하기 위해 연소실 내부 온도를 올려서 시동을 용이하게 하는 장치의 작동등이다.

(4) 연료의 분사

1) 예비(파일럿)분사

연료 분사를 증대시킬 때 미리 예비 분사를 실시하여 부드러운 압력 상승 곡선을 가지게 해준다. 그 결과 소음과 진동이 줄어들고 자연스런 증속이 가능하다.

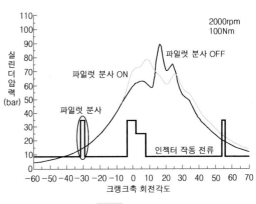

그림 예비분사

▶ 예비분사 제어를 하지 않는 경우는 다음과 같다.
· 예비분사가 주분사를 너무 앞지를 경우
· 엔진 회전수가 규정이상인 경우
· 연료 분사량이 너무 작은 경우
· 주분사 연료량이 충분하지 않는 경우
· 연료 압력이 최소압 100bar 이하인 경우

2) 주분사

메인 분사로 출력을 발생하는 역할을 한다.

3) 후분사

배기가스 후처리 장치인 DPF(Diesel Particulate Filter, 디젤 미립자형 여과기), {CPF(Catalyzed Particulate Filter, 미립자형 촉매 여과기)라고도 부른다.} 에 쌓인 입자상물질(PM)을 태워 없애기 위해 사용하는 분사를 말한다.

(5) 친환경 디젤

1) 유로 6 : NOx와 PM을 줄이기 위한 기준으로 유로 5까지는 EGR 장치로 충족하였으나 유로 6의 기준에는 대응하기 어렵게 되었다. 그래서 다음과 같은 저감 장치가 장착되었다.

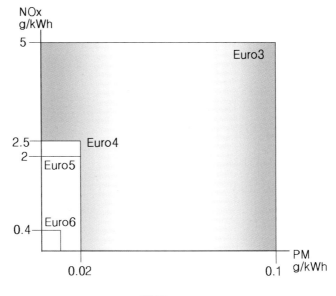

그림 유로 6

2) NOx 저감장치

① SCR(Selective Catalytic Reduction)

선택적 촉매 환원장치 SCR은 '요소수'라 불리는 액체를 별도의 탱크에 보충한 뒤 열을 가하여 암모니아로 바꾼 후, 배기가스 중의 NOx와 화학반응을 일으켜 물과 질소로 바꾸게 한다. 하지만 고가여서 배기량이 큰 차량이나 고급차에 적용된다.

② LNT(Lean NOx Trap-희박 질소 촉매), NSC(NOx Storage Catalyst)

필터 안에 NOx를 포집한 후 연료를 태워 연소시키는 방식으로 연료 효율이 떨어지는 단점이 있으나 가격 경쟁력이 있어 EGR 장치와 같이 사용하여 유로 6에 대응이 가능하다.

3) PM 저감장치 : 배기가스 후처리 장치(DPF, CPF)

① 일정거리를 주행 후 550℃이상으로 배기가스 온도를 높여 PM을 연소시키는 장치

② DPF, CPF 구성

ⓐ 차압센서 : PM 포집량을 예측하기 위해 여과기 앞·뒤의 압력 차이를 검출.

ⓑ 배기가스 온도 센서 : VGT를 보호하기 위해 850℃ 넘지 않도록 제어.

ⓒ 디젤 산화촉매 : PM의 구성성분인 HC를 감소시키면 PM을 10~20% 감소시킬 수 있다.

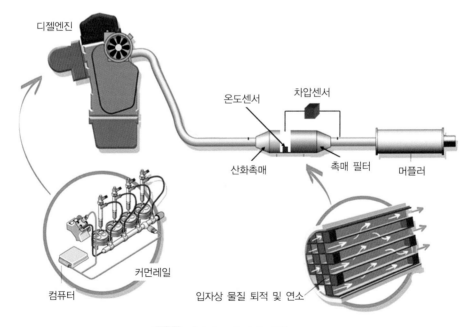

그림 배기가스 후처리 장치

01. 디젤 엔진은 가솔린 엔진에 비해 열효율이 높고 연료 소비량이 적다. 또한 배기가스에 CO, HC 양이 적다.

☐ O ☐ X

02. 경유는 휘발유에 비해 착화점이 높아 화재의 위험성이 적다.

☐ O ☐ X

03. 디젤 엔진은 가솔린 엔진에 비해 평균유효압력은 높으나 회전속도는 낮다.

☐ O ☐ X

04. 경유는 점도지수 및 인화점은 높고 착화점이 낮아야 한다.

☐ O ☐ X

05. 세탄가는 착화성을 나타내는 수치를 뜻한다.

☐ O ☐ X

06. 디젤의 연소과정 4단계로 착화 지연기간, 화염 전파기간, 직접 연소기간, 후기 연소기간이 있다.

☐ O ☐ X

07. 화염 전파기간이 길어지면 디젤엔진에서 노킹이 잘 발생하게 된다.

☐ O ☐ X

08. 독립식 연료 분사펌프를 사용하는 디젤엔진의 연료공급순서는 연료탱크 → 연료공급펌프 → 연료여과기 → 연료분사펌프 → 분사노즐 순이다.

☐ O ☐ X

09. 플런저 리드의 종류 중에 분사 개시는 일정하고 분사말기를 변화시키는 것이 역 리드형이다.

☐ O ☐ X

10. 분사량을 조절하는 기구의 작동순서는 제어래크 → 제어피니언 → 제어슬리브 → 플러저 회전 순이며 분사량 조정은 제어슬리브와 제어피니언의 관계위치를 바꾸면 된다.

☐ O ☐ X

정답 1.◯ 2.✕ 3.✕ 4.◯ 5.◯ 6.◯ 7.✕ 8.◯ 9.✕ 10.◯

11. 분사 노즐에 후적이 발생된 경우에는 토출밸브의 스프링의 장력이 약해지거나 시트에 밀착이 좋지 못할 때 그럴 수 있다.

☐ O ☐ X

12. 조속기로 분사시점을 제어하고 타이머로 분사량을 가감할 수 있다.

☐ O ☐ X

13. 디젤 분사량의 불균율은 ±3% 범위 내에 있어야 한다.

☐ O ☐ X

14. 관통력, 분산, 무화는 연료 분무 형성의 3대 요건이다.

☐ O ☐ X

15. 높은 분사압력이 필요할 때에는 핀틀형 및 스로틀형 분사 노즐을 사용하면 된다.

☐ O ☐ X

16. 디젤엔진의 연소실의 종류 중 직접분사실식이 사용 연료에 민감하여 노크가 가장 잘 발생되며 다음이 저속에서 노킹이 발생되는 와류실식이고 예연소실식이 연료의 선택범위가 넓고 노킹이 잘 일어나지 않는 구조이다.

☐ O ☐ X

17. 디젤 엔진을 정지하는 방법에는 예열플러그의 전원을 차단하는 것, 감압장치를 활용하는 것, 흡입공기를 차단하는 방법 등이 있다.

☐ O ☐ X

18. 실드형 예열플러그는 회로에 병렬로 접속되어 있어 코일형보다 예열기간이 길고 발열량이 높다.

☐ O ☐ X

19. 가솔린 엔진에서 혼합비가 희박하거나 엔진의 회전수가 낮아 화염 전파속도가 느릴 때 노크가 잘 발생된다.

☐ O ☐ X

정답 11.○ 12.✕ 13.○ 14.○ 15.✕ 16.○ 17.✕ 18.○ 19.○

20. 노크가 발생 시 불완전 연소에 의해 연소실 온도는 하강하고 미연소가스들이 배기 중에 연소하여 배출가스의 온도는 상승하게 된다.

☐ O ☐ X

21. 디젤의 노킹은 연료의 분사시기가 빠르거나 초기 분사량이 많을 때 더 잘 발생된다.

☐ O ☐ X

22. 과급장치의 구성으로 터빈과 펌프, 부동베어링, 인터쿨러 등이 있다.

☐ O ☐ X

23. 기계식 저압펌프를 사용하는 전자제어 축압식 디젤엔진의 연료공급 순서는 연료여과기 → 저압 펌프 → 고압 펌프 → 커먼레일 → 인젝터이다.

☐ O ☐ X

24. 디젤 전용 경고등의 종류에는 연료수분 감지 경고등, DPF 경고등, 예열 플러그 작동 지시등이 있다.

☐ O ☐ X

25. CRDI 엔진의 다단분사 중 예비 분사는 주로 배기가스 후처리 장치를 활성화하기 위해 사용한다.

☐ O ☐ X

26. 선택적 촉매 환원장치는 디젤 차량의 입자상물질을 줄이기 위해 접목된 기술이다.

☐ O ☐ X

정답 20.✕ 21.○ 22.○ 23.○ 24.○ 25.✕ 26.✕

01 디젤 엔진에서 연료 공급펌프 중 프라이밍 펌프의 기능은?

① 기관이 작동하고 있을 때 펌프에 연료를 공급한다.
② 기관이 정지되고 있을 때 수동으로 연료를 공급한다.
③ 기관이 고속운전을 하고 있을 때 분사펌프의 기능을 돕는다.
④ 기관이 가동하고 있을 때 분사펌프에 있는 연료를 빼는 데 사용한다.

02 디젤 기관의 연소실 중 피스톤 헤드부의 요철에 의해 생성되는 연소실 구조를 갖는 형식은?

① 예연소실식   ② 공기실식
③ 와류실식   ④ 직접분사실식

03 다음 중 디젤 기관에 사용되는 과급기의 역할은?

① 윤활성의 증대
② 출력의 증대
③ 냉각효율의 증대
④ 배기의 증대

04 디젤 엔진을 정지할 수 있는 방법이 아닌 것은?

① 연료를 차단
② 배기가스를 차단
③ 흡입 공기를 차단
④ 압축 압력 차단

05 디젤 기관의 노킹을 방지하는 대책으로 알맞은 것은?

① 실린더 벽의 온도를 낮춘다.
② 착화지연 기간을 길게 유도한다.
③ 압축비를 낮게 한다.
④ 흡기 온도를 높인다.

06 다음은 디젤 기관에 사용되는 연소실이다. 연소실이 복실로 구성되지 않은 것은?

① 예연소실식   ② 직접분사식
③ 공기실식   ④ 와류실식

07 가솔린 기관과 비교할 때 디젤 기관의 장점이 아닌 것은?

① 부분부하영역에서 연료소비율이 낮다.
② 넓은 회전속도 범위에 걸쳐 회전 토크가 크다.
③ 질소산화물과 매연이 조금 배출된다.
④ 열효율이 높다.

정답   01.② 02.④ 03.② 04.② 05.④ 06.② 07.③

08 디젤 기관에서 연료분사의 3대 요인과 관계가 없는 것은?

① 무화　　　② 분포
③ 디젤 지수　④ 관통력

09 디젤 기관의 분사 노즐에 관한 설명으로 옳은 것은?

① 분사개시 압력이 낮으면 연소실 내에 카본 퇴적이 생기기 쉽다.
② 직접 분사실식의 분사개시 압력은 일반적으로 100~120kgf/cm²이다.
③ 분사 노즐에서 분사 후 여분의 연료는 공급 펌프로 회수된다.
④ 분사개시 압력이 높으면 노즐의 후적이 생기기 쉽다.

> **해설** 분사개시 압력이 낮게 되면 작은 압력으로도 쉽게 연료가 분사되기 때문에 많은 양의 연료가 초에 분사되게 된다. 이는 착화지연으로 이어져 노킹이 발생되고 불완전 연소에 의해 카본이 많이 발생되는 원인이 된다.

10 세탄가 80이란 무엇을 뜻하는가?

① 이소옥탄 20, 세탄 80
② 노멀헵탄 20, 경유 80
③ 질산에틸 20, 아질산아밀 80
④ 세탄 80, α-메틸나프탈렌 20

11 디젤 기관에 사용되는 경유의 구비조건은?

① 점도가 낮을 것
② 세탄가가 낮을 것
③ 유황분이 많을 것
④ 착화성이 좋을 것

12 커먼레일 디젤 엔진 차량의 계기판에서 경고등 및 지시등의 종류가 아닌 것은?

① 예열플러그 작동지시등
② DPF 경고등
③ 연료수분 감지 경고등
④ 연료 차단지시등

13 직접고압 분사방식(CRDI) 디젤 엔진에서 예비분사를 실시하지 않는 경우로 틀린 것은?

① 엔진 회전수가 고속인 경우
② 분사량의 보정제어 중인 경우
③ 연료 압력이 너무 낮은 경우
④ 예비분사가 주 분사를 너무 앞지르는 경우

14 디젤 기관에서 과급기의 사용 목적으로 틀린 것은?

① 엔진의 출력이 증대된다.
② 체적효율이 작아진다.
③ 평균유효압력이 향상된다.
④ 회전력이 증가한다.

15 디젤의 연소실 중 사용 연료에 민감하여 노크가 가장 발생되기 쉬운 연소실 구조는?

① 직접분사실식
② 예연소실식
③ 와류실식
④ 공기실식

16 CRDI 디젤 엔진에서 기계식 저압 펌프의 연료 공급 경로가 맞는 것은?

① 연료탱크 – 저압펌프 – 연료필터 – 고압펌프 – 커먼레일 – 인젝터
② 연료탱크 – 연료필터 – 저압펌프 – 고압펌프 – 커먼레일 – 인젝터
③ 연료탱크 – 저압펌프 – 연료필터 – 커먼레일 – 고압펌프 – 인젝터
④ 연료탱크 – 연료필터 – 저압펌프 – 커먼레일 – 고압펌프 – 인젝터

17 디젤 연료의 발화 촉진제로 적당치 않는 것은?

① 아황산에틸($C_2H_5SO_3$)
② 아질산아밀($C_5H_{11}NO_2$)
③ 질산에틸($C_2H_5NO_3$)
④ 질산아밀($C_5H_{11}NO_3$)

18 디젤 기관의 연료 여과장치 설치 개소로 적절치 않은 것은?

① 연료공급펌프 입구
② 연료탱크와 연료공급펌프 사이
③ 연료분사펌프 입구
④ 흡입다기관 입구

19 디젤 기관에서 실린더 내의 연소 압력이 최대가 되는 기간은?

① 직접 연소기간
② 화염 전파기간
③ 착화 지연기간
④ 후기 연소기간

20 디젤 기관에서 전자제어식 고압 펌프의 특징이 아닌 것은? (단, 기존 디젤 엔진의 분사펌프 대비)

① 동력 성능의 향상
② 쾌적성 향상
③ 부가 장치가 필요
④ 가속 시 스모크 저감

전기 구조학

전기의 기초 / 축전지
기동장치 / 점화장치
충전장치 / 등화장치 및 와이퍼장치
계기장치 / 냉·난방장치
안전장치 / 중앙집중식 제어장치
자동차의 통신 / 기타 편의장치
저공해 자동차

Section 01   전기의 기초

1 전류의 3대작용

① 발열작용 : 전구, 예열플러그

② 화학작용 : 전기도금, 축전지

③ 자기작용 : 전동기, 발전기, 솔레노이드

> **TIP**
>
> ▶ **전압(전위차) vs 기전력**
> · 선풍기의 작동 전압은 12V이다.
> · 배터리의 기전력은 12V이다.
> – 기전력 : 양쪽 전위차를 계속
>   유지할 수 있는 능력

2 전기의 중요 공식

전기(Electric)란? 분자의 외곽에 위치한 자유 전자의 이동을 말한다.
그리고 전자의 이동을 방해하는 것을 저항이라고 한다.

(1) 도체의 고유저항(R)

$$R_{도체의\ 저항(\Omega)} = \rho_{단면\ 고유저항(\mu\Omega\,cm)} \times \frac{\ell_{도체의\ 길이(cm)}}{A_{단면적(cm^2)}}$$

(2) 옴의 법칙 Ohm's low

$$① \ E_{전압} = I_{전류} \cdot R_{저항} \ \Rightarrow \ ② \ I = \frac{E}{R} \quad ③ \ R = \frac{E}{I}$$

▶ 저항의 접속방법
- 직렬 접촉 시 계산법 $(R) = R_1 + R_2 + R_3 + R_4 + R_5 + \cdots\cdots + R_n$
- 병렬 접촉 시 계산법 $\left(\dfrac{1}{R}\right) = \dfrac{1}{R_1} + \dfrac{1}{R_2} + \dfrac{1}{R_3} + \dfrac{1}{R_4} + \cdots\cdots + \dfrac{1}{R_n}$

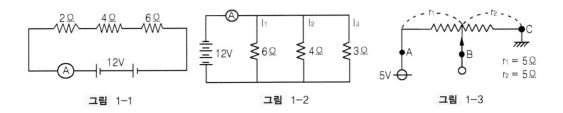

| 그림 1-1 | 그림 1-2 | 그림 1-3 |

연습문제 1

그림(1-1)에 직렬로 접속되어 있는 전류계에 나타난 값은?

정답 **1A**

연습문제 2

그림(1-2)의 전류계에 나타난 값은 얼마인가? 또한 I_1, I_2, I_3 의 값은 얼마인가?

정답 **전류계=9A I_1 = 2A, I_2 = 3A, I_3 = 4A**

연습문제 3

그림(1-3)에서 B와 C사이에 출력전압은?

정답 **2.5V → 저항이 같으면 저항에 의한 전압 강하량도 같다 각각 2.5V씩이 된다.**

(3) 키르히호프의 법칙 Kirchhoff's Low

1) 제 1법칙(전하 보존 법칙)

회로내의 어떠한 점에 유입한 전류의 총합과 유출한
전류의 총합은 같다.

2) 제 2법칙(에너지 보존 법칙)

폐회로에 있어서 저항에 의한 전압 강하의 총합은
기전력의 총합과 같다.

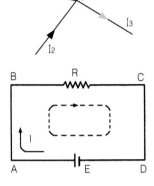

(4) 전력과 전력량

1) 전력[단위 : 와트(Watt : W)]

전기가 하는 일의 크기이며, 전력은 전압이나 전류가 클수록 크게 된다.

$$\cdot\ P = IE \qquad \cdot\ P = \frac{E^2}{R} \qquad \cdot\ P = I^2 R$$

연습문제 1

전동기에 흐르는 전압이 20V이고, 흐르는 전류가 300A일 때 발생하는 전력은 몇 KW인가?

정답 $300 \times 20 = 6000\mathrm{W} = 6\mathrm{KW}$

연습문제 2

전압이 100V일 때 500W인 전열기가 있다. 전압을 하강시켜 80V로 되었을 때 이 전열기의 실제전력은 몇 W인가?

정답 $P = \dfrac{E^2}{R} \Rightarrow R = \dfrac{E^2}{P} = \dfrac{100^2}{500} = 20\Omega \qquad \therefore\ P = \dfrac{E^2}{R} = \dfrac{80^2}{20} = 320\mathrm{W}$

연습문제 3

다음 그림(1-1)과 같이 30W 전구 6개를 병렬로 연결하면 흐르는 전류는?

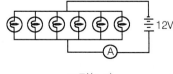

그림(1-1)

정답 병렬로 연결된 전구의 총 전력은 각 전구의 전력을 모두 더하면 된다.
P=180W, E=12V 이므로 180=I×12 가 되므로 I=15A 가 된다.

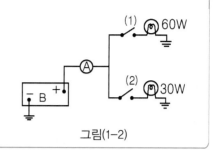
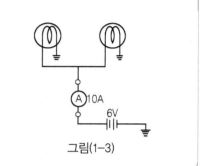
3 자동차 회로

릴레이를 사용하지 않은 회로에서는 스위치를 닫을 때 배터리의 큰 전류를 직접 제어하기 때문에 스파크가 발생되어 스위치가 빨리 소손된다.

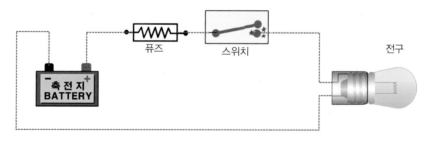

그림 릴레이가 없는 전기 회로

(1) 퓨즈

1) 용도 : 규정 이상의 과도한 전류가 흐르면 녹아서 끊어짐.(폐회로 → 개회로)

⇒ 회로 내의 다른 제품을 보호할 수 있음.

2) 재료 : 주로 녹는점이 낮은 납과 주석 또는 아연과 주석의 합금을 재료로 사용한다.

3) 전격용량 : 단위는 전류(A)를 사용하고 회로에 실 사용하는 전류의 1.5~1.7배 정도로 설정하여 사용한다.

(2) 릴레이

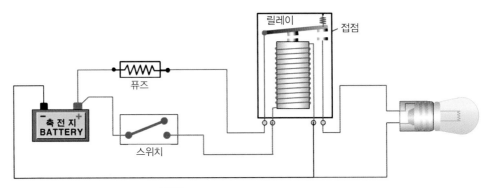

그림 릴레이를 사용한 회로

1) 릴레이 활용

① 큰 전류로 작동되는 스위치를 릴레이 내부에 설치한다.

② 제어 스위치는 ①에서 언급한 릴레이 스위치와 병렬로 전자석과 같이 연결하여 설치

③ 소 전류에서 작동되는 제어 스위치의 전원을 넣으면 릴레이의 전자석이 자화되어 큰 전류의 스위치를 간접 제어할 수 있게 된다. → 제어 스위치 소손을 막을 수 있다.

2) 단점

① 릴레이 자화로 인한 전력 소모량이 많다.

② 릴레이의 전자석이 작동되어 스위치를 닫는데 소요되는 시간이 길다.

③ 작동 시 소음과 진동이 크다.

3) 보완

현재는 트랜지스터를 활용하여 간접 스위칭 역할을 대신한다.

트랜지스터에 대해서는 뒤에 언급하기로 한다.

(3) 키 스위치(점화 스위치)

시동을 걸기 위해 자동차 키를 돌려 작동하는 스위치로 4개의 단계로 구성되어 진다.

1) 스위치 4단계

① LOCK(OFF) : 자동차의 전원을 완전히 차단하기 위한 단계이며 이 때 조향핸들을 조작하면 핸들이 잠기게 된다.

② ACC(Accessory) : 자동차의 액세서리 부품의 전원을 공급하는 단계로 카오디오, 시가라이터, 내비게이션 등의 전원을 사용할 수 있다.

③ ON : 시동 걸기 전의 단계와 걸고 난 이후의 단계로 나눌 수 있다.

　ⓐ 시동 OFF 상태 : 계기판, 연료 펌프, ABS 모듈레이터, 시동을 돕기 위한 예열장치 등에 전원을 공급하는 단계이다.

　ⓑ 시동 ON 상태 : START 단계 이후에 시동이 걸린 상태에서는 엔진의 회전수가 50rpm 이상 입력되므로 시스템을 정상적으로 작동시키기 위한 모든 장치에 전원이 공급된다.

④ START : 기동 전동기에 전원을 공급하여 엔진을 구동하는 단계로 다음의 ⓐ 또는 ⓑ 조건이 각각 만족해야 가능하다.

　ⓐ 자동변속기 : 변속레버 "P or N"(현재는 "P"만)위치에서 시동 가능
　　　　　　　　⇒ 인히비터 스위치 제어

　ⓑ 수동변속기 : 클러치 페달 작동

　ⓒ 크랭킹 될 때의 전원을 IG_1 이라 한다.

　ⓓ ECU, 연료 펌프, 점화 코일, 인젝터, 기동 전동기 등 시동을 걸기 위한 최소한의 전원을 공급.

2) 전원의 종류

① IG_1 : 시동을 걸기 위한 최소한의 전원으로 점화 스위치 START 단계에서 공급되는 전원이다.

② IG_2 : 일반적인 전장부품에 사용되는 전원(계기판, 전조등, 에어컨, 와이퍼, 에탁스 등)으로 점화 스위치 ON 단계에서 공급되는 전원이다.

③ ACC : 점화스위치 ACC단계에서 공급되는 전원이다.

④ 상시전원 : 점화스위치 LOCK 단계에서 공급되는 전원으로 도난경보장치, 블랙박스 등에 전원을 공급한다.

4 반도체 Semi conductors

도체와 절연체 사이에 있으면서 어느 것에도 속하지 않는 것을 반도체라고 하며, 이에는 게르마늄(Ge)이나 실리콘(Si)이 있다. Ge 또는 Si에 3가의 원소인 인듐(In)과 알루미늄(Al)을 섞으면 P형 반도체(전공[+] 과잉)가 되며, 비소(As), 인(P), 안티몬(Sb) 등의 5가인 불순물을 섞으면 N형 반도체(전자[−] 과잉)가 된다. 그리고 금속과 반도체의 차이점은 금속의 온도가 높아지면 저항이 증가하지만, 반도체는 온도가 높아지면 저항이 감소하는 부 온도 계수의 물질이다.

(1) 다이오드 Diode

P형 반도체와 N형 반도체를 마주대고 접합한 것이며, 한쪽 방향에 대해서는 전류가 흐르지만 반대 방향으로는 전류의 흐름을 저지하는 정류(교류 → 직류) 작용을 한다.

(2) 제너 다이오드 Zener diode

실리콘 다이오드의 일종이며, 어떤 전압에 달하면 역방향으로도 전류가 통할 수 있도록 제작한 것이다.

▶ 브레이크 다운전압 : 전류가 급격히 흐르기 시작하는 전압을 말한다.

(3) 발광 다이오드 Led-light emission diode

순방향으로 전류를 흐르게 하였을 때 빛이 발생한다. 보통 전자회로의 파일럿램프나 문자 표시기로 사용되며, 발광 시에는 순방향으로 10mA 정도의 전류가 소요된다. 그리고 자동차의 크랭크각 센서, 상사점 센서, 차고 센서, 조향 휠 각도 센서 등에서 이용된다.

(4) 수광 다이오드 Photo diode

P형과 N형으로 접합된 게르마늄판 위에 입사광선을 쬐면 빛에 의해 전자가 궤도를 이탈하여 역방향으로 전류를 흐르게 하는 것, 즉 빛을 받으면 전기를 흐를 수 있게 하며, 일반적으로 스위칭 회로에 쓰인다. 자동차에서 사용되는 센서는 다음과 같다.

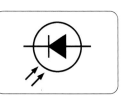

크랭크각 센서, 1번 실린더 TDC센서, 에어컨 센서, 조향 휠 각도 센서 등에서 이용된다.

(5) 트랜지스터 Transistor

불순물 반도체 3개를 접합한 것으로 PNP형과 NPN형의 2가지가 있으며, 트랜지스터는 각각 3개의 단자가 있는데 한쪽을 이미터(Emitter=E), 중앙을 베이스(Base=B), 다른 한쪽을 컬렉터(Collector-C)라 부른다.

작용에는 적은 베이스 전류로 큰 컬렉터 전류를 만드는 증폭 작용과 베이스 전류를 단속하여 이미터와 컬렉터 전류를 단속하는 스위칭 작용이 있으며, 회로에는 증폭 회로, 스위칭 회로, 발진회로 등이 있다.

① 트랜지스터의 장점

    ⓐ 진동에 잘 견디고, 극히 소형이고 가볍다.

    ⓑ 내부에서의 전압 강하와 전력 손실이 적다.

    ⓒ 기계적으로 강하고 수명이 길며, 예열하지 않아도 곧 작동된다.

② 트랜지스터의 단점

    ⓐ 역 내압이 낮기 때문에 과대 전류 및 과대 전압에 파손되기 쉽다.

    ⓑ 정격 값(Ge=85℃, Si=150℃) 이상으로 사용되면 파손되기 쉽다.

    ⓒ 온도가 상승하면 파손되므로 온도 특성이 나쁘다.

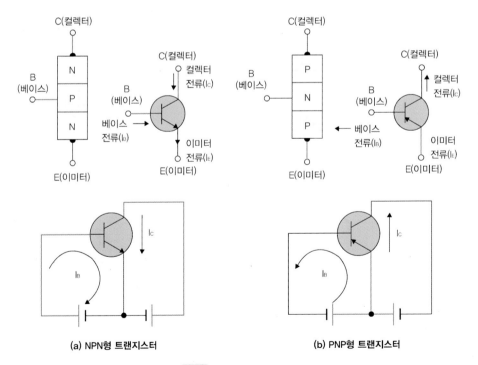

(a) NPN형 트랜지스터   (b) PNP형 트랜지스터

그림 트랜지스터의 구조

1) 수광 트랜지스터 Photo transistor

빛에 의해 컬렉터 전류가 제어되며 작동은 이미터와 컬렉터 사이에 역방향 전압을 가하고 베이스에 빛을 비추면 빛에 의해 전자가 궤도를 이탈하여 자유전자가 되어 역방향으로 증가되어 더 많은 전류가 흐른다. 수광 다이오드에 비해 빛에 더 민감하게 반응 (트랜지스터의 증폭작용)하지만 반응 속도는 더 느리다.

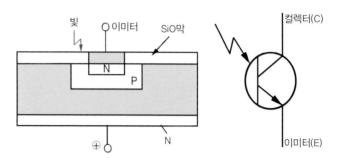

그림 포토 트랜지스터의 구조

2) 다링톤 트랜지스터

트랜지스터 내부가 2개의 트랜지스터로 구성되어 있는 경우이며 1개로 2개분의 증폭효과를 낼 수 있어 아주 작은 베이스 전류로 큰 전류를 제어할 수 있다.

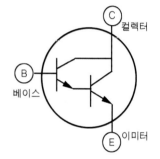

그림 다링톤 트랜지스터 구조

(6) 서미스터 Thermistor

서미스터(부특성 or 정특성)는 다른 금속과 다르게 온도변화에 따라 저항값이 변화되는 반도체 소자이다.

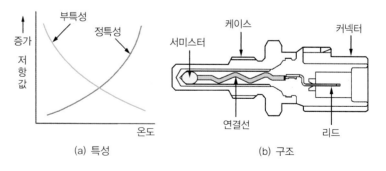

(a) 특성　　　　　　　　(b) 구조

그림 서미스터의 특성과 구조

1) 부(−)특성 서미스터 Negative Temperature Coefficient thermistor

부특성 서미스터란 온도가 상승하면 저항값이 감소하여 전류가 잘 흐르게 하는 특성이 있으며 수온 센서, 흡기 온도 센서, 연료 잔량 센서, 온도 보상장치 등에 사용한다.

2) 정(+)특성 서미스터 Positive Temperature Coefficient thermistor

정특성 서미스터란 온도가 상승하면 저항 값이 증가하여 전류가 잘 흐르지 않는 특성이 있으며 도어 액추에이터 등에 사용한다.

(7) 압전 소자(반도체 피에조 저항)

다이어프램 상하의 압력차에 비례하는 다이어프램 신호를 전압 변화로 만들어 압력을 측정할 수 있는 센서이며, 힘을 받으면 전기가 발생하는 압전소자로서 대표적인 것으로 MAP센서가 있다.

(8) 광전도 셀(광량 센서)

카드뮴과 황을 결합한 후 가열 소결 시키거나 단결정으로 하여 만든 것이다. 빛이 강할 때 저항값이 작고 빛이 약할 때 저항값이 커지는 특성이 있다. 오토라이트 시스템의 조도 센서로 사용된다.

(9) 홀 효과(Hall Effect)

홀 소자는 작고 얇게 편평한 판으로 만든 것이며 전류가 외부 회로를 통하여 이 판에 흐를 때 전압이 자속과 전류의 방향에 각각 직각 부분으로 발생한다. 이 전압은 판 사이를 흐르는 전류 밀도와 자속 밀도에 비례하며, 이 자장에 따라 전압이 발생하는 효과를 홀 효과라 한다. 주로 변속기의 입출력 회전수나 휠의 회전수를 측정하는 센서로 사용된다.

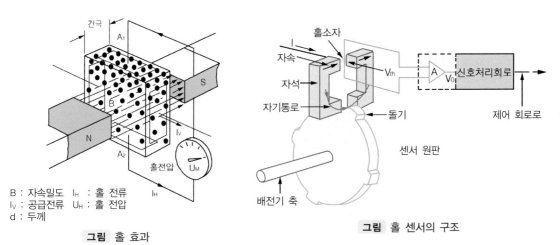

B : 자속밀도 I_H : 홀 전류
I_V : 공급전류 U_H : 홀 전압
d : 두께

그림 홀 효과

그림 홀 센서의 구조

01. 도체의 저항은 도체의 단면고유저항에 비례하고 도체의 길이에는 반비례한다.

    □ O □ X

02. 전류계는 회로에 직렬로 접속하여 측정하고 전압계는 회로에 병렬로 접속하여 측정한다.

    □ O □ X

03. 병렬로 접속된 2개의 저항값이 각각 2Ω과 3Ω일 때 합성저항은 5Ω이다.

    □ O □ X

04. 폐회로에 1개의 저항이 존재한다. 12V의 전압이 걸렸을 때 4Ω의 저항에 흐르는 전류의 값은 3A이다.

    □ O □ X

05. 자동차 배터리의 전압은 12V이다. 이 때 2개의 전조등에 사용되는 전구의 전력은 각각 30W이다. 이 회로에 사용할 수 있는 적당한 퓨즈의 용량은 8A 정도이다.

    □ O □ X

06. 상시전원이란 키 스위치가 LOCK 단계에서 공급되는 전원으로 도난경보장치, 비상등, 경음기 등에 전원을 공급한다.

    □ O □ X

07. 트랜지스터는 진동에 잘 견디고 극히 소형이고 가볍다. 또한 내열성이 좋아 수명이 길다.

    □ O □ X

08. 다이오드는 한쪽 방향에 대해서만 전류가 인가되는 특성이 있어 교류를 직류로 정류하는 용도로 많이 사용된다.

    □ O □ X

09. 트랜지스터를 이용하여 만든 회로에는 스위칭, 발진, 증폭회로 등이 있다.

    □ O □ X

10. 수온센서, 흡기 온도센서, 연료 잔량 센서 등 온도를 측정하는 용도로 사용하는 반도체 소자는 정특성 서미스터이다.

    □ O □ X

정답 1.✕ 2.○ 3.✕ 4.○ 5.○ 6.○ 7.✕ 8.○ 9.○ 10.✕

01 다음 그림의 기호는 어떤 부품을 나타내는 기호인가?

① 실리콘 다이오드
② 발광 다이오드
③ 트랜지스터
④ 제너 다이오드

02 저항이 4Ω인 전구를 12V의 축전지에 의하여 점등했을 때 접속이 올바른 상태에서 전류(A)는 얼마인가?

① 4.8A　　② 2.4A
③ 3.0A　　④ 6.0A

03 자동차 전기 회로에 사용하는 퓨즈의 용량은 회로 내 전류의 어느 정도가 적당한가?

① 1배　　② 1.5 ~ 1.7배
③ 2.0 ~ 2.5배　④ 3배 이상

04 자동차 전기 회로에 사용하는 퓨즈의 재료로 사용하기 부적합한 것을 고르시오.

① 납　　② 주석
③ 아연　　④ 크롬

05 반도체 피에조 저항, 즉 압전 소자를 활용한 센서로 거리가 먼 것은?

① MAP 센서
② 대기압 센서
③ 노크 센서
④ 가속페달 위치 센서

06 부특성 서미스터(Thermistor)에 해당되는 것으로 나열된 것은?

① 냉각수온 센서, 흡기온 센서
② 냉각수온 센서, 산소 센서
③ 산소 센서, 스로틀 포지션 센서
④ 스로틀 포지션 센서, 크랭크 앵글 센서

07 발광다이오드의 특징을 설명한 것이 아닌 것은?

① 배전기의 크랭크 각 센서 등에서 사용된다.
② 발광할 때는 10mA 정도의 전류가 필요하다.
③ 가시광선으로부터 적외선까지 다양한 빛을 발생한다.
④ 역방향으로 전류를 흐르게 하면 빛이 발생된다.

정답 **01.④　02.③　03.②　04.④　05.④　06.①　07.④**

08 점화장치의 트랜지스터에 대한 특징으로 틀린 것은?

① 극히 소형이며 가볍다.
② 예열시간이 불필요하다.
③ 내부 전력손실이 크다.
④ 정격 값 이상이 되면 파괴된다.

09 그림과 같이 측정했을 때 저항 값은?

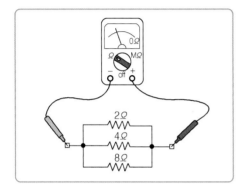

① 14 Ω
② $\dfrac{1}{14}$ Ω
③ $\dfrac{8}{7}$ Ω
④ $\dfrac{7}{8}$ Ω

10 PNP형 트랜지스터의 순방향 전류는 어떤 방향으로 흐르는가?

① 컬렉터에서 베이스로
② 이미터에서 베이스로
③ 베이스에서 이미터로
④ 베이스에서 컬렉터로

11 트랜지스터(TR)의 설명으로 틀린 것은?

① 증폭작용을 한다.
② 스위칭 작용을 한다.
③ 아날로그 신호를 디지털 신호로 변환한다.
④ 이미터, 베이스, 컬렉터의 리드로 구성되어져 있다.

12 저항이 병렬로 연결된 회로의 설명으로 맞는 것은?

① 총 저항은 각 저항의 합과 같다.
② 각 회로의 저항에 상관없이 동일한 전류가 흐른다.
③ 각 회로의 저항에 동일한 전압이 가해지므로 입력 전압은 일정하다.
④ 저항의 수가 많아지면 배터리 +단자의 배선에서 많은 전류가 흐르지 못한다.

해설 병렬회로에서 저항이 다르더라도 전압은 일정하고 전류는 저항에 반비례하게 된다.
병렬회로에서 저항의 수가 많아지게 되면 본선에서 흐르는 전류의 양은 많아지게 된다.
이유는 총 저항 값은 각 저항의 역수를 더 해서 나온 결과에 다시 역수를 취하기 때문에 저항의 수가 많아질수록 총 저항은 작아지게 되기 때문이다.

13 옴의 법칙으로 맞는 것은? (단, I = 전류, E = 전압, R = 저항)

① I = RE   ② E = IR
③ I = R/E   ④ E = 2R/ I

14 어떤 기준 전압 이상이 되면 역방향으로 큰 전류가 흐르게 된 반도체는?

① PNP형 트랜지스터
② NPN형 트랜지스터
③ 포토 다이오드
④ 제너 다이오드

15 회로에서 12V 배터리에 저항 3개를 직렬로 연결하였을 때 전류계 "A"에 흐르는 전류는?

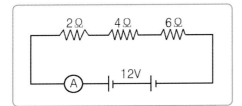

① 1A
② 2A
③ 3A
④ 4A

16 P형 반도체와 N형 반도체를 마주대고 결합한 것은?

① 캐리어
② 홀
③ 다이오드
④ 스위칭

17 브레이크등 회로에서 12V 축전지에 24W의 전구 2개가 연결되어 점등된 상태라면 합성저항은?

① 2Ω
② 3Ω
③ 4Ω
④ 6Ω

해설 전구 2개 병렬연결이므로
$P = 24W \times 2 = 48W$
$P = IE$, $E = IR$ 이므로
$P = \dfrac{E^2}{R}$, $R = \dfrac{E^2}{P} = \dfrac{12^2}{48} = 3Ω$

1 납산 축전지의 개요

기동장치의 전기적 부하를 담당하고, 화학적 에너지를 전기적 에너지로 바꿀 수 있도록 만든 2차 전지(충·방전이 가능)이며, 극판 수는 화학적 평형을 고려하여 음극판을 양극판 보다 1장 더 두고 있다. 단자 기둥은 ⊕ 굵고, ⊖ 가늘며, 완전 충전 시 셀당 기전력은 2.1V이고, 12V 축전지의 경우 6개의 셀이 직렬로 연결되어 있다.

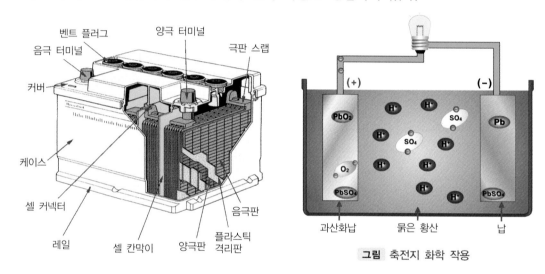

그림 축전지 화학 작용

※ 납산 축전지 화학식은 다음과 같다.

(양극판)	(전해액)	(음극판)	(방전)	(양극판)	(전해액)	(음극판)
PbO_2	+ $2H_2SO_4$ +	Pb	$\rightleftarrows$	$PbSO_4$	+ $2H_2O$ +	$PbSO_4$
(과산화납)	(묽은황산)	(해면상납)	(충전)	(황산납)	(물)	(황산납)

– 충전이 완료되고 난 후 물이 전기 분해 되어 양극에서는 산소가 음극에서는 수소가 발생된다.

(1) 극판 Plate

극판에는 양극판과 음극판이 있으며, 납–안티몬 합금의 격자(grid)에 납 가루나 산화납 가루를 묽은 황산으로 개어서 반죽(paste)하여 바른 후 건조한다.

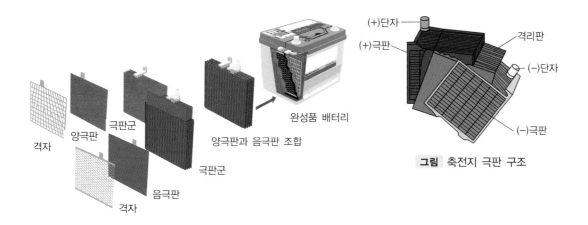

완성품 배터리

격자 양극판 극판군 양극판과 음극판 조합

극판군

음극판

격자

(+)단자 (+)극판 격리판 (-)단자 (-)극판

그림 축전지 극판 구조

(2) 격리판 Separator

격리판은 양극판과 음극판 사이에 끼워져 양쪽 극판이 단락되는 것을 방지하며, 또, 격리판은 홈이 있는 면이 양극판 쪽으로 끼워져 있는데 이는 과산화납에 의한 산화 부식을 방지하고 전해액의 확산이 잘 되도록 하기 위함이다. 축전지 격리 판의 요구 조건으로 다음과 같다.

① 비전도성이고, 전해액의 확산이 잘 될 것
② 극판에 좋지 않은 물질을 내뿜지 않을 것
③ 전해액에 부식되지 않고, 기계적 강도가 있을 것

(3) 전해액

축전지용 전해액은 묽은황산($2H_2SO_4$)이며, 그 조성은 20℃에서 비중이 1.260~1.280으로 완전 충전된 축전지의 경우 전해액의 중량비는 황산 35~39%, 증류수 61~65%이다. 비중 측정은 비중계(흡입식과 광학식)로 측정하며, 전해액의 온도 1℃ 변화에 비중은 0.00074가 변화한다. 비중은 온도와 반비례하고 방전량은 온도와 비례한다.

◆ 전해액 비중 환산 공식 $S_{20} = St + 0.0007(t - 20)$

S_{20} : 표준온도 20℃에서의 비중 S_t : t℃에서의 실측한 비중 t : 전해액의 온도

(4) 축전지 설페이션 Sulfation 원인

축전지를 과방전 상태로 오래 두면 못쓰게 되는 이유는 극판이 영구 황산납(유화, 설페이션)이 되기 때문이며, 비중이 1.200(20℃) 정도가 되면 보충전을 하고, 보관 시에는 15일에 1번씩 보충전을 한다.

그리고 설페이션 원인은 다음과 같다.

① 장기간 방전 상태로 방치 시 or 과방전인 경우

② 전해액 비중이 너무 높거나 낮을 때 or 전해액에 불순물 포함 시

③ 불충분한 충전의 반복 시 or 극판 노출 시(전해액 양 부족 시)

2 납산 축전지의 특성

(1) 축전지 용량

축전지 용량이란 완전 충전된 축전지를 일정한 전류로 방전시켜 방전 종지 전압(셀당 1.7~1.8V)이 될 때까지의 용량을 말하며, 단위는 (AH)=A×H이다.

※ 용량은 극판의 크기(면적), 극판의 수, 전해액의 양에 따라 정해진다.

1) 축전지의 방전율과 용량 표시 방법

① 20H율 : 방전 종지 전압이 될 때까지 20시간 사용할 수 있는 전류의 양

② 25A율 : 26.67℃에서 25A로 방전하여 방전 종지 전압이 될 때까지 시간

③ 냉간율 : −17.7℃에서 300A로 방전하여 셀당 1V 상하 될 때까지 소요시간
(단위 : 분)

④ 저온시동전류 (CCA Cold Cranking Ampere) : −18℃ 환경에서 30초 동안 최소 7.2V를 유지하면서 전달하는 전류(A)량을 숫자로 변환한 등급

2) 온도와 용량

온도가 낮으면 황산의 분자 또는 이온 등의 이동이 둔화된다. 이는 황산의 비저항 증가로 전압강하에 의해 용량이 저하되게 된다. 다시 말해 온도와 용량은 비례관계에 있다. 참고로 자동차의 축전지 용량은 25℃를 기준으로 한다.

3) 축전지 연결에 따른 용량과 전압의 변화상태

직렬연결 시 전압은 연결한 개수만큼 증가되나 용량은 변하지 않고, 병렬연결 시 용량은 연결한 개수만큼 증가되나 전압은 변하지 않는다.

(2) 자기 방전

충전된 축전지를 사용하지 않고 방치해 두면 조금씩 자기방전을 하여 용량이 감소되는 현상을 말하며, 1일 자기 방전율은 0.3~1.5%이고, 기타 사항은 다음과 같다.

전해액 온도	1일 방전율	1일 비중 저하	※ 자기 방전 원인
30℃	1.0%	0.002	· 단락에 의한 경우
20℃	0.5%	0.001	· 구조상 부득이 한 경우 · 불순물 혼입에 의한 경우
5℃	0.25%	0.0005	· 축전지 표면에 전기회로가 생겼을 때

(3) 축전지의 수명

축전지는 오래 될수록 자기 방전량이 늘어나고 용량이 줄어들어 결국 수명을 다하게 된다. 용량이 줄어드는 이유는 다음과 같다.

① (+)극판의 팽창·수축으로 인해 과산화납이 극판에서 떨어진다.
② (−)극판은 수축에 의해 다공성을 잃게 된다.

3 기타 축전지

(1) MF Maintenance free 배터리 − 무보수·정비 축전지

① 묽은 황산 대신 젤 상태의 물질을 사용하는 밀폐형 축전지로 자기 방전율이 낮다.
② +극판은 납과 저안티몬 합금으로 −극판은 납, 칼슘 합금으로 구성된다.
③ 내부 전극의 합성 성분에 칼슘을 첨가해 배터리액이 증발하지 않는다.
④ 축전지 점검 창(indicator)을 확인하여 녹색이면 정상, 검은색이면 충전 부족, 투명하면 배터리액이 부족한 상태이므로 사용이 불가하다.
⑤ 촉매 마개를 사용하여 충전 시 발생되는 산소와 수소가스를 다시 증류수로 환원시킨다.
⑥ 증류수를 점검하거나 보충하지 않아도 되며 자기방전 비율이 낮고 장기간 보관이 가능하다.

(2) EFB Enhanced Flooded Battery − 강화침수전지

① 폴리에스터 스크린이 코팅 되어 있어 차량의 전기장치가 작동 중에도 믿을 수 있는 시동 성능을 보장한다.
② 활성물질이 연판에 추가로 고착되도록 하여 심방전 저항이 기존 배터리 보다 크다.
③ 충·방전 수명이 길고 시동 능력이 일반 배터리와 비교했을 때 15% 정도 높다.
④ 상시전원을 많이 사용(블랙박스 등)하거나 운행이 많지 않은 차량에 적합.

(3) AGM Absorbent glass mat 배터리 – 흡수성 유리섬유 축전지

① 유리섬유에 전해액을 흡수시켜 사용하므로 전해액의 유동이 없다.

② 충전시간이 짧고 출력이 높으며 수명이 길다.

③ 연비개선에 도움이 된다.

④ ISG(Idle Stop & Go) 기능이 있는 차량과 하이브리드 차량에 주로 사용된다.

⑤ 다른 배터리에 비해 고가이다.

(단위 : %)

	MF	EFB	AGM
CCA	100	150	150
내구성	100	200	300
연료절감	0	2~5	5~10
적용	일반 차량	중소형 ISG	고급형 및 디젤 ISG
가격	100	135	200

※ 상대적 비교를 위한 수치임. 각 제조사마다 일부 차이가 있음.

01. 자동차용 납산 축전지는 2차 전지로 사용되며 화학적 안정을 고려하여 음극판의 수를 1장 더 두고 있다.

☐ O ☐ X

02. 양극의 단자기둥이 음극의 단자기둥에 비해 굵고 많은 전기배선이 터미널에 묶여 있으며 사용 후 부식물이 많이 부착된다.

☐ O ☐ X

03. 차량에서 배터리 탈거 시 음극단자의 터미널을 먼저 분리하고 장착 시는 나중에 설치한다.

☐ O ☐ X

04. 납산 축전지를 방전하게 되면 양극판은 과산화납이 된다.

☐ O ☐ X

05. 납산 축전지 충전 시 음극판은 황산납이 된다.

☐ O ☐ X

06. 격리판은 비전도성이면서 전해액의 확산이 잘 되게 해주어야 하며 부식되지 않고 기계적 강도도 우수해야 한다.

☐ O ☐ X

07. 축전지를 과방전 상태로 오래 두면 못쓰게 되는 현상을 유화라고 표현한다.

☐ O ☐ X

08. 축전지의 셀당 방전종지 전압은 1.75V정도이고 용량의 단위는 AH를 사용한다.

☐ O ☐ X

09. 축전지를 -17.7℃에서 300A로 방전하여 셀당 1V 강하 될 때까지 소요시간으로 나타내는 저온 시동 능력을 CCA라 한다.

☐ O ☐ X

10. 축전지의 용량은 온도에 반비례하고 비중은 온도에 비례, 방전량은 온도에 반비례한다.

☐ O ☐ X

정답 1.○ 2.○ 3.○ 4.× 5.× 6.○ 7.○ 8.○ 9.× 10.×

11. MF 배터리의 격자는 저안티몬 합금으로 구성되어 배터리 사용 중에 극판 표면이 서서히 탈락되어 국부전지(브릿지 현상)가 형성되어 자기 방전을 촉진시키는 현상을 줄일 수 있다.

☐ O ☐ ✕

12. MF 배터리는 촉매를 사용하여 전기 분해될 때 발생하는 산소와 수소가스를 다시 증류수로 환원시키는 촉매 마개를 사용한다.

☐ O ☐ ✕

13. MF 배터리의 점검 창에 검은색이 표시 될 경우 사용이 불가하다.

☐ O ☐ ✕

14. 공전 시 엔진을 정지하는 기능이 있는 차량에는 EFB나 AGM배터리를 사용하는 것이 효율적이다.

☐ O ☐ ✕

정답 11.◯ 12.◯ 13.✕ 14.◯

01 2개 이상의 배터리를 연결하는 방식에 따라 용량과 전압관계의 설명으로 맞는 것은?

① 직렬연결 시 1개 배터리 전압과 같으며 용량은 배터리 수만큼 증가한다.
② 병렬연결 시 용량은 배터리 수만큼 증가하지만 전압은 1개 배터리 전압과 같다.
③ 병렬연결이란 전압과 용량이 동일한 배터리 2개 이상을 (+)단자와 연결대상 배터리 (−)단자에, (−)단자는 (+)단자로 연결하는 방식이다.
④ 직렬연결이란 전압과 용량이 동일한 배터리 2개 이상을 (+)단자와 연결대상 배터리의 (+)단자에 서로 연결하는 방식이다.

02 자동차용 납산 축전지에 관한 설명으로 맞는 것은?

① 일반적으로 축전지의 음극 단자는 양극 단자보다 크다.
② 전기를 안정적으로 공급하기 위해 양극판의 수가 1장 더 많다.
③ 일반적으로 충전시킬 때는 +단자는 수소가, − 단자는 산소가 발생한다.
④ 전해액의 황산 비율이 증가하면 비중은 높아진다.

03 자동차의 납산 축전지에 대한 설명으로 거리가 먼 것은?

① 축전지의 용량은 온도에 비례한다.
② 전해액의 비중은 온도에 반비례한다.
③ 축전지의 자기 방전율은 온도에 비례한다.
④ 축전지의 용량과 자기 방전율은 반비례한다.

04 납산 축전지의 구성요소 설명 중 틀린 것은?

① 납-안티몬 합금의 격자에 산화납 가루를 화학 가공한 것을 (+) 극판으로 사용한다.
② 납-안티몬 합금의 격자에 납 가루를 화학 가공한 것을 (−) 극판으로 사용한다.
③ 격리판으로 사용되는 재료로는 구멍이 미세한 고무, 강화섬유, 합성수지 등이 사용된다.
④ 축전지의 화학반응을 높이기 위해서 전해액으로 황산원액을 사용하기도 한다.

정답 **01.② 02.④ 03.④ 04.④**

05 축전지의 단자를 구별하는 방법으로 거리가 먼 것은?

① 적갈색을 (+), 회색을 (−)단자로 구분한다.
② 굵은 것을 (+), 얇은 것을 (−)단자로 구분한다.
③ 단자에 연결된 전기 배선수가 적은 것을 (+), 많은 것을 (−)단자로 구분한다.
④ 부식물이 많은 것은 (+), 상대적으로 깔끔한 것을 (−)단자로 구분한다.

06 자동차용 배터리의 충전·방전에 관한 화학반응으로 틀린 것은?

① 배터리 방전 시 (+)극판의 과산화납은 점점 황산납으로 변한다.
② 배터리 충전 시 (+)극판의 황산납은 점점 과산화납으로 변한다.
③ 배터리 충전 시 묽은 황산은 물로 변한다.
④ 배터리 충전 시 (+)극판에는 산소가, (−)극판에는 수소를 발생시킨다.

07 자동차용 배터리에 과충전을 반복하면 배터리에 미치는 영향은?

① 극판이 황산화된다.
② 용량이 크게 된다.
③ 양극판 격자가 산화된다.
④ 단자가 산화된다.

08 자동차의 배터리 충전 시 안전한 작업이 아닌 것은?

① 자동차에서 배터리 분리 시 (+)단자 먼저 분리한다.
② 배터리 온도가 약 45℃ 이상 오르지 않게 한다.
③ 충전은 환기가 잘되는 넓은 곳에서 한다.
④ 충전전류, 전압을 확인 시 전류계는 직렬접속 전압계는 병렬접속해서 확인한다.

09 자동차에서 배터리의 역할이 아닌 것은?

① 기동장치의 전기적 부하를 담당한다.
② 캐니스터를 작동시키는 전원을 공급한다.
③ 컴퓨터(ECU)를 작동시킬 수 있는 전원을 공급한다.
④ 주행상태에 따른 발전기의 출력과 부하와의 불균형을 조정한다.

10 자동차용 축전지의 비중이 30℃에서 1.276이었다. 기준 온도 20℃에서의 비중은?

① 1.269 　　② 1.275
③ 1.283 　　④ 1.290

 $S_{20} = St + 0.0007(t - 20)$
$= 1.276 + 0.0007(30-20)$
$= 1.276 + 0.007$
$= 1.283$

---

11 MF 배터리에 대한 설명으로 거리가 먼 것은?

① 묽은 황산 대신 젤 상태의 물질을 사용하므로 사고 시 황산이 밖으로 흘러 나올 염려가 없다.

② 촉매마개가 있어 폭발의 위험성이 있는 산소와 수소를 대기 중에 안전하게 방출할 수 있다.

③ (+)극판은 납과 저안티몬 합금으로 (−)극판은 납과 칼슘 합금으로 구성된다.

④ 일반적으로 점검창이 있어 배터리 충전상태를 육안으로 확인할 수 있다.

12 용량과 전압이 같은 축전지 2개를 직렬로 연결할 때의 설명으로 옳은 것은?

① 용량은 축전지 2개와 같다.

② 전압이 2배로 증가한다.

③ 용량과 전압 모두 2배로 증가한다.

④ 용량은 2배로 증가하지만 전압은 같다.

13 신호대기 등의 공전 시 엔진을 정지하는 기능이 있는 차량에 주로 사용되는 대용량 축전지는?

① 연축전지

② 무 보수·정비 축전지

③ 흡수성 유리섬유 축전지

④ 연료전지

14 납산 축전지의 온도가 낮아졌을 때 발생되는 현상이 아닌 것은?

① 전압이 떨어진다.

② 용량이 적어진다.

③ 전해액의 비중이 내려간다.

④ 동결하기 쉽다.

해설 비중은 온도와 반비례하고 방전량은 온도와 비례한다.

15 60AH의 용량을 가진 배터리를 5시간 사용하여 방전종지전압에 이르렀을 때 시간당 사용한 전류의 양은 얼마인가?

① 12A   ② 30A

③ 60A   ④ 300A

16 축전지의 극판이 영구 황산납으로 변하는 원인으로 틀린 것은?

① 전해액이 모두 증발되었다.

② 방전된 상태로 장기간 방치하였다

③ 극판이 전해액에 담겨있다.

④ 전해액의 비중이 너무 높은 상태로 관리하였다.

17 −17.7℃에서 300A로 방전하여 셀당 1V 강하 될 때까지 소요시간을 분으로 나타내는 방전율은?

① 20시간율   ② 냉간율

③ 25A율   ④ 온간율

1 기동 전동기의 위치와 작동 원리

동영상

기동 전동기는 엔진의 플라이휠 근처에 설치되어 있으며 기동 전동기의 회전 방향을 알기 위한 법칙은 플레밍의 왼손법칙이며, 이 법칙을 이용한 장치에는 전압계, 전류계 등이 있다.

힘의 방향
자극 중앙부에서 자기력선의 변화
힘의 방향
전류의 방향

자기력선 방향과 전류의 방향이 같을 때 힘 자기력선이 강화되고 반대일 때 자기력선이 약화되는 것을 전자기력이라 하며 이 힘에 전기자가 초기 회전한다.

힘의 방향
자력선의 방향
전류의 방향
플레밍의 왼손법칙

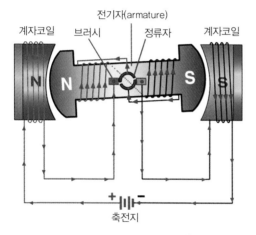

전기자(armature)
계자코일   브러시   정류자   계자코일
+ ‖‖‖ −
축전지

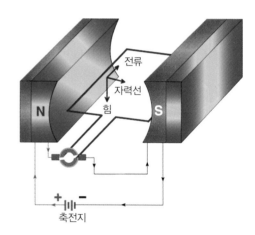

전류
자력선
힘
+ ‖‖‖ −
축전지

그림 기동 전동기의 작동 원리

(1) 직류 전동기의 종류

직류 전동기의 종류	전기자 코일과 계자 코일	사용되는 곳
직권 전동기	직렬 연결	기동 전동기
분권 전동기	병렬 연결	DC·AC 발전기
복권 전동기	직·병렬 연결	와이퍼 모터

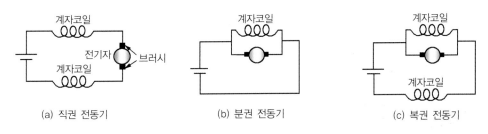

| (a) 직권 전동기 | (b) 분권 전동기 | (c) 복권 전동기 |

그림 전동기의 종류

(2) 기동 전동기의 구조

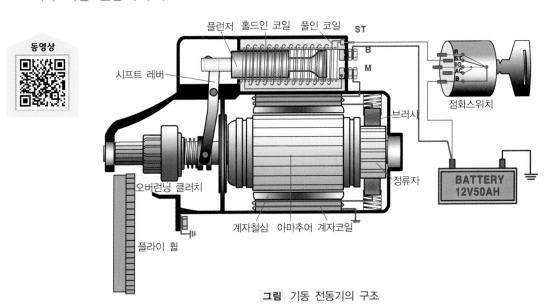

그림 기동 전동기의 구조

① 전기자	② 정류자	③ 계자코일	④ 계철	⑤ 계자철심	⑥ 브러시
내부에 전류가 흘러 계철의 자력에 의해 회전을 함	전류를 한 방향으로 흐르게 함 구성 : 정류자편, 운모, 언더컷	전류를 공급받아 자력선을 형성함	자력선의 통로 전동기의 틀이 되는 부분	전류가 흐르면 전자석이 됨	스프링 압력은 0.5~2.0kg/cm² 스프링 장력은 400~600g

※ 기동전동기 전원공급 순서

▶ 배터리 → 점화스위치 → ST단자 → 풀인코일, 홀드인코일 → 플런저 이동(B, M 단자 스위치 ON 및 시프트 레버 통해 피니언 기어를 플라이휠 링기어에 물림)

▶ 배터리 → B단자 → 플런저 → M단자 → 계자코일 → 브러시 → 정류자 → 전기자코일 → 정류자 → 브러시 → 계자코일 → 접지 ⇒ 전기자 구동

▶ 전기자 구동 → 오버러닝 클러치 → 피니언 기어 구동 → 플라이휠 링기어 피동으로 시동

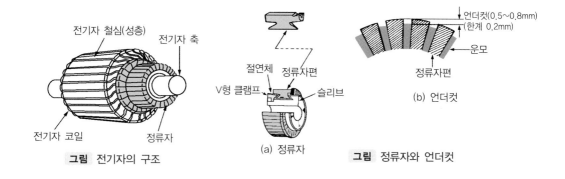

그림 전기자의 구조

(a) 정류자

그림 정류자와 언더컷

2 동력전달 기구

기동 전동기에서 발생하는 회전력을 엔진의 플라이휠의 링기어에 전달하여 회전시키는 것이며, 감속비는 10~15 : 1이다.

(1) 구동 방식

1) 벤딕스식 : 피니언의 관성과 전동기 무부하 상태에서 고속 회전하는 성질을 이용하는 것

※ 특징 : 구조가 간단하고 고장이 적으나 대용량 기관에 부적합

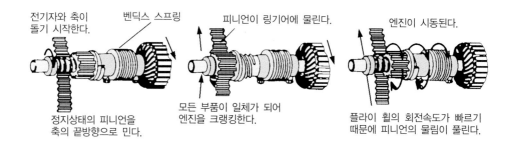

그림 피니언 기어와 링 기어의 물림

2) 피니언 섭동식

① 수동식 : 운전자가 손이나 발로 피니언을 링기어에 접촉

② 자동식(전자식) : 전자석 스위치를 이용하여 피니언을 링기어에 접촉(현재 가장 많이 사용)

3) 전기자 섭동식

자력선이 가까운 거리를 통과하려는 성질을 이용하여 전기자 전체가 이동하여 피니언 을 링기어에 접촉

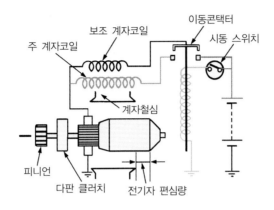

그림 전기자 섭동식 회로

(2) 전자석 스위치

전자석을 이용하여 모터에 전원을 공급하는 스위치며 2개의 코일로 구성되어 있다.

1) 풀인 코일(흡입력 코일) : ST단자와 M단자 사이에 연결(직렬접속)되어 있으며 플런저 를 잡아당기는 역할

2) 홀딩 코일(유지력 코일) : ST단자와 몸체에 연결(병렬접속)되어 있으며 당겨진 플런저 를 유지하는 역할

(3) 기동 전동기의 여러 가지 사항

1) 기동 전동기에 필요한 회전력

$$※ \ 회전력(T) = \frac{피니언의\ 잇수 \times 회전\ 저항}{링기어의\ 잇수}$$

2) 기동 전동기의 시동 성능

① 축전지의 용량이나 온도 차이에 따라 크게 변화한다.

② 축전지의 용량이 작으면 기관을 시동할 때 단자 전압의 저하가 심하고 회전속도도 낮아지기 때문에 출력이 감소한다.

③ 온도가 저하되면 윤활유 점도가 상승하기 때문에 기관의 회전저항이 증가한다.

3) 기동전동기의 3주요부

① 구동피니언을 플라이휠의 링 기어에 물리게 하는 부분

② 회전력을 발생하는 부분

③ 회전력을 기관 플라이휠의 링 기어로 전달하는 부분

4) 기 타

① 전기자는 시간적으로 변화되는 자력에 의한 전력 손실을 감소시키기 위해 규소강판의 성층철심(成層鐵心)을 활용한다.

② 오버러닝 클러치(롤러, 다판클러치, 스프레그형)는 기관에 의해 고속으로 회전하는 것을 방지하는 것이다.

③ 일반적으로 크랭킹 시 엔진의 회전속도는 200~300rpm 정도된다.

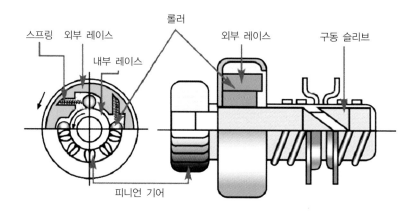

그림 롤러형 오버러닝 클러치의 구조

(4) 기동 전동기가 회전하지 않는 원인

1) 브러시가 정류자(커뮤테이터)에 밀착 불량 시

2) 기동 전동기의 소손 및 계자 코일의 소손이 되었을 때

3) 스위치의 접촉 불량 및 배선의 불량과 축전지의 전압이 낮을 때

01. 기동 전동기는 플레밍의 오른손법칙을 활용하였으며 이 법칙을 이용한 장치에는 전압계, 전류계 등이 있다. ☐ O ☐ X

02. 직류 전동기의 종류에는 직권, 분권, 복권이 있으며 기동 전동기가 주로 사용하는 방식은 분권전동기이다. ☐ O ☐ X

03. 기동 전동기에서 M단자 이후의 전원 전달 순서는 계자코일 → 브러시 → 정류자 → 전기자코일 → 정류자 → 브러시 → 계자코일 순이다. ☐ O ☐ X

04. 정류자의 정류자편과 운모의 높이차를 언더컷이라 한다. ☐ O ☐ X

05. 크랭킹 시 계자코일과 정류자, 전기자는 회전한다. ☐ O ☐ X

06. 오버러닝 클러치가 필요 없는 방식은 벤딕스식이다. ☐ O ☐ X

07. 기동전동기의 전자석 스위치 내부의 풀인 코일은 회로에 직렬접속, 홀딩 코일은 회로에 병렬접속 된다. ☐ O ☐ X

08. 기동 전동기에 필요한 회전력은 링기어의 잇수에 비례하고 피니언의 잇수에는 반비례한다. ☐ O ☐ X

09. 기동 전동기는 축전지의 용량이나 온도 차이에 따라 시동 성능이 크게 변화한다. ☐ O ☐ X

10. 온도가 낮을 경우 엔진오일의 점도가 낮아지기 때문에 기관의 회전저항이 증가하게 된다. ☐ O ☐ X

11. 전기자는 회전에 의해 변화되는 자력에 의한 손실을 감소시키기 위해 규소강판의 성층철심을 사용한다. ☐ O ☐ X

12. 브러시의 마모나 스프링의 장력 부족, 정류자의 언더컷이 작아졌을 때 밀착 불량으로 인해 과전류가 흘러 정류자가 열화 될 수 있다. ☐ O ☐ X

정답 1.✕ 2.✕ 3.○ 4.○ 5.✕ 6.○ 7.○ 8.✕ 9.○ 10.✕ 11.○ 12.✕

01 기동 전동기의 작동 원리는 무엇인가?

① 렌츠 법칙
② 앙페르 법칙
③ 플레밍 왼손법칙
④ 플레밍 오른손 법칙

02 링 기어 이의 수가 120, 피니언 이의 수가 120이고, 1500cc 급 엔진의 회전저항이 6m·kgf일 때, 기동 전동기의 필요한 최소 회전력은?

① 0.6 m·kgf   ② 2 m·kgf
③ 20 m·kgf   ④ 6 m·kgf

03 오버러닝 클러치의 종류가 아닌 것은?

① 롤러형
② 솔레노이드형
③ 다판클러치형
④ 스프레그형

04 오버러닝 클러치 형식의 기동 전동기에서 기관이 시동 된 후에도 계속해서 키 스위치를 작동시키면?

① 기동전동기의 전기자가 타기 시작하여 소손된다.
② 기동 전동기의 전기자는 무 부하 상태로 공회전한다.
③ 기동전동기의 전기자가 정지된다.
④ 기동 전동기의 전기자가 기관회전보다 고속 회전한다.

05 기동 전동기의 시동 성능을 떨어뜨리는 요인이 아닌 것은?

① 겨울철 낮은 온도
② 엔진오일의 낮은 점성
③ 전기자 코일의 단락
④ 언더컷에 의한 규정이상의 브러시 마모

06 다음 기동 전동기이 부품 중에서 회전하는 부품으로만 구성된 것은?

① 정류자편, 운모, 시프트 레버
② 풀인 코일, 홀딩 코일, 전자석
③ 계자 코일, 계자 철심, 계철
④ 전기자, 정류자, 오버러닝클러치

07 기동 전동기를 주요 부분으로 구분한 것이 아닌 것은?

① 회전력을 발생하는 부분
② 무부하 전력을 측정하는 부분
③ 회전력을 기관에 전달하는 부분
④ 피니언을 링 기어에 물리게 하는 부분

정답 **01.③ 02.① 03.② 04.② 05.② 06.④ 07.②**

08 ST단자와 M단자까지 직렬로 접속되어 플런저를 ST단자 쪽으로 당기는 것은?

① 풀인 코일
② 홀딩 코일
③ 계자 코일
④ 전기자 코일

09 기동 전동기 내에서 전류가 흐르는 순서별로 부품을 제대로 나열한 것은?

① M 단자 → 계자코일 → 브러시 → 정류자 → 전기자 → 정류자 → 브러시 → 계자코일 → 접지
② ST 단자 → 전기자 → 브러시 → 계자코일 → 브러시 → 정류자 → 전기자 → 접지
③ M 단자 → 브러시 → 전기자 → 정류자 → 계자코일 → 정류자 → 전기자 → 접지
④ ST 단자 → 플런저 → B 단자 → 전기자 → 계자철심 → 정류자 → 브러시 → 접지

10 직류 전동기의 형식을 맞게 나열한 것은?

① 직렬형, 병렬형, 복합형
② 직렬형, 복렬형, 병렬형
③ 직권형, 복권형, 복합형
④ 직권형, 분권형, 복권형

11 기동 전동기의 시동(크랭킹)회로에 대한 내용으로 틀린 것은?

① B단자까지의 배선은 굵은 것을 사용해야 한다.
② B단자와 ST단자를 연결해 주는 것은 점화 스위치이다.
③ B단자와 M단자를 연결해 주는 것은 마그네트 스위치다.
④ 축전지 접지가 좋지 않더라도 (+) 선의 접촉이 좋으면 작동에는 지장이 없다.

12 기동 전동기의 구동 피니언 기어가 링기어에 물리는 순서를 바르게 나열한 것은?

① B단자 전원공급 → 풀인 코일, 홀딩 코일 → 시프트 레버 작동
② M단자 전원공급 → 홀딩 코일 → 시프트 레버 작동 → 풀인 코일
③ ST단자 전원공급 → 풀인 코일, 홀딩 코일 → 플런저 이동
④ F단자 전원공급 → 플런저 전원공급 → 풀인 코일, 홀딩 코일 → 시프트 레버 작동

13 규소 강판을 여러 겹 덧대어 전기자의 자력에 의한 전력 손실을 감소시키기 위해 만든 구조를 무엇이라 하는가?

① 성층 철심   ② 계자 철심
③ 운모   ④ 정류자 편

정답   08.① 09.① 10.④ 11.④ 12.③ 13.①

14 정류자에서 정류자 편과 운모의 높이 차이를 무엇이라 하는가?

① 스프레그
② 롤러 편심
③ 언더컷
④ 절연차

15 기동 회전력이 커서 현재 자동차에 사용되는 기동 전동기는?

① 직권식 전동기
② 분권식 전동기
③ 복권식 전동기
④ 교류 전동기

16 직권식 기동 전동기의 전기자 코일과 계자 코일은 어떻게 연결되었는가?

① 직렬로 연결되어 있다.
② 병렬로 연결되어 있다.
③ 직·병렬로 연결되어 있다.
④ 각각의 단자에 연결되어 있다.

17 기동 전동기의 구조에 해당되지 않는 것은?

① 계철
② 로터
③ 정류자
④ 전기자

18 기동 전동기에서 정류자가 하는 역할은?

① 교류를 직류로 정류한다.
② 전류를 양방향으로 흐르도록 한다.
③ 전류를 역방향으로 흐르도록 한다.
④ 전류를 일정한 방향으로 흐르도록 한다.

19 기동 전동기에서 자계를 형성하는 역할을 하는 것은?

① 요크
② 전기자
③ 브러시
④ 계자 철심

20 자동차 시동장치와 축전지의 본선과 연결되는 곳은?

① B 단자
② M 단자
③ F 단자
④ ST 단자

 14.③ **15.**① **16.**① **17.**② **18.**④ **19.**④ **20.**①

1 점화장치 Ignition system의 개요

점화장치는 불꽃 점화방식(가솔린, LPG) 엔진의 연소실 내에 압축된 혼합기에 고압의 전기적 불꽃으로 점화하여 연소를 일으키는 장치를 말한다.

2 축전지식 점화장치

자동차용 가솔린 엔진에서는 주로 축전지 점화식을 사용하며, 그 구성은 축전지를 비롯하여 점화 스위치, 점화 1차 저항, 배전기 어셈블리(단속기와 축전기 포함), 점화플러그 케이블, 점화플러그 등으로 구성되어 있다.

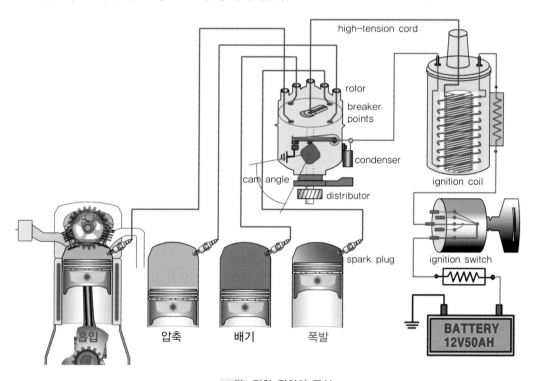

그림 점화 장치의 구성

(1) 점화 1차 저항의 역할

1차 저항은 점화 코일의 1차 쪽에 장시간에 걸쳐서 큰 전류가 흘러 점화 코일이 과열하는 것을 방지하는 장치이며, 1차 회로에 직렬로 연결시키는 방식과 점화 코일 내에 봉입하는 방식이 있다. 최근에는 밸러스트 저항(Ballast resistance)을 설치하여, 엔진의 회전속도가 낮을 때에 비교적 긴 시간에 많은 전류가 흘러 저항에 열이 발생하면 저항이 커져 점화 코일에 흐르는 전류가 작게 되고, 엔진이 고속회전 할 때에는 많은 양의 전류가 흐르게 하는 가변저항을 두고 있다.

(2) 점화 코일

높은 전압의 전류를 발생시키는 승압 변압기로 **1차 코일에서의 자기유도 작용**과 **2차 코일에서의 상호유도 작용**을 이용하며, 점화 코일의 성능 상 중요한 특성에는 속도 특성, 온도 특성, 절연 특성 등이 있다. 코일에 흐르는 전류를 단속하면 코일에 유도 전압이 발생하는데 이것을 자기유도 작용이라고 하며, 하나의 전기회로에 자력선의 변화가 생겼을 때, 그 변화를 방해하려고 다른 전기회로에 유도 기전력이 발생하는 현상을 상호유도 작용이라고 한다.

1) 점화 코일에서 고전압을 얻도록 유도하는 공식

$$E_2 = \frac{N_2}{N_1}E_1$$

· E_1 : 1차 코일에 유도된 전압   · E_2 : 2차 코일에 유도된 전압
· N_1 : 1차 코일의 유효권수   · N_2 : 2차 코일의 유효권수

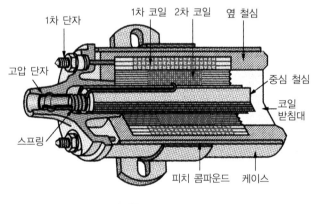

그림 개자로 철심형

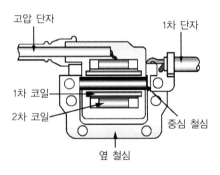

그림 폐자로 철심형(몰드형)

2) 점화 코일의 여러 가지 사항

구 분	1 차 코 일	2 차 코 일
코 일 굵 기	0.6~1mm	0.06~0.1mm
저 항 값	3~5Ω	7.5~10kΩ
권 선 비	60~100 : 1	
감 은 회 수	200~300회	20,000~25,000회
유 기 전 압	200~300V	20,000~25,000V

3) 기타

① 1차 코일의 라인에서 2차 코일의 한쪽 코일이 접하여 감긴다.

② 고전압 발생은 단속기 접점이 열릴 때 발생한다.

③ 점화 2차 코일에서 발생된 전기는 직류이다.

④ 개자로 철심형 점화 코일에서는 방열을 위해 1차 코일이 밖에 감기고 폐자로 철심형은 중심 철심을 통한 방열을 위해 1차 코일이 안에 위치한다.

(3) 배전기 Distributor

점화 코일에서 유도된 고전압을 점화 순서에 맞게 각 실린더 점화플러그로 분배하는 것으로 주 기능을 하며 내부에는 단속기 접점, 축전기, 점화 진각장치 등이 있으며 캠축에 의해 구동하며 크랭크축의 1/2 회전한다. 접점 간극은 0.45~0.55mm이고, 규정 장력은 450~500g이다. 접점 간극을 두는 이유는 자동차에 사용하는 전원이 직류이기 때문에 1차 전류를 단속하여 자력선의 변화를 주어야 2차 코일에 고전압이 유기되기 때문이다.

1) 캠각 또는 드웰각 Cam angle or Dwell angle

캠각은 접점이 닫혀 있는 동안 캠이 회전한 각이며, 한 실린더에 주어지는 캠각은 360°에서 실린더의 수로 나눈 값의 60%정도이다.

$$※ 캠각 = \frac{360°}{실린더의 수} \times 0.6$$

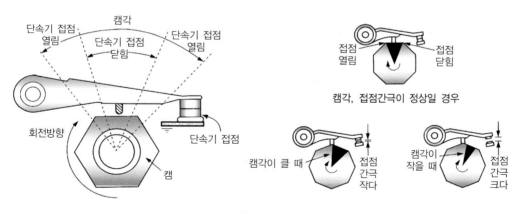

그림 캠각

2) 접점 및 캠각과 점화시기의 관계

비교 항목	캠각이 작을 때의 영향	캠각이 클 때의 영향
ⓐ 점화시기	빠르다	늦다
ⓑ 접점간극	크다	작다
ⓒ 1차 전류	작다	크다
ⓓ 1차 전류의 흐름 시간	짧아 2차 전압이 낮다	길어 2차 전압이 높다
ⓔ 미치는 영향	고속에서 실화	점화코일이 발열

3) 점화 1, 2차 회로

① 1차 점화 회로(저압 회로)

배터리(+)단자 → 점화 스위치 → 점화 코일
→ 단속기 접점

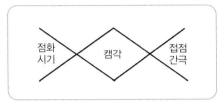

② 2차 점화 회로(고압 회로)

점화 코일 2차 단자(중심 단자) → 배전기 → 고압 케이블 → 점화플러그

4) 점화 진각기구 Ignition advance mechanism

엔진의 회전속도나 부하에 따라서 점화플러그의 불꽃 발생 시기를 자동적으로 조정하는 기구이다. 점화시기를 조정하는 이유는 모든 엔진의 회전속도에서 엔진의 효율이 가장 높게 되는 최고 폭발을 상사점(TDC) 후 10~13°에서 얻기 위함이다.

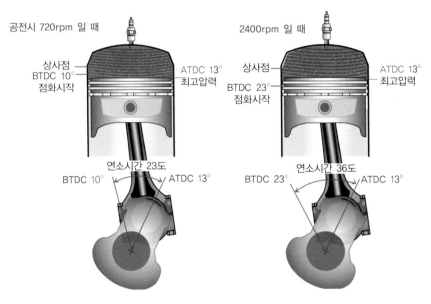

그림 점화시기와 연소시간

공전 시 회전수를 720rpm이라 가정하면 720rpm ÷ 60 = 12rps ⟹ 1회전 = 360° 이므로 12 × 360° = 4,320°가 된다. 즉, 공전 시 1초에 크랭크축이 4,320°가 회전되는 것이다.

연소기간 동안 크랭크축이 23° 회전하였다면 연소시간은 1 : 4320= x : 23 로 구할 수 있다. 즉 연소시간은 0.0053sec = 5.3msec가 된다.

【참고】 1M(메가)=10^6, 1k(킬로)=10^3, 1m(밀리)=10^{-3}, 1μ(마이크로)=10^{-6}

연습문제

2400rpm의 회전수에서 연소시간이 2.5ms 일 경우 연소기간 동안 크랭크축은 몇 도 회전하게 되는가?
정답 [점화시기와 연소시간] 그림 참조(P.198)

① 원심식 진각 기구(Centrifugal advance mechanism)

　기관의 회전속도에 따라서 점화시기를 변화시켜주는 기구이다.

② 진공식 진각 기구(Vacuum advance mechanism)

　기관의 부하에 따라 점화시기를 변화시켜주는 기구이다.

③ 점화지연의 3대 원인

　　ⓐ 기계적 지연　　ⓑ 전기적 지연　　ⓒ 연소(화염전파)적 지연

④ TVRS 케이블(Television radio suppression cable)

　고주파 억제 장치용 TVRS 케이블의 내부 저항은 10kΩ 정도이다.

5) 축전기 Condenser

정전유도 작용을 이용하여 많은 전기량을 저장하기 위해 만든 장치로서 단속기 접점과 병렬로 접촉되어 있다.

① 축전기의 역할

　　ⓐ 접점 사이의 불꽃을 방지하여 접점의 소손을 방지한다.

　　ⓑ 1차 전류를 신속하게 차단하여 2차 전압을 높인다.

　　ⓒ 접점이 닫혔을 때 1차 전류의 회복을 빠르게 한다.

　　ⓓ 배전기 및 모터나 릴레이의 고주파 잡음을 줄이는 역할을 한다.

② 축전기의 정전 용량의 관계

　　ⓐ 가해지는 전압에 비례한다.

　　ⓑ 금속판의 면적에 정비례한다.

　　ⓒ 금속판의 절연체의 절연도에 정비례한다.

ⓓ 금속판 사이의 거리에 **반비례**한다.

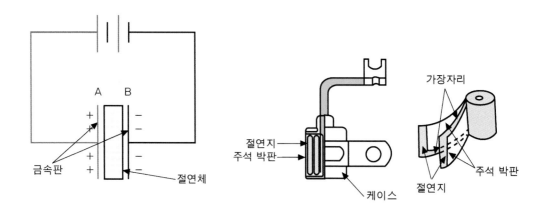

금속판

절연체

절연지
주석 박판
케이스

가장자리

주석 박판
절연지

그림 축전 원리 및 축전기 구조

③ 축전기 용량

용량이 규정보다 클 때	용량이 규정보다 작을 때
· 진동 접점이 소손한다. · 1차코일 자기유도가 미흡하다. · 2차코일 전압이 약하다.	· 고정 접점이 소손한다. · 2차 불꽃이 약해진다.

축전기 용량이
너무 클 때

축전기 용량이
너무 작을 때

그림 축전기 용량과 접점의 관계

3 반 트랜지스터식 Semi transistor type 점화장치

반 트랜지스터식 점화방식은 접점에 흐르는 적은 전류로 1차 코일에 흐르는 큰 전류를 제어하므로 접점에 가해지는 전압도 낮아진다. 때문에 접점 스파크가 거의 발생되지 않게 되므로 접점 소손에 의한 손상으로 발생되는 고장을 줄일 수 있다.

※ 작동 설명

① 스위치의 전원을 넣으면 Tr_1의 E 단자에서 전원이 대기하고 있다.

② 캠이 회전하여 접점이 붙게 되면 Tr_1의 B단자 접지가 닫히게 되므로 E단자에서 C단자 쪽으로 전류가 인가된다.

③ C단자 쪽을 지난 전류는 저항을 거치고 Tr_2의 B단자에서 E단자 쪽으로 전류가 인가되고 1차 코일

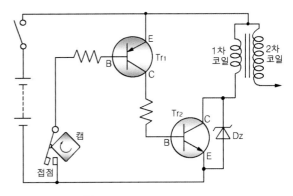

그림 반 트랜지스터식 점화장치

을 지나 C단자에서 대기하고 있던 대전류가 C단자에서 E단자 쪽으로 흘러 접지까지 전원이 흐르게 된다.

④ 캠이 회전하여 접점을 떨어뜨리면 Tr_1의 전원이 차단되게 되고 Tr_2의 전원도 같이 차단되게 된다.

⑤ 1차 코일에는 자기유도 작용, 2차 코일에는 상호유도 작용이 발생되어 2차 코일에 고전압이 유기된다.

ⓐ Tr_1 = PNP형 트랜지스터

ⓑ Tr_2 = NPN형 트랜지스터

4 전 트랜지스터식 Full transistor type 점화장치

전 트랜지스터식 점화방식은 트랜지스터에 의해서 점화코일의 1차 전류를 단속하므로 2차 전압이 저하되는 원인과 단속기 접점에서 발생되는 불꽃을 방지할 수 있으며, 기관이 저속으로 회전하는 경우에도 안정된 2차 전압을 얻을 수 있기 때문에 배기가스 중의 CO 및 HC가 감소되고 단속기 접점에 의해서 발생되는 고장을 배제시킬 수 있다.

(1) 이그나이터(픽업 코일)와 시그널 로터의 관계

① 픽업 코일과 시그널 로터가 일직선으로 정렬되어 있는 동안이 1차 전류가 차단되는 기간이고, 픽업 코일의 기능은 전기적 점화 신호이다.

② 픽업 코일에 발생되는 신호는 교류이다.

③ **간극과 캠각 및 점화시기 관계 비교**

ⓐ 간극이 작으면 캠각이 작아지고, 점화시기가 빨라진다.

ⓑ 간극이 크면 캠각은 커지고, 점화
시기가 늦어진다.

(2) 작동 설명

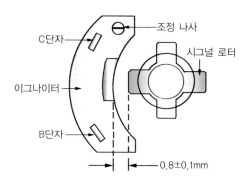

그림 이그나이터와 시그널 관계

① 로터가 픽업 코일을 지나게 되면 베이
스 전류가 인가되어 1차 코일이 자화되
게 된다.

② 로터의 돌기 부분이 이그나이터에 선
상에 일치할 때 자기장에 의한 교류전
압이 발생하여 베이스의 소전류가 인가되지 못해 전원이 차단된다. 이 때 2차 코일
에 고전압이 발생된다.

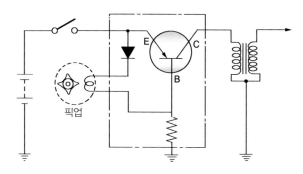

그림 전 트랜지스터식 점화장치

5 고에너지 점화방식(HEI : High Energy Ignition)

이 점화방식은 엔진의 상태(엔진의 회전수, 부하 정도, 엔진의 온도 등)를 검출하여
ECU에 입력시키면 ECU에서는 점화시기를 연산하여 1전류를 차단하는 신호를 파워 트랜
지스터(Power transistor)로 보내어 2차 고전압이 유기되도록 하는 점화 장치이다. 종래
의 배전기에 설치되었던 원심 진각장치와 진공 진각장치를 제거하였으며, 점화시기의
진각은 ECU에 의하여 이루어진다. 점화 코일도 폐자로(몰드형)의 특수 코일을 사용한
점화장치로 되어 있다. 장점으로는 다음과 같다.

① 고출력의 점화 코일을 사용하므로 거의 완벽한 연소가 가능하다.
② 엔진 상태를 감지하여 최적의 점화시기를 자동적으로 조절한다.
③ 노킹 발생 시 점화시기를 자동적으로 조정하여 노킹 발생을 억제시킨다.
④ 단속기 접점이 없어 저속 및 고속에서 안정된 불꽃을 얻을 수 있다.

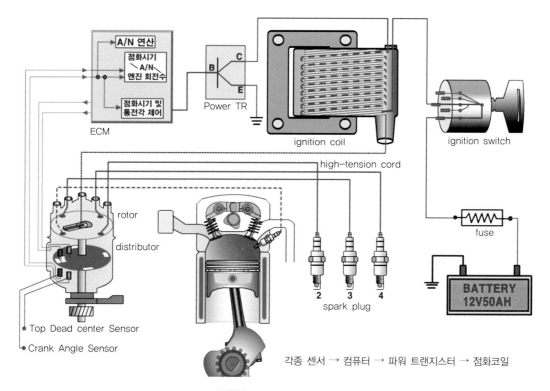

각종 센서 → 컴퓨터 → 파워 트랜지스터 → 점화코일

그림 고에너지 점화 방식

(1) 파워 트랜지스터 Power TR

파워 트랜지스터는 컴퓨터에서 신호를 받아 점화 코일의 1차 전류를 단속하는 장치이며, NPN형이다. 파워 트랜지스터의 베이스는 ECU, 컬렉터는 점화 코일(-)단자와 연결되어 있고, 이미터는 접지되어 있다.

(2) 크랭크각 센서

1) 자기식의 부착위치는 플라이 휠 부근이다.
2) 광학식, 픽업식의 부착위치는 배전기 안이다.
3) 엔진 회전수와 크랭크축의 위치를 검출한다.

6 전자 배전 점화방식(DLI or DIS)

(DLI : Distributor Less Ignition system, DIS : Direct Ignition System)

2개의 실린더를 1개조로 하는 점화 코일이 설치되어 있기 때문에 점화 코일에서 발생된 2차 고전압을 압축 행정의 끝과 배기행정의 끝에 위치한 실린더의 점화플러그에 분배시키는 복식 점화 장치이다. 또한 배전기가 없기 때문에 캠축에 설치되어 있는 CPS(캠 포지션 센서) 센서가 점화 신호를 검출한다.

　CPS를 페이즈(Phase)센서라고도 한다.

(1) 배전기 없는 점화방식의 특징

　1) 배전기의 로터와 접지 전극 사이의 고압 에너지 손실이 없다.
　2) 배전기에 의한 배전 누전이 없다.
　3) 배전기 캡에서 발생하는 전파 잡음이 없다.
　4) 진각 폭의 제한이 없고, 고압에너지 손실이 적다.
　5) 전파 방해가 없어 다른 전자제어 장치에도 유리하다.

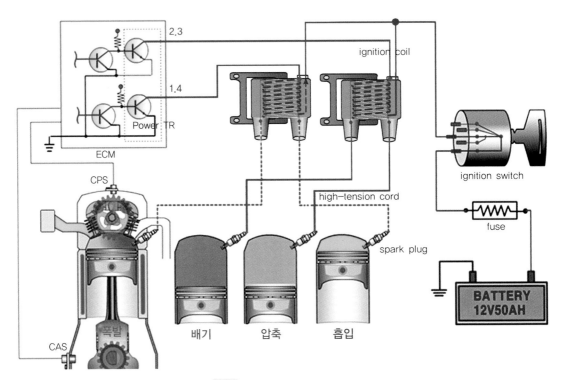

그림　전자 배전 점화방식

(2) 전자 배전 점화방식의 종류

1) 다이렉트 점화장치의 종류

　① 코일 분배 동시 점화식 : 1개의 점화코일에 의해서 동시에 2개의 실린더에 고전압을 공급하여 점화시키는 방식이다.

② 코일 분배식 독립점화식 : 1개의 실린더에 1개의 점화코일을 설치하여 고전압을 분배 시키는 방식이다.

③ 다이오드 분배 동시 점화식 : 1개의 점화코일에 의해서 동시에 2개의 실린더에 고전압이 공급될 때 다이오드에 의해서 1개의 실린더에만 점화 출력을 보내는 방식이다.

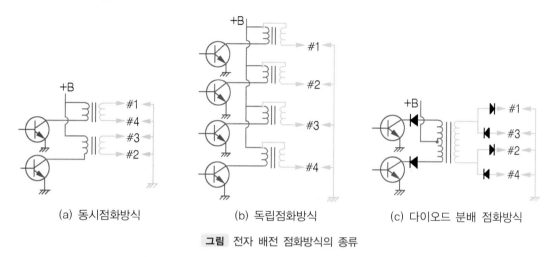

(a) 동시점화방식   (b) 독립점화방식   (c) 다이오드 분배 점화방식

그림 전자 배전 점화방식의 종류

2) 점화코일

다이렉트 점화장치에 사용되는 점화 코일은 2차 전압을 기관의 회전속도에 관계없이 안정시키는 폐자로형 점화 코일이 사용되며 점화 코일은 실린더 별로 코일을 분류하여 1개의 케이스에 일체화시킨 일체형 점화 코일과 각 실린더에 설치되어 있는 점화플러그 위에 점화 코일이 설치되어 있는 독립형 점화코일로 분류된다.

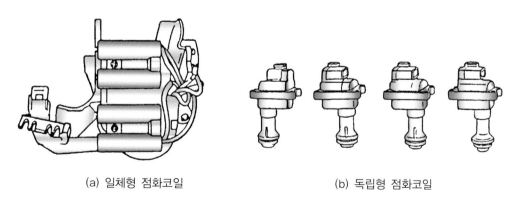

(a) 일체형 점화코일   (b) 독립형 점화코일

그림 일체형과 독립형 점화 코일

3 **점화플러그** Spark plug

점화 코일의 2차 고전압을 받아 불꽃 방전을 일으켜 혼합기에 점화시키는 장치이다.

(1) 점화플러그의 구조 및 구비조건

1) 3주요부 : 전극부분, 절연체(애자), 셀

① **전극부분** : 중심전극과 접지전극으로 구성(틈새 : 0.7~1.1mm정도) 틈새가 크면 불꽃을 만들기 위한 요구 전압이 높아진다.

② **절연체** : 높은 전압의 누전을 방지하는 기능으로 윗부분에 리브를 두어 기능을 강화했다.

③ **셀** : 절연체를 싸고 있는 금속부분. 실린더 헤드에 조립하기 위한 나사가 있고 나사 끝부분에 접지전극이 용접되어 있다.

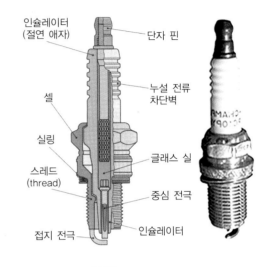

그림 점화플러그의 구조

2) 구비조건

① 내열성·내부식성 및 기계강도가 클 것.

② 기밀유지 성능이 양호하고 전기적 절연성능이 양호할 것.

③ 열전도성이 크고 자기청정 온도를 유지할 것.

④ 점화성능이 좋아 강력한 불꽃을 발생할 것.

(2) 점화플러그의 자기청정온도와 열가 Heat range

1) 자기청정온도 : 450~600℃

① 400℃ 이하 : 카본부착, 실화원인이 된다.

② 600℃ 이상 : 조기점화의 원인이 발생한다.

2) 열가

점화플러그의 열 방산정도를 수치로 나타내는 값이며, 절연체의 아랫부분의 끝에서 아래 시일까지의 길이로 나타낸다.

① **열형 플러그** : 열을 받는 면적이 크고, 방열 경로가 길어 저속, 저압축비 기관에

사용된다.

② 냉형 플러그 : 열을 받는 면적이 작고, 방열 경로가 짧아 고속, 고압축비 기관에서 사용된다.

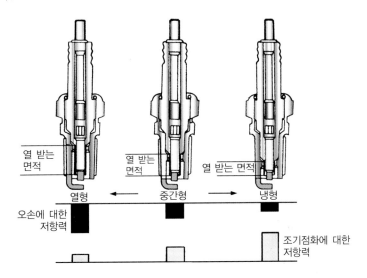

그림 점화플러그의 열가

(3) 점화플러그 표시방법

B	P	6	E	S
나사의 지름	자기 돌출형	열가	나사 길이	신제품
A=18㎜ B=14㎜ C=10㎜ D=12㎜	Projected core nose plug	크 면 : 냉형 적으면 : 열형	E=19㎜ H=12.7㎜	중심축에 동을 사용 한 플러그

(4) 특수 점화플러그

1) 자기 돌출형 Projected core nose plug

고속 주행 시에 방열 효과를 향상시키기 위하여 중심 전극을 절연시킨 절연체를 셀의 끝 부분보다 더 노출된 점화플러그이다.

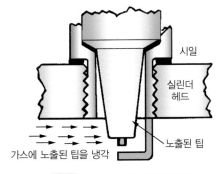

그림 자기 돌출형 점화플러그

2) 저항 플러그 Resistor plug

라디오나 무선 통신기에 고주파 소음을 방지하기 위하여 중심 전극에 10kΩ정도의 저항이 들어 있는 점화플러그이다.

3) 보조간극 플러그 Auxiliary gap plug

점화플러그 단자와 중심 전극 사이에 간극을 두어 배전기에서 전달되는 고전압을 일시적으로 축적시켜 고전압을 유지시키는 점화플러그로 오손된 점화플러그에서도 실화되지 않도록 한다.

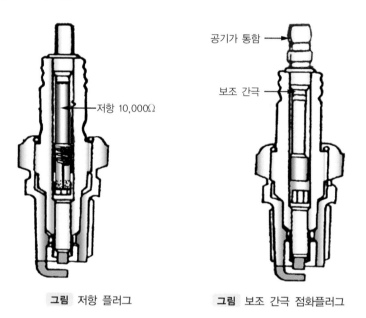

그림 저항 플러그   **그림** 보조 간극 점화플러그

01. 점화장치는 불꽃 점화방식의 디젤 엔진의 연소실 내에 압축된 혼합기에 고압의 전기적 불꽃으로 점화하여 연소를 일으키는 장치를 말한다.

☐ O ☐ X

02. 축전지식 점화장치의 구성으로 점화 스위치, 점화 1차 저항, 배전기 어셈블리, 점화플러그 등으로 구성되어 있다.

☐ O ☐ X

03. 점화 1차 저항은 1차 코일에 흐르는 전류의 차단 및 회복을 원활하게 하는 역할을 한다.

☐ O ☐ X

04. 코일에 흐르는 전류를 단속하면 코일에 유도 전압이 발생하는데 이것을 상호유도 작용이라 한다.

☐ O ☐ X

05. 점화장치의 2차 고전압은 1차 코일의 유효권수에는 비례하고 2차 코일의 유효권수에는 반비례한다.

☐ O ☐ X

06. 점화 2차 코일이 점화 1차 코일에 비해 가늘고 길어 저항이 더 크다.

☐ O ☐ X

07. 점화 1차 코일과 점화 2차 코일은 서로 연결되지 않은 채 절연체로 분리되어 있다.

☐ O ☐ X

08. 점화장치의 고전압은 단속기의 접점이 붙는 순간 발생한다.

☐ O ☐ X

09. 폐자로 철심형 점화코일은 1차 코일이 2차 코일 안쪽에 위치한다.

☐ O ☐ X

10. 점화장치의 고전압 단속기 접점이 닫혀 있는 동안 캠이 회전한 각을 캠각이라 하고 캠각의 비중은 전체의 60%정도 된다.

☐ O ☐ X

정답 1.✕ 2.○ 3.✕ 4.✕ 5.✕ 6.○ 7.✕ 8.✕ 9.○ 10.○

11. 축전지식 점화장치에서 캠각이 규정보다 클 때 점화시기는 빨라지고 접점간극은 작아진다.

    ☐ O ☐ ✕

12. 점화 1차 회로의 구성으로 배터리, 점화 스위치, 점화 1차 저항, 점화 1차 코일, 단속기 접점 등이 있다.

    ☐ O ☐ ✕

13. 점화시점은 폭발행정의 상사점 전에서 이루어지며 회전수가 높을수록 점점 빨라지게 된다. 이는 상사점 이 후 10~13°쯤에 최대 폭발압력을 얻기 위함이다.

    ☐ O ☐ ✕

14. 축전기는 정전유도 작용을 이용하여 많은 전기량을 저장하기 위해 만든 장치로서 단속기 접점과 직렬로 연결되어 있다.

    ☐ O ☐ ✕

15. 파워 트랜지스터는 NPN형을 주로 사용하고 베이스는 ECU, 컬렉터는 점화 1차 코일 (−)단자와 이미터는 접지와 연결되어 있다.

    ☐ O ☐ ✕

16. 전자 배전(무배전) 점화장치는 고전압 에너지의 손실을 최소화하여 누전이 거의 없는 것이 특징이다. 또한 진각 폭의 제한이 없고 전파 방해가 없어 다른 전자제어 장치에도 유리하다.

    ☐ O ☐ ✕

17. 점화플러그는 내열성 및 내식성이 커야하며 열전도성이 크고 자기청정 온도를 유지할 수 있어야 한다.

    ☐ O ☐ ✕

18. 점화플러그의 자기청정 온도는 450~600℃정도이며 이 이상의 온도는 조기점화의 원인이 되기도 한다.

    ☐ O ☐ ✕

19. 냉형 점화플러그는 조기점화에 대한 저항력은 작지만 오손에 대한 저항력이 크다.

    ☐ O ☐ ✕

20. 라디오나 무선 통신기에 고주파 소음을 방지하기 위해 저항 플러그나 TVRS 케이블을 사용한다.

    ☐ O ☐ ✕

정답   11.✕   12.○   13.○   14.✕   15.○   16.○   17.○   18.○   19.✕   20.○

01 점화코일은 무슨 원리를 이용한 것인가?

① 렌츠의 법칙
② 자기 유도 작용과 상호 유도 작용
③ 플레밍의 왼손법칙과 오른손 법칙
④ 키르히호프의 제1법칙과 제2법칙

02 점화장치에서 2차 고전압의 크기는 권선비와 어떤 관계가 있는가?

① 비례 관계에 있다.
② 반비례 관계에 있다.
③ 권선비의 제곱에 기전력이 비례한다.
④ 권선비의 제곱에 기전력이 반비례한다.

03 모터나 릴레이 작동 시 라디오에 유기되는 일반적인 고주파 잡음을 억제하는 부품으로 맞는 것은?

① 트랜지스터   ② 볼륨
③ 콘덴서   ④ 동소기

04 전자제어 점화장치에서 점화시기를 제어하는 순서는?

① 각종센서 → ECU → 파워 트랜지스터 → 점화코일
② 각종센서 → ECU → 점화코일 → 파워 트랜지스터
③ 파워 트랜지스터 → 점화코일 → ECU → 각종센서
④ 파워 트랜지스터 → ECU → 각종센서 → 점화코일

05 HEI코일(폐자로형 코일)에 대한 설명 중 틀린 것은?

① 유도작용에 의해 생성되는 자속이 외부축의 방출이 방지된다.
② 1차 코일의 굵기를 크게 하여 큰 전류가 통과할 수 있다.
③ 1차 코일과 2차 코일은 연결되어 있다.
④ 코일 방열을 위해 내부에 절연유가 들어있다.

해설》 고전압의 손실을 방지하기 위하여 내부에 절연유나 피치 컴파운드를 충전한 방식은 개자로형 코일이다.

06 점화 1차 코일에 밸러스트 저항을 두는 이유로 맞는 것은?

① 높은 전압이 생기는 것을 방지하기 위해서
② 2차 코일로 가는 전압을 안정시키기 위해서
③ 점화코일에 흐르는 1차 전류를 단속하기 위해서
④ 점화코일의 온도상승에 의한 성능 저하를 방지하기 위해서

정답 **01.② 02.① 03.③ 04.① 05.④ 06.④**

07 축전지식 점화장치의 1차 코일과 2차 코일의 권선비는 얼마인가?

① 10~50   ② 60~100
③ 100~150   ④ 160~200

08 축전지의 전압이 12V이고 권선비가 1 : 80인 경우 1차 유도전압이 250V이면, 2차 유도전압은 얼마인가?

① 14,000V   ② 16,000V
③ 20,000V   ④ 24,000V

09 다음 중 2차 고압 전류가 흐르지 않는 것은?

① 로터
② 단속기 접점
③ 고압 케이블
④ 점화플러그

10 단속기 접점의 간극이 작아지면 일어나는 현상으로 맞는 것은?

① 캠각이 작아진다.
② 점화 시기가 늦어진다.
③ 점화 시기가 빨라진다.
④ 점화 시기하고는 상관없다.

11 점화플러그의 구비조건으로 거리가 먼 것은?

① 보온효과가 좋고 내열성이 좋을 것
② 기밀유지 성능이 양호 할 것

③ 자기청정 온도를 잘 유지할 것
④ 전기적 절연성이 양호하고 점화성능이 좋을 것

12 축전기에 대한 설명으로 틀린 것은?

① 단속기 접점과 직렬로 연결되어 있다.
② 단속기 접점 사이의 불꽃을 흡수하여 접점의 소손을 방지한다.
③ 1차 전류의 차단시간을 단축하여 2차 전압을 높여준다.
④ 단속기 접점이 닫혔을 때 축전한 전하를 방출하여 1차 전류의 회복을 신속하게 한다.

13 단속기 접점식 점화방식에서 캠각이 작을 때 일어나는 설명으로 틀린 것은?

① 고속에서 실화가 일어나기 쉽다.
② 접점간극이 크고, 점화시기가 빨라진다.
③ 1차 전류 기간이 짧아 2차 전압이 낮다.
④ 점화코일이 발열되고, 단속기 접점이 소손된다.

14 진공진각장치 배전기의 단속기 판이 움직이면 일어나는 현상은?

① 압력이 커진다.
② 압력이 작아진다.
③ 점화시기가 변화한다.
④ 접점 접촉이 양호해진다.

15 점화 지연의 3가지 이유가 아닌 것은?

① 기계적 지연

② 착화적 지연

③ 연소적 지연

④ 전기적 지연

16 고압케이블은 전파 방해 방지를 위해 TVRS 케이블을 사용하는데 이 케이블의 내부 저항은 얼마인가?

① 10Ω ② $10K\Omega$

③ $100K\Omega$ ④ $10M\Omega$

17 고속, 고압축비 기관에서 사용하는 점화플러그는?

① 냉형   ② 열형

③ 고속형   ④ 중간형

18 점화플러그의 자기 청정 온도로 맞는 것은?

① 400도 이하

② 450~600도

③ 650~800도

④ 800~1000도

19 점화플러그가 자기 청정 온도 이상이 되면 어떠한 현상이 일어나는가?

① 역화   ② 실화

③ 조기 점화   ④ 점화불능

20 파워 트랜지스터를 구성하고 있는 단자 중 점화코일과 접속된 단자는?

① 베이스   ② 컬렉터

③ 이미터   ④ 게이트

자동차에 부착된 모든 전장 부품은 발전기나 축전지로부터 전력을 공급받아 작동한다. 그러나 축전지는 방전량에 제한이 따르고, 엔진 기동 시에 충분한 전류를 공급해야 하므로 항상 완전 충전된 상태를 유지해야 한다. 이를 위해서 필요로 한 것이 발전기를 중심으로 한 충전장치라고 한다.

1 직류(DC) 충전장치

구성 요소는 기동 전동기와 비슷하며 자계를 만드는 계자 코일(Field coil) 및 계자 철심, 자속에서 회전하여 그 자속을 잘라서 전압을 유기하는 전기자 코일(Armature coil), 유기된 교류 전압을 직류전압으로 정류하여 외부로 보내는 정류자와 브러시 등으로 구성된다.

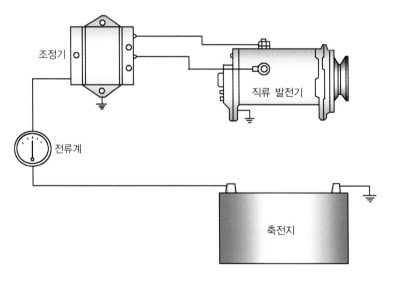

① **전기자** : 계자 내에서 회전되어 교류전류를 발생한다.
② **정류자** : 전기자에서 발생된 교류전류를 직류전류로 정류한다.
③ **계철** : 계철은 자력선의 통로가 된다.
④ **계자철심** : 계자코일에 전류가 흐르면 전자석이 되어 N극과 S극을 형성한다.

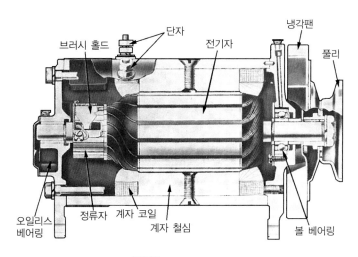

브러시 홀드　단자　전기자　냉각팬　풀리

오일리스 베어링　정류자　계자 코일　계자 철심　볼 베어링

그림 직류 발전기의 구조

(1) 직류발전기의 특징

1) 계자철심은 영구자석을 사용하며 최초 스스로의 자력에 의해 자화되는 자 여자식이다.

2) 발생전압은 전기자의 회전수에 비례해서 높다.

3) 발생전압은 계자권선에 흐르는 여자 전류에도 비례한다.

4) 발생전압은 기관의 회전수가 크게 되는데 따라 급격히 상승하여 과대 전압이 된다.

(2) DC발전기 조정기

1) 컷 아웃 릴레이 Cut-out relay

발전기가 정지되어 있거나 발생전압이 낮을 때 축전지에서 발전기로 전류가 역류하는 것을 방지한다. 그리고 컷 아웃 릴레이에서 축전지로 전류가 흐를 때 접점이 닫히게 되며, 이것을 컷인(Cut-in)이라고 하며, 이때의 전압을 컷인 전압이라고 한다. 컷인 전압은 12V의 경우 13.8~14.8V 정도이다.

2) 전압 조정기

과전압을 방지하고 발생전압을 일정하게 유지하기 위한 것으로서 발생전압이 규정보다 커지면 계자코일에 직렬로 저항을 넣어 여자전류를 감소시켜 발생전압을 저하시키고, 발생전압이 낮으면 저항을 빼내어 규정전압으로 회복시킨다.

3) 전류 조정기

과전류를 방지하고 발전기에 규정출력 이상의 전기적 부하가 걸리지 않도록 하여
발전기 소손을 방지한다.

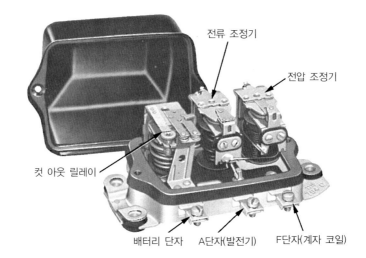

직류(DC : Direct Current)와 교류(AC : Alternate Current)
- DC : 자동차의 축전지가 대표적인 예로 양극과 음극이 정해져 있어 전류가 한쪽 방향으로 흐르는 것.
- AC : 지력에 의한 발전에 의해 만들어지는 예로 시간의 경과에 따라서 전류의 흐름방향이 계속 바뀌는 것.
  DC ⇒ AC : 인버터가 이 기능을 수행한다.
  AC ⇒ DC : 다이오드와 컨버터가 이 기능을 수행한다.

2 교류(AC) 충전장치

교류 발전기는 고정부분인 스테이터, 회전하는 부분인 로터, 로터의 양끝을 지지하는
엔드 프레임 그리고 스테이터 코일에서 유기된 교류(AC)를 정류하는 반도체 정류기(실리
콘 다이오드)로 구성된다.

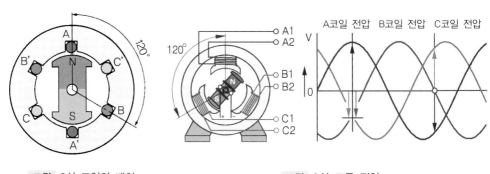

그림 3상 코일의 배치   그림 3상 교류 전압

(1) 교류 발전기의 특징

1) 전압 조정기만이 필요하고 슬립링을 사용하여 브러시 수명이 길다.
2) 저속 시에서도 발전 성능이 좋고 공회전에서도 충전이 가능하다.(스테이터-Y결선)
3) 소형, 경량, 잡음이 적고, 고속회전이 가능하다.
4) 충전 역방향으로 과전류를 주지 않는다.(다이오드를 보호하기 위해서)

(2) 교류 발전기의 구성

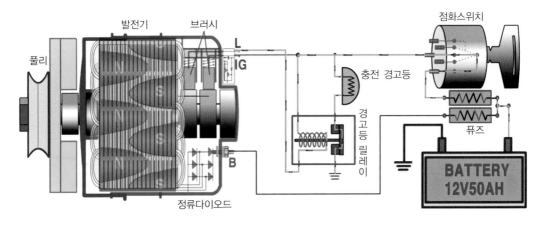

그림 교류 발전기의 구조

1) 스테이터 Stator

스테이터에서 발생한 교류는 실리콘 다이오드에 의해 직류로 정류한 후 외부로 보내며, 전류를 발생하고 AC 발전기의 스테이터와 로터 등은 헝겊으로 닦는다.

① Y(스타)결선 : 선간 전압은 상전압의 $\sqrt{3}$ 배이고 저속에서 높은 전압을 얻을 수 있어 현재 많이 사용된다.

② 삼각(델타)결선 : 선간 전류는 상전류의 $\sqrt{3}$ 배이고 큰 출력을 요하는 곳에 사용된다.

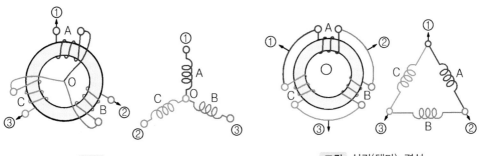

그림 Y(스타) 결선   **그림** 삼각(델타) 결선

2) 로터 Rotor

초기 발전 시 축전지의 전원을 이용(타여자)하여 로터 코일에 여자전류를 공급한다. 이후 자화된 로터가 회전하여 자속을 만들고 주변에 위치한 스테이터에서 교류 전기가 발생되게 한다.

3) 정류기

실리콘 다이오드를 정류기에 사용하고 외부에는 히트 싱크를 설치한다.

① 구성 : (+)다이오드 3개, (-)다이오드 3개, 여자다이오드 3개, 히트싱크, 축전기(콘덴서)

② 히트싱크 : 다이오드의 열을 식히기 위해 공랭식 핀이 설치된 구조

(3) 전압 조정기

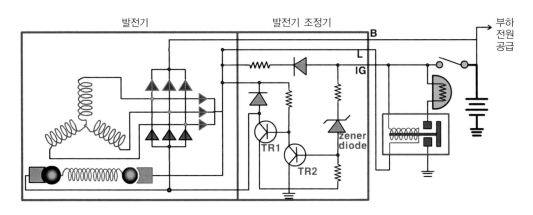

그림 교류 발전 조정기

① **충전 경고등 점등** : 점화 스위치 ON → 릴레이 코일 → L단자 → TR1 베이스 소전류 통해 접지 → 릴레이 코일 자화 → 릴레이 스위치 ON → 충전 경고등 점등

② **로터의 타 여자** : 점화 스위치 ON → IG단자 → 브러시 → 슬립링 → 로터코일 → 슬립링 → 브러시 → TR1 컬렉터 전류로 접지 → 로터 자화

③ **스테이터 전류 발생** : 로터회전 → 스테이터 3상 전파 교류 발생

　　→ ① 다이오드로 정류 → B 단자 → 축전지 충전 및 부하 전원 공급

　　→ ② 여자 다이오드로 정류 → 로터에 전류 공급

④ **과충전 방지** : IG단자로 과전압 공급 → 제너 다이오드 역방향 전류 인가(브레이크 다운전압 이상) → TR2 베이스 전류 활성화 → 자 여자전류 TR1 베이스 전류에서 TR2 컬렉터 전류로 인가 → 로터 전류 차단 → 스테이터에서 전기 미 발생

(4) DC & AC 발전기 비교

직류(DC)발전기와 교류(AC)발전기의 비교		
역 할	직류 발전기(DC)	교류 발전기(AC)
① 여자 방식	자 여자식	타 여자식
② 여자 형성	계자	로터
③ 전류 발생	전기자	스테이터
④ 브러시 접촉부	정류자	슬립링
⑤ AC를 DC로 정류	브러시와 정류자	실리콘 다이오드
⑥ 역류 방지	컷 아웃릴레이	다이오드 (+)3개, (−)3개
⑦ 컷인 전압	13.8~14.8V	13.8~14.8V
⑧ 자속을 만드는 부분	계자 코일과 계자철심	로터(Rotor)
⑨ 조정기	전압, 전류 조정기와 역류 방지기	전압 조정기
⑩ 작동 원리	플레밍의 오른손 법칙	플레밍의 오른손 법칙

(5) 브러시 리스 교류발전기

1) 구조 및 작동

① 교류 발전기의 바디에 고정되어 있는 스테이터 코일과 계자 코일 사이에 "ㄷ"자 모양의 로터가 위치 베어링만으로 지지되어 있다.

② 계자 코일에 여자 전류가 공급 → 자속이 로터의 회전 → 스테이터 코일이 자속을 끊어 기전력이 유기

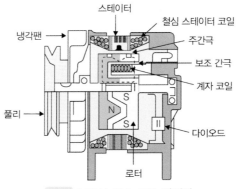

그림 브러시 리스 교류 발전기

2) 장단점

① 보조 간극으로 인한 저항의 증가로 코일을 많이 감아야 한다.

② 밀폐형 발전기로 제작하여 먼지나 습기 등의 침입을 방지할 수 있다.

③ 브러시를 사용하지 않으므로 내구성을 높일 수 있고 소형화가 가능하다.

01. 직류 충전장치의 조정기로 컷 아웃 릴레이, 전압조정기, 전류조정기 등이 있다.

☐ O ☐ ✕

02. 직류를 교류로 전환하기 위하여 컨버터를 사용하고 교류를 직류로 전환하기 위하여 인버터를 사용한다.

☐ O ☐ ✕

03. 교류 충전장치는 전압조정기만 있으면 되고 슬립링을 사용하여 브러시의 수명이 길다.

☐ O ☐ ✕

04. 교류 충전장치는 실리콘 다이오드를 활용하여 정류 및 역류를 방지한다.

☐ O ☐ ✕

05. 스테이터는 일반적으로 저속에서도 안정적인 전원을 생성하기 위해 상전류 보다 선간 전류가 약 1.7배 높은 Y결선을 많이 사용한다.

☐ O ☐ ✕

06. 정류기의 구성요소로 실리콘다이오드 및 히트싱크 등이 있다.

☐ O ☐ ✕

07. 충전장치는 플레밍의 오른손 법칙에 따라 발전된 전류의 방향이 결정된다.

☐ O ☐ ✕

08. 교류 충전장치에서 전류가 생성되는 곳은 로터이다.

☐ O ☐ ✕

09. 교류 충전장치에서 팬벨트 풀리, 로터, 브러시가 회전하는 구성요소이다.

☐ O ☐ ✕

10. 브러시 리스 교류 충전장치는 브러시를 사용하지 않으므로 내구성을 높일 수 있고 소형화가 가능하다.

☐ O ☐ ✕

정답 1.○ 2.✕ 3.○ 4.○ 5.✕ 6.○ 7.○ 8.✕ 9.✕ 10.○

01 직류 발전기의 구성이 아닌 것은?

① 로터　　② 계자 코일
③ 계자 철심　④ 전기자 코일

02 직류 발전기가 처음 회전할 때는 무엇에 의해서 발진되는가?

① 아마추어 전류
② 계자 전류
③ 축전지 전류
④ 잔류 자기

03 다음 중 축전지에서 발전기로 역류하는 것을 방지하는 것은?

① 컷인 릴레이
② 컷아웃 릴레이
③ 전압 조정기
④ 전류 조정기

04 발전기 종류에는 타 여자식과 자 여자식이 있는데, 설명으로 틀린 것은?

① 타 여자식 발전기는 AC 발전기에 사용한다.
② 자 여자식 발전기는 DC 발전기에 사용한다.
③ 타 여자식 발전기는 저속에서 충전이 잘 안 된다.
④ 자 여자식 발전기는 계자 철심에 남아

있는 잔류 자기에 초기 발전한다.

05 12V용 직류 발전기의 컷인 전압으로 알맞은 것은?

① 9~10V　② 11~12V
③ 13~14V　④ 15~16V

06 교류 발전기의 설명으로 틀린 것은?

① 저속에서도 충전이 가능하다.
② 전압, 전류 조정기 모두 필요하다.
③ 반도체(실리콘 다이오드)로 정류한다.
④ 소형, 경량이며, 브러시의 수명이 길다.

07 교류 발전기에서 유도 기전력이 유기되는 곳으로 직류 발전기의 전기자에 해당하는 것은?

① 로터　　② 브러시
③ 정류기　④ 스테이터

08 교류 발전기의 스테이터 결선법이 아닌 것은?

① Y결선　　② 델타 결선
③ Z결선　　④ 스타 결선

09 교류 발전기의 스테이터 결선법 중 Y 결선의 선간 전압은 얼마인가?

① 각 상전압의 $\sqrt{3}$ 배이다.
② 각 상전압의 $\sqrt{4}$ 배이다.
③ 각 상전압의 $\sqrt{5}$ 배이다.
④ 각 상전압의 $\sqrt{6}$ 배이다.

10 교류 발전기의 스테이터 결선법 중 델타 결선의 선간 전류는 얼마인가?

① 각 상전류의 $\sqrt{3}$ 배이다.
② 각 상전류의 $\sqrt{4}$ 배이다.
③ 각 상전류의 $\sqrt{5}$ 배이다.
④ 각 상전류의 $\sqrt{6}$ 배이다.

11 자동차 AC 발전기의 정류 작용은 어디에서 하는가?

① 아마추어
② 계자 코일
③ 다이오드
④ 배터리

12 자동차 발전기 B단자에서 발생되는 전기는?

① 3상 전파 정류된 직류 전압
② 3상 반파 정류된 교류 전압
③ 단상 전파 정류된 직류 전압
④ 단상 반파 전류된 교류 전압

해설 스테이터 : 3상 전파 교류 전압 → 실리콘 다이오드 → 3상 전파 정류된 직류 전압 (B단자)

13 자동차 AC 발전기에 사용되는 다이오드 종류가 아닌 것은?

① + 다이오드
② − 다이오드
③ 여자 다이오드
④ 중성자 다이오드

14 교류 발전기에서 직류 발전기의 컷 아웃 릴레이와 같은 일을 하는 것은?

① 로터
② 전압 조정기
③ 전류 조정기
④ 실리콘 다이오드

15 발전기의 3상 교류에 대한 설명으로 틀린 것은?

① 3조의 코일에서 생기는 교류 파형이다.
② Y결선을 스타 결선, △결선을 델타 결선이라 한다.
③ 각 코일에 발생하는 전압을 선간 전압이라고 하며, 스테이터 발생전류는 직류 전류가 발생된다.
④ △결선은 코일의 각 끝과 시작점을 서로 묶어서 각각의 접속점을 외부 단자로 한 결선 방식이다.

 정답 09.① 10.① 11.③ 12.① 13.④ 14.④ 15.③

16 교류 발전기에서 로터가 타 여자 되는 순서를 바르게 설명한 것은 ?

① L단자 → 브러시 → 정류자 → 로터 코일 → 정류자 → 브러시 → 접지 → 로터 자화
② IG단자 → 브러시 → 정류자 → 로터 코일 → 정류자 → 브러시 → 접지 → 로터 자화
③ L단자 → 브러시 → 슬립링 → 로터 코일 → 슬립링 → 브러시 → 접지 → 로터 자화
④ IG단자 → 브러시 → 슬립링 → 로터 코일 → 슬립링 → 브러시 → 접지 → 로터 자화

17 정류기의 구성요소로 거리가 먼 것은?

① 경고등 릴레이
② 히트 싱크
③ 실리콘 다이오드
④ 축전기

18 자동차 충전장치에서 전압 조정기의 제너다이오드는 어떤 상태에서 전류가 흐르게 되는가?

① 브레이크다운 전압에서
② 배터리 전압보다 낮은 전압에서
③ 로터코일에 전압이 인가되는 시점에서
④ 브레이크다운 전류에서

19 교류 발전기의 특징에 관한 설명으로 틀린 것은?

① 전압 조정기만 있으면 되고 브러시의 수명이 길다.
② 저속 시에도 발전 성능이 좋고, 공회전에도 충전이 가능하다.
③ 로터 코일을 통해 흐르는 여자 전류가 크면 스테이터의 기전력은 커진다.
④ 주행 중 충전 경고등이 들어오면 바로 시동이 꺼진다.

20 교류 발전기 발전 원리에 응용되는 법칙은?

① 플레밍의 왼손법칙
② 플레밍의 오른손 법칙
③ 옴의 법칙
④ 자기포화의 법칙

등화 장치는 조명, 지시, 신호, 경고 및 장식 등의 각종 전기적 회로로 되어 있으며 각 회로는 그 목적에 따른 등(lamp), 배선, 퓨즈, 스위치 등의 주요 부품으로 구성된다. 이중에는 자동차 안전기준에 의해 규제되는 등화도 있다.

1 등화의 종류

(1) **조명등** : 전조등, 안개등, 후진등, 실내등, 계기등

(2) **신호용** : 방향지시등, 브레이크등

(3) **경고용** : 유압등, 충전등, 연료등, 브레이크 오일등

(4) **표시용** : 후미등, 주차등, 번호등, 차폭등

2 전조등 Head light

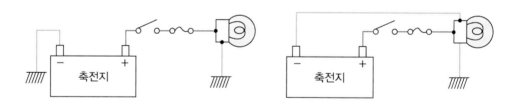

그림 단선식과 복선식

전조등은 성능을 유지하기 위해 복선식을 사용하고, 회로는 좌우 병렬로 되어 있다. 전구 안에는 2개의 필라멘트가 있으며 1개는 먼 곳을 비추는 상향등, 1개는 교행 차량에 빛의 방해가 되지 않도록 광도를 낮춘 하향등이 있다. 전조등의 3요소는 렌즈, 반사경, 필라멘트이다.

▶ **조명의 용어**
- **광도** : 빛의 세기이며 단위는 칸델라(cd)이다. ● **단위 입체각** : 스텔레디안(sr)
- **광속** : 1cd의 빛이 1sr으로 조사되는 빛의 총량(다발)로 단위는 루멘(lm)이다.
  광속(lm)=광도(cd)/단위 입체각(sr)
- **조도** : 빛을 받는 면의 밝기이며 단위는 룩스(lux 또는 lx)이다.

$$조도(lx) = \frac{광속(lm)}{거리^2(m)}$$

$$= \frac{\frac{광도(cd)}{단위\ 입체각(sr)}}{거리^2(m)} = \frac{광도(cd)}{거리^2(m)}$$

(1) 실드 빔 형식 Sealed beam type

① 반사경, 렌즈, 필라멘트가 일체로 되어 있고, 가격이 비싸다.
② 수명이 길고 렌즈가 흐려지지 않는다.
③ 필라멘트가 단선되면 등 전체를 교환해야 한다.

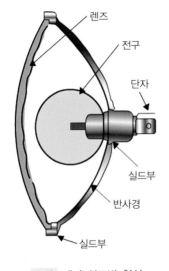

그림 세미 실드빔 형식

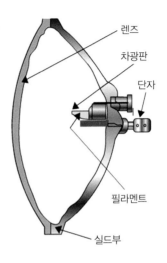

그림 실드빔 형식

(2) 세미 실드 빔 형식 Semi sealed beam type

① 반사경과 렌즈는 일체로 되었고, 필라멘트는 별개로 되어 있다.
② 전구 설치부로 약간의 공기 유통이 있어 반사경이 흐려지기 쉽다.
③ 필라멘트가 단선되면 전구만 교환한다.

(3) 할로겐 램프

① **할로겐 사이클***로 인하여 흑화 현상이 없어 시간이 지나도 밝기의 변화가 적다.
② 색의 온도가 높아 밝은 배광색을 얻을 수 있다.
③ 교행용(하향등) 필라멘트 아래에 차광판이 있어 자동차 쪽 방향으로 반사하는 빛을 없애는 구조로 되어 있어 눈부심이 적다.

> **⬤ TIP**
>
> ▶ **할로겐 사이클**
> 할로겐 전구에서 텅스텐 필라멘트의 증발을 막아 수명을 늘려주는 순환 과정으로 유리구 안의 할로겐 원소는 필라멘트에서 증발된 텅스텐 원자와 반응 결합하여 할로겐화 텅스텐 화합물을 만든다. 이 화합물도 일정 온도(요오드 250℃, 브롬 170℃) 이상이 되면 증기가 된다. 이것이 필라멘트 가까이로 이동하여 부딪히면 필라멘트 열에 의하여 텅스텐 원자는 필라멘트와 결합하여 원래의 자리에 돌아가고, 분리된 할로겐 원소는 다시 텅스텐 증발 원자와 결합한다. 이 과정을 계속 반복하면서 필라멘트가 재생되어 전구의 수명이 연장된다.

④ 전구의 효율이 높아 밝다.

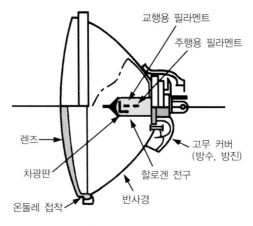

그림 할로겐 램프

(4) **HID** High Intensity Discharge **라이트- 고 휘도 방전 전조등**

① 소비 전력이 적고 점등이 빠르다.

② 전구의 수명이 길고 광도 및 조사거리가 향상된다.

③ 방전관 내에 크세논(제논) · 수은가스, 금속 할로겐
   성분 등이 들어 있다.

④ 관 양쪽 끝에 위치한 몰리브덴 전극에 플라즈마 방전이 발생하면서 에너지화 되어
   햇빛의 색 온도에 가까운 흰색 빛을 방출한다.

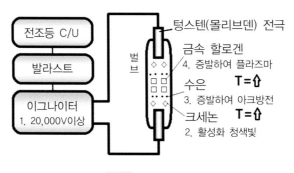

그림 HID 라이트

(5) **LED** Light Emitting Diode **전조등**

① 햇빛과 비슷한 색온도(K-켈빈)를 가진다.

   (HID : 약 4000K, LED : 약 5500K, 햇빛 : 6000K)

② 에너지 소비가 할로겐램프 시스템에 비해 적다.

③ 마모가 없으며 시스템이 차지하는 공간체적이 적기 때문에 디자인 자유도가 크다.

④ 다수의 LED 유닛의 복합체로 냉각체를 포함한 LED-칩 등으로 구성된다.

(6) 전자제어 시스템

1) 오토라이트

전조등 장치에 전자제어가 더해진 형식으로 조도 센서(광전도 셀-CDS : 조도가 감소하면 저항 값이 커짐)를 이용하여 차량 주변의 밝기가 어두워지면 자동으로 미등 및 전조등을 ON시켜주는 전자제어 장치이다.(스위치 : 자동모드-AUTO mode)

입 력	제 어	출 력
오토라이트 스위치 점화스위치(system 전원) 조도센서 – 외부 조도검출용 – 비교 조도검출용(ECU내부)	오토라이트 ECU TR₁ 작동 – 전조등용 TR₂ 작동 – 미등용	미등 릴레이 작동 – 미등 점등 전조등 릴레이 작동 –전조등 점등

그림 입출력 다이어그램

2) 전조등 조사각 제어 장치

승차인원과 화물의 적재량에 따라 차체의 기울기를 측정하여(피칭) 전조등의 조사각도를 바르게 조절해 주는 장치를 말한다.

3) 차속 감응형 오토라이트

기존의 오토라이트 시스템에 차속의 입력을 추가하여 일정의 속도가 넘으면 낮은 조명의 변화에서도 미등과 전조등이 점등되도록 하는 시스템을 말한다.

4) 감광식 거울 – ECM Electronic chromic mirror 룸 미러

주로 야간 주행 시 룸미러에 들어오는 뒤쪽 차량의 밝은 빛을 광센서를 통해 자동으로 감지해 거울의 반사율을 낮추어 운전자의 눈부심 현상을 줄여주는 장치를 말한다.

구성 요소로는 거울 양쪽 끝에 전극을 심어 전류의 세기에 따라 어두워지는 후면경, 반사량을 조절하는 제어장치, 작동 또는 비 작동을 선택할 수 있는 스위치 등으로 이루어져 있다.

3 방향지시등

플래셔 유닛을 사용하여 전구에 흐르는 전류를 일정한 주기(60~120회/분)로 단속하여 점멸시킨다. 종류에는 전자 열선식, 바이메탈식, 축전기식, 수은식, 스냅 열선식 등이 있다.

(1) 좌우 점멸 횟수가 다르거나 한쪽만 작동되는 원인

① 규정 용량의 전구를 사용하지 않을 때
② 접지가 불량할 때
③ 전구 하나가 단선되어 있을 때
④ 플래셔 스위치에서 지시등 사이에 단선되었을 때

(2) 점멸이 느릴 때의 원인

① 전구의 용량이 규정보다 작을 때 → $P = \dfrac{E^2}{R}$ $P \Downarrow, R \Uparrow$ ∴점멸이 느려짐.

② 전구의 접지가 불량 할 때
③ 축전지 용량이 저하되었을 때
④ 플래셔 유닛의 결함이 있을 때

4 윈드 실드 와이퍼(창닦기)

비 또는 눈이 내릴 때 운전자의 시계가 방해 받는 것을 방지하기 위함이다.

(1) 3가지 주요부

와이퍼 전동기, 링크기구, 블레이드

(2) 차속 감응형 간헐 와이퍼

차속의 증감에 의해 간헐적으로 와이퍼를 작동시키는 기능으로 속도가 높을수록 간헐 작동이 빨라진다.

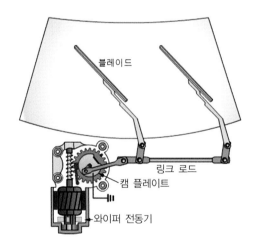

(3) 우적 감지 와이퍼

레인 센서(발광·포토다이오드로 구성되어 적외선 이용)를 이용하여 비의 양을 검출하여 간헐적으로 와이퍼를 작동시키는 기능이다.

(4) 와셔액

세척의 역할을 하는 계면 활성제와 부패되거나 어는 것을 방지하기 위한 알코올로 구성된다. 과거에는 빙점이 낮은 메탄올을 재료로 사용해 왔지만 유해성의 문제가 있어 현재는 에탄올 와셔액을 사용한다.

Section 07 **계기장치**

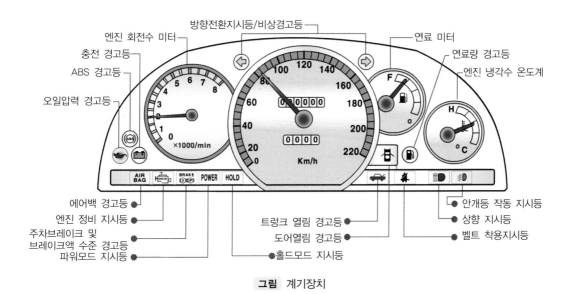

그림 계기장치

---

1 계기의 구성

(1) 차량 속도계

1) 주행거리를 표시하는 속도계의 구동 케이블은 변속기 출력축에 의해 구동된다.

2) 속도계는 맴돌이 전류와 영구자석의 상호 작용에 의해 바늘이 움직인다.

3) 현재는 계기판 ECU가 ABS ECU의 휠 스피드센서 신호를 다중통신을 통해 입력받는다.

4) 휠 스피드센서를 이용하여 차축의 회전수를 측정할 경우 오차의 범위가 줄어들게 된다.

(2) 유압 경고등(오일 압력 경고등)

엔진이 구동하여 오일펌프가 작동되면 오일압력 스위치의 접점을 오일의 압력으로 밀어 올려 떨어지게 하여 경고등이 소등된다.

(3) 연료계

1) **연료잔량 표시계(연료미터)** : 연료면 상부의 뜨개를 활용하여 바뀌는 위치에너지를 활용한 것으로 평형코일, 서모스탯 바이메탈, 바이메탈 저항방식 등이 사용된다.

2) **연료량 경고등** : 연료의 잔량이 일정이하가 되면 스위치의 접점을 붙여 바이메탈 열선에 전류를 흘려 경고등을 점등시킨다.

(4) 수온계(냉각수 온도계)

서미스터를 활용하여 냉각수 온도 변화에 따른 저항의 변화를 활용한 장치로 부든튜브, 평형코일, 서모스탯 바이메탈, 바이메탈 저항방식 등이 있다.

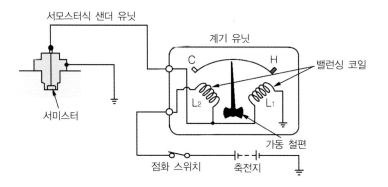

그림 밸런싱 코일식

2 트립 컴퓨터 Trip computer

평균 연비, 순간 연비, 주유 후 주행가능거리, 주행 시간, 차량 정비까지 남은 거리 등 주행과 관련된 다양한 정보를 LCD 표시 창을 통해 운전자에게 알려 주는 차량정보 시스템으로 운전자가 인지할 수 있는 언어를 사용하므로 빠르고 정확하게 차량에 대한 정보를 운전자에게 알려 줄 수 있다.

01. 방향지시등, 브레이크등은 신호용 등화로 사용된다.

☐ O ☐ X

02. 광속은 광원에서 발생된 빛이 1칸델라로 되는 단위 입체각에 포함된 빛의 다발로 단위는 루멘을 사용한다.

☐ O ☐ X

03. 조도의 단위는 룩스로 단위 입체각의 광도에 비례하고 거리에 제곱에 반비례한다.

☐ O ☐ X

04. 세미 실드 빔은 반사경, 렌즈, 필라멘트가 일체로 되어 있고 가격이 비싸다.

☐ O ☐ X

05. LED 전조등은 색온도가 높아 주간 주행등의 용도로 많이 사용된다.

☐ O ☐ X

06. 오토라이트 시스템의 입력신호로는 오토라이트 스위치, 조도 센서, 점화스위치 신호등이 있다.

☐ O ☐ X

07. 방향지시등 및 비상등은 플래셔 유닛을 이용하여 분당 80~150회로 점멸시킬 수 있다.

☐ O ☐ X

08. 창닦기 장치의 3가지 주요부로 전동기, 링크기구, 블레이드가 있다.

☐ O ☐ X

09. 와셔액은 빙점이 낮고 가격 경쟁력이 우수한 메탄올을 주로 사용하면 된다.

☐ O ☐ X

10. 차량 속도계는 과거에 변속기 출력축의 회전수를 측정하여 사용하였으나 현재는 ABS 시스템의 휠 스피드센서를 활용하여 표시한다.

☐ O ☐ X

11. 계기판의 수온계는 엔진 예열이 끝난 경우 게이지가 중간정도에 위치하면 정상이다.

☐ O ☐ X

정답 1.○ 2.○ 3.○ 4.× 5.○ 6.○ 7.× 8.○ 9.× 10.○ 11.○

01 자동차 트립 컴퓨터 화면에 표시되지 않는 것은?

① 평균연비
② 주행 가능 거리
③ 주행 시간
④ 배터리 충전 전류

02 야간에 주행하는 차의 전조등에서 한쪽 필라멘트가 떨어졌는데도 다른 쪽 전등이 점등하는 이유는?

① 회로가 직렬로 연결되었기 때문
② 회로가 병렬로 연결되었기 때문
③ 회로가 직·병렬로 연결되었기 때문
④ 회로가 어스 되었기 때문

03 등화장치의 종류 중 표시용 등이 아닌 것은?

① 후미등   ② 주차등
③ 브레이크등   ④ 번호등

04 광원으로부터 단위 입체각에 방사되는 빛의 에너지로 빛의 다발을 말하며 단위로 Lm을 사용하는 용어는?

① 광도   ② 광속
③ 조도   ④ 휘도

> 해설》 휘도(nt–니트) $= \dfrac{Cd}{거리^2}$
>
> (조도와의 차이 : 단위 입체각의 개념이 포함되지 않음)

05 자동차용 전조등에 사용되는 조도에 관한 설명 중 맞는 것은?

① 조도는 전조등의 밝기를 나타내는 척도이다.
② 조도의 단위는 암페어이다.
③ 조도는 광도에 반비례하고 광원과 피조면 사이의 거리에 비례한다.
④ 조도(LUX) $= \dfrac{피조면 단면적(m^2)}{피조면에 입사되는 광속(m)}$ 로 나타낸다.

06 앞 유리의 창 닦기 주요부에 속하는 와이퍼 전동기에는 어떤 방식의 직류전동기를 사용하는가?

① 복권식   ② 직권식
③ 분권식   ④ 권식

07 전조등의 광도가 광원에서 25,000cd의 밝기일 경우 전방 50m지점에서의 조도는 얼마인가?

① 25 Lx
② 12.5 Lx
③ 10 Lx
④ 2.5 Lx

> 해설》 조도(Lx) $= \dfrac{Cd}{r^2} = \dfrac{25,000}{50^2} = 10(Lx)$

정답 **01.④ 02.② 03.③ 04.② 05.① 06.① 07.③**

08 다음 중 전조등의 3요소로 맞게 묶인 것은?

① 필라멘트, 반사판, 축전지
② 렌즈, 반사경, 축전지
③ 필라멘트, 반사판, 렌즈
④ 필라멘트, 반사경, 렌즈

09 전조등에서 세미 실드 빔 형식의 설명으로 맞는 것은?

① 전조등 전체를 교환해야 한다.
② 전구는 별도로 설치된 형식이다.
③ 렌즈와 필라멘트가 일체로 되어 있다.
④ 현재 자동차에 많이 사용되고 있지 않다.

10 할로겐 전조등은 무슨 가스에 할로겐을 미량 혼합시킨 전조등인가?

① 산소   ② 질소
③ 붕소   ④ 나트륨

11 2개의 코일이 병렬로 접속되어 가변 저항값에 따라 작동되며 유압계, 수온계, 연료계에서 사용되는 장치의 종류는?

① 밸런싱 코일식
② 바이메탈식
③ 타코미터식
④ 영구 자석식

12 백열전구와 비교한 할로겐전구의 특징으로 거리가 먼 것은?

① 주행용 필라멘트에 차광판이 설치되어 대향 자동차의 눈부심이 적다.
② 할로겐 사이클로 흑화현상이 없어 수명이 다할 때 까지 밝기가 일정하다.
③ 색 온도가 높아 밝은 백색 빛을 얻을 수 있다.
④ 최고 광도 부근의 빛이 점으로 되지 않기 때문에 도로면의 조도가 균일하다.

13 와셔액의 성분으로 사용하지 않는 것은?

① 부식방지제
② 계면활성제
③ 알콜(에탄올)
④ 우레아

해설 NOx를 줄이기 위한 SCR 장치에 사용되는 것을 요소수(Urea-우레아)라고 한다.

14 자동차의 방향 지시등 회로의 점멸이 느릴 때의 이유로 틀린 것은?

① 전구의 접지가 불량하다.
② 플레셔 유닛이 불량하다.
③ 퓨즈 또는 배선이 불량하다.
④ 전구의 용량이 규정보다 크다.

해설 $P = \dfrac{E^2}{R}$ $P \uparrow, R \Downarrow$

※ 점멸이 빨라짐.

15 윈드 실드 와이퍼 장치의 관리요령에 대한 설명으로 틀린 것은?

① 와이퍼 블레이드는 수시 점검 및 교환해 주어야한다.
② 와셔액이 부족한 경우 와셔액 경고등이 점등된다.
③ 와셔액은 메탄올을 원료로 한 것을 사용한다.
④ 전면 유리는 기름 수건 등으로 닦지 말아야한다.

16 주행계기판의 온도계가 작동하지 않을 경우 점검을 해야 할 곳은?

① 공기유량 센서
② 냉각수온 센서
③ 에어컨 압력 센서
④ 크랭크 포지션 센서

17 계기판의 엔진 회전계가 작동하지 않는 결함의 원인에 해당 되는 것은?

① VSS(Vehicle Speed Sensor) 결함
② CPS(Crankshaft Position Sensor) 결함
③ MAP(Manifold Absolute Pressure sensor)결함
④ CTS(Coolant Temperature Sensor) 결함

18 전조등 회로의 구성부품이 아닌 것은?

① 라이트 스위치
② 전조등 릴레이
③ 스테이터
④ 딤머 스위치

19 오토라이트 구성 부품이 아닌 것은?

① 플레셔 유닛
② 조도센서
③ 전조등 릴레이
④ 작동 스위치

20 크세논(Xenon) 가스방전등에 관한 설명이다. 틀린 것은?

① 전구의 가스 방전 실에는 크세논 가스가 봉입되어 있다.
② 전원은 12~24V를 사용한다.
③ 크세논 가스등의 발광 색은 황색이다.
④ 크세논 가스등은 기존의 전구에 비해 광도가 약 2배 정도이다.

주위 변화에 따른 온도 및 습도 등을 적절히 유지하여 쾌적한 환경을 제공해주는 장치이다.
열 부하 항목에는 복사부하, 승원부하, 관류부하, 환기부하 등이 있다.

1 온수식 난방장치

1) 엔진의 냉각수의 열을 이용한 것이며, 송풍기 팬용 전동기의 출력은 15~18W이다.
2) 디프로스터(앞 창유리에 습기가 끼는 것을 방지하는 것)에도 사용되고, 히터 유닛은
   일종의 온수 방열기이다.
3) 히터 모터와 히터 저항기는 직렬로 연결되어 모터의 회전속도를 조절한다.
4) 자동차 오토 에어컨 시스템에서 컴퓨터에 의해 제어되는 것은 송풍기 속도, 컴프레서
   클러치, 엔진 회전수 등이다.
5) 자동차 오토 에어컨 시스템은 차실 내·외부에 설치된 각종의 온도 센서와 컨트롤
   스위치에서의 신호에 의해 차 실내 온도를 최적화로 유지하도록 하는 장치이다.

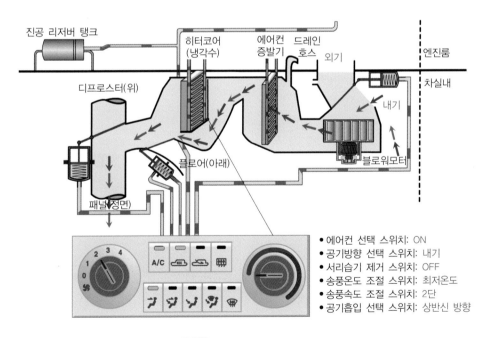

그림 히터 에어컨 유닛

2 냉방 사이클 구성도

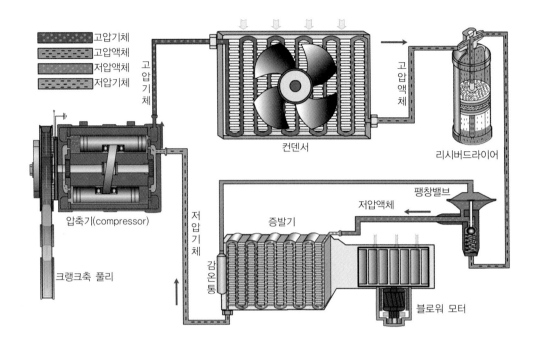

그림 냉방 사이클의 구성

(1) 자동차 에어컨 냉매의 순환경로

1) 팽창 밸브형(위 그림) : 압축기 → 응축기 → 건조기 → 팽창밸브 → 증발기

① 건조기의 기능 : 냉매 저장, 기포분리, 수분 흡수, 냉매 순환 관찰

② 압력스위치 : 건조기 위에 설치되며 압축기 및 냉각팬에 전원을 제어하여 저압과 고압을 보호기능을 한다.

2) 오리피스 튜브형 : 압축기 → 응축기 → 오리피스 → 증발기 → 축압기(어큐뮬레이터)

① 축압기의 기능 : 냉매 저장 및 2차 증발, 수분 흡수, 오일순환, 증발기 빙결방지

② 압력스위치 : 축압기 위에 설치된다.

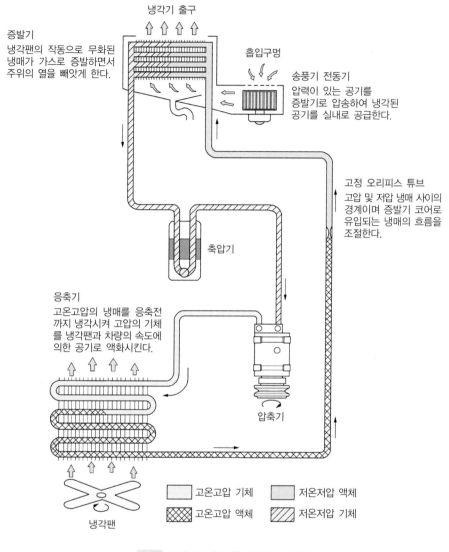

증발기
냉각팬의 작동으로 무화된
냉매가 가스로 증발하면서
주위의 열을 빼앗게 한다.

냉각기 출구

흡입구멍

송풍기 전동기
압력이 있는 공기를
증발기로 압송하여 냉각된
공기를 실내로 공급한다.

고정 오리피스 튜브
고압 및 저압 냉매 사이의
경계이며 증발기 코어로
유입되는 냉매의 흐름을
조절한다.

축압기

응축기
고온고압의 냉매를 응축전
까지 냉각시켜 고압의 기체
를 냉각팬과 차량의 속도에
의한 공기로 액화시킨다.

압축기

냉각팬

	고온고압 기체		저온저압 액체
	고온고압 액체		저온저압 기체

그림 오리피스 튜브형 에어컨의 구성

(2) 에어컨 냉매

1) 에어컨 냉매의 변환

① R-12(프레온가스) : 오존층 파괴, 지구온난화(지구온난화지수 8100)의 원인

② R-134a : 오존층을 파괴하는 염소(Cl)가 없다. 지구온난화지수 1300

※ 2011년 이후 유럽에서 생산된 차량의 지구온난화지수 150이하로 규제

③ R-1234yf : 지구온난화지수 4, 냉방능력이 R-134a에 비해 떨어져(7%) 내부 열교
환기가 필요함. 가격 경쟁력이 떨어짐.

2) 구비조건

① 화학적으로 안정되고 변질되지 않으며 부식성이 없을 것

② 불활성(다른 물질과 화학 반응을 일으키기 어려운 성질)일 것

③ 인화성 및 폭발성이 없을 것

④ 전열작용이 양호 할 것

⑤ 냉매의 비체적(차지하는 공간)이 작을 것

⑥ 밀도가 작아서 응축 압력은 가급적 낮을 것

⑦ 증발 잠열이 크고 액체의 비열(온도를 올리는데 필요한 열량)이 작을 것

⑧ 기화점(비등점)이 낮을 것

⑨ 응고점이 낮을 것

(3) 전자동 에어컨 Full Auto Temperature Control 장치

1) 입력 센서

① 실내 온도 센서 : 제어 패널 상에 설치되어 있다.

② 외기 온도 센서 : 응축기 앞쪽에 설치되어 있다.

③ 일사 센서 : 태양의 일사량을 검출하는 센서로 실내 크래시 패드 중앙에 설치되어 있다.

④ 핀 서모 센서 : 증발기 코어의 평균 온도가 검출되는 부위에 설치되어 있다.

⑤ 수온 센서 : 실내 히터유닛 부위에 설치되어 있다.

⑥ 습도 센서 : 실내 뒤 선반 위쪽에 설치되어 있다.

2) 출력 장치(액추에이터)

① 실내 송풍기(블로워 모터) – 파워 트랜지스터 제어

② 증발기 송풍기 – 파워 트랜지스터, 고속 송풍 릴레이 제어

③ 압축기 클러치

④ 에어 믹스 도어 액추에이터 – 온도 조절 및 풍향 조절

⑤ 내·외기 도어 액추에이터

(4) AQS Air Quality System 유닛

배기가스를 비롯하여 대기 중에 함유되어 있는 유해 및 악취가스를 검출하여 이들 가스의 실내 유입을 차단하여 운전자와 탑승자의 건강을 고려한 공기 정화장치이다.

01. 자동차가 받는 열 부하 항목에는 복사부하, 승원부하, 관류부하, 환기부하 등이 있다.

    ☐ O ☐ ✕

02. 히터 유닛은 엔진의 냉각수 열을 이용한 일종의 온수 방열기이다.

    ☐ O ☐ ✕

03. 히터 모터와 히터 저항기는 병렬로 연결되어 모터의 회전속도를 조절한다.

    ☐ O ☐ ✕

04. 팽창 밸브형 에어컨 냉매의 순환경로는 압축기 → 증발기 → 팽창밸브 → 응축기 순이다.

    ☐ O ☐ ✕

05. 건조기는 냉매저장, 기포분리, 수분 흡수, 냉매 순환 관찰 등의 기능을 가진다.

    ☐ O ☐ ✕

06. 과거에는 R-12의 에어컨 냉매를 사용하였으나 오존층을 파괴하여 지구온난화의 요인이 되어 신 냉매인 R-134a를 사용한다.

    ☐ O ☐ ✕

07. 에어컨 냉매는 응고점이 낮아야 하며 증발 잠열이 크고 액체 상태에서 비열이 작아야 한다.

    ☐ O ☐ ✕

08. 전자동 에어컨 장치의 입력신호로 실내 및 실외 온도, 일사량, 증발기 온도, 수온 센서, 습도 센서 등이 사용된다.

    ☐ O ☐ ✕

09. 전자동 에어컨 장치의 출력장치로 실내 및 증발기 송풍 작동을 위한 트랜지스터, 압축기의 클러치 작동 제어, 온도 조절 및 풍향 조절장치 등이 있다.

    ☐ O ☐ ✕

10. AQS(Air Quality System) 유닛은 실내 공기의 유해성을 판단하여 질이 좋지 못할 때 외기로 환기시켜 운전자와 탑승자의 건강을 고려한 공기 정화장치이다.

    ☐ O ☐ ✕

정답 1.○ 2.○ 3.✕ 4.✕ 5.○ 6.○ 7.○ 8.○ 9.○ 10.✕

01 R-12의 염소(CI)로 인한 오존층 파괴를 줄이고자 사용하고 있는 자동차용 대체 냉매는?

① R - 134a 　② R - 22a
③ R - 16a 　④ R - 12a

02 전자동 에어컨 장치의 입력 신호로 거리가 먼 것은?

① 외기 온도 　② 내기 온도
③ 압축기 온도 ④ 일사량

03 냉매가 갖추어야 할 조건으로 틀린 것은?

① 불활성일 것
② 비가연성일 것
③ 비체적이 클 것
④ 열전도율이 클 것

04 다음 중 신냉매(R-134a)의 특징을 잘못 설명한 것은?

① 무색, 무취, 무미 이다.
② 화학적으로 안정되고 내열성이 좋다.
③ 액화 및 증발이 되지 않아 오존층이 보호된다.
④ 오존 파괴계수가 0 이고, 온난화 계수가 구냉매(R-12)보다 낮다.

05 자동차 에어컨에서 액상 냉매가 주위의 열을 흡수하여 기체의 냉매로 변환시키는 역할을 하는 것은?

① 압축기 　② 응축기
③ 증발기 　④ 송풍기

06 자동차 에어컨에서 고압의 기체 냉매를 냉각시켜 액화시키는 작용을 하는 것은?

① 압축기 　② 응축기
③ 증발기 　④ 송풍기

07 자동차 에어컨에서 고압의 액상 냉매를 저압으로 감압시키고 냉매의 유량을 조절하는 것은?

① 압축기 　② 응축기
③ 팽창밸브 ④ 리시버 드라이어

08 자동차 에어컨에서 액상 냉매 중의 수분 및 불순물을 여과하고 일시 저장하는 곳은?

① 압축기
② 응축기
③ 팽창밸브
④ 리시버 드라이어

정답 **01.① 02.③ 03.③ 04.③ 05.③ 06.② 07.③ 08.④**

09 자동차 에어컨의 순환 과정으로 맞는 것은?

① 응축기 → 압축기 → 건조기 → 팽창
밸브 → 증발기

② 압축기 → 팽창밸브 → 건조기 → 응
축기 → 증발기

③ 압축기 → 응축기 → 건조기 → 팽창
밸브 → 증발기

④ 압축기 → 증발기 → 건조기 → 팽창
밸브 → 증발기

10 자동차 에어컨 시스템에 사용되는 컴프
레셔 중 가변용량 컴프레셔의 장점이 아
닌 것은?

① 냉방성능 향상
② 소음진동 향상
③ 연비 향상
④ 냉매 충진 효율 향상

해설 가변용량 컴프레셔 : 사판의 각을 조절하
여 용량을 변화시키는 압축기로 차량 내부 및 운행
조건에 따른 정확한 냉각성능 조절을 가능하게 한
다. 내부제어 방식과 외부제어방식 두 가지로 나
뉜다.
용량에 가변을 주는 장치로 공기의 질량비를 더
높이는 충진 효율과는 거리가 멀다.

11 오토 에어컨 시스템에서 컴퓨터에 의해
제어되지 않는 것은?

① 오리피스 튜브
② 송풍기 속도
③ 에어믹스 도어 액추에이터
④ 압축기 클러치

12 자동차 냉·난방장치 능력은 차실 내외
조건이 차량 열부하에 의해 정해진다.
열부하 항목에 속하지 않는 것은?

① 면적부하　　② 관류부하
③ 승원부하　　④ 복사부하

13 건조기의 기능으로 틀린 것은?

① 액체냉매 저장　② 냉매압축 기능
③ 수분 제거 기능　④ 기포분리 기능

14 냉매(R-134a)의 구비조건으로 옳은 것
은?

① 비등점이 적당히 높을 것
② 냉매의 증발 잠열이 작을 것
③ 응축 압력이 적당히 높을 것
④ 임계 온도가 충분히 높을 것

15 자동차의 에어컨 시스템에서 팽창 밸브
의 역할로 옳은 것은?

① 냉매의 압력을 저온, 저압으로 미립화
하여 증발기 내에 공급해 주는 역할을
한다.

② 컴프레서와 콘덴서 사이에 위치, 고온
－고압의 냉매를 팽창시켜 저온－저압
으로 콘덴서에 공급한다.

③ 컴프레서의 흡입구에 위치하며 순환
을 마친 냉매를 팽창시켜 액체 상태로
컴프레서에 공급한다.

④ 에어컨 회로 내의 공기 유입 시 유입
된 공기를 팽창시켜 외부로 배출하는
역할을 한다.

16 냉방장치의 구조 중 다음의 설명에 해당되는 것은?

> 팽창 밸브에서 분사된 액체 냉매가 주변의 공기에서 열을 흡수하여 기체 냉매로 변환시키는 역할을 하고, 공기를 이용하여 실내를 쾌적한 온도로 유지시킨다.

① 리시버 드라이어
② 압축기
③ 증발기
④ 송풍기

17 오리피스 방식의 에어컨 시스템에서 어큐뮬레이터 드라이어의 기능이 아닌 것은?

① 수분 흡수 기능
② 사이트 글라스를 통한 냉매순환 관찰 기능
③ 이물질 제거 기능
④ 냉매와 오일의 분리 기능

해설 사이트 글라스는 팽창 밸브 방식의 건조기에 적용된 창이다.

18 전자제어 에어컨 장치의 제어 기능으로 볼 수 없는 것은?

① 인히비터 제어
② 인테이크 제어
③ 풍량 제어
④ 실내 온도 제어

19 자동 공조장치(Full auto air-conditioning system)에 대한 설명으로 틀린 것은?

① 파워트랜지스터의 베이스 전류를 가변하여 송풍량을 제어한다.
② 온도 설정에 따라 믹스 액추에이터 도어의 개방 정도를 조절한다.
③ 실내/실외기 센서의 신호에 따라 에어컨 시스템의 제어를 최적화 한다.
④ 핀 서모 센서는 에어컨 라인의 빙결을 막기 위해 콘덴서에 장착되어 있다.

20 대기 중에 함유되어 있는 유해 및 악취 가스를 검출하여 실내로 유입되는 것을 차단하는 유닛을 무엇이라 하는가?

① AFS
② AQS
③ ATS
④ APS

1 SRS Supplemental Restraint System

SRS이라는 것은 Supplemental Restraint System의 약자로서 보조 방어 시스템이라는 뜻이다.

SRS 에어백은 안전벨트의 보조 방어 시스템으로 주 방어 시스템인 안전벨트가 선행된 상태에서 그 효과를 충분히 발휘할 수 있는 시스템이다.

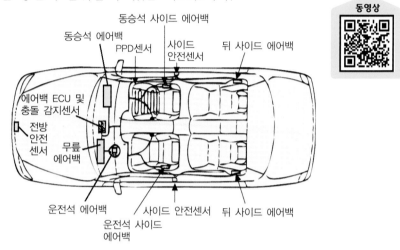

동영상

그림 에어백 설치 위치

(1) 에어백 Air Bag

자동차 사고 시에 설정값 이상의 충격을 감지한 경우에 작동하며, 공기주머니가 팽창하여 탑승자의 신체적 충격을 완화하는 장치이다.

1) 구성

① 에어백 모듈(Air bag module)

에어백을 비롯하여 패트 커버, 인플레이터(Inflater : 팽창기)와 에어백 모듈 고정용 부품으로 이루어져 있으며, 운전석 에어백은 조향 핸들 중앙에 설치되고 동승석 에어백은 글로브 박스 위쪽에 설치된다. 설치된 위치에 "SRS AIR BAG" 이란 글씨가 새겨져 있다. 최근에는 SRS 에어백 시스템의 진화로 운전석, 동승석을 기본으로 사이드, 커튼, 무릎 에어백 등 다양한 종류의 에어백 모듈이 설치되어 충돌 사고시 승차 인원이 위험으로부터 더욱 안전하게 되었다.

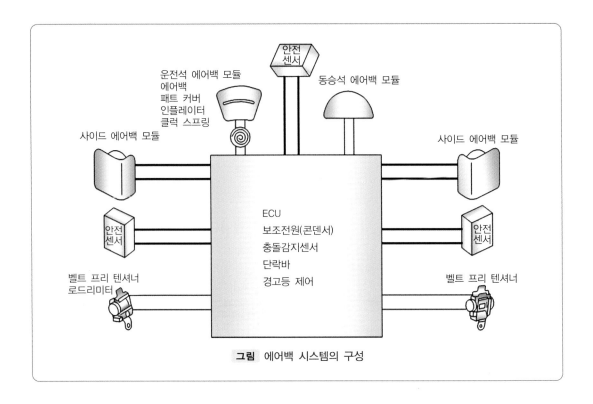

운전석 에어백 모듈
에어백
패트 커버
인플레이터
클럭 스프링

안전
센서

동승석 에어백 모듈

사이드 에어백 모듈

사이드 에어백 모듈

안전
센서

ECU
보조전원(콘덴서)
충돌감지센서
단락바
경고등 제어

안전
센서

벨트 프리 텐셔너
로드리미터

벨트 프리 텐셔너

그림 에어백 시스템의 구성

ⓐ **에어백** : 에어백은 안쪽에 고무로 코팅한 나일론 제의 면으로 되어 있으며, 인플레이터와 함께 설치된다. 에어백은 점화 회로에서 발생한 질소가스에 의하여 팽창하고, 팽창 후 짧은 시간 후 백(bag) 배출 구멍으로 질소가스를 배출하여 충돌 후 운전자가 에어백에 눌려지는 것을 방지한다.

ⓑ **패트 커버**(Pat cover - 에어백 모듈 커버) : 패트 커버는 에어백이 펼쳐질 때 입구가 갈라져 고정 부분을 지점으로 전개하며, 에어백이 밖으로 팽창하는 구조로 되어 있다. 또한 패트 커버에는 그물망이 형성되어 있어 에어백이 펼쳐질 때의 파편이 승객에게 피해를 주는 것을 방지한다.

ⓒ **인플레이터** : 인플레이터에는 화약 점화제, 가스 발생기, 디퓨저 스크린 등을 알루미늄 용기에 넣은 것으로 에어백 모듈 하우징에 설치된다. 인플레이터 내에는 점화 전류가 흐르는 전기 접속 부분이 있어 화약에 전류가 흐르면 화약이 연소하여 점화제가 연소하면 그 열에 의하여 가스 발생제가 연소한다.

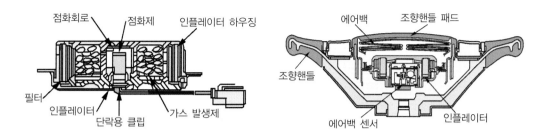

점화회로　점화제　인플레이터 하우징

필터　인플레이터　단락용 클립　가스 발생제

에어백　조향핸들 패드

조향핸들

에어백 센서　인플레이터

그림 인플레이터의 구조

② 클럭 스프링(Clock spring)

클럭 스프링은 조향 핸들과 조향 컬럼 사이에 설치되며, 에어백 컴퓨터와 에어백 모듈을 접속하는 것이다. 이 스프링은 좌우로 조향 핸들을 돌릴 때 배선이 꼬여 단선되는 것을 방지하기 위하여 종이 모양의 배선으로 설치하여 조향 핸들의 회전 각도에 대처할 수 있도록 하고 있다.

(2) 에어백 컴퓨터

에어백 컴퓨터는 에어백 장치를 중앙에서 제어하며, 고장이 나면 경고등을 점등시켜 운전자에게 고장 여부를 알려준다.

(3) 충돌 감지 센서

에어백 컨트롤 유닛 내부의 충돌 감지(G)센서가 충돌시의 차체 G를 전기 신호로서 검출하면 스티어링 휠(운전석) 및 인스트루먼트 패널(조수석)내의 인플레이터 단자에 통전되어 질소가스 발생제에 점화되어 에어백을 부풀린다.

(4) 안전센서

충돌할 때 차량에 가해지는 물리적인 충격을 검출한다. 충돌 감지 센서와 안전센서 두 가지 모두 충격값이 만족될 때 에어백 컴퓨터에서 최종적으로 점화를 결정한다.

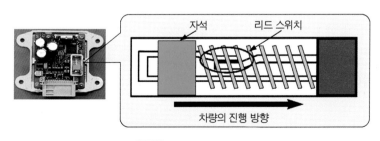

자석　리드 스위치

차량의 진행 방향

그림 안전 센서의 구조

(5) 승객 유무 감지 센서 – PPD Passenger Presence Detect 센서

압전 소자를 이용하여 조수석에 승객유무를 확
인하여 조수석에 위치한 에어백의 작동유무를 결
정한다.

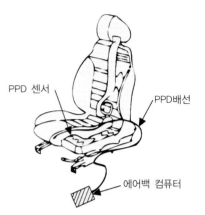

2 벨트 프리 텐셔너 Belt pre- tensioner

1) 벨트 프리 텐셔너의 역할

차동차가 충돌할 때 에어백이 작동하기 전에
프리 텐셔너를 작동시켜 안전벨트의 느슨한 부
분을 되감아 충돌로 인하여 움직임이 심해질 승

그림 승객 유무 검출 센서의 구조

객을 확실하게 시트에 고정시켜 크러시 패드나 앞 창유리에 부딪히는 것을 방지하며,
에어백이 전개될 때 올바른 자세를 가질 수 있도록 한다. 또한 충격이 크지 않을 경우에
는 에어백은 펼쳐지지 않고 프리 텐셔너만 작동하기도 한다.

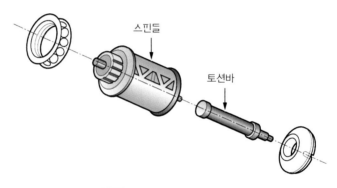

그림 벨트 프리 텐셔너의 구조

2) 벨트 프리 텐셔너의 작동

벨트 프리 텐셔너 내부에는 화약에 의한 점화 회로와 안전벨트를 되감을 피스톤이
들어 있기 때문에 컴퓨터에서 점화시키면 화약의 폭발력으로 피스톤을 밀어 벨트를
되감을 수 있다. 이 때 일정 이상의 하중이 가해지지 않도록 토션바 스프링의 일종인
로드리미터라는 것이 존재하여 충격을 주어 감았다가 다시 풀어주는 역할을 수행한다.

01. 에어백은 사고에 대비한 적극적 방어 시스템으로 안전벨트가 선행되지 않은 상황에서도 교통사고로 인한 치사율을 줄여준다.

☐ O ☐ ×

02. 에어백 시스템의 구성으로 에어백 모듈, 안전센서, 충돌 감지 센서, 경고등 등이 있다.

☐ O ☐ ×

03. 에어백 모듈의 구성으로 에어백, 패트 커버, 인플레이터, 충돌 감지 센서 등이 있다.

☐ O ☐ ×

04. 에어백 컴퓨터의 구성으로 콘덴서, 충돌 감지 센서, 단락바 등이 있다.

☐ O ☐ ×

05. 에어백 컴퓨터는 충돌 감지 센서와 안전센서 두 가지 모두 충격값이 만족 할 때 최종적으로 점화를 결정한다.

☐ O ☐ ×

06. 동승석에 승객 유무 감지 센서를 통해 동승석 승객이 없는 상태에서 사고 발생 시 동승석 에어백을 작동시키지 않는 기능도 할 수 있다.

☐ O ☐ ×

07. 벨트 프리 텐셔너는 사고 발생 시 에어백이 작동되고 난 이후 안전벨트를 느슨하지 않게 당기는 역할을 수행하여 탑승자의 2차 충격을 방지한다.

☐ O ☐ ×

08. 벨트 프리 텐셔너 내부의 토션바 스프링인 로드리미터가 존재하여 안전벨트가 과도하게 감기는 것을 방지하는 탄성을 주게 된다.

☐ O ☐ ×

정답 1.× 2.○ 3.× 4.○ 5.○ 6.○ 7.× 8.○

01 일반적으로 에어백에 가장 많이 사용되는 가스는?

① 수소   ② 이산화탄소
③ 질소   ④ 산소

02 에어백 컴퓨터에 입력되는 신호로 거리가 먼 것은?

① G 센서   ② PPD 센서
③ 안전센서   ④ 클럭 스프링

03 토션 스프링의 일종으로 프리 텐셔너에 내부에 장착되어 시트 벨트가 감기는 회전력을 제한하는 부품의 명칭으로 맞는 것은?

① 스태빌라이저
② 클럭 스프링
③ 로드 리미터
④ 인플레이터

04 SRS 에어백과 연동하여 작동하며 에어백이 터지기 전 운전자의 벨트를 당겨 일시적으로 구속시켜 주는 역할을 하는 장치를 무엇이라 하는가?

① PPD 장치
② 벨트 프리 텐셔너
④ 클럭 스프링
④ 보조 방어 시스템

05 사고의 충격으로 에어백 시스템의 전원 공급이 차단된 경우 비상시 전원을 공급하는 것은?

① 프리 텐셔너
② 축전기
③ 클럭 스프링
④ 인플레이터

06 에어백 컨트롤 유닛의 기능에 속하지 않는 것은?

① 시스템 내의 구성부품 및 배선의 단선, 단락 점검
② 부품에 이상이 있을 때 경고등 점등
③ 전기 신호에 의한 에어백 팽창 여부확인
④ 사고 시 충격의 정도를 파악

07 에어백 인플레이터(inflater)의 역할에 대한 설명으로 옳은 것은?

① 에어백의 작동을 위한 전기적인 충전을 하여 배터리가 없을 때에도 작동시키는 역할을 한다.
② 점화장치, 질소가스 등이 내장되어 에어백이 작동할 수 있도록 점화 역할을 한다.
③ 충돌할 때 충격을 감지하는 역할을 한다.
④ 고장이 발생하였을 때 경고등을 점등한다.

 정답 01.③ 02.④ 03.③ 04.② 05.② 06.③ 07.②

08 에어백 모듈의 종류와 설치 위치로 적당하지 않는 것은?

① 사이드 에어백 – 좌우측 시트 바깥쪽
② 운전석 에어백 – 조향핸들 중앙
③ 커튼 에어백 – 좌우측 도어
④ 운전석 니(Knee) 에어백 – 조향핸들 아래 쪽

09 에어백 시스템에 대한 설명으로 옳은 것은?

① 후방 충격에서만 작동한다.
② 전개된 에어백은 계속 그 상태를 유지한다.
③ 전방에 일정 이상의 강한 충격을 받았을 때 전개되고 수축된다.
④ 경고등이 점등되어도 강한 충격 발생 시 전개된다.

10 에어백 시스템에 대한 설명으로 틀린 것은?

① 안전벨트 프리 텐셔너는 충돌 시 에어백보다 먼저 동작된다.
② 동승석에 사람의 착석 유무와 상관없이 안전을 위해 모든 에어백이 전개된다.
③ 사고 충격이 크지 않다면 에어백은 미전개 되며 프리 텐셔너만 작동할 수도 있다.
④ 커넥터를 탈거 시 폭발이 일어나는 것을 방지하기 위해 단락 바가 설치되어 있다.

11 에어백 장치에서 승객의 안전벨트 착용 여부를 판단하는 것은?

① 승객 시트부하 센서
② 충돌 센서
③ 버클 센서
④ 안전 센서

12 조향핸들과 조향 컬럼 사이에 설치되어 운전석 에어백 모듈에 전원을 공급하는 장치는?

① 인플레이터
② 로드리미터
③ 밸트 프리 텐셔너
④ 클럭 스프링

1 에탁스(ETACS – Electric Time & Alarm Control System)

　자동차 전기장치의 전자제어화가 진행됨에 따라 시간과 경보음에 관련된 여러 개의
시스템을 하나의 컨트롤 유닛에 통합하여 간소화한 장치이다.

　와셔
　간헐 와이퍼
　실내등
　안전벨트 경고등
　뒤 유리 열선
　도어 열림 경고등
　파워 도어 잠금
　점화스위치 조명
　도어키 조명

그림 전자제어 시간경보 장치의 구성

에탁스의 기능은 다음과 같다.
　1) 간헐 와이퍼, 와셔 연동 와이퍼
　2) 뒤 유리 열선 타이머
　3) 안전띠 경고 타이머
　4) 감광식 룸램프 : 도어가 닫히면 실내등의 불빛을 약하게 한 후 서서히 소등시킴.
　5) 점화 키 홀 조명, 키 회수 기능 : 키를 뽑기 전에 도어를 열고 도어 노브를 눌러
　　락을 시키면 0.5초 후 도어락을 해제 시키는 기능
　6) 파워 윈도 타이머 : 키 OFF 후 30초간 윈도우에 전원을 공급하는 기능.

입력요소	제어요소	출력요소

간헐 와이퍼 스위치		• 와이퍼 릴레이
		   와셔연동 와이퍼 제어
		   간헐 와이퍼 제어
		   차속 감응와이퍼 제어

간헐 와이퍼 볼륨 스위치		
와셔 스위치		

열선 스위치		• 열선 릴레이
		   뒤 유리 열선 제어
		   사이드미러 열선 제어

안전벨트 스위치		
도어 스위치	E	
후드 스위치	T	• 파워윈도 릴레이 파워윈도 타이머
트렁크 스위치	A	
도어 잠금 / 잠금 해제	C	• 미등 릴레이 램프 AUTO CUT
조향핸들 잠금 스위치	S	

도어키 스위치		• 도어 잠금/잠금 해제 릴레이
		   중앙집중잠금 제어
		   키리스엔트리 제어
		   자동 도어 잠금 제어
		   키 리마인드 제어
		   충돌 검출 잠금해제 제어

미등 스위치		
발전기 "L" 출력		
차속 센서		• 안전벨트 경고등
충돌 검출 센서		• 실내등
		• 점화스위치 조명

그림 전자제어 시간경보 장치 입출력 다이어그램

2 스마트 정션 박스

일반 정션 박스(퓨즈 박스) 기능에 추가적으로 기판을 넣어 온도 변화 및 전기적 특성의 변화를 미리 예측하여 장비들을 보호 할 수 있는 장치이다.

1) **차 실내 퓨즈 박스** : 전기장치에 전원공급 및 과전류에 의한 회로 보호를 위해 전원공급 차단

2) **배터리 세이버** : 미등 점등상태에서 점화 스위치 키를 분리한 후 운전석 도어를 열고 닫으면 미등이 5초 후 자동으로 꺼짐

3) **도어 중앙 잠금장치** : 운전석 도어 노브스위치 또는 도난경보장치 C/U에 의한 4도어 잠김 및 풀림 작동

4) **점화 스위치 키 조명** : 야간에 점화 스위치 키 삽입을 용이하게 함

5) 와이퍼 : 간헐 작동 및 와셔 작동에 따른 와이퍼 연동작동

6) 파워 윈도 릴레이 : 키 OFF 후 30초 정도 전원을 공급

7) 뒤 유리 열선 : 스위치 신호 후 15분 정도 작동 후 자동으로 꺼짐

8) 슬립 모드 : 도어 잠김 상태에서 10분 동안 입출력 신호가 없으면 슬립 모드로 진입해 방전 전류를 최소화 한다.

Section 11 자동차의 통신

1 LAN 통신

자동차 전장부품 제어가 첨단화되어 다양한 장치들을 상호 연결해 주는 범용 네트워크가 필요하게 되었다. 이에 LAN 통신이 점차 개발되어 아래와 같은 특징을 갖는다.

1) 전장부품 설치장소 확보가 쉽다.

2) 배선의 경량화가 가능하다.

3) 장치의 신뢰성을 확보한다.

4) 설계변경의 대응이 쉽다.

5) 정비성능이 향상된다.

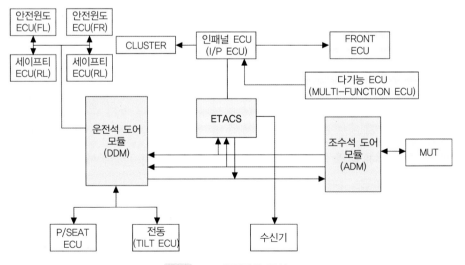

그림 LAN 통신장치 구성도

(1) 통신의 구분

1) 직·병렬 통신

① 직렬 통신 : 한 번에 1bit 씩 전송하므로 느리나 저가이다.(시리얼 통신)

② 병렬 통신 : 다수의 bit 전송하므로 빠르나 선로비용 증가(CAN, 플렉스레이 통신)

2) 단·양방향 통신

① 단방향 통신 : 모듈의 작동제어 신호로 피드백이 필요 없는 경우 사용된다.

② 양방향 통신 : 수신에서 송신까지 정보의 교환이 가능한 방식에 사용된다.

(2) 통신의 종류

1) CAN Controller Area Network 통신

① 컴퓨터들 사이에 신속한 정보교환 및 전달을 목적으로 High, Low 두 선을 이용해 일정한 흐름의 패턴 (프레임)을 가진 신호를 사용한다.

② 이런 프레임에 시작, 우선순위, 형식, 식별코드, 데이터 정보, 고장 유무, 완료 등의 신호로 구성된다.

③ ECU, TCU, TCS 사이에서 CAN 버스라인(CAN High : 2.5~3.5V와 CAN Low : 1.5~2.5V)을 병렬로 연결하여 데이터를 양방향 다중통신을 한다.

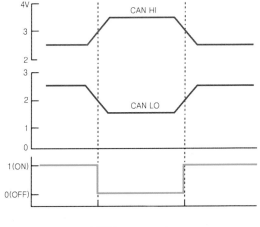

그림 CAN 통신

2) 플렉스레이 Flex-Ray 통신

CAN 보다 더 20배 정도 빠르고 신뢰성이 높지만 고가이다. 이 버스는 주로 데이터의 전송속도가 높으면서도 안전도를 필요로 하는 브레이크, 현가장치, 조향장치 시스템에 사용되며 아래와 같은 특징이 있다.

① 데이터 전송은 2개의 채널(Channel)을 통해 이루어진다.

② 데이터 전송은 2개의 채널에서 각각 2개의 배선[버스-플러스(BP)와 버스 마이너스 (BM)]을 이용한다.

③ 데이터를 2채널로 동시에 전송함으로써 데이터 안전도는 4배로 상승한다.

④ 데이터 전송은 동기(대응신호가 있을 때만 데이터 전송)방식이다.

⑤ 실시간(Real time) 능력은 해당 구성(Configuration)에 따라 가능하다.

Section 12 **기타 편의장치**

1 도난방지장치

(1) 이모빌라이저

무선통신으로 점화스위치의 기계적인 일치뿐만 아니라 점화스위치와 자동차가 무선으로 통신하여 암호코드가 일치하는 경우에만 엔진이 시동되도록 한 도난방지장치이다.

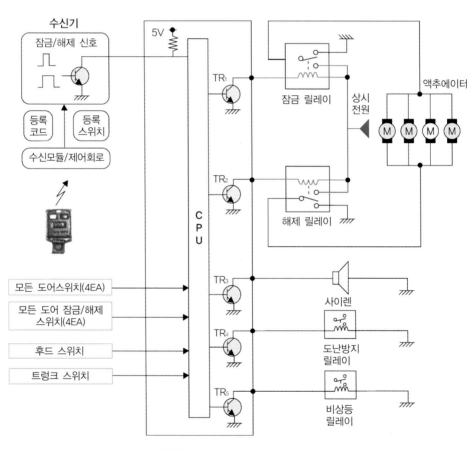

그림 도난 경보장치의 회로도

1) **기관 컴퓨터** : 점화 스위치를 ON 하였을 때 스마트라를 통하여 점화스위치 정보를 수신 받아 이미 등록된 점화 스위치 정보와 비교하여 시동 여부를 판단한다.

2) **스마트라** : 기관 컴퓨터와 트랜스폰더가 통신을 할 때 중간에서 통신매체의 역할을 한다. 스마트라에는 정보를 저장하는 기능은 없다.

3) 트랜스폰더 : 스마트라로부터 무선으로 점화 스위치 정보 요구 신호를 받으면 자신이 가지고 있는 신호를 무선으로 보내주는 역할을 한다. 점화 키에 위치하며 키 등록 정보를 저장하고 있다.

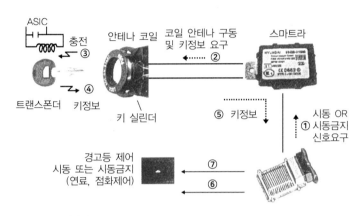

그림 이모빌라이저 장치의 구성 및 제어 원리

(2) 스마트 키

스마트 키를 몸에 지닌 상태에서 도어 및 트렁크 개폐가 가능하고 시동까지 걸 수 있는 최첨단 시스템이다.

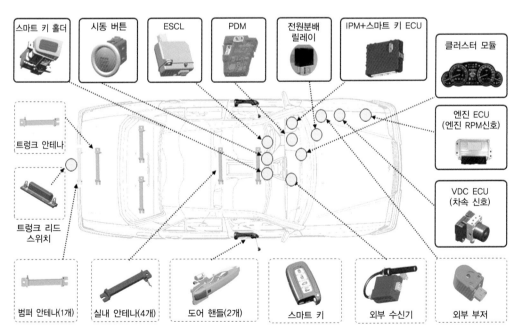

그림 스마트 키의 구성

1) 스마트 키 ECU

2) 스마트 키 : 배터리와 트랜스폰더가 내장되어 있다.

3) 안테나 : 스마트 키를 인지하기 위한 장치로 실내 및 도어, 뒤 범퍼 및 트렁크에 각각 위치한다.

4) 전원 분배 모듈 : 스마트 키 시스템을 운영함에 있어 필요한 전원을 제어한다.

5) 키 홀더 및 시동 버튼 등

2 초음파를 이용한 편의장치

(1) 후진 경고 장치

후진할 때 편의성 및 안정성을 확보하기 위해 운전자가 변속레버를 후진으로 선택하면 후진경고 장치가 작동하여 장애물이 있을 때 초음파 센서를 이용하여 경보음을 발생시킨다.

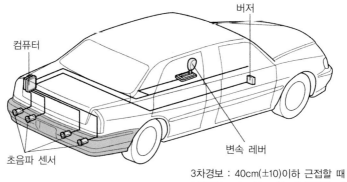

3차경보 : 40cm(±10)이하 근접할 때
2차경보 : 41~80cm(±10) 근접할 때
1차경보 : 81~120cm(±15) 근접할 때

그림 후진경고 장치의 구성 부품

(2) 사각지대 경고 장치

사이드 미러나, 룸미러로 확인하기 힘든 위치의 사물을 초음파나 레이저를 이용하여 운전자에게 경고음이나 경고등으로 알려주는 장치로 운전 중 사각지대를 원인으로 한 사고를 줄여준다.

(3) 주차 보조 시스템

이 시스템은 주차공간의 길이를 측정하여 주차가 가능한지 여부를 알려주며, 경우에 따라 주차과정을 지원하기도 한다. 범퍼에 4~6개의 초음파센서를 부착하여 공간을 감시한다.

▶ 초음파 센서를 이용한 거리 측정 방법

$L = (T \times V)$ (m)

즉, 상온에서 $V = 331.5 + 0.6t$(m/s), 대상 물체까지의 거리 : L(m)

측정된 시간 : T(s), 음속 : V(m/s), 기온 : t(℃)

3 레이저를 이용한 편의장치

(1) 자동 긴급 제동장치

전방의 추돌이 예상되는 경우 차량이 자동으로 전방의 물체를 인식해 능동적으로 브레이크를 작동하는 시스템으로 전방에 설치된 레이더나 카메라를 이용해 상황을 파악한다.

(2) 차선 변경 보조 시스템 ≠ 차량 이탈 경보 장치(LDWS) - 전방카메라 이용

레이저 센서는 운전자가 백미러를 통해 감지할 수 없는 영역을 감지하여 외부의 사이드 미러에 표시등을 점등한다. 이 때 차선을 변경하고자 방향지시등을 조작하면 표시등이 점멸하고 경고음이 울린다.

4 통합 운전석 기억장치

(1) 운전석 시트 위치를 자동으로 복귀시킨다.

(2) 아웃사이드 미러 각도를 자동으로 복귀시킨다.

(3) 조향 핸들 위치를 자동으로 복귀시킨다.

(4) 승하차시 시트위치 및 조향 핸들의 각도를 자동으로 제어한다.

운전자가 시동키를 OFF하면 편한 승·하차를 위하여 시트를 뒤로 이동시키고 조향 핸들을 최대로 올려준다.

01. 시간과 경보음에 관련된 여러 개의 시스템을 하나의 컨트롤 유닛에 통합하여 간소화한 장치를 에탁스라고 한다. ☐ O ☐ X

02. 에탁스의 기능으로 간헐 와이퍼, 와셔 연동 와이퍼, 뒤 유리 열선 타이머, 안전띠 경고 타이머, 감광식 룸램프, 점화 키 홀 조명, 키 회수 기능, 파워 윈도 타이머 등이 있다. ☐ O ☐ X

03. 스마트 정션 박스는 일반 퓨즈 박스에 추가적으로 기판을 넣어 온도 변화 및 전기적 특성의 변화를 미리 예측하여 장비들을 보호 할 수 있는 장치이다. ☐ O ☐ X

04. LAN 통신을 사용함으로 전기배선의 경량화가 가능해졌고 전장부품 설치장소 확보도 용이해 졌지만 설계변경 대응이 어렵고 정비능력이 떨어지게 되는 단점을 가지게 되었다. ☐ O ☐ X

05. LAN 통신의 종류인 CAN 통신은 모듈간 하이, 로우 두 선을 이용해 양방향 다중통신이 가능해 전기배선의 수를 혁신적으로 줄일 수 있고 외부의 노이즈에도 강한 편이다. ☐ O ☐ X

06. 이모빌라이저는 물리적인 키의 일치와는 별개로 키에 내장된 암호와 ECU의 정보가 일치해야지만 시동이 가능하도록 한 도난방지장치이다. ☐ O ☐ X

07. 스마트 키는 이모빌라이저에서 진일보된 기술로 키를 몸에 지닌 상태에서 도어 및 트렁크 개패가 가능하고 시동까지 걸 수 있는 편리한 시스템이다. ☐ O ☐ X

08. 초음파 센서를 사용하여 후진 경고 장치, 사각지대 경고 장치, 주차 보조 시스템을 활용할 수 있다. ☐ O ☐ X

09. 주행 중 높은 속도에서 운전자가 앞 차와의 거리를 제대로 유지하지 못할 경우 물체와의 거리를 자동으로 인식해 능동적으로 브레이크를 작동하는 시스템을 자동 긴급 제동장치라 한다. ☐ O ☐ X

10. 통합 운전석 기억장치는 운전자의 시트 위치, 아웃사이드 미러의 각도, 조향 핸들의 위치 등을 자동으로 복귀시킨다. ☐ O ☐ X

정답 1.○ 2.○ 3.○ 4.× 5.○ 6.○ 7.○ 8.○ 9.○ 10.○

01 편의장치 중 중앙집중식 제어장치(ETACS 또는 ISU)의 기능 항목이라고 할 수 없는 것은?

① 도어 열림 경고
② 디포거 타이머
③ 엔진체크 경고등
④ 점화키 홀 조명

02 편의장치 중 중앙집중식 제어장치(ETACS 또는 ISU) 입·출력 요소의 역할에 대한 설명으로 틀린 것은?

① INT 스위치 : 운전자의 의지인 와이퍼 볼륨의 위치 검출
② 오픈 도어 스위치 : 각 도어 잠김 여부 감지
③ 핸들 록 스위치 : 키 삽입 여부 감지
④ 와셔 스위치 : 열선 작동 여부 감지

03 백워닝(후방경보) 시스템의 기능과 가장 거리가 먼 것은?

① 차량 후방의 장애물을 감지하여 운전자에게 알려주는 장치이다.
② 차량 후방의 장애물은 초음파 센서를 이용하여 감지한다.
③ 차량 후방의 장애물 감지 시 브레이크가 작동하여 차속을 감속시킨다.
④ 차량 후방의 장애물 형상에 따라 감지되지 않을 수도 있다.

04 자동차 CAN통신 시스템의 특징이 아닌 것은?

① 양방향 통신이다.
② 모듈간의 통신이 가능하다.
③ 싱글 마스터(Single master) 방식이다.
④ 데이터를 2개의 배선(CAN-HIGH, CAN-LOW)을 이용하여 전송한다.

05 보기는 후방 주차보조 시스템의 후방 감지 센서와 관련된 초음파 전송 속도 공식이다. 이 공식의 'A'에 해당하는 것은?

$$V = 331.5 + 0.6A$$

① 대기습도
② 대기온도
③ 대기밀도
④ 대기 건조도

06 플렉스레이(Flex-Ray) 데이터 버스의 특징으로 거리가 먼 것은?

① 데이터 전송은 2개의 채널을 통해 이루어진다.
② 실시간 능력은 해당 구성에 따라 가능하다.
③ 데이터를 2채널로 동시에 전송한다.
④ 데이터 전송은 비동기방식이다.

정답 01.③ 02.④ 03.③ 04.③ 05.② 06.④

07 주차 보조 장치에서 차량과 장애물의 거리 신호를 컨트롤 유닛으로 보내 주는 센서는?

① 초음파 센서
② 적외선 센서
③ 마그네틱 센서
④ 적분 센서

08 이모빌라이저의 구성품으로 틀린 것은?

① 트랜스폰더
② 코일 안테나
③ 엔진 ECU
④ 스마트 키

09 자동차에 적용된 다중 통신장치인 LAN 통신(Local Area Network)의 특징으로 틀린 것은?

① 다양한 통신장치와 연결이 가능하고 확장 및 재배치가 가능하다.
② LAN통신을 함으로써 자동차용 배선이 무거워진다.
③ 사용 커넥터 및 접속점을 감소시킬 수 있어 통신장치의 신뢰성을 확보할 수 있다.
④ 기능 업그레이드를 소프트웨어로 처리함으로 설계 변경의 대응이 쉽다.

10 도난방지장치에서 리모콘을 이용하여 경계상태로 돌입하려고 하는데 잘 안 되는 경우의 점검부위가 아닌 것은?

① 리모콘 자체 점검
② 글로브 박스 스위치 점검
③ 트렁크 스위치 점검
④ 수신기 점검

11 스마트 키 시스템에서 전원 분배 모듈(Power Distribution Module)의 기능이 아닌 것은?

① 스마트 키 시스템 트랜스폰더 통신
② 버튼 시동 관련 전원 공급 릴레이 제어
③ 발전기 부하 응답 제어
④ 엔진 시동 버튼 LED 및 조명 제어

12 스마트 정션 박스(Smart Junction Box)의 기능에 대한 설명으로 틀린 것은?

① Fail Safe Lamp 제어
② 에어컨 압축기 릴레이 제어
③ 램프 소손 방지를 위한 PWM 제어
④ 배터리 세이버 제어

13 감광식 룸 램프 제어에 대한 설명 중 틀린 것은?

① 도어를 연 후 닫을 때 실내등이 즉시 소등되지 않고 서서히 소등될 수 있도록 한다.
② 시동 및 출발 준비를 할 수 있도록 편의를 제공하는 기능이다.
③ 모든 신호는 엔진 컴퓨터로 입력된다.
④ 입력 요소는 모든 도어 스위치이다.

14 통합 운전석 기억장치(IMS : Integrated Memory System)의 기능이 아닌 것은?

① 뒤 유리 열선 자동 제어기능
② 운전석 시트 위치 자동 복귀기능
③ 아웃사이드 미러 각도 자동 복귀기능
④ 조향 휠 틸트 각도 자동 제어기능

15 미등 자동 소등(Auto lamp cut)기능에 대한 설명으로 틀린 것은?

① 키 오프(key off)시 미등을 자동으로 소등하기 위해서 이다.
② 키 오프(key off)후 미등 점등을 원할 시 엔 스위치를 off 후 on하면 미등은 재 점등된다.
③ 키 오프(key off)시에도 미등 작동을 쉽고 빠르게 점등하기 위해서이다.
④ 키 오프(key off)상태에서 미등 점등으로 인한 배터리 방전을 방지하기 위해서이다.

저공해 자동차

대기오염물질 배출이 없거나 일반 자동차보다 오염물질을 적게 배출하는 자동차를 말한다. 저공해 자동차는 오염물질 배출 정도에 따라 1종, 2종, 3종으로 구분된다.

1 구분

1) 제1종 : 전기자동차, 연료전지자동차, 태양광자동차
2) 제2종 : 하이브리드 자동차
3) 제3종 : 고효율 디젤차, LPG, CNG 차량 중 기준 적합차량

2 구성 및 특징

(1) 전기자동차

충전구

> **EV의 구조 [예; BMW i3]**
> EV는 주로 모터, 파워 컨트롤 유닛(인버터, DC/DC 컨버터), 배터리로 구성되어 있다.

파워 컨트롤 유닛

모터

배터리(2차 전지)

■ 배터리(2차 전지)

배터리에 사용하는 리튬이온 전지는 많은 셀(전지 단위)들을 케이스에 모아둠으로서 1대분의 배터리로 작동한다. 사용 중에는 온도가 상승하기 때문에(특히 급충전시) 공랭이 가능한 시스템으로 만드는 경우가 많다. 배터리의 안전성을 감안해 충돌할 때 차체의 골격으로 배터리를 보호하는 구조를 하고 있으며, 충돌 감지 시스템으로 고전압을 차단하는 구조도 갖추고 있다.

■ 파워 컨트롤 유닛

■ 충전구

■ 모터

파워 컨트롤 유닛은 인버터와 DC/DC 컨버터로 구성되어 있다.
인버터는 배터리에서 보내 온 직류 전류를 교류로 변환해 모터로 보낸다. 또한 전류량을 조절해 모터의 출력을 제어한다.
DC/DC 컨버터는 오디오, 카 내비게이션, 헤드라이트 등의 직류 12V 전원으로 작동하는 전장품을 위해, 주행용 리튬이온 전지의 고전압을 낮춰 각 전장품으로 전기를 보내는 장치이다.

전기 자동차의 충전구 방식에는 크게 일본의 CHAdeMO 방식과 EU·미국의 콤보 방식 2가지가 있다.
CHAdeMO방식은 CHAdeMO 협의회가 표준규격으로 제안한 급속충전기의 상표명으로, 「CHArge deMOve = 움직이고, 진행하기 위한 충전」 「de=전기」 또한 「(전기차 충전 중에) 차(茶)라도」 라는 3가지 의미가 내포되어 있다.

모터로 구동하는 EV의 특징으로써, 정차상태에서 한번에 풀토크를 발휘할 수 있기 때문에 가속력이 뛰어나다.
또한 구동할 때 정숙성도 좋다.
감속할 때는 발전기로서 감속에너지 일부를 회수하는 회생 기능을 갖추고 있다.

1) 구 성

① 축전지

ⓐ 니켈 수소 전지 : 니켈-카드뮴보다 무겁지만 에너지의 밀도가 높다. 많은 용량의 저장이 가능해 효율적이며 중금속 오염 문제를 일으키지 않아 친환경적이다. 메모리 효과가 일부 있음

ⓑ 리튬이온 전지 : 장점 – 높은 에너지 밀도, 메모리 현상 없음, 낮은 자기 방전율
　　　　　　　　　단점 – 셀 노화현상, 높은 온도에서 폭발 위험성 있음,

ⓒ 리튬폴리머 전지 : 장점 – 배터리 수명이 우수, 무척 가벼우며, 안전성이 향상
　　　　　　　　　　단점 – 생산비용 부담, 리튬이온에 비해 에너지 밀도가 낮다.

※ 이 중 국내에서는 에너지 밀도와 수명이 뛰어난 리튬이온 전지와 리튬폴리머 전지를 많이 사용한다.

② 전동기 : DC전동기에서 AC전동기로 변환하여 사용함에 따라 제어 및 출력과 동력이 향상 되었다.

③ 제어기 : 축전지의 DC전원을 AC전원으로 변환시키는 인버터 기능을 수행함과 동시에 모터로 공급되는 전류량을 제어하여 출력과 동력 성능을 제어한다. 또한 제동 또는 감속 시에 발생하는 여유에너지를 이용하여 축전지를 충전(에너지 회생 제동장치)한다.

④ 감속기 : 모터의 높은 회전을 감속하여 차량의 구동력을 높여주는 장치이다.

⑤ **충전포트** : 외부에서 공급된 220V의 교류전원을 직류로 전환하여 배터리를 충전한다.(완속 및 급속 충전이 있다.)

2) 장 점

① 운행비용이 저렴하고 주행 시 유해물질을 배출하지 않는다.

② 부품수가 적으므로 시스템이 단순하여 고장 범위가 줄어든다.

③ 주행 시 소음과 진동이 적다. ⇒ 저속에서 가상 엔진 사운드 시스템 적용

④ 주행 중 기어 변속할 일이 없어 운전 조작이 간편하다.

⑤ 저속에서 토크가 좋아 순간 가속이 뛰어나다.

⑥ 운행 후 바로 충전하는 것이 좋다.

⑦ 장기간 차량을 세워두는 경우 50% 정도로 충전된 상태에서 두는 것이 좋다.

⑧ 급속 충전은 가급적 피하는 것이 배터리 내구성에 도움이 된다.

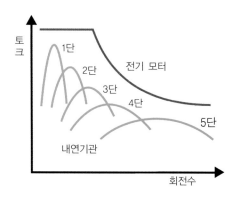

그림 토크 · 회전수 비교

3) 단 점

① 고가의 축전지가 필요하고 차체 내구성보다 수명이 짧아 영구적이지 못하다.

② 한 번의 충전으로 갈수 있는 거리가 짧아서 장거리 운전에는 부적합하다.

③ 충전 시간이 오래 걸린다.

④ 고속 주행 시 전기소비가 급격히 증가한다.

⑤ 냉각수가 없는 관계로 난방 시 전기소비가 크다.

(2) 연료 전지 자동차

수소를 연료로 사용하므로 물 이외에 배기가스가 없는 친환경적인 자동차이다.

■ FCV의 구조 [예, 도요타 MIRAI]

■ 모터

MIRAI의 모터는 교류동기 모터를 사용하고 있다. 감속 할 때는 발전기로 기능해 에너지를 회수한다.

■ 전력제어장치(파워 컨트롤 유닛)

직류 전류로 발생한 전기를 모터 구동 용인 교류 전류로 변환하는 인버터와, 구동용 배터리의 전기를 입출력시키는 DC/DC 컨버터 등으로 구성되어 있다. 다양한 운전상황 하에서 연료 전지의 출력과 2차전지의 충방전을 세밀하게 제어한다.

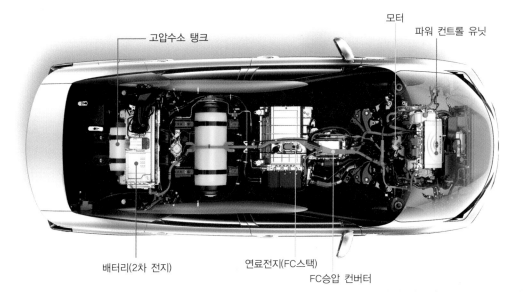

고압수소 탱크

모터

파워 컨트롤 유닛

배터리(2차 전지)

연료전지(FC스택)

FC승압 컨버터

■ 배터리(2차 전지)

충·방전이 가능한 2차전지로서 감속할 때의 회생 에너지를 충전하고, 가속할 때는 연료전지의 출력을 어시스트한다. MIRAI는 니켈수소 배터리를 탑재하고 있다.

■ FC 승압 컨버터

MIRAI에서는 대용량 FC승압 컨버터를 사용해 모터를 고전압화하고 있다. 이를 통해 FC 스택의 셀 수를 줄임으로서 시스템의 소형·경량화를 도모한다.

■ 연료전지(FC 스택)

수소와 산소의 화학반응을 이용해 전기를 만드는 발전장치. 수소를 연료전지의 마이너스 극에 공급하고, 산소를 플러스 극에 공급해 전기를 발생시킨다. 연료전지는 셀이라 불리는 낱개의 전지로 구성되어 있는데, 수백 개의 셀을 직렬로 접속해 전압을 높인다. 셀을 겹치게 해 하나로 만든 것을 연료전지 스택 또는 FC 스택이라고 부르며, 일반적으로 연료전지라고 할 때는 이 연료전지 스택을 가리킨다. 연료전지의 큰 특징은 에너지 효율이 좋다는 점과 유해물질을 배출하지 않는다는 점에 있다. 수소를 연소하지 않고 직접적으로 전기를 이끌어낼 수 있기 때문에 이론적으로는 수소가 가진 에너지의 83%를 전기 에너지로 바꿀 수 있다. 가솔린엔진과 비교하면 현시점에서 2배 이상의 효율을 자랑한다.

■ 수소 저장 용기

MIRAI에는 70MPa의 고압수소 탱크가 탑재되어 있다. 최신 탱크는 수소를 가두는 플라스틱 라이너, 내압강도를 확보하는 탄소섬유강화 플라스틱층, 표면을 보호하는 유리섬유강화 플라스틱층의 3층 구조로 되어 있다.

1) 구 성

① 수소 저장 용기 : 섬유를 감아서 만든 용기로 폭발 위험이 없으며, 충돌사고 등 비상 상황이 감지되면 밸브를 차단해 수소 공급을 막는 센서도 있다.

② 연료 전지 스택 : 차량 앞에 위치한 라디에이터 그릴로 유입되는 공기(산소)가 연료 전지로 보내진다. 그리고 연료 전지 스택에서 수소와의 화학반응을 통해 전력이 생산된다.

③ 전력 제어 장치 : 연료 전지에서 생산된 전력을 전기 모터로 보내며, 가속 시에는 배터리에 저장 된 전력을 추가로 보내 출력을 높여준다.

④ 배터리 : 니켈수소 전지에는 연료 전지가 생산한 전력 중 차량 운행에 쓰이지 않은 잉여 전력만 저장된다.

⑤ 전기 모터 : 모터의 전력 공급이 많을수록 고속 주행이 가능하다. 제동 시나 관성 주행 시에 전기모터가 생산한 전력이 축전지에 저장된다.

2) 장 점

① 수소는 물의 전기 분해로 만드는 재생 가능한 에너지원이기 때문에 자원이 풍부하다.

② 단위 질량당 에너지가 매우 큰 특성을 지니고 있어 연료로서 우수한 성질을 지니고 있다.

③ 전기차에 비해 충전 시간이 매우 짧고 한번 충전으로 갈 수 있는 주행거리가 길다.

④ 공기필터와 막 가습기 표면 등을 거치는 과정에서 공기정화 시스템을 갖추고 있어 초미세먼지의 여과율도 우수하다. 이렇게 정화된 공기는 다시 외부로 배출하기 때문에 대기 환경에도 도움이 된다.

3) 단 점

① 물로부터 수소를 생산하는 물 분해 효율이 매우 낮아 상용화가 어렵다.

② 액체 수소를 이용하는 경우 수소를 액화시키는 것이 어렵고 저장 도중에 수소가 손실될 수 있으며, 저장 탱크를 만드는 것 또한 쉽지 않다.

③ 금속 수소화물을 이용하는 경우 수소 저장 탱크의 수소 저장 합금이 무거운 금속인 관계로 이를 이용한 상용화도 쉽지 않다.

④ 수소생산을 할 수 있는 방법 중 대표적인 것이 전기분해와 천연가스 **개질법** 등이 있는데 대량생산에 적합한 천연가스 개질법은 결국 화석연료가 주된 수단이 될 수밖에 없어 온실가스의 배출이 불가피하다.

▶ 개질법
열이나 촉매를 이용하여 탄화
수소의 구조를 바꾸는 일

⑤ 수소 충전소 건설비용이 높아 충전소가 많지 않고 연료 전지 자동차의 생산가격도 다른 차량에 비해 높다.

(3) 하이브리드 자동차

하이브리드의 어원은 성질이 다른 것들을 결합하여 새로운 것을 창조한다는 의미로 자동차에서는 2개의 동력원을 이용하여 구동되는 자동차를 말한다. 하이브리드 자동차는 직렬과 병렬형이 있으며 현재 대부분의 국내 차에는 병렬형이 사용되어 진다.

1) 종 류

① 가솔린 엔진과 전기 모터

② 디젤 엔진과 전기 모터

③ LPG 엔진과 전기 모터(국내에서 가장 많이 사용)

④ 수소 기관과 연료 전지

2) 분 류

① **직렬형** – SHEV(Series Hybrid Electronic Vehicle)

   기관은 배터리를 충전하기 위해 사용되며 모터는 변속기를 구동하여 동력을 전달한다.

② **병렬형** – PHEV(Parallel Hybrid Electronic Vehicle)

동영상

ⓐ 엔진과 구동축이 기계적으로 연결되어 변속기가 필요함.

ⓑ 구동용 모터 용량을 작게 할 수 있는 장점이 있다.

ⓒ 모터의 장착 위치에 따라 소프트형과 하드형으로 구분된다.

ⓓ 소프트형(FMED-Flywheel Mounted Electric Device) : 모터가 엔진 측에 장착되어 있으므로 모터 단독 주행이 불가하다. 에너지 회생 제동 장치와 정차

상태에서 기관의 가동을 정지시키는 오토스톱(Auto stop)으로 배기가스를 줄이고 연료 소비를 감소시킨다.

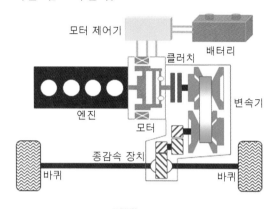

그림. FMED

ⓔ 하드형(TMED–Transmission Mounted Electric Device) : 모터가 변속기에

직결되어 있고 모터 단독
주행을 위해 엔진과는 클러
치로 분리되어 있다. 모터
와 엔진이 떨어져 있어서
엔진을 구동시키기 위해 별
도의 스타터가 필요하다.
에너지 회생 제동 장치와
오토스톱 기능이 있다.

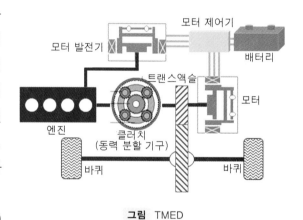

그림 TMED

③ 복합형(PST–Power Split Type)

ⓐ 엔진과 2개의 모터를 유성기어로 연결하는 방식이다.

ⓑ 변속기 대신 유성기어와 모터 제어를 통해 차속을 제어하는 방식이다.

ⓒ 고용량 모터가 필요하나 효율성과 운전성이 우수하다.

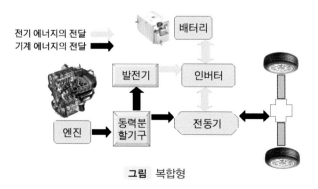

그림 복합형

④ 플러그인(Plug in)형

하이브리드 자동차와 전기 자동차의 중간 단계로 가정용 전기 등 외부 전원을 이용하여 축전지를 충전시킬 수 있다.

3) 소프트 타입 구성(아반떼 HD)

① 배터리 모듈

ⓐ 고전압 배터리 : 6개의 모듈로 구성되어 있으며 모듈 당 8개의 셀, 셀당 전압은 3.75V이므로 전체 전압은 180V 이다.

ⓑ BMS(Battery Management System) : 고전압 배터리의 충전 상태, 출력, 고장 진단, 축전지의 균형 및 냉각, 전원 공급 및 차단의 역할을 한다. 구성은 메인 릴레이, 예비충전 저항기, 전류 센서, 온도 센서, 메인 퓨즈 및 안전 스위치 등이 있다.

ⓒ 인버터(MCU-Motor Control Unit) : 고전압 배터리의 직류를 교류로 변환하여 구동 모터에 동력을 공급하는 역할을 하며 출력은 W, V, U의 삼상의 전원으로 이루어진다.

ⓓ LDC(Low Dc-dc Converter) : 저전압 직류 변환 장치로 180V를 12V로 변환하여 12V용 배터리를 충전(기존 차량의 발전기 역할)하는 역할을 한다.

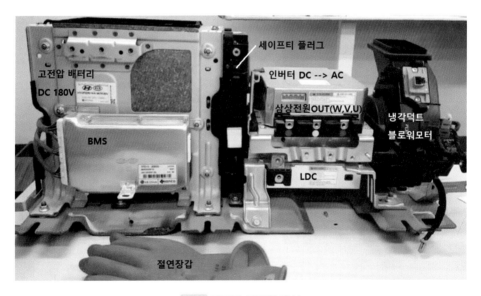

그림 배터리 모듈의 구성

② 구동 모터 : 자력이 강한 네오디뮴
(neodymium) 영구자석을 회전자
에 설치하고 회전자 주변에 스테이
터 코일이 설치한 교류 동기 모터이
다. 스테이터 코일에 온도 센서가 설
치되어 있고 회전자 뒷면에 레졸버
센서가 설치되어 있다.

그림 구동 모터의 구조

ⓐ 가속할 때 동력을 보조하고 감속
할 때 배터리 충전을 할 수 있으며 공회전 상태에서 내연기관을 정지시키고
다시 기관을 시동할 때 그 역할을 대신한다.

ⓑ 온도 센서 : 모터 성능은 온도의 영향을 많이 받게 된다. 이러한 이유로 모터에
온도 센서를 설치하여 온도에 따른 제어를 한다.

ⓒ 레졸버(회전자 센서) : 구동 모터를 가장 큰 회전력으로 제어하기 위해 회전자와
고정자의 위치를 정확하게 검출할 필요성이 있다.

4) 하드 타입 구성(K5)

① 고전압 배터리 및 BMS

ⓐ 고전압 배터리 : 3.75V의 셀이 72개로 구성되어 DC 270V의 전원을 사용한다.

ⓑ BMS : 소프트 타입과 같은 역할을 수행

ⓒ PRA(Power Relay Assembly) : IG OFF 상태에서 메인 릴레이를 차단한다.

② HEV 모터 : 하이브리드 모터는 변속기에 장착되어 있으며 엔진 보조, 회생 제동,
EV(전기차 전용)모드 등을 지원한다.

▶ 회생 제동
첫째, 브레이크를 작동시키면서 얻는 운동에너지를 활용하여 발전기를 구동시킨다.
둘째, 발전기를 구동하여 배터리를 충전하는 전기 에너지로 전환한다.

③ HSG(Hybrid Starter Generator) : 크랭크축 풀리와 구동 벨트로 연결되어 엔진
시동 기능과 발전 기능을 수행한다.

발전 기능은 고전압 배터리 잔량(SOC)이 기준치 이하로 떨어지면 엔진을 구동하여 HSG로 고전압 배터리를 충전하면서
EV 주행을 한다.
고전압 배터리 잔량(SOC)은 일반적으로 20~80%로 충전영역을 제한한다.

ⓐ 엔진 속도 제어 : 전기차 주행 중 엔진과 모터의 부드러운 연결을 위해 엔진 회전속도를 올려 모터와 동기화한 후 엔진 클러치를 연결하여 충격과 진동을 줄여준다.

ⓑ 소프트 랜딩 제어 : 시동 OFF시 엔진 부조를 줄이기 위해 서서히 속도를 줄여준다.

④ 주행 모드

ⓐ EV 주행 : 차량 출발 시나 저속 주행구간에는 모터로 단독 주행한다.

ⓑ 엔진 단독 주행 : 중·고속 정속 주행할 때 엔진 클러치를 연결하여 변속기에 동력을 전달한다.

ⓒ HEV 주행 : 급가속 또는 등판 시에는 엔진+모터를 동시에 구동하여 HEV 주행을 한다.

※ EV 주행 중 HEV로 변경할 때 엔진속도 제어를 하게 된다.

(5) CNG(Compressed Natural Gas : 압축 천연가스) 자동차

CNG는 가정 및 공장 등에 사용되는 도시가스를 자동차 연료로 사용하기 위하여 200기압 정도로 압축한 가스를 연료로 사용한다.

1) 장·단점

① 공기보다 가볍고 누출이 되어도 쉽게 확산되며 기타 연료에 비에 안정성이 뛰어나다.
② 연료가격이 저렴하고 다른 연료를 사용하는 내연기관을 활용하여 개조하기 용이하다.
③ 매연이 없고 CO, HC의 배출량이 감소하며 친환경적이다.
④ 옥탄가가 130으로 높아 기관 작동소음을 낮출 수 있다.
⑤ 충전소가 많지 않고 1회 충전으로 운행 가능한 거리가 짧다.

2) 계략도 및 구성 부품

① CNG 연료탱크

ⓐ 최대허용 충전 압력 207bar, 재충전 압력 30bar 이하, 10bar 이하 출력부족 발생

ⓑ 구성 : 각종 밸브[가스 충전, 체크, 용기, PRD(Pressure Relief Device), 수동 차단]

– PRD 밸브 : 주변 화재로 용기 파열의 우려가 있을 때 녹으면서 가스 방출

ⓒ 압력 센서 : 탱크 위쪽에 설치되어 연료 탱크의 밀도를 예측하기 위한 신호이며 계기판의 연료 수준 게이지를 작동하는 기준이 된다.

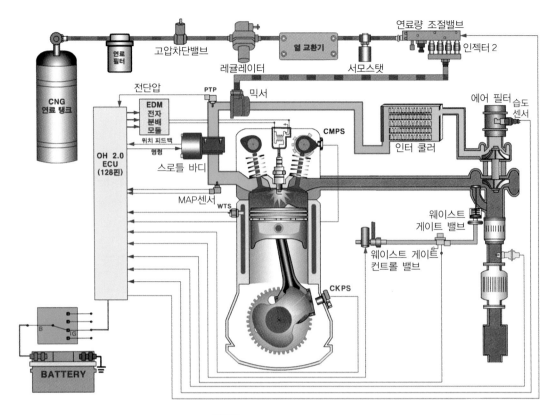

그림 CNG 연료 장치의 구성

② **고압 차단 밸브** : 시동 OFF시 고압라인을 차단한다.

③ **압력 조절기** : 200bar의 고압을 6.2bar로 감압 조절한다.

④ **열교환기** : 가스의 감압 시 발생한 증발잠열을 보상하기 위해 냉각수를 순환시킨다.

⑤ **연료량 조절 밸브** : ECU의 제어를 받아 엔진 흡입관에 연료를 분사해 준다. 연료 온도·압력 센서(NGT, NGP)가 설치되어 연료의 밀도 및 농도의 정보를 ECU가 예측할 수 있게 해 준다.

⑥ **스로틀 전단압 센서(PTP)** : 스로틀 밸브 앞쪽의 압력을 측정하여 공기 흐름을 산출할 수 있고 또한 웨이스트 게이트 밸브를 제어하는 신호로 사용한다.

⑦ **흡기 다기관 온도 센서(MAT), 흡기 다기관 압력 센서(MAP)** : 연료 분사량을 조정하기 위한 신호로 사용한다.

⑧ **공기 조절기** : 공기의 압력을 9bar에서 2bar로 감압시켜 웨이스트 게이트 밸브를 제어하기 위한 압력을 공급한다.

▶ 천연가스 자동차의 종류
- **CNG** : 대형 버스
- **PNG** (Pipeline Natural Gas) : 대형 가스관을 통해 운송되는 천연가스, 경제성이 높다.
- **LNG** (Liquefied Natural Gas) : 천연가스를 정제하여 얻은 메탄을 냉각해 액화시킨 것. 도시가스
- **ANG** (Adsorbed Natural Gas) : 흡착천연가스로 활성탄을 이용해 흡착 저장하는 방식. 소형버스

3) 연료 흐름 순서 및 제어

CNG 연료 탱크 → 연료 필터 → 고압 차단 밸브(운전석 차단 포함) → 압력 조절기 → 열교환기 → 연료량 조절 밸브 → 인젝터 → 믹서 → PTP → TPS → MAT, MAP → 연소실 → 웨이스트 게이트밸브 or 터보차저 → 광대역 산소 센서(넓은 범위의 선형 출력)

01. 전기자동차, 연료전지자동차, 태양광자동차는 저공해 자동차의 구분으로 나눴을 때 제 2종에 해당된다. ☐O ☐X

02. 전기자동차의 구성으로 축전지, 전동기, 제어기, 감속기, 충전 포트 등이 있다. ☐O ☐X

03. 전기차는 주행 시 유해물질을 배출하지 않고 부품의 수가 적으며 운행비용이 저렴하고 주행 시 소음과 진동이 적다. ☐O ☐X

04. 전기차는 축전지를 이용하여 전동기를 구동하게 되므로 차량에 높은 속도를 내기는 유리하나 토크가 부족한 것이 단점이다. ☐O ☐X

05. 연료 전지 자동차의 구성으로 수소 저장 용기, 전력 제어 장치, 연료전지 스택, 배터리, 전기 모터 등이 있다. ☐O ☐X

06. 연료 전지 자동차는 전기차에 비해 충전시간이 짧고 한번 충전으로 갈 수 있는 주행거리도 길다. ☐O ☐X

07. 연료 전지 자동차에 사용되는 수소는 물로부터 얻어지기 때문에 자원이 풍부하고 충전인프라 구축하기도 편리하다. ☐O ☐X

08. 하이브리드 자동차의 직렬형은 축전지와 내연기관의 전원 및 동력을 같이 사용하여 바퀴를 효율적으로 구동할 수 있다. ☐O ☐X

09. 고전압 배터리의 전원을 이용하여 저전압 직류 배터리를 충전하기 위해 만들어진 장치를 LDC라고 한다. ☐O ☐X

10. HEV 모터는 자동차가 감속 시 얻어지는 운동에너지를 활용하여 전기에너지로 전환하여 배터리를 충전하는 회생 제동기능을 수행한다. ☐O ☐X

11. 압축 천연가스 자동차는 매연이 없고 CO, HC의 배출량이 적어 친환경적이다. ☐O ☐X

12. 압축 천연가스 자동차의 구성요소로 CNG 연료탱크, 고압 차단 밸브, 압력 조절기, 열교환기, 연료량 조절 밸브 등이 있다. ☐O ☐X

정답 1.× 2.○ 3.○ 4.× 5.○ 6.○ 7.× 8.× 9.○ 10.○ 11.○ 12.○

01 전기 자동차에 사용되는 축전지에 대한 설명으로 거리가 먼 것은?

① 니켈수소 전지는 니켈카드뮴 전지보다 무겁지만 에너지 밀도가 높다.
② 리튬이온 전지는 메모리 현상이 없지만 셀 노화현상이 있다.
③ 리튬폴리머 전지는 리튬이온 전지보다 무겁지만 에너지 밀도가 더 높다.
④ 현재 리튬이온 전지와 리튬폴리머 전지가 주로 사용되고 있다.

02 하이브리드 자동차의 보조 배터리가 방전으로 시동 불량일 때 고장원인 또는 조치방법에 대한 설명으로 틀린 것은?

① 단시간에 방전이 되었다면 암전류 과다 발생이 원인이 될 수도 있다.
② 장시간 주행 후 바로 재시동이 불량하면 LDC 불량일 가능성이 있다.
③ 보조 배터리가 방전이 되었어도 고전압 배터리로 기동이 가능하다.
④ 보조 배터리를 점프 시동하여 주행 가능하다.

> **해설** 시동은 저전압(12V) 배터리를 이용하여 소프트방식은 기동전동기, 하드방식은 HSG를 구동한다.

03 하이브리드 자동차의 시스템에 대한 설명 중 틀린 것은?

① 직렬형 하이브리드는 소프트 타입과 하드 타입이 있다.
② 소프트 타입은 순수 EV(전기차) 주행 모드가 없다.
③ 하드 타입은 소프트 타입에 비해 연비가 향상된다.
④ 플러그-인 타입은 외부 전원을 이용하여 배터리를 충전 할 수 있다.

04 하이브리드 자동차의 컨버터(Converter)와 인버터(Inverter)의 전기 특성 표현으로 옳은 것은?

① 컨버터(Converter): AC에서 DC로 변환, 인버터(ONverter): DC에서 AC로 변환
② 컨버터(Converter): DC에서 AC로 변환, 인버터(ONverter): AC에서 DC로 변환
③ 컨버터(Converter): AC에서 AC로 승압, 인버터(ONverter): DC에서 DC로 승압
④ 컨버터(Converter): DC에서 DC로 승압, 인버터(ONverter): AC에서 AC로 승압

정답 01.③ 02.③ 03.① 04.①

05 하이브리드 자동차에서 정차 시 연료 소비 절감, 유해 배기가스 저감을 위해 기관을 자동으로 정지시키는 기능은?

① 아이들 스탑 기능
② 고속 주행 기능
③ 브레이크 부압 보조기능
④ 정속 주행 기능

06 압축 천연가스(CNG)의 특징으로 거리가 먼 것은?

① 전 세계적으로 매장량이 풍부하다.
② 옥탄가가 매우 낮아 압축비를 높일 수 없다.
③ 분진 유황이 거의 없다.
④ 기체 연료이므로 엔진 체적효율이 낮다.

07 압축 천연가스 엔진의 설명으로 거리가 먼 것은?

① CNG 연료 탱크에 가스 충전 밸브, 체크 밸브, PRD 밸브 등이 설치되어 있다.
② 압력 조절기는 약 6.2bar로 연료의 압력을 낮추는 역할을 한다.
③ 열교환기는 압력 조절기에서 발생한 증발 잠열을 보상하는 역할을 한다.
④ 고압 펌프를 이용해 연료의 압력을 높여 인젝터로 공급한다.

08 하이브리드 자동차의 특징이 아닌 것은?

① 회생 제동
② 2개의 동력원으로 주행
③ 저전압 배터리와 고전압 배터리 사용
④ 고전압 배터리 충전을 위해 LDC 사용

09 병렬형(Parallel) TMED(Transmission Mounted Electric Device)방식의 하이브리드 자동차(HEV)에 대한 설명으로 틀린 것은?

① 모터가 변속기에 직결되어 있다.
② 모터 단독 구동이 가능하다.
③ 모터가 엔진과 연결되어 있다.
④ EV주행 중 엔진 시동을 위한 HSG가 있다.

10 하이브리드 자동차의 고전압 배터리 시스템 제어 특성에서 모터 구동을 위하여 고전압 배터리가 전기 에너지를 방출하는 동작 모드로 맞는 것은?

① 제동 모드   ② 방전 모드
③ 정지 모드   ④ 충전 모드

11 하이브리드 전기 자동차에서 언덕길을 내려갈 때 배터리를 충전시키는 모드는?

① 가속 모드
② 공회전 모드
③ 회생 제동 모드
④ 정속주행 모드

12 하이브리드에 적용되는 오토스톱 기능에 대한 설명으로 옳은 것은?

① 모터 주행을 위해 엔진을 정지
② 위험물 감지 시 엔진을 정지시켜 위험을 방지
③ 엔진에 이상이 발생 시 안전을 위해 엔진을 정지
④ 정차 시 엔진을 정지시켜 연료소비 및 배출가스 저감

13 하이브리드 전기자동차의 AC 구동 모터 작동을 위한 전기 에너지를 공급 또는 저장하는 기능을 하는 것은?

① 보조 배터리
② 변속기 제어기
③ 고 전압 배터리
④ 엔진 제어기

14 하드 방식의 하이브리드 전기 자동차의 작동에서 구동 모터에 대한 설명으로 틀린 것은?

① 구동 모터로만 주행이 가능하다.
② 고 에너지의 영구 자석을 사용하며 교환 시 레졸버 보정을 해야 한다.
③ 구동 모터는 제동 및 감속 시 회생 제동을 통해 고전압배터리를 충전한다.
④ 구동 모터는 발전 기능만 수행한다.

15 고 전압 배터리의 충·방전 과정에서 전압 편차가 생긴 셀을 동일한 전압으로 매칭하여 배터리 수명과 에너지 용량 및 효율 증대를 갖게 하는 것은?

① SOC(State Of Charge)
② 파워 제한
③ 셀 밸런싱
④ 배터리 냉각제어

16 하이브리드 자동차에서 고전압 배터리 제어기(Battery Management System)의 역할 설명으로 틀린 것은?

① 충전상태 제어
② 파워 제한
③ 냉각 제어
④ 저전압 릴레이 제어

17 하이브리드 자동차 고전압 배터리 충전 상태(SOC)의 일반적인 제한 영역은?

① 20~80% ② 55~86%
③ 86~110% ④ 110~140%

18 하이브리드 전기 자동차에서 자동차의 전구 및 각종 전기 장치의 구동전기 에너지를 공급하는 기능을 하는 것은?

① 보조 배터리
② 변속기 제어기
③ 모터 제어기
④ 엔진 제어기

19 HGS(Hybrid Starter Generator)의 설명에 대한 내용으로 거리가 먼 것은?

① 크랭크축 풀리와 구동 벨트로 연결되어 엔진의 시동기능을 수행한다.

② 하드형 하이브리드 자동차에서 사용된다.

③ 가속 시 엔진의 회전수를 올리기 위해 소프트 랜딩 제어를 지원한다.

④ SOC의 배터리 잔량이 기준치 이하로 떨어지면 고전압 배터리를 충전하는 기능을 한다.

20 하드형 하이브리드 자동차의 주행 모드에 대한 설명으로 맞는 것은?

① 출발 시에는 많은 구동력이 필요하므로 엔진의 동력으로 출발한다.

② 중·고속 정속 주행할 때에는 많은 높은 회전수가 필요하므로 EV모드로 주행한다.

③ 급가속 또는 등판 주행 시에는 엔진과 모터를 동시에 작동하여 주행을 한다.

④ EV 주행 중 내연기관을 동시에 작동시킬 때 모터의 회전수를 줄여 충격을 완화한다.

섀시 구조학

Section 01 섀시 기초 이론

1 섀시의 개요

섀시는 자동차의 뼈대 골격 부분인 프레임, 기관 등 주행에 필요한 장치 일체를 설치하는 부위로도 해석이 가능하다.

2 섀시의 구성

(1) 동력 전달장치 Power-transmission system

기관의 출력을 구동바퀴에 전달하는 장치이다.

▶ 동력 전달방식의 종류
 ① F·F 방식(Front engine Front drive)　② F·R 방식(Front engine Rear drive)
 ③ R·R 방식(Rear engine Rear drive)　④ 4WD 방식(4 Wheel Drive)
▶ F·R방식의 동력 전달 순서
 기관→플라이 휠→클러치→변속기→추진축→차동장치→액슬축→바퀴

(2) 현가장치 Suspension system

노면으로부터의 진동 및 충격을 흡수하여 완화시키는 장치이며, 프레임 또는 차체와 차축을 연결하는 스프링, 스태빌라이저, 쇽업소버 등이다.

(3) 조향장치 Steering system

차량의 주행 방향 및 작업시의 방향을 임의로 바꾸기 위한 장치이며, 보통 앞바퀴로 조향을 한다.

(4) 제동장치 Brake system

차량의 주행속도를 감속·정지시키거나 정지 상태를 유지시키기 위한 장치이다.

(5) 휠 Wheel 및 타이어 Tire

감속, 제동, 주행 시 차축의 회전력을 노면에 전달하는 동시에 충격을 흡수하는 장치이다.

(6) 프레임 Frame

엔진 및 섀시의 모든 부품을 장착할 수 있는 차의 뼈대로 가볍고 강도와 강성을 가질 것

1) 구분

① 보통 프레임 : H, X형
② 특수 프레임 : 백보운형, 플랫폼형, 트러스형
③ 일체형 프레임

2) 특성

① H형 : 2개의 세로 부재(member)와 여러 개의 가로 부재를 사다리 모양으로 조립한 것으로 굽음에 강하다.

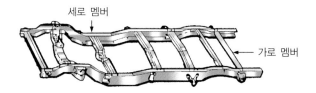

② X형 : 비틀림 강도가 높지만 제작이 어렵다.

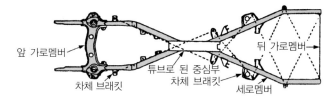

③ 백보운형(Back bone type) : 하나의 두터운 강관을 뼈대로 하고 차체를 설치하기 위한 가로 멤버에 브래킷을 고정한 것으로 뼈대를 구성하는 세로 멤

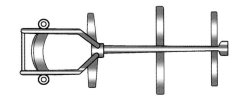

버의 단면은 보통 원형으로 주로 승용차에 사용한다.

④ 플랫폼형(Platform type) : 프레임과 보디 바닥면을 일체로 한 것이며, 상자형 단면을 만든 것으로 휨 및 굽음에 대한 강성이 크다.

⑤ 트러스형(Truss type) : 2~3cm의 강관을 트러스 구조로 만들어 가볍고 강성이 크지만 대량 생산에 적합하지 않다.

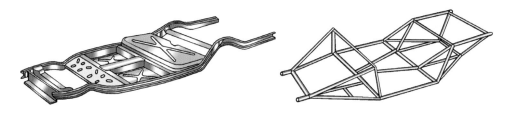

그림 플랫폼형   그림 트러스형

⑥ 일체구조 바디(Monocoque body) or 셀프 서포팅·프레임리스·유니 보디

    ⓐ 프레임과 차체를 일체로 제작하며 냉간압연강판, 고장력 강판으로 구성

    ⓑ 바닥을 낮게 설계 할 수 있어 주로 승용차에 사용된다.

    ⓒ 핸들링 및 연비, 가속성, 승차감이 향상된다.

    ⓓ 외력을 받았을 때 차체 전체에 분산시켜 힘을 받도록 제작(곡면 활용도 증가)하여 충격흡수가 뛰어나다.

    ⓔ 외력이 집중되는 부분(엔진설치 및 현가장치)에 작은 프레임을 두어 차체 힘을 분산 시키도록 함.

    ⓕ 철에 아연도금을 하여 내식성을 높이고 알루미늄 합금, 카본파이버, 두랄루민 등의 경량화 재료를 사용한다.

    ⓖ 충격위험이 큰 곳에서 주행용으로 사용하기에는 부적합하다.

      - 충격으로 왜곡이 발생했을 때 차량 전체에 영향을 끼치기 때문

3) 모노코크 보디를 구성하는 주요 부품

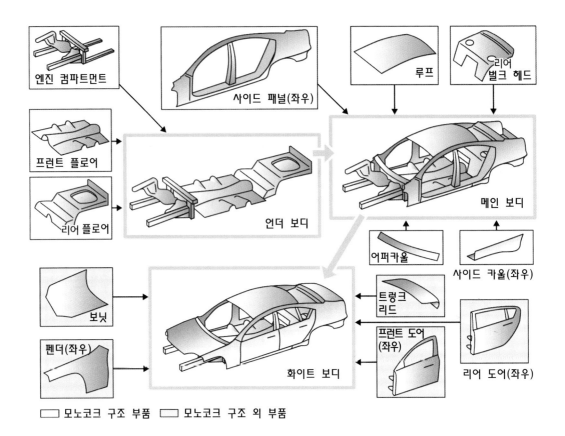

엔진 컴파트먼트

사이드 패널(좌우)

루프

리어 벌크 헤드

프런트 플로어

리어 플로어

언더 보디

메인 보디

어퍼카울

사이드 카울(좌우)

보닛

트렁크 리드

프런트 도어 (좌우)

펜더(좌우)

화이트 보디

리어 도어(좌우)

☐ 모노코크 구조 부품 ☐ 모노코크 구조 외 부품

01. 섀시는 넓은 의미로 엔진도 포함하지만 자동차의 프레임, 기관 등 주행에 필요한 장치 일체를 설치하는 부위로도 해석가능하다.

□ O □ X

02. 섀시는 크게 동력 전달장치, 현가장치, 조향장치, 제동장치 등으로 나눌 수 있다.

□ O □ X

03. F·R 방식의 동력 전달 순서는 클러치 → 변속기 → 추진축 → 액슬축 → 차동장치 순이다.

□ O □ X

04. 자동차의 진행 방향을 운전자 임의대로 바꾸기 위한 장치를 조향장치라 한다.

□ O □ X

05. 현가장치의 구성에는 코일스프링, 스태빌라이저, 타이로드 등이 있다.

□ O □ X

06. 프레임은 크게 보통, 특수, 일체형 프레임으로 나눌 수 있다.

□ O □ X

07. 2~3cm의 강관을 트러스 구조로 만들어 가볍고 강성이 크지만 대량 생산에 적합하지 않는 것이 백보운형이다.

□ O □ X

08. 일체구조형 바디는 프레임과 차체를 일체로 제작하여 외력을 받았을 때 차체 전체에 분산시켜 힘을 받도록 제작(곡면 활용도 증가)하여 충격흡수가 뛰어난 구조를 가지고 있다.

□ O □ X

정답 1.○ 2.○ 3.✕ 4.○ 5.✕ 6.○ 7.✕ 8.○

01 노면으로부터의 진동 및 충격을 흡수하여 완화시키는 장치로 스프링, 스태빌라이저, 속업소버 등이 구성요소인 장치를 무엇이라 하는가?

① 제동장치   ② 현가장치
③ 조향장치   ④ 동력장치

02 차량 주행방향 및 작업시의 방향을 임의로 바꾸기 위한 장치를 무엇이라 하는가?

① 제동장치   ② 현가장치
③ 조향장치   ④ 동력장치

03 자동차의 주행 관성 에너지를 흡수하는 장치는?

① 현가장치   ② 조향장치
③ 제동장치   ④ 프레임

04 자동차의 프레임에 대한 설명으로 틀린 것은?

① 프레임이란 기관 및 섀시의 부품을 장착할 수 있는 차체의 뼈대이다.
② 2개의 세로 부재와 몇 개의 가로 부재를 사다리 모양으로 조립한 것으로 굽음에 강한 것은 H형 프레임이다.
③ 프레임과 차체를 일체로 제작, 하중과 충격에 견딜 수 있는 구조로 하여 차의 무게를 가볍게 하고 또한 차실 바닥을 낮게 한 것은 트러스트형이다.
④ 프레임과 차체의 바닥을 일체로 만든 것은 플랫폼형이다.

05 승용차에 많이 사용되는 구조로 차체와 프레임을 일체로 제작하여 차량의 무게를 줄일 수 있고 바닥의 높이를 낮게 설계할 수 있는 구조는?

① 플랫폼형
② 모노코크 바디
③ 트러스트형
④ 백보운형

06 모노코크 바디에서 프런트 바디 부분에 속하는 패널은?

① 라디에이터 서포트 패널
② 센터 플로어 패널
③ 사이드 실 아웃 패널
④ 쿼터 아웃 패널

07 모노코크 바디의 각부 구조 중 리어바디에 속하지 않는 것은?

① 트렁크 리드
② 휀더 에이프런
③ 테일 게이트
④ 백 패널

 01.② **02.**③ **03.**③ **04.**③ **05.**② **06.**① **07.** ②

1 클러치 Clutch

클러치는 플라이휠과 변속기 사이에 설치되어 있으며 변속기에 전달하는 엔진의 동력을 필요에 따라 차단 및 연결하는 장치이다.

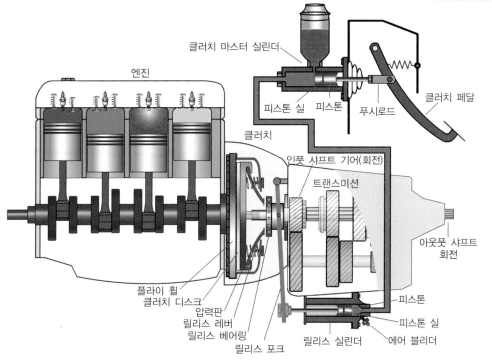

그림 클러치 설치 위치

(1) 클러치의 동력 차단 순서 및 구비조건

1) 클러치 페달을 밟아 동력을 차단

클러치 페달 → 푸시로드 → 클러치 마스터 실린더 → 클러치 릴리스 실린더 → 릴리스 포크 → 릴리스 베어링 → 릴리스 레버 → 클러치 스프링 장력을 이기고 압력판을 들어올림 → 클러치 디스크 중공에 떠서 동력 차단

2) 클러치의 구비조건

① 회전 관성이 작아야 한다.

② 회전 부분의 평형이 좋아야 한다.

③ 방열이 잘 되어 과열되지 않아야 한다.

④ 동력을 차단할 경우에는 신속하고 확실해야 한다.

⑤ 동력전달을 시작할 경우에는 미끄러지면서 서서히 동력전달을 시작하여야 한다.

⑥ 구조가 간단하고 다루기 쉬우며 고장이 적어야 한다.

3) 클러치의 종류 : 마찰클러치, 전자클러치, 유체클러치(토크컨버터)

(2) 클러치의 구성과 기능

1) 클러치판

① 클러치판이 마모되면

ⓐ 클러치의 유격은 작아진다.

ⓑ 릴리스 레버의 높이가 높아진다.

ⓒ 클러치가 슬립(Slip)한다.

ⓓ 페이싱 리벳의 깊이가 낮아진다.

② 쿠션 스프링의 작용

ⓐ 클러치판의 편 마모 및 파손을 방지한다.

ⓑ 클러치판을 평행하게 회전시킨다.

ⓒ 클러치판의 변형을 방지한다.

③ 비틀림 코일스프링(댐퍼 스프링 or 토션 스프링)

클러치를 접속할 때 압축 또는 수축되면서 회전충격을 흡수해 준다.

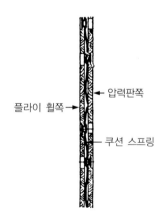

그림 클러치판의 구조

2) 릴리스 베어링

동영상

① 릴리스 포크에 의해 회전 중인 릴리스 레버를 눌러 클러치를 차단하는 일을 한다.

② 종류에는 앵귤러 접촉형, 볼 베어링형, 카본형 등이 있다.

③ 릴리스 베어링은 영구 주유 식이므로 세척 유로 세척해서는 안 된다.

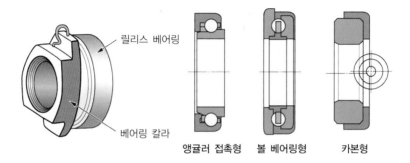

릴리스 베어링
베어링 칼라

앵귤러 접촉형   볼 베어링형   카본형

3) 다이어프램 스프링

① 코일스프링 방식의 릴리스 레버의 역할을 스프링 핑거가 대신한다.

② 압력판에 작용하는 힘이 일정하고 원형판으로 되어 있어 평형이 좋다.

③ 클러치 페달 조작력이 작아도 된다. (작동 초 저항력 大, 작동 말 저항력 小)

④ 고속운전에서 원심력을 받지 않아 스프링 장력이 감소하는 경향이 없다.

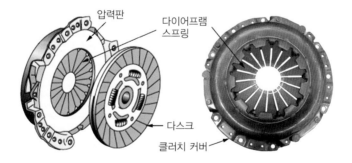

압력판
다이어프램 스프링
디스크
클러치 커버

4) 그 밖의 클러치 구성 부품

변속기 입력축(클러치 축), 압력판, 릴리스 포크, 클러치 커버 등이 있다.

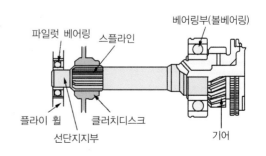

베어링부(볼베어링)
파일럿 베어링   스플라인
플라이 휠   클러치디스크
선단지지부   기어

그림 변속기 입력축의 지지

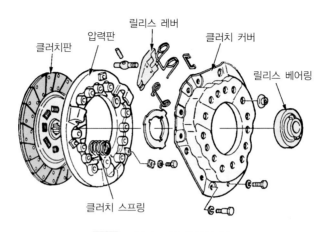

그림 코일 스프링 형식의 구조

(3) 클러치 페달의 자유간극

클러치 페달을 밟았을 때 릴리스 베어링이 릴리스 레버에 닿을 때까지 클러치 페달이 움직인 거리이며, 유격은 20~30mm 정도이다.

- 유격이 작으면 클러치가 미끄러지고 동력전달이 되지 않음
- 유격이 크면 클러치 차단이 원활하지 못해 기어 변속 시 소음과 충격이 발생

그림 클러치 페달의 자유간극

1) 클러치가 미끄러지는 원인

① 클러치 압력 스프링의 쇠약 및 파손되었다.
② 플라이 휠 또는 압력판이 손상 및 변형되었다.
③ 클러치 페달의 유격이 작거나 클러치판에 오일이 묻었다.

2) 클러치가 미끄러지면 발생하는 현상

① 연료 소비량이 증대되고 기관이 과열된다.
② 주행 중 가속 페달을 밟아도 차가 가속되지 않는다.
③ 등판능력이 저하되며, 등판할 때 클러치 디스크의 타는 냄새가 난다.

▶ 클러치가 미끄러지지 않는 조건($F\mu r \geqq C$)

$$F \times \mu \times r \geqq C$$

　　F : 클러치 스프링　μ : 클러치판과 압력판 사이의 마찰계수　r : 클러치판 평균반경　C : 엔진의 회전력

◆ 클러치의 전달 토크 : $T = \mu \cdot F \cdot r \cdot D$

　　μ : 마찰계수(보통 0.3~0.5)　　　　　F : 클러치 스프링의 힘
　　r : 클러치판의 평균유효반경　　　　　D : 마찰면의 수

연습문제 1

클러치 마찰판의 외경이 18㎝, **내경이** 10㎝이고 압력판에 작용하는 스프링의 힘이 22㎏인 전진 단판 클러치의 동력전달 토크를 구하시오.(단, 마찰면의 마찰계수는 0.3임)

정답　$T = 0.3 \times 22 \times \left(\dfrac{18+10}{4}\right) \times 2 = 92.4 \text{kg} \cdot \text{cm} = 0.924 \text{kg} \cdot \text{m}$　　※ 단판 클러치의 마찰면은 양쪽 두개.

연습문제 2

클러치 디스크 마찰면의 외측 **반경이** 20㎝, 내측 반경이 14㎝이고 클러치 압력판에 작용하는 힘이 70㎏인 클러치의 전달토크를 구하시오.(마찰면의 수 4, 마찰계수가 0.3임)

정답　$T = 0.3 \times 70 \times \left(\dfrac{20+14}{2}\right) \times 4 = 1428 \text{kg} \cdot \text{cm} = 14.28 \text{kg} \cdot \text{m}$

---

3) 클러치 정비 및 점검

① 클러치 페달의 자유간극은 클러치 케이블의 링키지를 움직여서 조정한다.

② 일반적으로 클러치에서 소음이 나는 경우는 동력을 차단했을 때이고 릴리스 베어링이 압력판을 작동시킬 때 많이 발생된다.

③ 클러치의 슬립은 동력을 전달할 때와 가속 시에서 현저하게 나타난다.

4) 전달 효율(η)

$$\eta = \frac{\text{클러치에서 나온 동력}}{\text{클러치로 들어간 동력}} \times 100$$

$$\eta = \frac{\text{클러치의 출력 회전수(rpm)}N_2 \times \text{클러치의 출력 회전력(m·kg)}T_2}{\text{엔진의 회전수(rpm)}N_1 \times \text{엔진의 발생 회전력(m·kg)}T_1} \times 100$$

경남기출 2018

엔진의 가속력이 3000rpm에서 40kg·m의 회전력이 발생되었을 때 클러치의 회전수는 2500rpm이다. 이 때 클러치에 전달되는 토크는?(단, 클러치의 전달효율은 80%이다.)

정답　$\dfrac{2500 \times x}{3000 \times 40} = 0.8$　　$x = 38.4 \text{kg}_f \text{m}$

01. 클러치의 설치 위치는 엔진과 변속기 사이이며 엔진에서 발생된 동력을 변속기로 전달 및 차단하는 역할을 수행한다. ☐ O ☐ X

02. 클러치의 작동 순서는 클러치 페달 → 푸시로드 → 클러치 마스터 실린더 → 클러치 릴리스 실린더 → 릴리스 포크 → 릴리스 베어링 → 릴리스 레버 → 클러치 스프링 장력을 이기고 압력판을 들어 올림 → 클러치 디스크 중공에 떠서 동력 차단 순서이다.
☐ O ☐ X

03. 클러치는 동력을 차단할 경우에는 신속 확실하게 작동하여야 하며 동력을 전달할 경우에는 미끄러지면서 서서히 동력전달을 시작하여야 한다. ☐ O ☐ X

04. 클러치판의 쿠션 스프링은 클러치가 접촉할 때 회전충격을 흡수해 준다.
☐ O ☐ X

05. 릴리스 베어링의 종류에는 볼 베어링형, 앵귤러 접촉형, 카본형 등이 있다.
☐ O ☐ X

06. 다이어프램 스프링 방식은 압력판에 작용하는 힘이 일정하고 평형이 좋으나 클러치 페달의 조작력은 커야한다. ☐ O ☐ X

07. 클러치판이 많이 마모되면 동력 차단이 잘 되지 않아 변속 시 충격이 발생될 확률이 높아지게 된다. ☐ O ☐ X

08. 클러치에서 동력전달이 불량할 경우 차량 가속이 잘 되지 않고 엔진이 가열되며 연료소비량이 증가한다. ☐ O ☐ X

09. 클러치 스프링의 장력이 클수록, 마찰계수가 높을수록, 클러치판의 평균반경이 클수록 전달토크가 커져 클러치가 잘 미끄러지지 않게 된다. ☐ O ☐ X

10. 일반적으로 클러치에서 소음이 발생되는 경우는 클러치 페달을 놓아 동력이 전달될 때이다.
☐ O ☐ X

11. 클러치의 동력전달 효율은 클러치로 들어간 동력에 반비례하고 나온 동력에는 비례한다.
☐ O ☐ X

정답 1.○ 2.○ 3.○ 4.× 5.○ 6.× 7.× 8.○ 9.○ 10.× 11.○

01 클러치의 필요성을 설명한 것으로 틀린 것은?

① 관성 운전을 위해서
② 기관 동력을 역회전하기 위해서
③ 기관 시동 시 무부하 상태를 유지하기 위해서
④ 기어 변속 시 기관 동력을 일시 차단하기 위해서

02 클러치의 구비조건으로 맞지 않는 것은?

① 회전 부분의 평형이 좋을 것
② 동력 단속이 확실하며 쉬울 것
③ 회전 관성이 되도록 커야 할 것
④ 발진 시 방열작용 및 과열 방지

03 클러치의 종류가 아닌 것은?

① 단일 클러치 ② 마찰 클러치
③ 유체 클러치 ④ 전자 클러치

04 클러치판의 이상 변형 시 시스템에 영향을 끼칠 수 있는 항목이 아닌 것은?

① 페이싱의 리벳 깊이
② 판의 비틀림
③ 토션 스프링의 장력
④ 정면 페이싱 폭

05 클러치의 런 아웃이 크면 일어나는 현상으로 맞는 것은?

① 클러치의 단속이 불량해진다.
② 클러치 페달의 유격에 변화가 생긴다.
③ 주행 중 소리가 난다.
④ 클러치 스프링이 파손된다.

06 클러치의 구성 부품으로 관련이 없는 것은?

① 릴리스 포크
② 압력판
③ 댐퍼 클러치
④ 클러치 마스터 실린더

07 클러치의 릴리스 베어링의 종류가 아닌 것은?

① 앵귤러 접촉형
② 볼 베어링형
③ 롤러 베어링형
④ 카본형

 정답 **01.② 02.③ 03.① 04.④ 05.① 06.③ 07.③**

08 다이어프램 스프링 방식의 클러치에 대한 설명으로 거리가 먼 것은?

① 클러치 페달을 밟을 때 지속적이고 일정한 힘이 필요하다.
② 릴리스레버의 역할을 스프링 핑거가 대신한다.
③ 부품의 밸런스가 좋아 런아웃 발생 확률이 적다.
④ 클러치 작동 시 릴리스 베어링 닿는 부분의 면적이 고르며 일정하다.

09 클러치판은 어느 축의 스플라인에 조립되는가?

① 추진축 부
② 변속기 입력축 부
③ 변속기 출력축 부
④ 차동 기어축 부

10 클러치판이 마모되었을 때 일어나는 현상으로 틀린 것은?

① 클러치가 미끄러진다.
② 클러치 페달의 유격이 커진다.
③ 클러치 페달의 유격이 작아진다.
④ 클러치 릴리스 레버의 높이가 높아진다.

11 클러치판의 비틀림 코일 스프링의 역할로 가장 알맞은 것은?

① 클러치판의 변형방지
② 클러치 접속 시 회전충격 흡수
③ 클러치판의 편마모 방지
④ 클러치판의 밀착 강화

12 클러치 스프링의 장력이 작아지면 일어나는 현상은?

① 페달의 유격이 커진다.
② 페달의 유격이 작아진다.
③ 클러치 용량이 커진다.
④ 클러치 용량이 작아진다.

13 클러치판에서 압력판을 분리시키는 역할을 하는 것은?

① 릴리스 레버
② 릴리스 베어링
③ 릴리스 포크
④ 클러치 스프링

14 클러치에 대한 설명 중 부적당한 것은?

① 페달의 유격은 클러치 미끄럼을 방지하기 위하여 필요하다.
② 페달의 리턴 스프링이 약하게 되면 클러치 차단이 불량하게 된다.
③ 건식 클러치에 있어서 디스크에 오일을 바르면 안 된다.
④ 페달과 상판과의 간격이 과소하면 클러치 끊임이 나빠진다.

15 클러치 축 앞 끝을 지지하는 베어링은 무엇인가?

① 파일럿 베어링
② 앵귤러 베어링
③ 카본 베어링
④ 스러스트 베어링

16 클러치 허브와 축의 스플라인이 마모되어 일어나는 현상은?

① 디스크의 페이싱에서 슬립이 발생된다.
② 소음이 난다.
③ 페달의 유격이 크게 된다.
④ 클러치가 급격히 접속된다.

17 주행 중 급가속을 하였을 때, 엔진의 회전은 상승하여도 차속은 증속되지 않았다. 그 원인으로 알맞은 것은?

① 릴리스 베어링이 마모되었다.
② 릴리스 포크가 마모되었다.
③ 클러치 스프링의 자유고가 감소되었다.
④ 클러치 디스크의 스플라인의 유격.

18 클러치 마찰면의 전압력이 250kg, 마찰계수가 0.4, 클러치판의 유효반지름이 70㎝일 때 클러치의 용량은 얼마인가?

① 40kg·m   ② 55kg·m
③ 70kg·m   ④ 85kg·m

19 클러치 마찰면의 전압력을 P, 마찰계수를 μ, 클러치판의 유효반지름이 r, 엔진의 회전력을 C라고 할 때, 클러치가 미끄러지지 않을 조건은?

① $C \le \mu P r$ ② $C \ge \mu P r$
③ $C \le \dfrac{P\mu}{r}$ ④ $C \ge \dfrac{P\mu}{r}$

20 클러치의 조작방법을 알맞게 설명한 것은?

① 빠르게 전달시키고 서서히 차단한다.
② 느리게 차단시키고 빠르게 전달한다.
③ 빠르게 차단시키고 서서히 전달시킨다.
④ 느리게 차단시키고 서서히 전달시킨다.

2 수동 변속기 Transmission

변속기는 엔진과 추진축 사이에 설치되어 엔진의 동력을 자동차의 주행 상태에 알맞도록 그 회전력과 속도를 바꾸어서 구동 바퀴로 전달하는 장치 이다. 구동 바퀴가 자동차를 미는 힘을 구동력이라고 하며 이때 구동력의 단위는 kg이다. 변속비는 직결을 제외하고 정수값을 선택하지 않는다. (편마모 방지)

동영상

※ $T = F \times R$, $F = \dfrac{T}{R}$ 여기서 T=회전력(kg·m), F=구동력(kg), R=구동바퀴의 반경(m)

※ 변속비 = $\dfrac{\text{변속기 출력축 기어 잇수}}{\text{변속기 입력축 기어 잇수}} = \dfrac{\text{부축}}{\text{주축}} \times \dfrac{\text{주축}}{\text{부축}} = \dfrac{\text{엔진의 회전수}(rpm)}{\text{추진축의 회전수}(rpm)}$

변속기의 필요성	변속기의 구비조건
① 구동축의 회전력을 증대시키기 위해서	① 전달 효율이 좋고 다루기 쉬울 것
② 엔진의 무부하 상태 운전을 위해서	② 소형 경량이고 고장이 없을 것
③ 자동차의 후신을 위해서	③ 단계가 없이 연속적으로 변속될 것

(1) 변속기의 종류 및 세부사항

1) 일정 기어 변속기

```
                      ┌─ 점진 기어식      ┌─ 섭동 기어식
일정 기어 변속기 ─────┼─ 선택 기어식 ─────┼─ 상시 물림식
                      └─ 유성 기어식      └─ 동기 물림식
```

2) 무한 기어 변속기

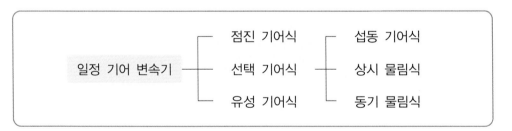

```
                      ┌─ 유체식 변속기 ─┬─ 유체 클러치
무한 기어 변속기 ──────┤                 └─ 토크 컨버터
                      └─ 전자식 변속기
```

3) 선택 기어식

① 섭동 기어식

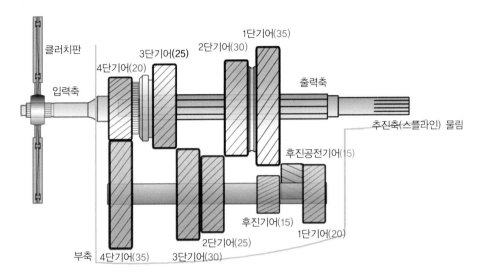

그림 섭동 기어식 변속기

$$※ \text{위 그림의 1단 기어의 변속비} = \frac{35}{20} \times \frac{35}{20} = 3.0625$$

② 상시 물림식

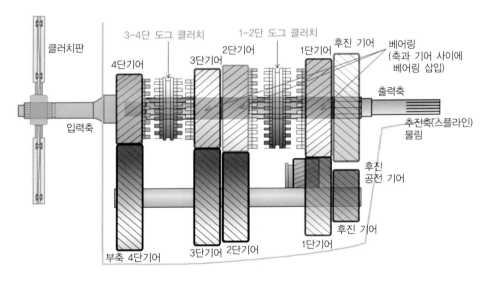

그림 상시 물림식 변속기

③ 동기 물림식

동영상

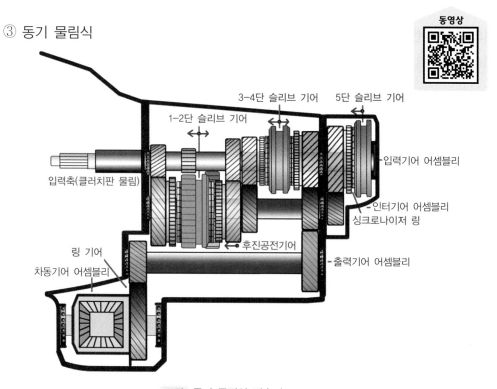

3-4단 슬리브 기어   5단 슬리브 기어

1-2단 슬리브 기어

입력기어 어셈블리

입력축(클러치판 물림)

인터기어 어셈블리
싱크로나이저 링

링 기어

차동기어 어셈블리

후진공전기어

출력기어 어셈블리

그림 동기 물림식 변속기

변속기 입력축   변속기 케이스   변속 레버

시프트 레일

변속기 주축(출력축)

부축 기어   주축 기어   변속기 익스텐션 하우징

※ 동기 물림식 변속기에서 싱크로매시 기구가 작용하는 시기는 변속 기어가 물릴 때이다. 또 고속으로 기어 바꿈을 할 때 충돌음의 발생 원인은 싱크로나이저의 고장이 있는 경우이다.

동영상

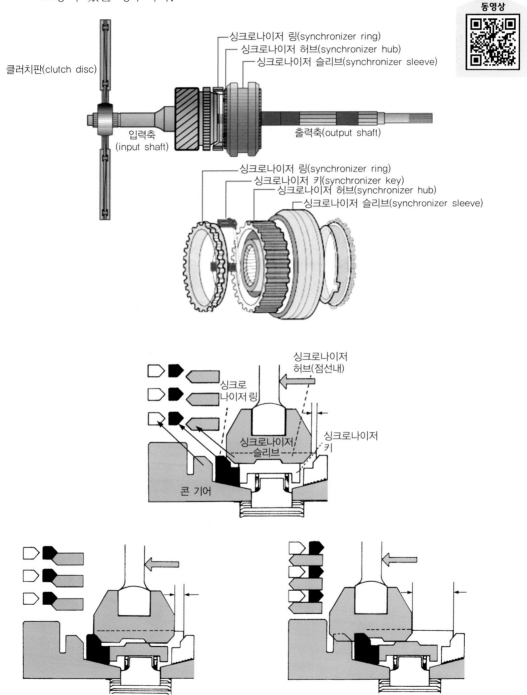

(2) 이상 증상의 원인 및 조작기구

① 기어가 빠지는 원인	② 기어가 잘 물리지 않는 원인
ⓐ 싱크로나이저 키 스프링의 장력 감소 ⓑ 변속 기어의 백래시 과대 ⓒ 록킹 볼의 마모 또는 스프링의 쇠약 및 절손되었다.	ⓐ 시프트 레일이 휘었다. ⓑ 페달의 유격이 커서 클러치의 차단이 불량할 때 ⓒ 변속레버 선단과 스플라인 마모 및 싱크로나이저 링의 접촉 불량
③ 록킹 볼(Locking ball)	④ 인터록 장치(2중 물림 방지 장치)
시프트 레일에 몇 개의 홈을 두고 여기에 록킹 볼과 스프링을 설치하여 시프트 레일을 고정함으로서 기어가 빠지는 것을 방지하는 장치이다.	이것은 어느 하나의 기어가 물림하고 있을 때 다른 기어는 중립위치로부터 움직이지 않도록 하는 장치이다.

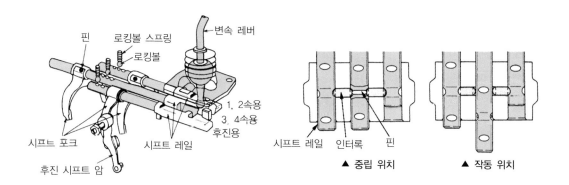

▲ 중립 위치   ▲ 작동 위치

(3) 트랜스 액슬

FF방식에서 변속기와 종감속 기어 및 차동기어를 일체로 제작한 것으로 다음과 같은 특징을 갖는다.

① 승객 룸 실내 유효 공간을 넓게 할 수 있다.

② 자동차의 경량화로 인해 연료 소비율이 감소한다.

③ 험한 도로 주행 시 조향 안정성이 뛰어나다.

④ 양쪽 등속 자재이음의 길이가 달라 구동 시 혹은 제동 시 무게 중심이 틀어질 수 있다.

01. 변속기는 구동바퀴의 회전력을 증대시키기거나 회전속도를 높이기 위해 사용한다.

□ O □ X

02. 변속기는 소형 경량이고 단계를 거쳐서 연속적으로 변속되는 것이 좋다.

□ O □ X

03. 수동변속기는 크게 섭동 기어식, 상시 물림식, 동기 물림식 이렇게 3가지로 나눌 수 있고 현재 동기 물림식이 가장 많이 사용되고 있다.

□ O □ X

04. 변속비는 입력기어 잇수에 대한 출력기어 잇수의 비로 구할 수 있고 직결을 제외하고 나누어서 정수로 떨어지지 않는 값을 선택한다.

□ O □ X

05. 섭동 기어식에 변속을 위해 사용하는 장치를 도그 클러치라 한다.

□ O □ X

06. 동기 물림식에 변속을 위해 사용하는 장치를 싱크로매시기구라 한다.

□ O □ X

07. 싱크로매시 기구의 구성요소로 싱크로나이저 허브, 싱크로나이저 링, 싱크로나이저 키, 싱크로나이저 슬리브 등이 있다.

□ O □ X

08. 고속에서 기어를 바꿀 때 충돌음이 발생하는 대부분의 원인은 싱크로나이저 장치의 고장이 있는 경우이다.

□ O □ X

09. 기어가 잘 빠지는 원인으로 싱크로나이저 키 스프링의 장력 감소, 변속 기어의 백래시 과대, 록킹 볼의 마모 또는 스프링의 쇠약 등이 될 수 있다.

□ O □ X

10. 기어가 빠지는 것을 방지하는 장치가 인터록이고 이중 물림을 방지하는 장치가 록킹 볼이다.

□ O □ X

정답 1.○ 2.× 3.○ 4.○ 5.× 6.○ 7.○ 8.○ 9.○ 10.×

01 변속기의 필요성이 아닌 것은?

① 자동차의 회전력을 증대시키기 위해서
② 기관의 회전속도를 증대시키기 위해서
③ 자동차의 후진을 위해서
④ 기동 시 엔진을 무부하 상태로 두기 위해서

> **해설** 바퀴의 회전수(속도)는 증대 가능하지만 기관의 회전속도를 증대시키지는 못한다.

02 변속기가 갖추어야 할 조건으로 틀린 것은?

① 전달 효율이 클 것
② 소형이고 경량일 것
③ 각 단계를 꼭 거쳐야만 변속될 것
④ 조작이 신속하고 정확하게 이루어질 것

03 변속기의 감속비를 구하는 공식은?

① $\dfrac{부축}{주축} \times \dfrac{주축}{부축}$

② $\dfrac{부축}{주축} \times \dfrac{부축}{부축}$

③ $\dfrac{부축}{부축} \times \dfrac{주축}{주축}$

④ $\dfrac{주축}{부축} \times \dfrac{주축}{부축}$

04 다음 중 선택 기어식 변속기가 아닌 것은?

① 선택 섭동식 변속기
② 점진 기어식 변속기
③ 상시 물림식 변속기
④ 동기 물림식 변속기

05 수동 변속기에서 기어의 이중 물림을 방지하는 장치는?

① 록킹 볼   ② 인터 록
③ 시프트 포크   ④ 시프트 핀

06 변속기 부축의 축 방향 유격을 보정해 줄 수 있는 장치는 무엇인가?

① 시임
② 스러스트 와셔
③ 플레이트
④ 키이

07 FF방식의 차량에서 종감속기어와 차동기어 장치를 일체로 제작한 것을 무엇이라 하는가?

① 트랜스퍼 케이스
② 트랜스 액슬
③ 트랜스퍼 앵귤러
④ 트랜스 카본

정답 01.② 02.③ 03.① 04.② 05.② 06.② 07.②

08 수동변속기의 이상음 발생 원인이 아닌 것은?

① 인히비터 스위치 고장
② 베어링이 마모되었을 때
③ 주축의 휨이 한계치를 넘었을 때
④ 윤활유가 적을 때

09 변속기에서 고속 주행 시 기어를 변속할 때 충돌 음이 발생하는 원인으로 가장 적당한 것은?

① 바르지 못한 엔진과의 정렬
② 드라이브 기어의 마모
③ 싱크로 나이저 링의 고장
④ 기어 변속 링키지의 헐거움

10 변속기에서 아이들 기어가 하는 역할은 무엇인가?

① 방향 전환
② 간극 조절
③ 무부하 공회전
④ 회전력 증대

11 수동 변속기 차량에서 변속 기어가 잘 물리지 않는다. 그 원인이 되는 것은?

① 클러치가 미끄러진다.
② 클러치의 끊어짐이 나쁘다.
③ 클러치 압력판 스프링 장력이 약하다.
④ 카운터 기어의 축방향 놀음이 크다.

12 주행거리 미터기의 구동 케이블은 어디에 의하여 작동되는가?

① 변속기의 입력축에 의해 구동된다.
② 변속기의 출력축에 의해 구동된다.
③ 추진축에 의해 구동된다.
④ 구동축에 의해 구동된다.

13 다음 선지 중 변속기 출력축의 회전력이 가장 큰 경우는?(단, 같은 엔진과 변속기이다.)

① 변속기 입력축의 회전력 = 25kg·m, 변속기 입력축의 회전수 = 3000rpm, 변속비 = 2
② 변속기 입력축의 회전력 = 20kg·m, 변속기 입력축의 회전수 = 2000rpm, 변속비 = 3
③ 변속기 입력축의 회전력 = 30kg·m, 변속기 입력축의 회전수 = 4000rpm, 변속비 = 1
④ 변속기 입력축의 회전력 = 10kg·m, 변속기 입력축의 회전수 = 1000rpm, 변속비 = 0.8

14 13번 문제의 선지 중 변속기 출력축의 회전수가 가장 높은 경우는?(13번 문제의 선지 중에서 답을 고르세요.)

정답　08.① 09.③ 10.① 11.② 12.② 13.② 14.③

15 변속기의 변속비에 관한 설명 중 거리가 먼 것은?

① 변속단수와 변속비는 반비례 관계에 있다.
② 변속기 출력축의 토크와 회전수와는 반비례 관계에 있다.
③ 변속비와 토크는 반비례 관계에 있다.
④ 변속단수와 출력축의 회전수는 비례 관계이다.

16 싱크로매시 기구는 어떤 작용을 하는가?

① 가속 작용　② 동기 작용
③ 감속 작용　④ 배력 작용

17 싱크로매시 기구의 구성 요소가 아닌 것은?

① 허브 기어　② 슬리브
③ 링　　　　④ 아이들 기어

18 상시 치합식 변속기란 어떤 것인가?

① 기어가 항상 물려 있으며, 도그 클러치로 변속하는 형식이다.
② 전진 및 후진 기어는 항상 물려 있고 자동적으로 속도를 조절한다.
③ 선택식 변속기와 같이 변속레버의 조작에 따라 속도 변화가 있다.
④ 싱크로매시 기구가 있어 고속의 기어 물림이 원활하다.

19 수동변속기에서 다음 중 들어가 있는 기어를 잘 빠지지 않게 하는 장치는?

① 파킹 볼 장치
② 인터 록 장치
③ 오버드라이브 장치
④ 록킹 볼 장치

20 변속기에서 싱크로매시 기구가 작용하는 시기는?

① 변속 기어가 풀릴 때
② 클러치 페달을 놓을 때
③ 변속 기어가 물릴 때
④ 클러치 페달을 밟을 때

정답 15.③　16.②　17.④　18.①　19.④　20.③

3 자동변속기 Automatic Transmission

동영상

자동변속기가 설치된 차량은 수동 변속의 역할을 자동으로 기어를 변속하는 장치이며, 토크 컨버터, 유성기어 장치, 유압 제어장치로 구성되어 각 요소에 의해서 변속의 시기 및 변속의 조작이 자동적으로 이루어진다. 그리고 장·단점으로 다음과 같다.

장 점	단 점
• 출발·감속 및 가속이 원활하다. • 운전이 편리하고 피로가 경감된다. • 유체가 기계각부에 충격을 완화시켜 승차감이 향상된다. • 그로 인해 엔진 수명이 길어진다.	• 시스템이 복잡해 값이 비싸다. • 오일 사용량이 많아 중량이 올라간다. • 유압장치 구동으로 엔진동력이 소모된다. • 연료소비가 많다. • 정비가 어렵고 수리비가 많이 든다.

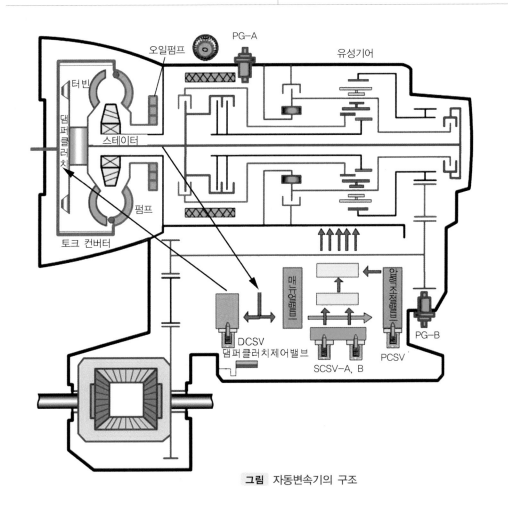

그림 자동변속기의 구조

(1) 유체 클러치 및 토크 변환기 비교

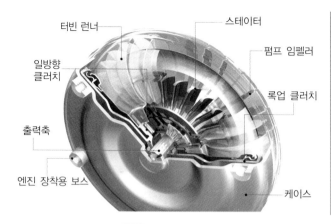

그림 토크 컨버터의 구조

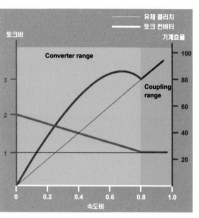

그림 유체 클러치와 토크 컨버터의 비교

구 분	유체 클러치(유체 커플링)	토크 변환기(토크 컨버터)
원 리	• 선풍기 2대의 원리를 이용한 것	• 유체클러치의 개량형이다.
부 품	• 펌프(임펠러) : 크랭크축에 연결 • 터빈(런너) : 변속기 입력축에 연결 • 가이드링 : 유체의 흐름을 좋게 하고 와류를 감소시켜 전달효율을 증가시킴	• 펌프(임펠러) : 크랭크축에 연결 • 터빈(런너) : 변속기 입력축에 연결 • 스테이터 : 오일흐름 방향을 바꾸어 토크를 증가시킴
토 크	• 변화율 1 : 1	• 변화율 2~3 : 1
동 력 형 태	• 전달효율 : 97~98%(슬립량 : 2~3%) • 날개형태 : 직선 방사형	• 전달효율 : 98~99%(슬립량 : 1~2%) • 날개형태 : 곡선 방사형
특 징	• 전달 토크가 크게 되는 경우에는 슬립률이 작을 때이다. • 크랭크축의 비틀림 진동을 완화하는 장점이 있다.	• 스톨점(포인트)이란 속도비가 "0"일 때이고 펌프만 회전할 때이다. • 클러치점이란 스테이터가 회전하는 시점을 말하며 전달매체는 유체이다.

※ 1. 유체 클러치에서 구동축(펌프)과 피동축(터빈)에 속도에 따라 현저하게 달라지는 것은 클러치 효율이다.
   2. 토크컨버터는 3요소 2상 1단의 형식이다.
     3요소 : 펌프, 터빈, 스테이터
     2상 : 스테이터 역할 2가지(토크변환 영역과 커플링 영역-클러치 포인트 기준)
     1단 : 펌프와 터빈이 1조로 이루어짐

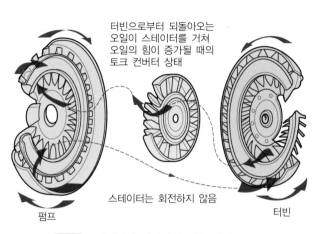

터빈으로부터 되돌아오는
오일이 스테이터를 거쳐
오일의 힘이 증가될 때의
토크 컨버터 상태

스테이터는 회전하지 않음

펌프

터빈

그림 스테이터가 정지되어 있을 때의 오일 흐름

동영상

▲실물 설명

동영상

▲교보재 설명

(2) 유체 클러치에 사용되는 오일의 구비 조건

① 점도는 비교적 낮고 응고점은 낮을 것

② 비점, 인화점, 착화점이 높을 것

③ 비중, 내산성이 클 것

④ 유성, 윤활성이 좋을 것

(3) 댐퍼 클러치 Damper clutch -록업 클러치

자동차의 주행속도가 일정한 값에 도달하면 토크 컨버터의 펌프와 터빈을 기계적으로 직결시켜 미끄러짐에 의한 손실을 최소화하여 정숙성을 도모하며, 클러치점 이후에 작동을 시작한다.

※ 댐퍼 클러치 작동을 자동적으로 제어하는데 직접 관계되는 센서는 엔진 회전수, 스로틀 포지션 센서, 냉각수온 센서, 에어컨 릴레이, 펄스 제너레이터-B, 액셀러레이터 스위치 등이다.

1) 댐퍼 클러치의 작동 조건

① 3단 기어 작동 시 및 차량속도가 70km/h 이상일 때

② 브레이크 페달이 작동되지 않을 때

③ 냉각수 온도가 75℃ 이상일 때

동영상

2) 댐퍼 클러치의 해제 조건

① 엔진의 회전수가 800rpm 이하 시(냉각수 온도 50℃이하)

② 엔진 브레이크 시

③ 발진 및 후진에서

④ 3속에서 2속으로 시프트다운 시

⑤ 엔진의 회전수가 2000rpm이하에서 스로틀 밸브의 열림이 클 때

(4) 자동변속기 컨트롤 유닛(TCU)의 제어 계통

입력 신호 계통		출력 신호 계통
· TPS 센서	입력 ▶ TCU ▶ 출력	· 압력제어 솔레노이드 밸브
· 냉각수 온도 센서		· 댐퍼 클러치 제어 솔레노이드 밸브
· 차속 센서		· 변속(시프트) 제어 솔레노이드 밸브
· 인히비터 스위치		
· 가속 스위치		
· 킥다운 서보 스위치		

(5) 유성기어 장치

▲교보재 설명

유성 기어장치는 선 기어, 유성기어, 유성기어 캐리어, 링 기어로 구성되어 있으며, 선 기어는 유성기어와 물리고 있다.

유성기어를 활용해 다음과 같은 효과를 가질 수 있다.

1) 선 기어를 고정하고 유성기어 캐리어를 구동하면 링 기어는 증속한다.

2) 링 기어를 고정하고 선 기어를 구동하면 캐리어는 감속한다.

3) 3요소 중 2요소 고정해서 입력하면 출력은 직결이 된다.

4) 3요소가 모두 자유로이 회전을 하면 중립이 된다.

5) 캐리어를 고정하여 입력하면 회전 방향이 역전된다.

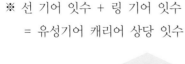

※ 선 기어 잇수 + 링 기어 잇수
　　= 유성기어 캐리어 상당 잇수

▲실물 설명

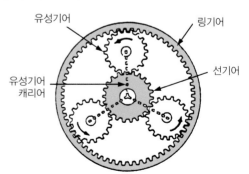

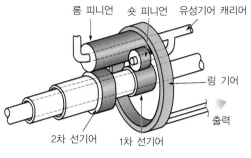

그림 라비뇨 형식 유성기어 장치

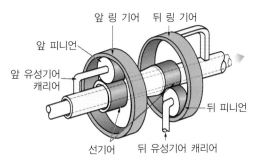

그림 심프슨 형식 유성기어 장치

(6) 자동변속기 유압 제어 회로

1) 오일 펌프

오일 펌프는 오일을 토크 컨버터에 공급하고 유성기어 유닛의 윤활 또는 유압제어계통에 작용 유압을 공급 및 발생하는 역할을 한다.

2) 매뉴얼 밸브

운전자가 운전석에서 자동변속기의 변속레버를 조작했을 때 작동하는 밸브이며, 변속레버의 움직임에 따라 P, R, N, D 등의 각 레인지로 변환하여 유로를 변경시킨다.

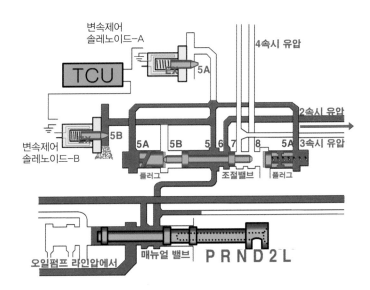

3) 시프트 밸브

유성기어를 자동차의 주행속도나 기관의 부하에 따라 자동적으로 변환시키는 밸브이다. 현재는 변속 제어 솔레노이드 밸브의 유압제어에 의해 작동되는 밸브이다.

4) 압력 제어 밸브

유압 펌프의 유압을 제어하여 각 부로 보내는 유압을 그 때의 차속과 기관의 부하에 적합한 압력으로 조정하며, 기관이 정지 되었을 때 토크 변환기에서의 오일의 역류도 방지하고, 변속 시에 충격 발생을 방지하는 역할을 한다.

5) 스로틀 밸브 (과거 시스템)

라인 압력을 가속 페달을 밟는 정도 즉, 스로틀 밸브의 열림 정도에 비례하는 흡기 부압과 반비례하도록 유압을 변환시키는 밸브

현재는 TPS의 신호를 TCU가 받아 운전자의 가속 의사를 반영하여 변속 제어 솔레노이드 밸브 제어의 기준 신호로 삼는다.

6) 거버너 밸브 (과거 시스템)

유성기어의 변속이 그 때의 주행속도(출력축의 회전속도)에 적응하도록 보디와 밸브의 오일 배출구가 열리는 정도를 결정하는 밸브

현재는 차속(출력 회전수)의 신호를 TCU가 받아 변속 제어 솔레노이드 밸브 제어의 기준 신호로 삼는다.

7) 킥 다운 Kick down / 반대의 개념 ⇒ 리프트 풋업 Lift foot-up

가속페달을 80%이상 갑자기 밟았을 때 강제적으로 다운 시프트 되는 현상을 말한다. 킥 다운 이후 계속 가속페달을 밟고 있으면 속도가 올라가면서 업 시프트 되는 킥업이 일어난다.

8) 펄스 제너레이터 A·B

펄스 제너레이터-A는 킥 다운 드럼의 엔진 회전속도를, 펄스 제너레이터-B는 변속기 피동 기어의 회전속도를 검출하여 TCU로 입력시킨다.

(7) 자동변속기 구조와 성능

1) 히스테리시스 Hysteresis (이력현상)

스로틀 밸브의 열림 정도가 똑같아도 업 시프트와 다운 시프트의 변속점에는 7~15km/h 정도의 차이가 있는데 이것을 히스테리시스라고 한다. 이것은 주행 중 변속점 부근에서 빈번히 변속되어 주행이 불안정하게 되는 것을 방지한다.

※ 변속시점에 영향을 주는 요소에는 TPS, 출력축 회전속도, 점화펄스(엔진회전수), Power · Hold · O/D OFF 절환스위치, 출력축 회전속도, 인히비터 S/W 등이 있다.

※ 변속을 위한 가장 기본적인 정보는 스로틀 밸브 개도, 차량속도(엔진회전수) 등이 있다.

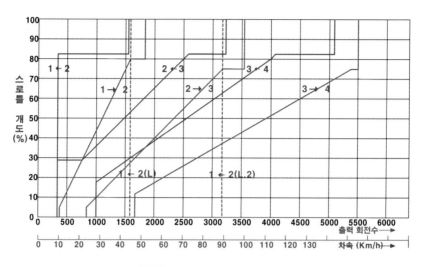

그림 자동변속기의 변속 선도

2) 인히비터 스위치 Inhibiter S/W

시프트 레버를 P 또는 N에 위치하였을 때만 기관 시동이 가능하게 하고 TCU에 각 레인지 위치를 알려주고 R 레인지에서는 백 램프(후진등)가 점등되게 한다.

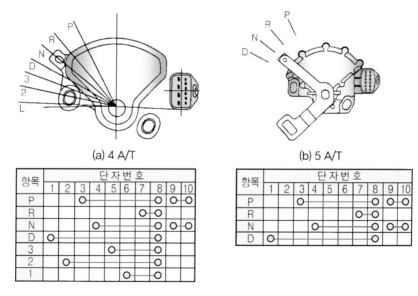

(a) 4 A/T

(b) 5 A/T

항목	단자번호									
	1	2	3	4	5	6	7	8	9	10
P			○					○	○	○
R							○	○		
N				○				○	○	○
D	○							○		
3					○			○		
2			○					○		
1						○	○	○		

항목	단자번호									
	1	2	3	4	5	6	7	8	9	10
P			○					○	○	○
R							○	○		
N				○				○	○	○
D	○							○		

그림 인히비터 스위치

(8) 자동변속기의 성능 점검

1) 자동변속기 오일량 점검

　자동차를 평탄 지면에 주차시킨 다음, 오일 레벨 게이지를 빼내기 전에 게이지 주위를 깨끗이 청소하고 변속레버를 P 레인지로 선택한 후 주차 브레이크를 걸고 엔진을 기동시킨 후 변속기 내의 유온(油溫)이 70~80℃에 이를 때까지 엔진을 공전 상태로 한다. 선택 레버를 차례로 각 레인지로 이동시켜 토크 컨버터와 유압회로에 오일을 채운 후 시프트 레버를 N위치에 놓고 측정한다. 그리고 레벨 게이지를 빼내어 오일량이 "HOT" 범위에 있는가를 확인하고, 오일이 부족하면 "HOT" 범위까지 채운다.

　※ 오일량이 부족하면 기포 발생, 클러치나 밴드의 슬립이나 마모를 촉진한다.
　※ 오일량이 많으면 오일의 마찰이 증대되어 오일 분해현상 발생으로 인해 유압회로 내에 기포가 발생된다.
　※ 오일 색으로 판정 : 정상 – 맑은 적포도주 색(일반적으로),
　　　　　　　　　　　　　　오염 – 검붉은 색,
　　　　　　　　　　　　　　심한 오염 – 검정색 및 이물질이 만져짐
　최근 자동변속기는 운전자가 직접 오일을 점검할 수 있는 레벨게이지가 없음.

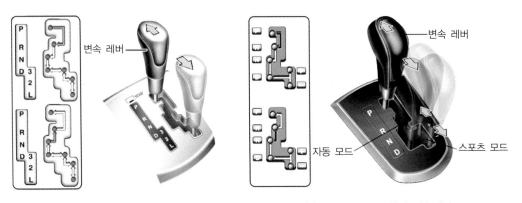

(a) 노멀형 7위치 변속레버　　　　　　(b) 스포츠 모드 4위치 변속레버

그림 변속레버의 종류

2) 스톨 테스트 Stall test

　스톨 테스터는 D 위치와 R 위치에서 기관의 최대 속도를 측정하여 자동 변속기와 기관의 종합적인 성능을 점검하는데 그 목적이 있다. 스톨 시험시간은 5초 이내로 해야 한다.

① 스톨 테스트로 확인할 수 있는 사항

    ⓐ 라인 압력 저하

    ⓑ 기관의 출력 성능

    ⓒ 브레이크의 슬립

    ⓓ 앞, 뒤 클러치의 슬립

    ⓔ 오버 드라이브 클러치의 슬립

    ⓕ 토크 컨버터의 일방향 클러치 작동

② 스톨시험 결과 기관의 회전수가 규정(2000 ~ 2400rpm)보다 낮으면

    ⓐ 기관 조정 불량으로 출력 부족

    ⓑ 토크 컨버터의 일방향 클러치의 작동불량

    ⓒ 정상값보다 600rpm이상 낮아지면 토크 컨버터의 결함일 수도 있다.

(9) 오버 드라이브 장치 Over drive system – (과거 시스템 : 현재는 변속기 최고단의 변속비를 활용)

엔진의 여유 출력과 유성기어 장치를 이용하여 추진축의 속도를 증가시켜준다.

① **기계식** : 종감속 기어부에 설치하고 레버로 운전석에서 조작한다.

② **자동식** : 오버 드라이브 장치는 변속기와 추진축 사이에 설치하고, 차속이 40km/h
면 자동으로 작동한다.

③ **오버 드라이브 장치의 부착 시 장점**으로는 다음과 같다.

    ⓐ 연료 소비량을 20% 절약 시킨다.

    ⓑ 엔진의 수명이 연장되고, 운전이 정숙하다.

    ⓒ 엔진 동일 회전속도에서 차속을 30% 빠르게 한다.

    ⓓ 크랭크축의 회전속도보다 추진축의 회전속도를 크게 할 수 있다.

(10) 프리 휠링 Free wheeling 주행

오버 드라이브 기구의 링 기어와 오버 드라이브 출력축 사이에 설치되는 일방향 클러치
를 이용하여 관성 주행하는 것을 말한다.

(11) 무단변속기 | Continuously Variable Transmission

연속적으로 가변시키는 변속기란 뜻으로 단의 구분 없이 최고에서 최저 변속비까지 선형적인 변속이 가능한 장치로서 변속 충격이 없고 연료 소비율과 가속 성능 등을 향상시킬 수 있다.

① 엔진의 동력을 변속기 입력축으로 전달시키기 위한 장치로 토크 컨버터 방식과 전자 분말 클러치 방식이 있다.

② 1차 풀리와 2차 풀리의 동력을 전달하는 방식으로 고무 벨트, 금속 벨트, 체인 방식 등이 있다.

③ 큰 구동력을 요하는 곳에는 익스트로이드 방식이 사용된다.

④ 토크 컨버터와 1차 풀리 사이에 위치한 유성기어는 전·후진 용도로 사용된다.

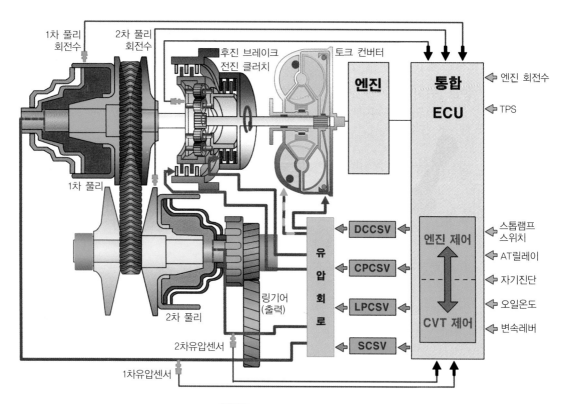

그림 무단변속기의 구조

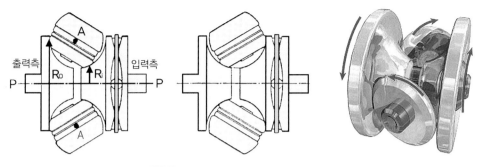

그림 익스트로이드 방식의 구조

(12) DCT Dual Clutch Transmission

클러치에서 입력되는 축을 두 개로 하여 홀수단과 짝수(후진포함)단을 구분지어 동력을 전달하는 방식이다.

① 건식 클러치와 습식 클러치로 구분되며 건식은 연비가 좋고 습식은 최대 허용 토크 범위가 높다.

② 건식은 수동변속기와 비슷한 구조이며 모터의 제어를 통해 변속이 이루어지므로 연비가 좋다.

③ 변속 시 발생되는 충격은 유성기어를 사용하는 자동변속기 보다 크다.

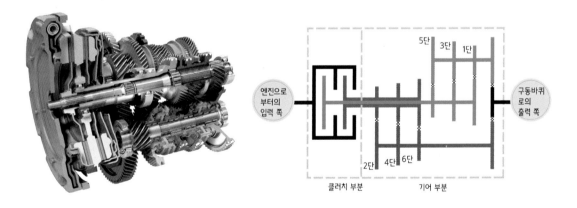

그림 더블 클러치 변속기(DCT)

01. 자동변속기를 사용하면 출발 및 감속이 원활하여 운전이 편리하고 피로가 경감된다. 또한 유체가 기계각부에 충격을 완화시켜 승차감이 향상되고 엔진의 수명이 길어진다.

☐ O ☐ ✕

02. 자동변속기는 오일을 활용하여 효과적으로 제어하므로 연비가 좋고 엔진의 출력에도 도움이 된다.

☐ O ☐ ✕

03. 토크컨버터는 3요소 2상 1단의 형식을 취하고 있으며 3요소란 플라이휠과 연결된 펌프, 변속기 입력축과 연결된 터빈, 회전력을 증대시키는 스테이터를 뜻한다.

☐ O ☐ ✕

04. 유체 클러치의 토크 변환률은 1:1인 반면 토크컨버터의 토크 변환률은 2~3 : 1 이다.

☐ O ☐ ✕

05. 속도비가 0 일 때를 클러치 포인트, 스테이터가 펌프와 터빈이 회전하는 방향으로 움직이기 시작할 때를 스톨 포인트라 한다.

☐ O ☐ ✕

06. 토크컨버터 내에서 유체의 흐름 순서는 펌프 → 스테이터 → 터빈 순이다.

☐ O ☐ ✕

07. 유체클러치에 사용되는 오일의 점도는 비교적 낮고 응고점은 낮아야 하며 비점, 인화점, 착화점은 높아야 한다. 또한 비중 및 내산성은 커야 하며 유성 및 윤활성이 좋아야 한다.

☐ O ☐ ✕

08. 댐퍼(락업)클러치는 클러치점 이후에 유체에 의한 손실을 최소화하기 위해 기계적으로 플라이 휠과 터빈의 동력을 직결시킨다. 이로 인해 연비를 향상시킬 수 있다.

☐ O ☐ ✕

09. TCU에 입력되는 신호로 압력제어 전자밸브(솔레노이드 밸브), 댐퍼클러치 제어 전자밸브, 변속제어 전자밸브 등이 있다.

☐ O ☐ ✕

정답 1.○ 2.✕ 3.○ 4.○ 5.✕ 6.✕ 7.○ 8.○ 9.✕

10. 단순 유성기어 장치의 구성 3요소는 선기어, 링기어, 유성기어 캐리어이고 이 중 가장 잇수(상 당 잇수 포함)가 많은 기어가 링기어이다.

☐ O ☐ ✗

11. 유성기어를 활용하여 감속, 직결, 증속, 역전, 중립의 기능을 수행할 수 있다.

☐ O ☐ ✗

12. 매뉴얼 밸브는 운전자가 변속레버를 조작했을 때 작동하는 밸브로 P, R, N, D 등의 각 영역으로 유로를 변경해주는 역할을 한다.

☐ O ☐ ✗

13. 가속페달을 급하게 80%이상 작동시켜 저단으로 낮추는 것을 킥다운, 그 상태를 유지하여 증속되어 상향 변속되는 것을 킥업, 킥다운의 반대 상황의 구현을 리프트 풋업이라 표현한다.

☐ O ☐ ✗

14. 인히비터 스위치를 이용하여 "D" 영역에서 고단으로 변속할 수 있으며 "R" 영역에서 발진 시 충격을 흡수할 수 있는 역할을 수행한다.

☐ O ☐ ✗

15. 무단자동변속기는 주행 변속 시 충격이 발생하지 않으며 변속순간 지연으로 인한 엔진의 회전수가 올라가는 증상이 없어 부드러운 가속이 가능하다.

☐ O ☐ ✗

정답   10. ✗   11. ○   12. ○   13. ○   14. ✗   15. ○

01 자동변속기의 구성요소가 아닌 것은?

① 싱크로 매시
② 밸브 바디
③ 댐퍼 클러치
④ 펄스 제너레이터

02 자동변속기에 대한 설명으로 틀린 것은?

① 클러치 페달이 없고, 주행 중 변속조작을 하지 않으므로 편리하나 연료 소비율이 높다.
② 기관 회전력의 전달을 유체를 매개로 하기 때문에 출발, 가속 및 감속이 원활하다.
③ 유체가 댐퍼의 역할을 하기 때문에 기관에서 동력 전달장치나 바퀴, 기타 부분으로 전달되는 진동이나 충격을 흡수할 수 있다.
④ 과부하가 걸리면 직접 기관에 가해지므로 기관을 보호하기 위해 터빈 러너가 변속기의 입력축에 연결되어 있다.

03 자동변속기의 유성기어장치 구성부품이 아닌 것은?

① 선 기어   ② 허브 기어
③ 피니언   ④ 캐리어

04 자동변속기 유성기어 유닛에 사용되고 있는 것은?

① 건식 다판 클러치
② 건식 단판 클러치
③ 습식 다판 클러치
④ 습식 단판 클러치

05 토크 컨버터의 토크 변환율은 얼마인가?

① 1~2 : 1   ② 2~3 : 1
③ 3~4 : 1   ④ 4~5 : 1

06 자동변속기 토크 컨버터에서 한쪽 방향은 회전하고 반대 방향으로 고정 또는 회전을 저지하는 작용을 하는 것은?

① 댐퍼 클러치
② 다판 클러치
③ 단판 클러치
④ 일방향 클러치

07 자동변속기 토크 컨버터에서 슬립에 의한 손실을 최소화 시켜주는 것은?

① 댐퍼 클러치
② 다판 클러치
③ 밴드 브레이크
④ 일방향 클러치

정답   01.① 02.④ 03.② 04.③ 05.② 06.④ 07.①

08 변속기용 컴퓨터(TCU)로부터 출력 신호를 받는 것은?

① 유온 센서
② 펄스 제네레이터
③ 차속 센서
④ 변속제어 솔레노이드

09 자동변속기에 관계되는 일반적인 사항을 나열하였다. 틀린 것은?

① P위치에서 주차 기능이 있어야 한다.
② 처음 시동 시 선택레버 위치가 "N" 또는 "P" 위치에서만 시동되어야 한다.
③ "D" 위치에서 주행 후 시동을 끄고 재차 시동했을 때에는 시동이 걸려야 한다.
④ "R" 위치에서는 백업등이 점등되어야 한다.

10 자동변속기 오일의 구비조건이 아닌 것은?

① 기포가 발생하지 않을 것
② 점도지수가 낮을 것
③ 침전물 발생이 적을 것
④ 저온 유동성이 좋을 것

11 2세트의 단순 유성기어 장치를 연이어 접속시키되 선 기어를 공동으로 사용하는 기어 형식은?

① 라비뇨식   ② 심프슨식
③ 벤딕스식   ④ 평행축 기어 방식

12 자동변속기의 토크 컨버터에 있어서 터빈에서 나온 오일은 어디로 바로 가는가?

① 스테이터
② 터빈
③ 오일 펌프
④ 유성기어

13 자동변속기에서 킥 다운은 어느 때 작동되는가?

① 가속 페달을 완전히 밟았을 때
② 가속 페달을 완전히 놓았을 때
③ 브레이크를 완전히 밟았을 때
④ 가속 페달을 서서히 밟았을 때

14 단순 유성기어 장치에서 입력과 출력의 회전방향이 반대로 바뀌기 위해 고정되는 요소는 무엇인가?

① 선 기어   ② 링 기어
③ 캐리어   ④ 위성 기어

15 자동변속기의 변속제어 시스템에서 주요 변수와 가장 거리가 먼 것은?

① 스로틀 밸브의 개도량
② 축압기 용량
③ 자동차 주행속도
④ 선택레버의 위치

정답 08.④ 09.③ 10.② 11.② 12.① 13.① 14.③ 15.②

16 가속페달의 밟은 정도, 즉 기관의 부하에 대응하는 유압을 얻기 위한 밸브는?

① 스로틀 밸브
② 레귤레이터 밸브
③ 거버너 밸브
④ 수동 밸브

17 출력축의 회전속도에 대응하는 유압을 얻기 위한 밸브는?

① 스로틀 밸브
② 레귤레이터 밸브
③ 거버너 밸브
④ 수동 밸브

18 자동변속기의 오일펌프에서 발생한 압력, 즉 라인압을 일정하게 조정하는 밸브는 어느 것인가?

① 스로틀 밸브
② 레귤레이터 밸브
③ 거버너 밸브
④ 수동 밸브

19 자동변속기 장착 차량에서 스톨 테스트를 할 때 틀린 것은?

① 변속레버를 "N"위치에 놓고 한다.
② 변속레버를 "D"위치에 놓고 한다.
③ 변속레버를 "R"위치에 놓고 한다.
④ 가속페달을 밟은 후 기관 RPM을 읽는다.

20 자동변속기의 스톨 테스트로 알 수 없는 것은?

① 기관의 출력부족
② 클러치나 브레이크 밴드의 슬립
③ 거버너의 압력
④ 토크 컨버터의 성능

21 무단 자동변속기(CVT)에 대한 설명 중 가장 거리가 먼 것은?

① 벨트를 이용해 변속이 이루어진다.
② 큰 동력을 전달할 수 없다.
③ 변속 충격이 크다.
④ 운전 중 용이하게 감속비를 변화시킬 수 있다.

22 댐퍼 클러치가 작동하지 않는 범위로 틀린 것은?

① 제 1속 및 후진일 때
② 엔진 브레이크가 작동될 때
③ 엔진 냉각수 온도가 50도 이하일 때
④ 오버 드라이브 구간일 때

23 자동변속기의 전자제어 장치 중 TCU에 입력되는 신호가 아닌 것은?

① 스로틀 센서 신호
② 엔진 회전 신호
③ 액셀러레이터 신호
④ 흡입 공기 온도의 신호

 16.① **17.**③ **18.**② **19.**① **20.**③ **21.**③ **22.**④ **23.**④

24 전자제어 자동변속기의 특징이 아닌 것은?

① 차속과 스로틀 밸브 개도의 정보만으로 변속 패턴을 결정한다.
② 마이컴 도입에 의해 복잡화한 변속 패턴을 간단히 제어할 수 있다.
③ 로크업 제어 기구 설치로 연료 소비율 증가를 방지할 수 있다.
④ 솔레노이드 밸브를 사용하여 유압회로를 개폐한다.

25 전자제어 자동변속기에서 주행 중 가속 페달에서 발을 떼면 나타날 수 있는 현상은?

① 스쿼트(squat)
② 킥 다운(kick down)
③ 노즈 다운(nose down)
④ 리프트 풋 업(lift foot up)

26 전자제어 자동변속기에 사용되는 센서가 아닌 것은?

① 차속 센서
② 스로틀 포지션 센서
③ 차고 센서
④ 펄스 제너레이터 A&B

27 전자제어 자동변속기에서 변속시점의 결정은 무엇을 기준으로 하는가?

① 스로틀 밸브의 위치와 차속
② 스로틀 밸브의 위치와 연료량
③ 차속과 유압
④ 차속과 점화시기

28 오버 드라이브 장치의 장점이 아닌 것은?

① 연료가 약 20% 저감된다.
② 기관 작동이 정숙하다.
③ 자동차의 속도가 30% 정도 빨라진다.
④ 기관의 내구성이 떨어진다.

29 오버 드라이브 장치의 설치 위치는 어디인가?

① 기관과 클러치 사이
② 클러치와 변속기 사이
③ 변속기와 추진축 사이
④ 추진축과 종감속 기어 사이

30 오버 드라이브 장치의 설명으로 맞는 것은?(단, 클러치에 의한 슬립은 없다.)

① 추진축의 회전 속도를 기관 회전 속도보다 적게 한다.
② 기관의 회전 속도와 추진축의 회전 속도와 같게 한다.
③ 추진축의 회전 속도를 기관 회전 속도보다 크게 한다.
④ 변속기 입력축의 회전 속도를 기관의 회전 속도보다 크게 한다.

4 정속 주행 장치 Cruise control system

정속 주행 장치란 자동차를 운전할 때 일정한 속도로 조정해 놓으면 가속 페달을 밟지 않고도 운전자가 원하는 차량속도로 주행할 수 있는 장치이다.

1) 정속 주행 중 브레이크를 작동시키면 정속 주행이 해제된다.

2) 차량속도가 30~40km/h 이하에서는 정속 주행이 해제된다.

3) 정속 주행 중 기어 선택레버를 중립(N)위치로 하면 정속 주행이 해제된다.

4) 주행속도와 세팅속도가 20km/h 이상 차이가 나면 정속 주행이 해제된다.

5) Auto cruise control unit에 입력 신호는 클러치 스위치 신호, 브레이크 스위치 신호, 크루즈 컨트롤 스위치 신호 등이다.

6) 구성 요소는 차속 센서, 액추에이터, 제어 스위치, 해제 스위치, ECU 등이다.

7) 정속 주행 장치(Cruise control system)가 작동하기 위해서 컴퓨터가 받는 정보는 엔진 회전수, 차량 속도, 스로틀 밸브 열림 정도 등이다.

5 드라이브 라인 Drive line

자재이음, 슬립이음, 추진축 등으로 구성되어 있다.

동영상

▲전체 구성

동영상

▲단품

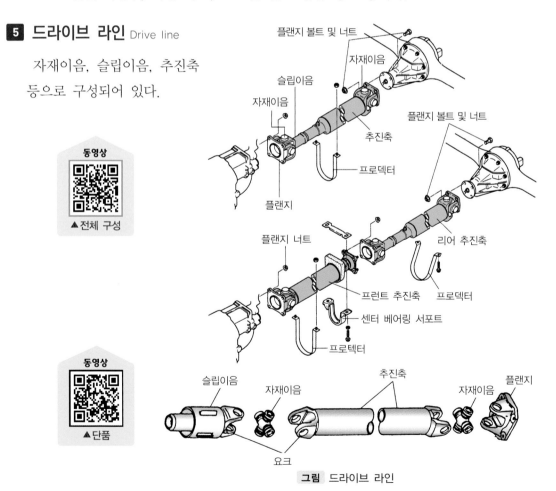

그림 드라이브 라인

(1) 자재이음 Universal joint

변속기와 종감속 기어장치 사이의 드라이
브 각 변화를 주는 장치이다.

1) 십자형 자재이음 Hooke's universal joint

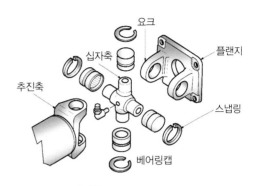

그림 자재이음의 구조

① 십자축, 두 개의 요크를 이용한다.
② 추진축의 양쪽 요크는 동일 평면상
에 위치해야 한다.
③ 변속기 출력축이 등속도 회전을 하
여도 추진축은 90°마다 속도가 변하
여 진동을 일으킨다.
④ 따라서 진동을 최소화하기 위해 설치 각은 12~18도 이하로 한다.

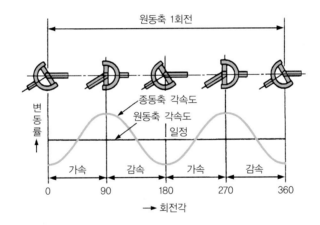

2) 볼 앤드 트러니언 자재이음

① 실린더형 바디에 볼을 이용하므로 슬립조인트가 필요 없다.
② 마찰이 많고 전달 효율이 낮다.

3) 플렉시블 이음

① 설치각 : 3~5도가 적당하다.
② 3상의 요크와 경질 고무를 이용하므로 주유가 필요 없고, 회전이 정숙하다.

4) 등속도(CV) 자재이음

① 설치각 : 29~30도이다.
② 구동축과 피동축의 속도 변화가 없고, F·F방식에서 구동축으로 사용된다.
③ 종류 : 트랙터형, 벤딕스 와이어형, 제파형, 파르빌레형, 이중십자형, 트리포드,

더블 옵셋, 버필드 자재이음

④ 동력 전달 각도가 커도 동력 전달 효율이 우수하다.

⑤ 현재 차동기어 장치 쪽에 더블 옵셋, 바퀴 쪽에 버필드형 자재이음을 주로 사용된다. 구조는 거의 비슷하나 더블 옵셋 자재이음은 슬립이음 기능이 포함된다.

동영상

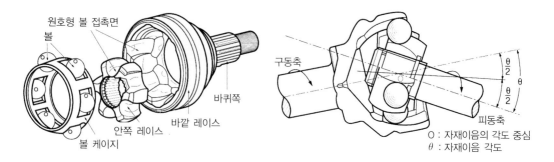

그림 버필드 자재이음의 구조

(2) 슬립이음

추진축의 길이 변화를 가능하게 스플라인을 통하여 연결한다. 그리고 비포장도로 달릴 때 후차축의 상하 운동 시 길이 변화를 준다.

그림 슬립이음

(3) 추진축 Propeller shaft

변속기의 회전력을 종 감속기어의 구동 피니언으로 전달해주는 장치로 다음과 같은 특징을 가진다.

① 속이 빈 강관으로 만들고 요크의 방향은 동일 평면상에 둔다.

② 기하학적 중심과 질량 중심이 서로 틀릴 때 굽음 진동을 일으키는 것을 휠링이라 한다.

③ 휠링을 줄이기 위해 평형추(밸런스 웨이트)를 용접으로 붙인다.

④ 축거가 긴 차량에 설치할 때는 2~3개로 분할하여 설치하고 각 축의 뒷부분을 센터 베어링으로 프레임에 지지한다.

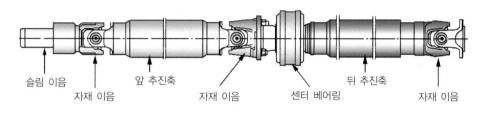

그림 추진축

(4) 추진축의 소음 및 진동 발생원인

① 밸런스 웨이트가 떨어졌을 때　② 체결부가 헐거울 때
③ 니들 롤러 베어링의 마모　　　④ 추진축이 휘었을 때
⑤ 스플라인부가 마모되었을 때　⑥ 요크의 방향이 틀릴 때

6 종감속 기어와 차동기어 장치

차량 중량을 지지하고, 회전력을 구동 바퀴에 전달한다.
종감속 기어 : 감속을 통해 회전력을 증대 시킨다.
차동기어 장치 : 선회 시 좌·우 바퀴의 회전수 차이를 보상해 준다.
그 밖에 액슬축 및 하우징으로 구성되어 있다.

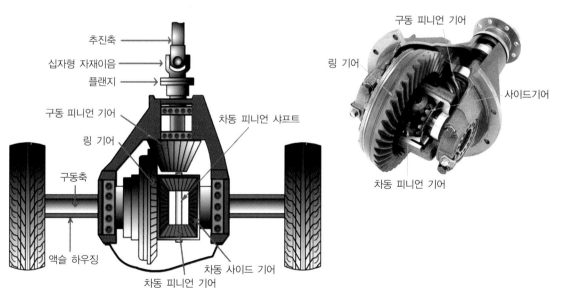

그림 종감속 기어 & 차동기어 장치

(1) 종감속 기어의 종류

그림 웜과 웜기어

그림 스퍼 베벨기어

그림 스파이럴 베벨기어

그림 하이포이드 기어

1) 하이포이드 기어의 장점

① 구동 피니언의 중심을 링 기어의 중심보다 낮추어 추진축의 높이를 낮게 설계할 수 있다.

② 무게 중심이 낮아져 안정성이 증대된다.

③ 스파이럴 베벨기어에 비해 구동 피니언을 크게 할 수 있어 강도 및 물림률이 증대되고 정숙하다.

2) 하이포이드 기어의 단점

① 기어 이의 폭 방향으로 미끄럼 접촉하게 되므로 압력을 많이 받게 된다.

② 극압 윤활유를 사용해야 하고 제작이 어렵다.

(2) 종감속비와 총감속비

① 종감속비 $= \dfrac{\text{링기어의 잇수}}{\text{구동피니언기어의 잇수}}$

 ※ 승용 = 4~6 : 1   ※ 버스, 트럭 = 5~8 : 1

② 종감속비는 나누어 떨어지지 않는 정수 값으로 한다.

③ 총감속비 = 변속비(감속비) × 종감속비

④ 차량의 중량 및 최고속도, 엔진의 성능 등을 고려해 총감속비를 결정한다.

(3) 차동 기어 장치 Differential gear system

1) 개 요

래크와 피니언의 원리를 이용하여, 자동차가 선회할 때 바깥쪽 바퀴의 회전 속도를 안쪽 바퀴보다 빠르게 해주는 장치이다. 구성은 사이드 기어, 피니언 기어, 피니언 축, 케이스 등으로 되어 있다.

 ※ **동력 전달 순서** : 구동 피니언 축 → 구동 피니언 → 링 기어 → 차동 케이스(차동 피니언 기어 → 사이드 기어) → 뒤 차축

2) 차동기어 장치의 작용

차동기어 장치의 작용은 좌우 구동바퀴의 회전저항 차이에 의하여 일어나는 것이며, 바퀴를 통과하는 노면의 길이에 따라서 바퀴가 회전하므로 커브를 돌 때 안쪽 바퀴는 바깥쪽 바퀴보다 저항이 증가하여 회전수가 감소되며, 그 분량만큼 바깥쪽 바퀴를 가속시키게 된다.

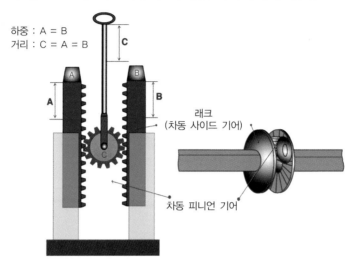

하중 : A = B
거리 : C = A = B

래크
(차동 사이드 기어)

차동 피니언 기어

그림 차동기어 장치의 원리

(4) 자동제한 차동기어 장치(LSD : Limited Slip Differential)

이 장치는 한쪽 바퀴가 공회전할 때 차동 기능을 자동적으로 고정시키며, 다른 쪽 바퀴에도 구동을 전달하는 장치이다. 그리고 자동제한 차동기어 장치를 장착한 차량에서는 한쪽 바퀴를 잭(jack)으로 들고 엔진의 동력을 전달시켜서는 절대로 안 된다. 이유는 차량이 진행되기 때문이다. 장점으로는 미끄러운 노면에서 출발이 용이, 후부 흔들림 방지, 슬립이 감소되어 안정성 양호, 급속 직진 주행에 안정성이 양호하다. 종류에는 크라이슬러 슈어 그립형식과, 넌스핀, 비스커스 커플링 차동기어 장치가 있다.

(5) 자동차의 주행속도(km/h)

$$V(km/h) = \frac{\pi \cdot D \cdot N}{r_t \times r_f} \times \frac{60}{1000}$$

D : 바퀴의 직경(m)   N : 엔진의 회전수(rpm)

r_t : 변속비 r_f : 종감속비

기관 회전수 3000rpm, 제2속의 변속비 2.5이고 구동피니언의 잇수 7, 링기어의 잇수 42일 때 자동차의 주행속도는 얼마인가? (단, 타이어의 유효반경은 50cm이다)

정답 37.68 km/h

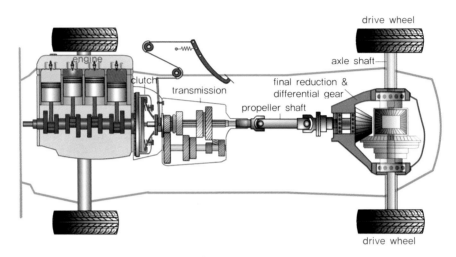

그림 동력전달 장치

7 액슬 축 Axle shaft

종 감속기와 차동장치를 거쳐 전달된 동력을 구동바퀴에 전달하며 안쪽은 스플라인을 통해 차동기어의 사이드 기어와 연결되고 바깥쪽은 구동바퀴와 연결된다.

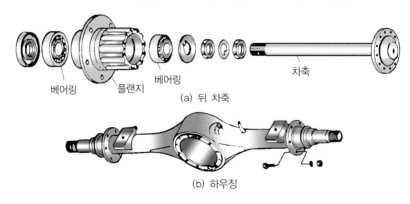

베어링   플랜지   베어링   차축

(a) 뒤 차축

(b) 하우징

그림 뒷차축과 하우징

(1) 뒤 바퀴 액슬축의 지지방식

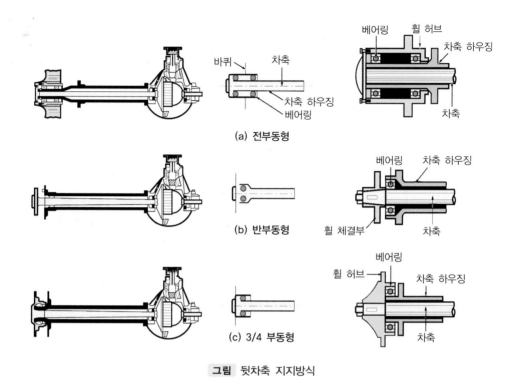

그림 뒷차축 지지방식

1) 1/2 부동식(반부동식)

액슬 축이 윤하중의 1/2을 지지하고, 액슬 하우징이 1/2을 지지하는 형식으로 내부 고정 장치를 풀어야 액슬 축 분리가 가능하다. → 소형차

2) 3/4 부동식

액슬 축이 윤하중의 1/4을 지지하고, 액슬 하우징이 3/4을 지지하는 형식으로 바퀴만 떼어내면 액슬 축 분리가 가능하다. → 중형차

3) 전부동식

차량의 중량 전부를 액슬 하우징이 받고 액슬 축은 동력만 전달하는 방식이며, 바퀴를 떼어내지 않고도 액슬축 분리가 가능하다. → 대형차

(2) 액슬 하우징 Axle housing

액슬 축을 감싸고 있으며, 외관으로 차량 중량을 지지한다. 종류에는 벤조형, 분할형, 빌드업형 등의 3가지가 있다.

※ 벤조형은 대량생산에 적합한 구조이기 때문에 현재 가장 많이 사용되고 있다.

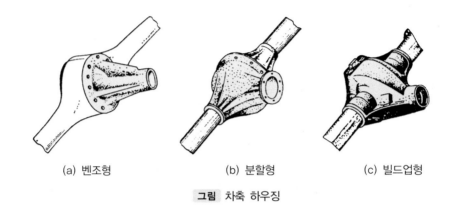

(a) 벤조형   (b) 분할형   (c) 빌드업형

그림 차축 하우징

01. 정속 주행 장치란 운전자가 가속 페달을 밟지 않고도 원하는 속도를 일정하게 유지시켜 주는 장치이다.

☐ O ☐ X

02. 자재이음은 드라이브 라인의 길이 변화를 주기 위한 장치이다.

☐ O ☐ X

03. 등속도 자재이음은 설치각이 큰 F·F방식의 구동축에 주로 사용되며 현재 바퀴 쪽에는 버필드 자재이음이 사용한다.

☐ O ☐ X

04. 추진축에서 기하학적 중심과 질량 중심이 같이 않아서 발생되는 굽음 진동을 휠링이라 하고 이를 줄이기 위해 평형추 용접하여 사용한다.

☐ O ☐ X

05. 하이포이드 기어는 링기어의 중심을 구동피니언의 중심보다 낮게 설계하여 무게 중심을 낮추고 기어의 물림률도 높일 수 있다.

☐ O ☐ X

06. 총감속비를 결정하기 위한 요소로 현가, 조향, 제동성능을 고려해야 한다.

☐ O ☐ X

07. 차동기어 장치는 래크와 피니언 기어의 원리를 이용하여 제작되었으며 선회 시 안쪽 휠이 회전하지 못한 만큼 바깥쪽 휠이 더 회전하게 만들어 준다.

☐ O ☐ X

08. 뒤 바퀴 액슬축의 지지방식으로 고정식, 반부동식, 전부동식 이렇게 3가지 종류가 있다.

☐ O ☐ X

정답 1.○ 2.× 3.○ 4.○ 5.× 6.× 7.○ 8.×

01 정속 주행장치(Cruise control)의 구성 요소가 아닌 것은?

① 차속센서 ② 제어 스위치
③ 해제 스위치 ④ 차고 센서

02 추진축에 진동이 생기는 원인 중 옳지 않는 것은?

① 요크 방향이 다르다.
② 밸런스 웨이트가 떨어졌다.
③ 중간 베어링이 마모되었다.
④ 플랜지부를 너무 조였다.

03 추진축의 스플라인부가 마모되면?

① 차동기의 드라이브 피니언과 링 기어의 치합이 불량하게 된다.
② 차동기의 드라이브 피니언 베어링의 조임이 헐겁게 된다.
③ 동력을 전달할 때 충격 흡수가 잘 된다.
④ 주행 중 소음을 내고 추진축이 진동한다.

04 추진축의 구성 요소가 아닌 것은?

① 슬립 이음
② 십자형 자재 이음
③ 등속 자재이음
④ 밸런스 웨이트

05 드라이브 라인에 자재이음을 사용하는 이유는?

① 진동을 흡수하기 위하여
② 추진축의 길이방향에 변화를 가능하게 하기 위해
③ 출발을 원활하게 하기 위하여
④ 추진축의 각도 변화를 가능하게 하기 위해

06 자동차에 슬립이음이 있는 이유는?

① 회전력을 직각으로 전달하기 위해서
② 출발을 원활하게 하기 위해서
③ 추진축의 길이방향의 변화를 주기 위해서
④ 진동을 흡수하기 위해서

07 앞바퀴 구동차에서 종감속 장치에 연결된 구동 차축에 설치되어 바퀴에 동력전달용으로 사용되어지는 것은?

① 플렉시블 조인트
② 트리니언 조인트
③ 십자형 조인트
④ 등속 조인트

 01.④ 02.④ 03.④ 04.③ 05.④ 06.③ 07.④

08 자재이음과 슬립이음을 겸한 것으로, 볼은 보디 안쪽 면의 홈에 들어가 동력을 전달함과 동시에 보디 내부에 들어 있는 코일 스프링은 추진축이 앞뒤로 움직이는 것을 방지하기 위한 것은?

① 플렉시블 조인트
② 트러니언 조인트
③ 십자형 조인트
④ 등속 조인트

09 원동축과 피동축을 각각 Y형 요크와 십자축으로 연결하는 방식으로 구조가 간단하고 비교적 큰 각도의 동력 전달할 수 있는 것은?

① 플렉시블 조인트 ② 트러니언 조인트
③ 유니버설 조인트 ④ 등속 조인트

10 추진축의 높이를 낮게 할 수 있는 종감속기어는?

① 하이포이드 기어
② 베벨기어
③ 스파이럴 베벨기어
④ 웜과 웜기어

11 차동기어 장치는 다음에서 어떤 원리를 이용한 것인가?

① 후크의 법칙
② 파스칼의 원리
③ 래크와 피니언의 원리
④ 에너지 불변의 법칙

12 종감속비를 결정하는 데 필요한 요소가 아닌 것은?

① 엔진의 출력   ② 차량중량
③ 가속성능   ④ 제동성능

13 최종감속 기어와 차동기어 장치의 설명이다. 틀린 것은?

① 최종감속 기어는 추진축으로부터 받은 동력을 마지막으로 감속시켜 회전력을 크게 하는 동시에 회전방향을 직각 또는 직각에 가까운 각도로 바꾸어 주는 역할을 한다.
② 최종 감속기어는 보통 하이포이드 기어로 되어 있다.
③ 하이포이드 기어는 링 기어의 중심을 구동 피니언의 중심보다 아래로 낮출 수 있어 차량의 무게중심을 낮게 할 수 있다.
④ 차동기어 장치는 자동차가 굽은 길을 돌 때에 안쪽 바퀴와 바깥쪽 바퀴의 회전수가 각각 다르도록 이를 조정하는 장치이다.

14 최종 감속기어와 차동기어를 변속기와 일체로 조립한 것으로 추진축이 없으며 변속기와 최종 감속기어가 직접 물려 있는 구조는?

① 토크 변환기
② 트랜스퍼 케이스
③ 가이드 핀
④ 트랜스 액슬

15 구동축의 설명이 잘못된 것은?

① 하중을 받으면서 자동차에 굴러가는 힘을 주는 장치이다.

② 차량의 중량을 전부 하우징이 감당하는 경우는 전부동식이다.

③ 반부동식은 차량무게의 절반을 구동축이 감당한다.

④ 전부동식은 대형트럭이나 버스에, 반부동식은 중형승용차에 쓰인다.

16 종감속기어의 종류에 해당하지 않는 것은?

① 하이포이드 기어

② 스파이럴 베벨기어

③ 웜과 웜기어

④ 릴리스 기어

17 최종 감속비와 총감속비에 대한 설명이 잘못된 것은?

① 최종 감속비는 링 기어와 구동 피니언의 잇수의 비, 기관의 출력, 차량의 중량, 가속성능, 등판능력 등에 관계한다.

② 최종 감속비는 구동 피니언의 잇수/링기어의 잇수이다.

③ 총감속비는 변속기에서의 변속비와 최종 감속기어 장치에서의 감속비를 모두 고려한 것으로 자동차 전체의 감속비가 된다.

④ 총감속비는 변속비×최종감속비의 계산식이다.

18 종감속비가 4 : 1일 때 구동피니언 기어가 4회전하면 링기어 회전수는 얼마인가?

① 16회전 ② 8회전

③ 4회전 ④ 1회전

19 종감속 기어의 구동 피니언의 잇수가 10, 링 기어의 잇수가 50인 자동차가 평탄한 도로를 직선으로 달려갈 때, 추진축의 회전수가 800rpm이면 뒷차축의 회전수는?

① 100rpm ② 160rpm

③ 250rpm ④ 4000rpm

20 총감속비가 9인 자동차에서 추진축 회전수가 1,500rpm일 때 뒷차축의 회전수는? (단, 변속비는 1.5 : 1)

① 125rpm

② 222rpm

③ 250rpm

④ 500rpm

21 위 20번 문제에서 구동륜의 오른쪽 바퀴의 회전수가 200rpm 이면, 왼쪽 바퀴의 회전수는 얼마인가?

① 300rpm

② 200rpm

③ 150rpm

④ 500rpm

 15.④ 16.④ 17.② 18.④ 19.② 20.③ 21.①

22 구동바퀴가 자동차를 미는 힘을 구동력이라고 하는데 구동력을 구하는 공식은? (단, F : 구동력, T : 축의 회전력, R : 바퀴의 반경)

① $F = \dfrac{R}{T}$ 　② $F = \dfrac{T}{R}$

③ $R = \dfrac{F}{T}$ 　④ $T = \dfrac{F}{2R}$

23 기관의 회전수가 4,800rpm이고, 최고 출력 70ps, 총감속비가 4.8, 뒤 액슬축의 회전수가 1,000rpm, 바퀴의 반지름이 320mm일 때 차의 속도는?

① 약 60km/h

② 약 80km/h

③ 약 112km/h

④ 약 121km/h

8 휠 및 타이어

(1) 휠Wheel의 종류 및 사이즈 표기

1) 휠의 종류

휠은 타이어를 지지하는 림과 림을 지지하며, 종류에는 디스크 휠, 경합금 휠(알루미늄, 마그네슘), 스포크 휠 등이 있다.

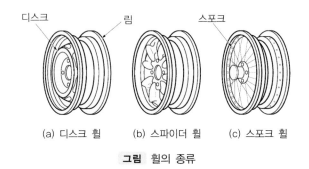

(a) 디스크 휠   (b) 스파이더 휠   (c) 스포크 휠

그림 휠의 종류

2) 사이즈 표기

$$\underset{①}{18} \times \underset{②}{7.5} \quad \underset{③}{J} \quad \underset{④}{5} - \underset{⑤}{114.3} + \underset{⑥}{50}$$

① 림 지름 : 림의 직경은 인치로 표기. 림 지름과 타이어 내경이 똑같은 타이어를 결합할 수 있음.

② 림 폭 : 림 폭은 인치로 표기. 소수점 이하가 1/2로 표시되어 있는 경우 0.5인치를 의미. 규정된 적용 폭의 타이어를 결합할 수 있음.

③ 플랜지 형상 : 림 끝의 형상을 J, JJ, B 등의 규격으로 나타냄. 림 폭이 몇 J로 표시되어 있는 것은, 몇 인치의 J플랜지 형상이라는 의미.

④ 구멍 수(Hole수) : 볼트의 구멍 수.

⑤ P.C.D(Pitch Circle Diameter) : 볼트 구멍 피치 원 직경(볼트 구멍 사이의 거리), mm로 표기.

⑥ 휠 옵셋 : 림의 중심선부터 허브 접촉면까지의 거리. mm로 표기. 중심선보다 바깥에서 접촉되면 +, 안쪽에서 접촉되면 ―가 된다.

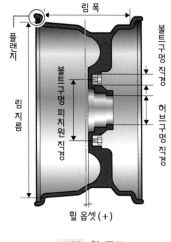

그림 휠 구조

(2) 림의 종류

림은 타이어가 설치되는 부분으로, 일반적으로 디스크와 일체로 회전하는 휠의 일부분으로 된 경우가 많으며, 종류에는 2분할 림, 드롭 센터 림, 인터 림 등이 있다.

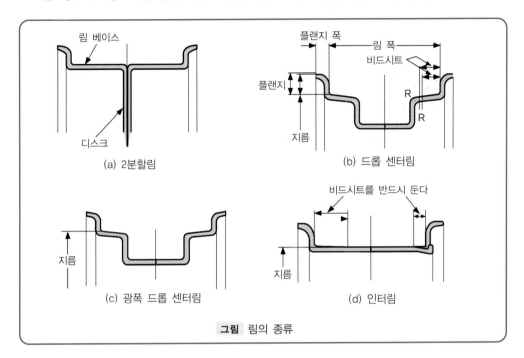

그림 림의 종류

(3) 타이어

1) 타이어의 호칭 치수

　① 고압 타이어의 호칭 방법 : 외경(인치) × 폭(인치) × 플라이 수

　　사용되는 곳 : 버스, 트럭, 지게차, 크레인, 로더 등

　② 저압 타이어의 호칭방법 : 폭(인치) × 내경(인치) × 플라이 수

　※ 플라이 수 : 카커스를 구성하는 코드 층의 수로 주로 타이어 강도를 나타내는 지수로 사용

　　(2PR~24PR, 짝수로 이루어 짐 – 승용 : 4~6, 트럭, 버스 : 8~16)

2) 타이어 호칭

고속시의 주행 안정성을 향상시키기 위해서 편평비는 작을수록 양호하다.

동영상

　※ 편평비(%) $= \dfrac{\text{타이어높이}}{\text{타이어폭}} \times 100$

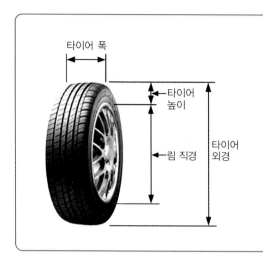

▶ 레이디얼 타이어의 호칭표시

P195 / 60R14 85 H

P : 승용차용   195 : 타이어 폭(㎜)
60 : 편평비(%)   R : 레이디얼 타이어
14 : 림 직경 or 타이어 내경(inch)
85 : 하중지수   H : 속도 기호

▶ 대형 레이디얼 타이어

12   R   22.5

12 : 타이어 폭(inch)
R : 레이디얼 타이어
22.5 : 림 직경(inch)

타이어 폭
타이어 높이
림 직경
타이어 외경

(4) 튜브Tub가 없는 타이어 Tubless tire

1) 장 점

① 고속 주행 시 발열이 적다.

② 못 등이 박혀도 공기 누출이 적다.

③ 튜브가 없기 때문에 경량이고, 펑크 수리가 간단하다.

2) 단 점

① 유리 조각 등에 의해 손상되면 수리가 곤란하다.

② 림이 변형되어 타이어와의 밀착이 불량하면 공기가 누출되기 쉽다.

(5) 레이디얼 타이어Radial tire

1) 장 점

① 접지 면적이 크고, 하중에 의한 트레드의 변형이 적다.

② 선회할 때에 옆방향의 힘을 받아도 변형이 적다.

③ 타이어 단면의 편평률을 크게 할 수 있다.

④ 로드 홀딩이 향상되며 스탠딩 웨이브 현상이 일어나지 않는다.

브레이커
바이어스 코드

(a) 보통 타이어

2) 단 점

① 저속에서 조향 핸들이 다소 무거워진다.

② 브레이커가 튼튼하여 충격이 잘 흡수되지 않으므로 승차감이 나쁘다.

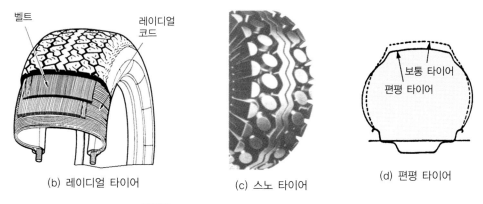

(b) 레이디얼 타이어   (c) 스노 타이어   (d) 편평 타이어

그림 형상에 따른 타이어의 종류

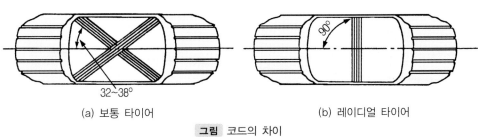

(a) 보통 타이어   (b) 레이디얼 타이어

그림 코드의 차이

※ **보통 타이어**(바이어스 타이어 : Bias tire)

카커스의 코드를 사선 방향으로 하고, 브레이커를 카커스 바깥쪽에 원둘레로 넣어서 만든 타이어이다.

※ **편평 타이어**(Low section height tire)

편평비(타이어 높이/타이어 폭)를 작게 한 타이어이며 단면을 편평하게 하면 접지 면적이 크게 되어 옆 방향 강도가 증가하기 때문에 제동, 출발, 가속 등에서 미끄럼이 잘 발생되지 않고 선회성이 좋아진다.

※ **런 플랫 타이어**(Run-flat tire)

주행 중 펑크가 발생 시 자동차가 균형을 잃는 것을 방지하기 위해 사이드 월에 강성을 더한 타이어.

(6) 스노 타이어

1) 장 점

제동성이 우수하고, 견인력이 크고 체인 탈·부착의 번거로움이 없다.

2) 주의할 점

① 급제동하지 말 것(바퀴가 고정되면 제동 거리가 길어진다.)

② 출발할 때에는 천천히 회전력을 전달한다.(미끄럼을 일으키면 견인력이 저하된다.)

③ 경사지를 주행할 때에는 서행하고, 트레드 홈이 50% 이상 마모되면 체인을 병용할 것

④ 구동바퀴에 걸리는 하중을 크게 한다.

(7) 타이어의 구조

1) 트레드 Tread

트레드는 노면과 직접 접촉되는 부분으로서 내부의 카커스와 브레이커를 보호해주는 부분으로 내마모성의 두꺼운 고무로 되어 있다. 트레드가 편마모 되는 원인은 캠버의 부정확한 조정에 있다.

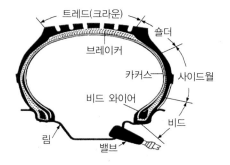

그림 타이어의 구조

2) 트레드 패턴의 필요성

① 타이어의 전진방향 및 옆방향 미끄러짐을 방지한다.

② 타이어 내부에 생긴 열을 방출해 준다.

③ 트레드부에 생긴 절상 등의 확산을 방지한다.

④ 구동력과 선회성능을 향상시킨다.

3) 트레드 패턴의 종류

① 리브 패턴(Rib pattern) : 옆방향 미끄러짐 방지와 조향성 우수 – 승용차

② 러그 패턴(Lug pattern) : 구동력, 제동력우수 – 덤프트럭, 버스

③ 리브 러그 패턴(Rib lug pattern) : 모든 노면에 우수 – 고속버스, 소형 트럭

④ 블록 패턴(Block pattern) : 앞·뒤 또는 옆방향 슬립 방지

(a) 리브 패턴   (b) 러그 패턴   (c) 리브 러그 패턴   (d) 블록 패턴

그림 타이어 트레드 패턴

(8) 타이어 평형 Wheel balance

1) 정적·동적 평형

① 정적 평형(Static balance)은 상하의 무게가 맞는 것(불평형 시 : 트램핑)

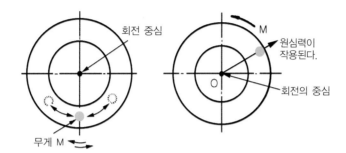

② 동적 평형(Dynamic balance)은 좌·우 대각선의 무게가 맞는 것(불평형 시 : 시미)

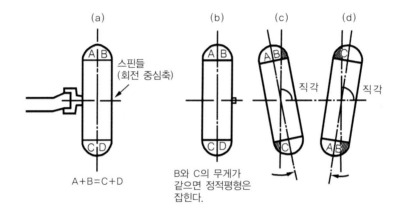

2) 타이어 취급 시 주의 사항

① 타이어 임계온도 120~130℃이다.

② 타이어 로테이션 시기는 8000~10,000km이다.

③ 공기압력을 규정대로 주입하고, 급출발, 급정지, 급선회 등은 피한다.

④ 앞바퀴 휠 얼라인먼트를 정확히 하며, 트레드 홈 깊이가 1.6mm 이하 시 교환한다.
　　　　　　　　　　　　　　　↳ ▲ 트레드 웨어 인디케이터로 확인

(9) 타이어에서 발생되는 이상 현상

1) 스탠딩 웨이브 Standing wave 현상

고속 주행에서 타이어에 발생하는 것으로 발열과 피로에 의해 타이어 트레드 부위가 찌그러지는 현상을 말하며, 방지책은 다음과 같다.

① 타이어 공기압을 10~15% 높이고, 강성이 큰 타이어를 사용한다.

② 전동 저항을 감소시키고, 저속으로 주행한다.

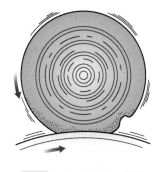

그림 스탠딩 웨이브 현상

2) 하이드로 플레이닝 Hydro planing 현상

비가 올 때 노면의 빗물에 의해 타이어가 노면에 직접 접촉되지 않고 수막만큼 공중에 떠있는 상태를 말하며, 방지책은 다음과 같다.

① 트레드 마모가 적은 타이어를 사용한다.

② 속도를 줄이고, 타이어 공기압을 10% 높인다.

③ 트레드 패턴은 카프(Calf)형으로 셰이빙(Shaving) 가공한 것을 사용할 것

④ 리브형 패턴을 사용하고, 러그 패턴의 타이어는 하이드로 플레이닝을 일으키기 쉽다.

(10) 타이어 공기압 경보장치(TPMS : Tire Pressure Monitoring System)

타이어 내부에 설치된 센서가 타이어의 공기압을 감지해 실시간으로 운전자에게 계기판의 경고등이나 경고 메시지 또는 경고음을 통해 모니터링 해주는 시스템이다.

1) TPMS의 효과

① 정상적인 공기압을 유지하여 주행 및 제동 안정성 확보

② 승차감 향상 및 소음 절감 그리고 편안한 조향 성능을 확보

③ 타이어의 수명 연장, 연비향상의 효과도 얻을 수 있다.

④ 규정 공기압의 80% 이하 시 경고등 및 경고음을 작동시킨다.

2) TPMS의 구성

① 타이어 압력 센서 : 공기 주입구 안쪽에 위치하며 원심력이 가해지면 전원이 들어오는 방식을 사용하여 내장재 배터리 수명을 길게 가져갈 수 있다.

② 수신기(Receiver) : 휠에 장착된 압력센서로 부터 전송된 타이어 공기압 신호를 수신하여 TPMS C/U로 전송하는 역할을 한다.

③ TPMS C/U : 수신기로부터 입력된 타이어 공기 압력을 수신하여 타이어 공기압 부족 경고등 및 경고 메시지와 경고음의 작동을 제어하는 역할을 한다.

④ 경고등 및 경고음 : 계기판에 경고등을 통하여 운전자에게 타이어를 점검할 것을 알려주는 등으로 사용하며 경고음을 사용하기도 한다.

⑤ 이니시에이터 : 타이어 개별 위치를 파악해 이상이 발생한 타이어를 표시할 수 있게 도와준다.

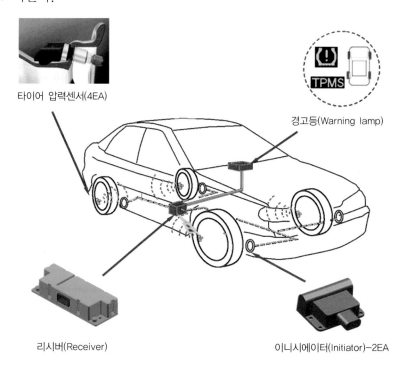

타이어 압력센서(4EA)

경고등(Warning lamp)

리시버(Receiver)

이니시에이터(Initiator)-2EA

01. 림의 중심선부터 허브 접촉면까지의 거리를 휠 옵셋이라 하고 중심선 기준으로 바깥에서 접촉하면 (+), 안쪽에서 접촉하면 (−)가 된다. ☐ O ☐ X

02. 고압 타이어의 호칭 방법은 폭(인치) × 내경(인치) × 플라이 수로 나타낸다. ☐ O ☐ X

03. 아래의 레이디얼 타이어 표시 중 14는 림의 내경을 cm로 나타낸 것이다.

    P195 / 60R14 85 H

    ☐ O ☐ X

04. 튜브가 없는 타이어는 고속 주행 시 발열이 적고 못 등이 박혀도 공기 누출이 적으며 펑크 수리가 간단하다. ☐ O ☐ X

05. 레이디얼 타이어는 접지 면적이 크고 하중에 의한 트레드 변형이 적으며 로드 홀딩이 향상되나 스탠딩 웨이브 현상이 잘 발생되는 단점이 있다. ☐ O ☐ X

06. 스노 타이어는 급제동을 가급적 삼가고 출발할 때 천천히 구동력을 전달시켜 사용하여야 한다. 또한 트레드 홈이 50% 이상 마모 시 체인을 병용해서 사용해야 한다. ☐ O ☐ X

07. 하이드로 플레이닝 현상을 줄이기 위해서는 트레드 패턴을 리브형으로 사용하는 것이 유리하다. 러그 패턴이 하이드로 플레이닝(수막현상)을 일으키기 쉽다. ☐ O ☐ X

08. 타이어의 임계온도는 120~130℃ 정도이고 트레드 홈의 깊이가 1.6mm 이하 시 교환하여야 한다. ☐ O ☐ X

09. 스탠딩 웨이브 현상을 줄이기 위해서는 마찰을 증대시키기 위하여 공기압을 10% 정도 낮춰주고 노면에 충격을 잘 흡수하는 바이어스 타이어를 사용하는 것이 좋다. ☐ O ☐ X

10. TPMS는 운전자가 육안으로 확인하기 힘든 정도의 공기부족 상황을 파악하고 운전자에게 알려주기 위해 "압력센서 측정 → 수신기 → TPMS ECU → 경고등(계기판) 및 경고음 작동" 과정으로 제어하게 된다. ☐ O ☐ X

정답 1.○ 2.× 3.× 4.○ 5.× 6.○ 7.○ 8.○ 9.× 10.○

01 타이어 공기압 경고장치 TPMS의 구성 요소에 해당되지 않는 것은?

① 타이어 압력 센서
② 수신기(Receiver)
③ TPMS ECU
④ 로드리미터

02 캠버가 과도할 때의 타이어의 마모 상태는?

① 트레드의 중심부가 마모
② 트레드의 한쪽 모서리가 마모
③ 트레드의 전반에 걸쳐 마모
④ 트레드의 양쪽 모서리가 마모

03 타이어의 역할에 대한 설명이다. 틀린 것은?

① 자동차의 차체와 지면 사이에서 차체의 구동력을 전달한다.
② 지면으로부터 받은 충격을 흡수, 완화시킨다.
③ 차체 및 화물의 무게를 지탱해 준다.
④ 조향 핸들이 비정상적으로 조작되는 것을 제어한다.

04 타이어의 고무층의 구성이 아닌 것은?

① 트레드부   ② 카커스부
③ 림 부   ④ 비드부

05 타이어 P 205/60 R15 89H에서 틀린 설명은?

① R : 레이디얼 타이어
② 15 : 타이어의 외경
③ H : 속도기호
④ 60 : 타이어 평편비율

06 다음은 타이어 취급 시 주의할 점이다. 틀린 것은?

① 고속으로 주행할 때에는 트레드의 마모 30% 이하의 것을 사용한다.
② 고속 주행 시 타이어 공기압을 10~15% 높이는 것이 좋다.
③ 타이어의 공기 압력이 적으면 접지면적이 작아지기 때문에 마모가 감소된다.
④ 타이어는 그 크기가 플라이 수에 따라 정해진 표준하중의 1.5배 정도까지 견딜 수 있게 설계됐다.

07 타이어의 뼈대가 되는 부분은?

① 트레드
② 브레이커
③ 카커스
④ 비드부

정답 01.④ 02.② 03.④ 04.③ 05.② 06.③ 07.③

08 자동차 바퀴에서 노면과 접촉을 하지 않지만 카커스를 보호하고 타이어 규격, 메이커 등 각종 정보가 표시되는 부분은?

① 림 라인　　② 숄더
③ 사이드 월　　④ 트레드

09 타이어 교환 후 일정 속도(고속)에서 조향 핸들의 떨림이 발생될 때 점검해야 되는 것은?

① 휠 밸런스
② 뒷바퀴 휠 얼라인먼트
③ 클러치 페달 유격
④ 종감속 기어의 백래시

10 고속도로에서 타이어 공기압을 추가하는 이유는?

① 베이퍼록 현상 방지
② 하이드로 플래닝 현상 방지
③ 브레이크 페이드 현상 방지
④ 스탠딩 웨이브 현상 방지

11 스탠딩 웨이브 현상에 대한 다음 설명 중 잘못된 것은?

① 고속주행 시 발생한다.
② 스탠딩 웨이브가 발생하면 구름저항이 감소한다.
③ 스탠딩 웨이브 상태에서는 트레드가 원심력을 견디지 못하고 떨어져 타이어가 파손된다.

④ 스탠딩 웨이브를 방지하기 위해서는 타이어의 공기압을 표준 공기압보다 10~30%정도 높여주어야 한다.

12 타이어의 트레드 패턴의 필요성으로 틀린 것은?

① 타이어 내부에서 발생한 열을 발산한다.
② 주행 중 옆 방향 슬립을 방지한다.
③ 구동력이나 선회성능을 향상시킨다.
④ 카커스와 접촉하여 외부로 부터의 충격으로 인한 손상을 방지한다.

13 레이디얼 타이어의 장점으로 틀린 것은?

① 타이어 단면의 편평율을 크게 할 수 있다.
② 접지 면적이 크다.
③ 하중에 의한 변형이 적다.
④ 스탠딩 웨이브 현상이 잘 일어난다.

14 조향성, 승차감이 우수하고 고속 주행에 적합하여 승용차에 많이 사용되는 트레드 패턴은 무엇인가?

① 리브 패턴
② 러그 패턴
③ 리브 러그 패턴
④ 블록 패턴

정답 　08.③　09.①　10.④　11.②　12.④　13.④　14.①

15 타이어의 높이가 180mm, 폭이 220mm 인 타이어의 편평비는?

① 122% ② 82%

③ 75% ④ 62%

16 카커스를 구성하는 코드층의 수를 무엇 이라 하는가?

① 카커스 수 ② 코드 수

③ 플라이 수 ④ 비드 수

17 타이어 형상에 의한 분류에 해당되지 않 는 것은?

① 레이디얼 타이어
② 튜브리스 타이어
③ 스노 타이어
④ 편평 타이어

18 튜브리스 타이어의 장점으로 틀린 것 은?

① 구조가 간단하고 가볍다.
② 고속 주행 시 발열이 적다.
③ 못 등에 찔려도 공기가 급격히 새지 않는다.
④ 유리 조각 등의 의해 타이어가 파손되 어도 수리가 용이하다.

19 스노 타이어의 설명으로 틀린 것은?

① 구동 바퀴에 걸리는 하중을 크게 한 다.
② 눈길에서 체인 없이 사용하는 타이어 이다.
③ 30% 이상 마모 시 체인을 설치하여 사용한다.
④ 트레드 부의 폭을 넓히고, 홈을 깊게 하여 접지 면적을 크게 한다.

해설》 50% 이상 마모 시 체인을 병용하여 사용 한다.

20 바퀴가 상하로 진동을 하는 현상을 무엇 이라 하는가?

① 시미현상
② 트램핑 현상
③ 로드 홀딩 현상
④ 스탠딩 웨이브 현상

정답 **15.**② **16.**③ **17.**② **18.**④ **19.**③ **20.**②

주행 중 노면에서 받은 충격 및 진동을 완화하거나 자동차의 승차감과 안정성 향상에 설치 목적이 있으며, 승차감이 가장 뛰어난 사이클은 60~120 cycle/min이다.

1 스프링 Spring

스프링에는 판스프링, 코일 스프링, 토션 바 스프링 등의 금속제 스프링과 고무 스프링, 공기 스프링 등의 비금속제 스프링이 있다.

(1) 판스프링 Leaf spring

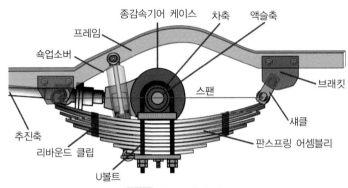

그림 판스프링의 구조

1) 장 점

① 큰 진동을 잘 흡수하며, 비틀림 진동에 강하다.

② 구조가 간단하며, 일체 차축식에 주로 사용된다.

③ 판간 마찰에 의한 진동억제 작용이 크다.

2) 단 점

① 작은 진동에 대한 흡수율이 낮다.

② 스프링의 큰 강성 때문에 승차감이 저하된다.

(2) 코일 스프링

1) 장 점

① 작은 진동 흡수율이 높다.

② 승차감이 우수하다.

동영상

③ 단위중량당 에너지 흡수율이 크다.

2) 단 점

① 큰 진동의 감쇠 작용이 적다.

② 비틀림에 대해 약하다.

③ 구조가 복잡하다.

④ 쇽업소버와 함께 사용해야 한다.

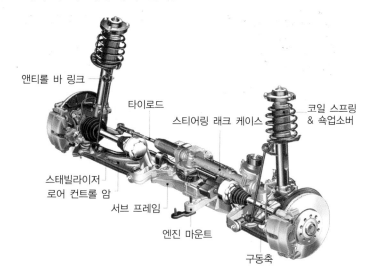

앤티롤 바 링크

타이로드

스티어링 래크 케이스

코일 스프링
& 쇽업소버

스태빌라이저
로어 컨트롤 암

서브 프레임

엔진 마운트

구동축

그림 코일 스프링

(3) 토션 바 스프링 Torsion bar spring

스프링 강이 막대로 되어 있으며
비틀림 탄성에 의해 제자리로 되돌
아 갈려는 성질을 이용한 것이며 특
징으로는 다음과 같다.

1) 쇽업소버를 병용하고, 좌우
의 것이 구분되어 있다.

2) 단위중량당 에너지 흡수율
이 가장 크기 때문에 가볍게
할 수 있다.

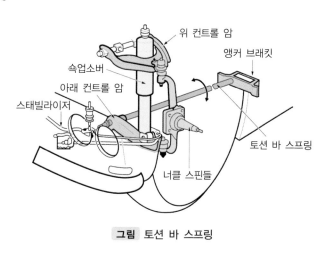

위 컨트롤 암

앵커 브래킷

쇽업소버

아래 컨트롤 암

스태빌라이저

토션 바 스프링

너클 스핀들

그림 토션 바 스프링

(4) 공기 스프링 Pneumatic spring or Air spring

압축공기의 탄성을 이용한 스프링이며, 유연한 탄성을 얻을 수 있고 노면으로부터의 아주 작은 진동도 흡수할 수 있어 승차감이 우수하다.

※ 레벨링 밸브 : 차체의 높이를 일정하게 유지하는 일을 한다.

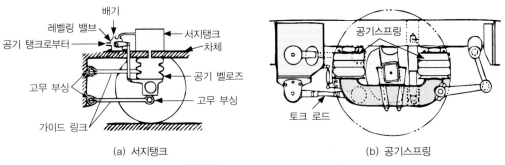

(a) 서지탱크　　　　(b) 공기스프링

그림 서지 탱크와 공기 스프링

1) 장 점

① 차체의 높이를 항상 일정하게 한다.

② 스프링의 세기(탄력)가 하중에 비례한다.

③ 하중에 관계없이 승차감에 차이가 없다.

④ 매우 유연하므로 진동 흡수율이 양호하다.

2) 단 점

① 구조가 복잡하며, 제작비가 비싸고, 기관의 출력이 일부를 빼앗긴다.

② 앞뒤 좌우 방향의 힘을 지지할 능력이 없으므로 링크나 로드가 필요하다.

2 쇽업소버 Shock absorber

쇽업소버는 자동차가 주행 중 노면에 의해서 발생된 스프링의 고유 진동을 흡수하여 진동을 신속히 감쇠시켜 승차감의 향상, 스프링의 피로 감소, 로드홀딩을 향상시키며, 스프링의 상하 운동 에너지를 열에너지로 변환시킨다.

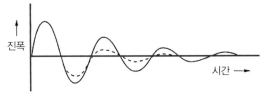

— 쇽업소버가 없을 때　--- 쇽업소버가 있을 때

그림 쇽업소버의 작용

(1) 텔레스코핑형

1) 단동식 : 늘어날 때만 감쇠력을 발생시킨다.

2) 복동식 : 늘어날 때나 줄어들 때 모두 감쇠력을
발생시켜 노스 업 및 노스 다운을 방지한다.

① **노스 업** : 자동차가 급출발할 때 앞이 들리는
현상

② **노스 다운** : 자동차가 급제동할 때 앞이 내려
가는 현상

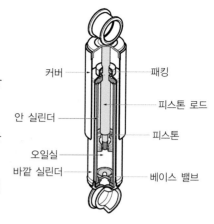

그림 텔레스코핑형 쇽업소버의 구조

▶ **감쇠력**
쇽업소버를 늘일 때나 압축할 때 강한 힘을 가하면 그 힘에 저항하려는 힘이 더욱 강하게 작용되는 저항력을 말한다.
① 오버 댐핑(Over Damping) : 감쇠력이 너무 커서 승차감이 딱딱한 형태를 말한다.
② 언더 댐핑(Under Damping) : 감쇠력이 너무 작아 승차감이 저하되는 것이다.

(2) 드가르봉식 쇽업소버

이 형식은 유압식의 일종이며, 텔레스코핑의 개량형이다.

1) 구조가 간단하며, 실린더가 1개로 되어있어 방열효과가 좋다.

2) 내부에 질소가스가 $30kg/cm^2$ 압력이 걸려있어 분해하는 것은 위험하다.

3) 오일에 기포가 쉽게 발생되지 않아 장시간 작동되어도 감쇠효과가 저하되지 않는다.

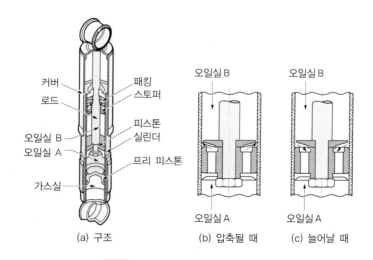

그림 드가르봉 형식의 구조와 작동

3 스태빌라이저 Stabilizer

독립식 현가장치에서 사용되는 일종의 토션 바이며, 선회할 때 차체의 기울기 및 좌우
진동(rolling)을 방지하고 차의 평형을 유지하기 위해서 설치한 것이다.

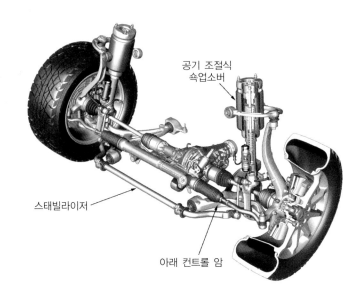

그림 스태빌라이저

4 현가장치의 종류

앞 차축 및 앞 현가장치는 차량의 앞부분에 가해지는 하중을 지지하고 뒤 차축 및 뒤
현가장치는 차량의 뒤 부분에 가해지는 하중을 지지하며, 바퀴에서 발생되는 진동을 흡수
완화하는 역할을 한다. 앞 차축 및 앞 현가장치에는 조향장치의 일부가 설치되어 있으며,
대형 차량에서는 일체차축 현가장치를 사용하고 승용차에서는 독립현가장치를 사용한다.

(1) 일체식 및 독립식 현가장치의 비교

1) 일체식 현가장치

① 구조가 간단하다.
② 선회 시 차체의 기울기가 적다.
③ 승차감이 좋지 않다.
④ 로드홀딩이 좋지 못하다.

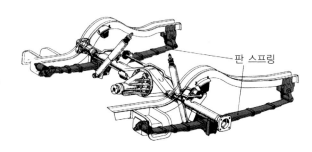

그림 일체차축 방식

2) 독립식 현가장치

① 바퀴의 시미를 잘 일으키지 않는다.

② 스프링 밑 질량이 적어 승차감이 좋다.

③ 스프링 상수가 작은 스프링도 사용할 수 있다.

④ 로드 홀딩이 좋다.

TIP

▶ **시미 현상**
타이어가 좌우로 흔들리는 현상. 즉, 바퀴의 좌우 진동을 시미라 한다.

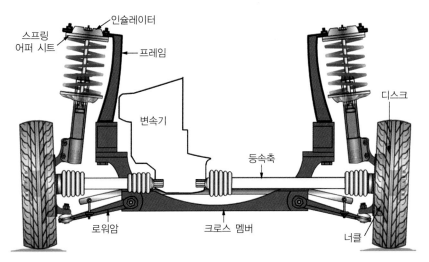

그림 맥퍼슨 형식의 독립현가 장치

▶ 시미의 원인
① 앞바퀴 정렬의 조정이 불량하고, 조향기어가 마모되었다.
② 바퀴가 변형 및 현가 스프링이 쇠약하고, 타이어의 공기압이 낮다.
③ 바퀴의 동적 불평형일 때 고속시미의 원인, 그 외는 저속시미의 원인이다.

(2) 독립식 현가장치의 종류

1) 위시본 형식 Wishbone type

비 교	평행사변형	SLA
위아래컨트롤 암의 길이	같다.	위 < 아래
캠 버	변화 없다.	변한다.
윤 거	변한다.	변화 없다.
타이어 마모도	빠르다.	느리다.

※ SLA 형식의 독립현가장치의 스프링이 피로하거나 약해지면 바퀴의 위 부분이 안쪽으로 움직여 부의 캠버가 된다.

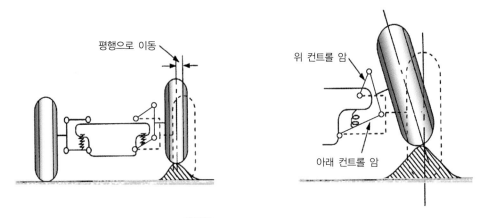

그림 평행사변형과 SLA 방식

2) 더블 위시본 형식

위시본 형식의 단점을 보완한 것으로 맥퍼슨 형식보다 상대적으로 강성이 크고 상하 운동 시 캠버나 캐스터 등의 변화가 적으며 승차 감각이 부드럽고, 조향안정성이 큰 장점이 있다. 그러나 구조가 복잡하고 넓은 설치공간이 필요한 단점이 있다.

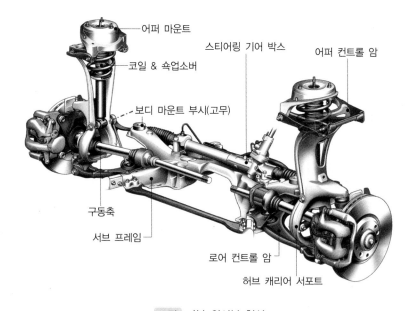

그림 더블 위시본 형식

3) 맥퍼슨 형식

스트럿과 조향 너클이 일체로 된 형식이며, 특징으로는 엔진실의 유효 체적을 넓게 할 수 있고, 스프링 밑 질량이 작아 로드 홀딩이 우수하다.

4) 기타 현가

① 트레일링 링크형식 : 1~2개의 링크 또는 암으로 연결, 타이어의 마모가 적지만 옆 방향에 저항이 약해 많이 사용하지는 않는다.

② 스윙차축 형식 : 좌우로 분리한 차축이 독립적으로 운동하는 방식으로 주로 소형차 후륜에 적용되며 타이어의 마모가 가장 크다.

5 뒤 차축 구동방식

차체는 구동 바퀴로부터 추력을 받아 전진 및 후진하며 구동 바퀴의 추력을 차체에 전달하는 방식이며, 종류에는 호치키스, 토크 튜브, 레디 어스 암 구동 등이 있다.

1) 호치키스 구동 Hotchikiss drive : 리어엔드 토크는 판스프링이 흡수한다.

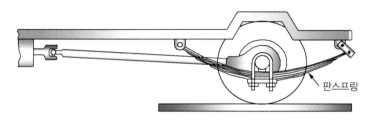

판스프링

그림 호치키스 구동

2) 토크 튜브 구동 Torque tube drive : 리어엔드 토크는 토크 튜브가 흡수한다.

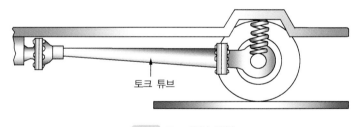

토크 튜브

그림 토크 튜브 구동

3) 레디어스 암 구동 Radius arm drive : 리어엔드 토크는 2개의 암이 흡수한다.

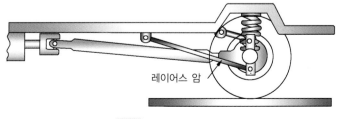

레이어스 암

그림 레디어스 암 구동

※ 리어엔드 토크 : 바퀴의 회전 방향과 반대 방향으로 차축이 회전하려는 힘

6 자동차의 진동

자동차의 진동은 스프링에 의해서 차체에 지지하는 스프링 위 질량과 바퀴와 현가장치 사이에 설치되어 있는 액슬 하우징을 지지하는 스프링 아래 질량으로 분류되며, 각각의 고유 진동은 다음과 같다.

(1) 스프링 위 질량의 진동

1) **롤링** Rolling : 차체가 X축을 중심으로 회전하는 좌우 진동

2) **피칭** Pitching : 차체가 Y축을 중심으로 회전하는 앞 뒤 진동

3) **바운싱** Bouncing : 차체가 Z축 방향으로 움직이는 상하 진동

4) **요잉** Yowing : 차체가 Z축을 중심으로 회전하는 수평 진동

그림 스프링 위 질량 진동

(2) 스프링 아래 질량의 진동

1) **휠 트램프** Wheel tramp : 액슬 하우징이 X축을 중심으로 회전하는 좌우 진동

2) **와인드 업** Wind up : 액슬 하우징이 Y축을 중심으로 회전하는 앞 뒤 진동

3) **휠 흡** Wheel hop : 액슬 하우징이 Z축 방향으로 움직이는 상하 진동

그림 스프링 아래 질량 진동

4) **트위스팅** Tweesting : 종합 진동이며, 모든 진동이 한꺼번에 일어나는 현상

(3) 차량 전체 진동

1) 완더 : 자동차가 직진 주행 시 어느 순간 한쪽으로 쏠렸다가 반대 방향으로 쏠리는 현상을 말한다.

2) 로드 스웨이 : 자동차가 고속 주행 시 차의 앞부분이 상하, 좌우 제어할 수 없을 정도로 심한 진동이 일어나는 현상을 말한다.

3) 쉐이크 : 승객이 승하차 할 때 차체가 상·하 진동을 한다. 이 때 감쇠력을 하드로 변환하여 차체의 진동 충격을 억제하는 것을 앤티 쉐이크(Anti-shake)라 한다.

Section 03 **전자제어 현가장치(ECS)** Electronic Controlled Suspension

1 개요

전자제어 현가장치는 자동차의 운행 상태를 검출하기 위한 각종 센서, 공기 압축기, 액추에이터, 공기 챔버 등으로 구성되어 있으며, ECU에 의해서 액추에이터가 제어되기 때문에 앞뒤의 스프링 상수와 감쇠력 및 차고가 주행 조건에 따라서 자동적으로 변환된다.

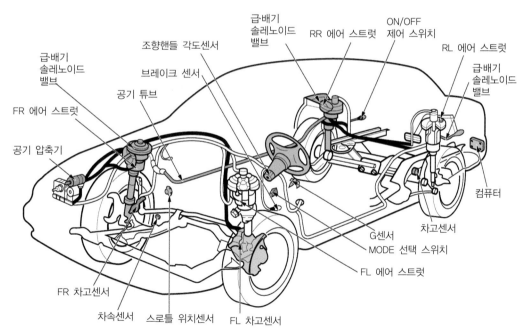

또한 감쇠력은 오토(auto), 소프트(soft), 하드(hard)의 3단계로 변환할 수 있고 스프링의 상수는 소프트(soft), 하드(hard)의 2단계로 변환할 수 있으며, 차고는 노말(normal) / 중간(medium), 로우(low), 하이(high)의 3단계로 변환시킬 수 있다.

2 ECS 특징과 작용 및 기능

전자제어 현가장치는 ECU에 의해서 스프링 상수와 댐핑력의 조절, 조향 휠의 감도 선택, 차고 조절 작용을 하고, 전자제어 현가장치는 운전자의 선택 상태, 주행조건, 노면 상태에 따라 차량의 높이와 감쇠력을 자동적으로 조절하는 장치이며, 기능은 다음과 같다.

1) 승차감이 우수하고, 충격 감소한다.
2) 급제동 시 노스다운 방지 및 조향 시 차체의 쏠림이 현저히 적다.
3) 노면으로부터의 차량의 높이 조정과 고속 주행 시 안정성이 있다.

3 구성 부품

(1) 구성

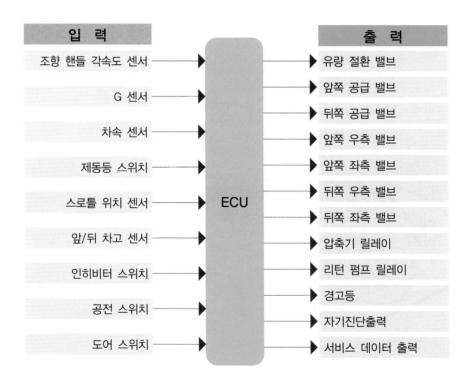

1) 조향 휠 각속도 센서(스티어링 휠 각속도 센서)

조향 휠의 작동 속도를 감지하여 ECU로 전송하며, 조향 휠 각도 센서는 차량이 주행 중 급커브 상태를 감지하는 센서이다.

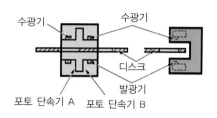

그림 조향 휠 각속도 센서의 구조

2) G(중력) 센서

엔진룸 내의 차체에 설치되어 있고, 차체의 롤(roll)을 제어하기 위한 전용 센서이다.

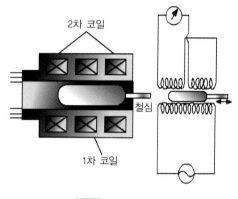

3) 차속 센서

차속 센서는 리드 스위치로 속도계(Speed meter) 내에 설치되어 변속기 출력축의 회전수를 전기적인 펄스 신호로 변환하여 ECU에 입력시키는 역할을 한다.

그림 G 센서의 구조

※ 차량이 규정 속도 이하에서 급출발 시 전후 진동이 발생될 때 ECU가 급출발 여부를 판단하는 센서는 TPS와 차속 센서이다.

4) 스로틀 위치 센서

스로틀 밸브의 작동 속도 등을 검출하여 전기적인 신호를 ECU에 입력시키는 역할을 한다. 따라서 ECU는 스로틀 위치 센서에서 입력된 신호를 연산하여 급가속 및 급감속에 따른 스프링의 상수와 감쇠력을 조절한다.

5) 차고 센서

차고 센서는 기본적으로 앞·뒤 차축에 각 1개씩 설치되어 있으며 제어의 정밀도를 높이기 위해 앞 차축 2개, 뒤 차축 1개 or 각 차축마다 2개씩 설치한 방식이 있다.

차고 센서의 구성 부품은 발광 다이오드와 광 트랜지스터이다. 그리고 차고 센서가 감지하는 것은 차축과 차체의 위치를 감지하여 ECU로 보내주는 역할을 한다.

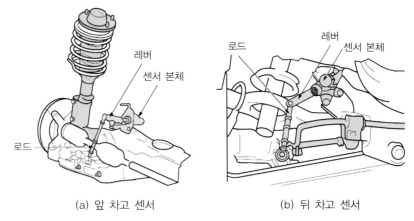

(a) 앞 차고 센서　　　　　　(b) 뒤 차고 센서

그림 차고 센서의 설치 위치

6) ECU(컴퓨터 : Electronic Control Unit)

각종 감지기로부터 입력 신호를 받아서 이를 기초로 하여 차량의 상태를 파악하여 각종 작동기를 작동시킨다.

7) 공기 압축기

공기 저장 탱크의 공기 압력이 규정 값보다 낮을 때에는 공기 압축기가 작동하여 공기 저장 탱크 내의 압력을 일정한 수준의 압력으로 높여주는 역할을 한다.

(2) 전자제어 현가장치 쇽업소버의 제어

1) 감쇠력 제어

① 액추에이터 : 스위칭 로드를 회전시키기 위한 장치

② 스위칭 로드 : 쇽업소버의 오일 통로를 제어하여 감쇠력을 하드(hard) 또는 소프트(soft)로 변환시키는 장치

③ 오리피스 : 오일이 상하 실린더로 이동할 때 통과하는 구멍

2) 높이 제어

① 공기 챔버의 체적과 쇽업소버 길이를 증가시키는 2요소로 구성

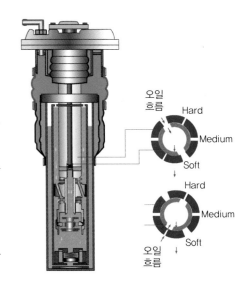

② 노면의 상태에 따라 솔레노이드 및 액추에이터에 의해서 자동적으로 감쇠력 및 자동차의 높이를 변환시키는 역할을 한다.

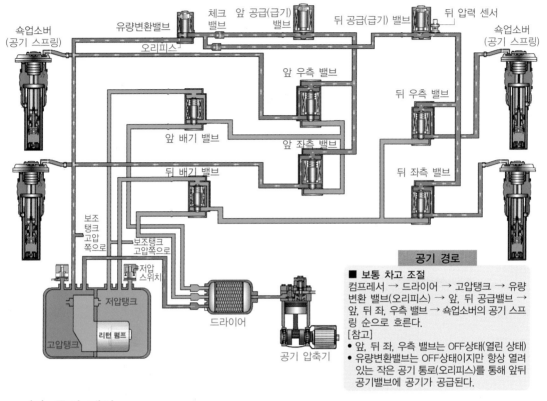

(3) 동적 제어

1) **앤티 롤링 제어** : 차체가 선회할 때 원심력에 의한 바깥쪽 바퀴의 스트럿의 압력을 높이고 안쪽은 낮추어 롤링하려고 하는 힘을 억제한다.

2) **앤티 스쿼트 제어** : 급출발 및 급가속 시 발생되는 노스업 현상을 제어한다.

3) **앤티 다이브 제어** : 급제동 시 발생되는 노스다운 현상을 제어한다.

4) **앤티 피칭 제어** : 요철 도로면을 주행할 때 차체의 높이 변화와 주행속도를 고려하여 쇽업소버의 감쇠력을 증가시킨다.

5) **앤티 바운싱 제어** : G센서에서 검출된 신호로 바운싱 발생 시 감쇠력을 소프트에서 미디움이나 하드로 변환한다.

6) **차속 감응 제어** : 고속 주행 시 안정성을 높이기 위하여 쇽업소버의 감쇠력을 소프트에서 미디움이나 하드로 변환한다.

7) **앤티 쉐이크 제어** : 승하차 시 쇽업소버의 감쇠력을 하드로 변환시킨다.

(4) 기타 제어

1) 스카이훅 제어 Sky hook control

스프링 위 차체에 훅을 고정시켜
레일을 따라 이동하는 것처럼 차체
의 움직임을 줄이는 제어로 상하방
향의 가속도 크기와 주파수를 검출
하여 상하 G의 크기에 대응하여 공
기 스프링의 흡·배기 제어와 동시
에 쇽업소버의 감쇠력을 딱딱하게
제어하여 차체가 가볍게 뜨는 것을

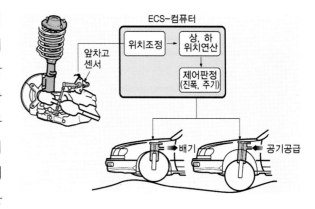

감소시킨다. 후륜은 주행 속도에 연동시켜 전륜에 의해 자동적으로 제어된다.

2) 프리뷰 제어 Preview control

자동차 앞쪽에 있는 도로 면의 돌기나 단차를 초음파로 검출하여 바퀴가 단차 또는
돌기를 넘기 직전에 쇽업소버의 감쇠력을 최적으로 제이하어 승차 감각을 향상시킨다.

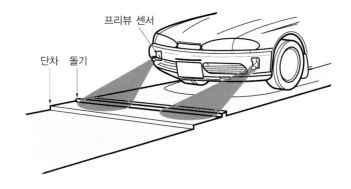

3) 퍼지 제어 fuzzy control-모호 이론 : 주관적인 학습경험 치 활용 접목, 최적 제어 보증과 학습은 안 됨.

① 도로면 대응 제어

상하 진동을 주파수로 분석하여 쇽업소버의 감쇠력을 퍼지제어 하여 상하진동이
반복되는 구간에서도 우수한 승차감각을 얻도록 한다.

② 등판 및 하강 제어

도로면 경사각도 및 조향 핸들의 조작 횟수를 추정하여 운전 상황에 따른 조향
특성을 얻기 위해 앞·뒤 바퀴의 앤티롤(anti-roll) 제어시기를 조절한다.

4 모드 표시등

전자제어 현가장치의 ECU는 운전자의 스위치 선택에 따른 현재 ECS의 작동 모드를 표시등에 점등시켜 주고, 고장이 발생했을 때 알람 표시등을 점등시켜 시스템의 점검이 필요함을 알려준다. 이 때 ECS는 정상적으로 작동되지 않는다.

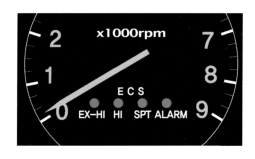

그림 모드 표시등

01. 주행 중 노면에서 받은 충격 및 진동을 완화하거나 자동차의 승차감과 안정성 향상을 위한 것이 조향장치이며 가장 승차감이 뛰어난 진동은 60~120cycle/min이다.

☐ O ☐ ✕

02. 판스프링은 주행 중 큰 진동을 잘 흡수하며, 비틀림 진동에도 강하여 승차감이 우수하다.

☐ O ☐ ✕

03. 코일 스프링은 작은 진동 흡수율이 좋고 단위중량당 에너지 흡수율이 커서 중량이 많이 나가는 차량에 사용되기 적합하다.

☐ O ☐ ✕

04. 토션바 스프링은 단위중량당 에너지 흡수율이 가장 크고 좌·우의 것이 구분되어 있으며 스프링 자체 진동 상쇄작용이 우수하여 쇽업소버를 병용하여 사용하지 않아도 된다.

☐ O ☐ ✕

05. 공기 스프링은 하중에 상관없이 차체의 높이를 항상 일정하게 유지할 수 있고 매우 유연하여 진동 흡수율이 좋다.

☐ O ☐ ✕

06. 쇽업소버는 스프링의 고유진동을 흡수하여 승차감 향상 및 스프링 피로도 감소, 로드 홀딩을 향상시킬 수 있는 장치로 열에너지를 상하 운동에너지로 변환시킨다.

☐ O ☐ ✕

07. 드가르봉식 쇽업소버는 텔레스코핑의 개량형이며 구조가 간단하며 1개의 실린더로 구성되어 있어 방열효과가 우수하다. 또한 30bar의 높은 압력이 걸려 있어 장시간 작동되어도 오일에 기포가 발생되지 않아 감쇠효과의 저하도 거의 없다.

☐ O ☐ ✕

08. 선회할 때 차체의 기울기 및 좌우 진동인 롤링을 줄여주고 차의 평형을 유지하기 위해 설치한 것이 스태빌라이저다.

☐ O ☐ ✕

09. 일체식 현가장치에는 주로 판스프링을 사용하고 독립식 현가장치에는 코일 스프링을 많이 사용한다.

☐ O ☐ ✕

정답 1.✕ 2.✕ 3.✕ 4.✕ 5.○ 6.✕ 7.○ 8.○ 9.○

10. 독립 현가장치의 위시본 형식은 평행사변형과 SLA형으로 나뉘고 현가 시 캠버가 변하고 타이어의 마모도가 높은 것이 SLA형식이다.

☐ O ☐ ✕

11. 맥퍼슨 형식은 조향너클과 스트럿이 일체로 제작된 형식을 뜻하며, 엔진실의 유효 체적을 넓게 할 수 있고 스프링 밑 질량이 작아 로드 홀딩이 우수하다.

☐ O ☐ ✕

12. 뒤 차축 구동방식의 종류인 호치키스 구동은 리어엔드 토크를 2개의 암을 통해 흡수한다.

☐ O ☐ ✕

13. 스프링 위 질량진동의 종류로 롤링, 와인드업, 바운싱, 요잉이 있다.

☐ O ☐ ✕

14. 휠 트램프는 스프링 아래 질량 진동으로 액슬 하우징이 X축을 중심으로 회전하는 좌우 진동을 뜻한다.

☐ O ☐ ✕

15. 전자제어 현가장치 ECS의 입력신호로 조향 핸들 각속도센서, 중력센서, 압축기 릴레이, 리턴펌프 릴레이 등이 있다.

☐ O ☐ ✕

16. ECS의 앤티 스쿼트 제어는 급제동 시 발생되는 노스다운 현상을 제어한다.

☐ O ☐ ✕

17. 자동차 앞쪽에 있는 도로 면의 돌기나 단차를 초음파로 검출하여 쇽업소버의 감쇠력을 최적으로 제어하여 승차감을 향상시키는 것을 프리뷰 제어라 한다.

☐ O ☐ ✕

18. ECS 모드 표시등 중 알람이 점등되었을 때는 1시간 동안 ECS를 정상적으로 작동 시킬 수 있다.

☐ O ☐ ✕

정답 10.✕ 11.○ 12.✕ 13.✕ 14.○ 15.✕ 16.✕ 17.○ 18.✕

01 현가장치의 기능을 잘못 설명한 것은?

① 차축과 차체 사이에 스프링을 두고 연결함으로써 앞 차축이나 뒤 차축을 지지한다.
② 주행 중 차체의 상하진동을 완화하여 승차감을 좋게 한다.
③ 전후·좌우로 흔들리는 것을 방지하여 안전성을 향상시킨다.
④ 승차감이 가장 뛰어난 진동은 60~120 cycle/sec 이다.

02 판스프링 현가장치의 장점이라고 볼 수 없는 것은?

① 큰 진동을 잘 흡수한다.
② 비틀림에 대해 강하다.
③ 구조가 간단하다.
④ 승차감이 좋다.

03 스프링 작용이 유연하기 때문에 쇽업소버와 결합하여 독립 현가장치에 많이 사용되고 있는 것은?

① 판스프링
② 코일 스프링
③ 토션바 스프링
④ 공기 스프링

04 코일 스프링 현가장치의 특징으로 잘못 설명된 것은?

① 작은 진동의 흡수율이 크다.
② 마찰에 의한 진동감쇠 작용이 없다.
③ 비틀림에 대하여 약하다.
④ 쇽업소버나 링크기구가 불필요하다.

05 호치키스 드라이브에서 리어 엔드 토크는 어느 것에 의하여 흡수되는가?

① 판스프링   ② 트레일링 암
③ 추진축   ④ 토크 튜브

06 공기 스프링 현가장치에서 공기 스프링의 심장부로 차의 높이를 일정하게 유지시켜 주는 구성품은?

① 공기 압축기
② 서지 탱크
③ 벨로즈 스프링
④ 레벨링 밸브

07 노면에 의해 발생된 스프링의 진동을 흡수하는 기능을 가진 현가장치는?

① 고무 스프링
② 쇽업소버
③ 현가 스프링
④ 스태빌라이저

정답 01.④ 02.④ 03.② 04.④ 05.① 06.④ 07.②

08 쇽업소버의 기능의 설명이 잘못된 것은?

① 스프링의 피로를 적게 한다.
② 승차감을 향상시킨다.
③ 로드 홀딩을 향상시킨다.
④ 스프링의 열에너지를 상하운동 에너지로 변환시킨다.

09 차고제어가 가능한 전자제어 현가장치(ECS)의 구성부품이 아닌 것은?

① 유압 조절기
② 공기 압축기
③ 공기 저장 탱크
④ 차고 센서

10 독립 현가장치의 장점에 대한 설명으로 틀린 것은?

① 선회 시 차체 기울기가 적다.
② 스프링 아래 질량이 작아 승차감이 좋다.
③ 스프링 정수가 작을 것을 사용할 수 있다.
④ 바퀴가 시미를 잘 일으키지 않고 로드 홀딩이 우수하다.

11 전자제어 현가장치의 장점이 아닌 것은?

① 고속주행 시 안정성이 있다.
② 출발 시 발생하는 리어엔드 토크는 판 스프링이 흡수한다.

③ 노면상태에 따라 승차감을 조정한다.
④ 쇼크 및 롤링을 줄이고 최적의 진동수를 갖게 한다.

12 전자제어 현가장치에 사용되는 쇽업소버에서 오일이 상하 실린더로 이동할 때 통과하는 구멍을 무엇이라고 하는가?

① 밸브 하우징
② 로터리 밸브
③ 오리피스
④ 스텝 구멍

13 위시본형 현가장치의 평행 사변형식의 설명으로 틀린 것은?

① SLA형식에 비하여 타이어 마모도가 적다.
② 바퀴가 상하 운동 시 윤거가 변화한다.
③ 캠버의 변화가 없어 커브 주행 시 안전성이 증가한다.
④ 위, 아래 컨트롤 암을 연결하는 4점이 평행사변형이다.

14 전자제어 현가장치의 제어를 위한 입력 센서와 관계없는 것은?

① 조향 휠 각속도 센서
② 차속 센서
③ 스로틀 포지션 센서
④ 앤티 다이브 센서

15 전자제어 현가장치(ECS)에서 차고 조정이 정지되는 조건이 아닌 것은?

① 커브길 급선회 시
② 급 가속 시
③ 고속 주행 시
④ 급 정지 시

> **해설»** 고속 주행 시 차고를 낮춰 양력을 줄이고 타이어 구동 시 노면과 접지력을 유지시켜 준다.

16 전자제어 현가장치의 입력 센서가 아닌 것은?

① 차속 센서
② G 센서
③ 조향 휠 각속도 센서
④ 공기 스프링

17 SLA 현가장치에서 사용되는 코일 스프링은 어디 사이에 설치되는가?

① 위 컨트롤 암과 아래 컨트롤 암
② 아래 컨트롤 암과 프레임
③ 위 컨트롤 암과 프레임
④ 아래 컨트롤 암과 위 컨트롤 암 지지대

18 자동차의 선회 시 롤링 이상은 어느 장치와 관련 있는가?

① 쇽업소버
② 댐퍼 스프링
③ 스태빌라이저
④ 현가 스프링

19 다음에서 스프링의 진동 및 스프링 위 질량의 진동과 관계없는 것은?

① 바운싱   ② 피칭
③ 휠 트램프   ④ 롤링

20 다음에서 스프링의 진동 및 스프링 아래 질량의 진동과 관계없는 것은?

① 바운싱   ② 와인드 업
③ 휠 트램프   ④ 휠 호프

정답» 15.③ 16.④ 17.② 18.③ 19.③ 20.①

조향장치는 자동차의 주행 방향을 임의로 변환시키는 장치로 일반적으로 운전자가 조향 휠을 조작하면 앞바퀴가 향하는 위치가 변화되는 구조로 되어 있다. 그림에 나타낸 독립현가 장치는 타이로드 2개, 일체차축 현가장치는 타이로드 1개로서 조향 너클을 밀거나 당긴다.

1 독립차축 조향장치

(1) F·F 방식의 독립차축 조향장치 동력전달 순서(랙과 피니언 방식)

조향 휠(핸들)→ 조향 축 → 조향 조인트 → 조향 기어 박스(피니언 기어 → 래크 기어) → 타이로드 → 타이로드 엔드 → 너클 암(조향 너클 암) → 너클 → 휠 허브 베어링 → 디스크 → 휠 → 타이어

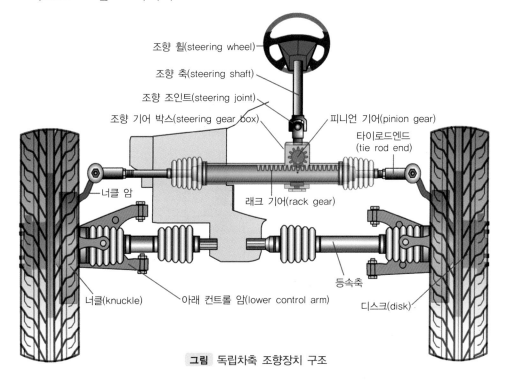

조향 휠(steering wheel)
조향 축(steering shaft)
조향 조인트(steering joint)
조향 기어 박스(steering gear box)
피니언 기어(pinion gear)
타이로드엔드 (tie rod end)
너클 암
래크 기어(rack gear)
등속축
너클(knuckle)
아래 컨트롤 암(lower control arm)
디스크(disk)

그림 독립차축 조향장치 구조

(2) F·F 방식의 독립차축 조향장치 동력전달 순서(볼 너트 방식)

조향 휠(핸들)→ 조향 축 → 조향 조인트 → 조향 기어 박스(볼 너트 → 섹터 축) → 피트먼 암 →

[A쪽] 타이로드 → 타이로드 조정 칩 → 타이로드 엔드 → 너클 암 → 휠 → 타이어

[B쪽] 릴레이 로드 → 타이로드(아이들 암 병렬연결 : 차체지지) → 타이로드 조정 칩 → 타이로드 엔드 → 너클 암 → 휠 → 타이어

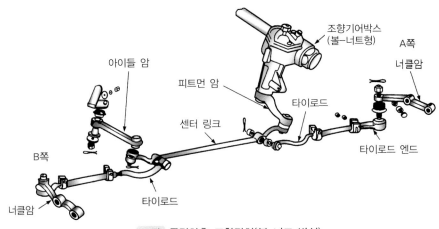

그림 독립차축 조향장치(볼 너트 방식)

2 일체차축 조향장치

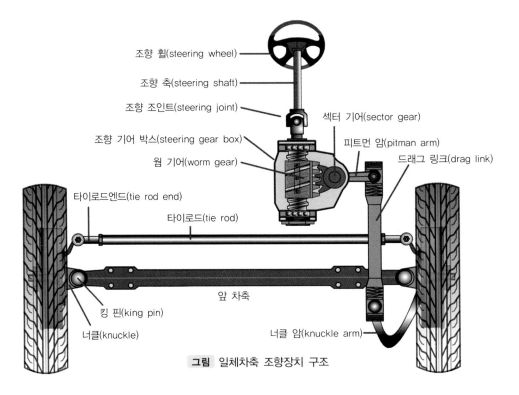

그림 일체차축 조향장치 구조

(1) F·R 방식의 일체식 차축 조향장치 동력전달 순서(웜 섹터 방식)

조향 휠(핸들)→ 조향 축 → 조향 조인트 → 조향 기어 박스(웜기어 → 섹터 기어) → 피트먼 암 → 드래그 링크 → 너클 암(조향 너클 암) → 너클 → 타이로드 → 반대쪽 너클 → 휠 → 타이어

(2) 앞바퀴의 설치 관계

앞 차축은 I 형의 단면으로 양끝에는 조향 너클을 설치하기 위하여 킹핀을 끼우는 홈이 있어 킹핀을 조립하고 고정볼트를 통해 차축에 고정시킨다. 조향 너클을 차축에 설치하는 방법에 따라서 역 엘리옷형, 엘리옷형, 마몬형, 르모앙형이 있으나 역 엘리옷형이 가장 많이 사용되고 있다.

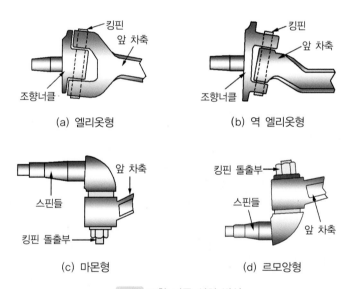

그림 조향 너클 설치 방식

(3) 조향장치의 원리

1) 애커먼 장토식 Ackerman Jantoud type

자동차가 선회할 경우에는 양쪽 바퀴는 사이드슬립이 발생되지 않고 조향 휠을 회전시킬 때의 저항이 작아지기 위해서는 각각의 바퀴는 동심원을 그리며 선회하는 것을 이용한 것이다.

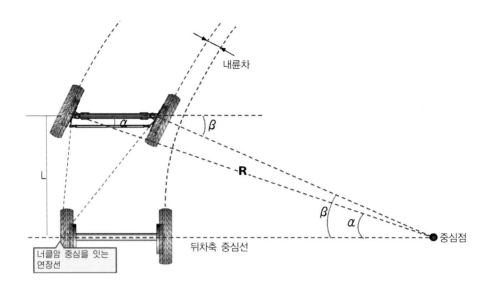

내륜차

L

R

β

α

β

α

중심점

너클암 중심을 잇는
연장선

뒤차축 중심선

오른쪽으로 선회할 때 오른쪽 바퀴의 조향각 β가 왼쪽의 α보다 크다.

$$R = \frac{L}{\sin\alpha} + r \qquad\qquad \beta - \alpha = \text{애크먼각}$$

　　R = 최소회전반경
　　L = 축거
　　α = 바깥쪽 앞바퀴의 조향 각도
　　r = 킹핀 중심선에서 타이어 중심선까지의 거리

2) 최소 회전 반경 Minimum radius of turning

조향 각도를 최대로 하고 선회하였을 때 그려지는 동심원 중에서 가장 바깥쪽 바퀴가
그리는 반지름을 최소 회전 반지름이라고 한다.(보통 자동차의 최대 조향각은 40° 이하)
　※ **실제 최소 회전 반경** : 소형 승용차(4.5~6m 이하), 대형 트럭(7~10m 이하),
　　　　　　　　　　　　　　　법규상(12m 이하)

3 조향장치의 종류와 구비조건

(1) 구비조건

　1) 선회 시 반력을 이길 것
　2) 선회 시 감각을 알 수 있을 것

3) 복원 성능이 있을 것

4) 약간의 충격은 핸들에 전달되어 운전자가 감각을 느낄 수 있을 것

$$조향 \ 기어비 = \frac{조향 \ 핸들이 \ 움직인 \ 각도}{피트먼 \ 암이 \ 움직인 \ 각도}$$

① 적으면 : 조향 핸들 조작이 빠르지만 큰 회전력이 필요하다.

② 크면 : 조향 핸들 조작은 가벼우나 바퀴의 작동 지연이 생긴다.

③ 소형차 10~15 : 1, 중형차 15~20 : 1, 대형차 20~30 : 1

(2) 조향기어의 종류

① 워엄 섹터 형식   ② 워엄 섹터 롤러 형식   ③ 보올 너트 형식

④ 워엄 핀 형식   ⑤ 래크와 피니언 형식   ⑥ 보올 너트 워엄 핀 형식

(3) 조향장치의 힘 전달

① 비가역식 : 바퀴의 힘이 조향 핸들에 전달되지 않는 형식(기어비가 크다)

② 가역식 : 바퀴의 힘이 조향 핸들에 전달되는 형식(기어비가 적다)

③ 반가역식 : 바퀴의 힘이 조향 핸들에 어느 정도 전달되는 형식

(4) 조향장치의 고장원인

1) 조향 핸들에 충격을 느끼게 되는 원인

① 앞바퀴 정렬 부적당할 때

② 쇽업소버의 작동 불량할 때

③ 타이어의 공기압이 너무 높을 때

2) 주행 중 조향 핸들이 한쪽으로 쏠리는 원인

① 좌우의 캠버가 같지 않을 때

② 컨트롤 암이 휘었을 때

③ 타이어 공기압이 불균형을 이룰 때

④ 브레이크 간극이 틀릴 때

⑤ 앞바퀴 정렬이 틀릴 때

⑥ 쇽업소버의 작동 불량

3) 조향핸들의 유격이 크게 되는 원인

① 조향기어의 조정 불량 및 마모가 되었을 때
② 허브 베어링의 마모 및 헐거움이 있을 때
③ 조향 링키지의 이완 및 마모되었을 때

4 조향 이론

(1) 코너링 포스 Cornering force

타이어가 어떤 슬립각을 가지고 선회 할 때 접지면에 발생하는 힘 가운데, 타이어의 진행 방향에 대하여 안쪽 직각으로 작용하는 성분을 코너링 포스라 한다.

(2) 복원 토크

타이어가 옆방향으로 미끄러짐을 할 때 타이어의 회전면에는 진행방향과 일치시키려는 토크나 모멘트가 작용하는데 이를 복원 토크라고 한다.

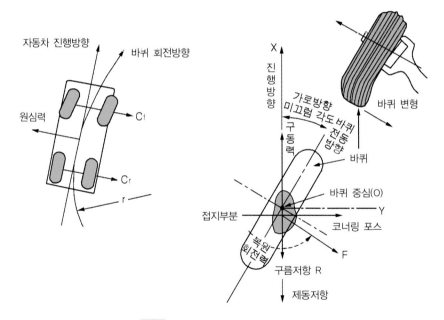

그림 코너링 포스와 복원 토크

(3) 언더 스티어링 현상 Under Steering, U.S.

뒷바퀴에 작용하는 코너링 포스가 커서, 선회 반경이 커지는 현상이다.

(4) 오버 스티어링 현상 Over Steering, O.S

앞바퀴에 작용하는 코너링 포스가 커서, 선회 반경이 적어지는 현상이다.

(5) 뉴트럴 스티어링 Neutral Steering, N.S

자동차가 일정한 반경으로 선회할 때 선회반경이 일정하게 유지되는 현상이다.

그림 언더, 오버, 뉴트럴 스티어

5 4륜 조향 장치 4 Wheel Steering System

4WS란 앞바퀴의 조향에 따라 뒷바퀴의 3가지 변화 상태에 따라서 노면의 위치에 대응하여 조향이 이루어지도록 한다.

(1) 중립위치 조향

직진 도로의 주행 시나 일반도로의 보통 주행 시 사용된다.

(2) 동위상 조향

고속주행 시 커브길 선회나 차선 변경 시에 사용된다.

(3) 역위상 조향

조향핸들의 조작각도가 클 경우 주정차 등을 위하여 적은 회전반경을 요구할 경우에 사용된다.

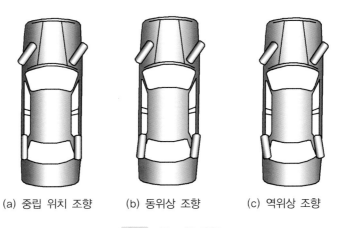

(a) 중립 위치 조향　　(b) 동위상 조향　　(c) 역위상 조향

그림 4륜 조향 장치

동력 조향장치 & MDPS Motor–Driven Power Steering

동영상

자동차가 대형화로 앞바퀴의 접지압과 면적이 증가되어 조향 조작력이 커지기 때문에 신속하고 경쾌한 조향이 어렵게 된다. 따라서 가볍고 원활한 조향조작을 하기 위하여 엔진의 출력으로 구동되는 배력장치를 부착한 형식이다.

▶ 파워스티어링 압력스위치
조향핸들을 회전시켜 유압이 상승되는 순간을 전압으로 변환하여 컴퓨터에 입력함으로서 공전속도제어서보를 작동시켜 엔진의 회전속도를 상승시킨다.

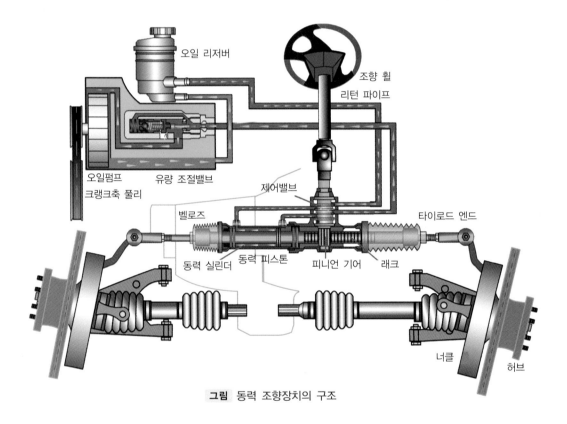

그림 동력 조향장치의 구조

1 장 점

1) 노면의 충격 및 진동을 흡수한다.

2) 조향 조작력에 관계없이 조향 기어를 선정할 수 있다.

3) 조향 조작력이 작고, 조향 핸들의 시미 현상을 방지할 수 있다.

2 단 점

1) 구조가 복잡하고, 가격이 비싸다.

2) 고장 시 정비가 어렵다.

3 동력 조향장치의 3대 주요부

1) **작동부** : 제어 밸브에서 조절된 유압을 받아서 조향 링키지를 작동하는 부분

2) **동력부** : 동력원이 되는 유압을 발생시키는 부분(베인 펌프 사용)

3) **제어부** : 작동부로 가는 오일의 압력, 방향, 유량 등을 제어하는 부분

   – 안전 체크 밸브 : 고장 시 수동조작을 쉽게 한다. (제어밸브 내에 설치)

   – 압력 조절 밸브 : 최고 유압을 제어한다.

   – 유량 제어 밸브 : 최고 유량을 제어한다.

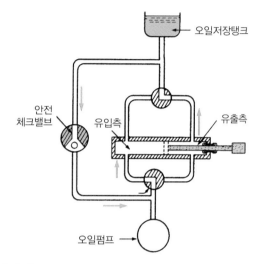

4 유압방식 전자제어 동력 조향장치

1) **유량 제어 방식(속도 감응 제어 방식)** : 조향 기어 박스의 유량을 조절하는 방식

   – 저속에서 펌프의 바이패스 라인을 차단 → 동력 피스톤 높은 유압 발생 → 가벼운 조향

   – 고속에서 펌프의 바이패스 라인을 확대 → 동력 피스톤 낮은 유압 발생 → 무거운 조향

2) **실린더 바이패스 제어방식** : 동력 실린더 바이패스 제어 방식

3) **유압반력 방식** : 제어 밸브에 유압을 제어하는 방식

5 전동방식 동력 조향장치(MDPS)

동영상

(1) MDPS의 특징

① 오일을 사용하지 않으므로 친환경적이다.

② 기관의 동력을 직접적으로 사용하지 않고 경량화가 가능해 연료 소비율이 향상된다.

③ 높은 압력의 유압 장치를 운용하며 발생하는 고장이 없다.

④ 제작 단가가 비싸고 완성도가 부족한 편이다.

(2) MDPS의 종류

1) **컬럼 구동 방식** : 전동기를 조향 컬럼 축에 설치한 방식으로 큰 설계의 변경 없이 시스템 접목이 용이 하고 방진과 방수에 신경을 덜 써도 되나 힘의 작용점이 조향 핸들과 가까워 동력 조향 시 거북한 느낌을 받을 수 있다.

2) **피니언 구동 방식** : 전동기를 조향 기어의 피니언 축에 설치하여 클러치, 감속기구 및 조향 조작력 센서 등을 통하여 조향 조작력 증대를 수행한다.

3) **래크 구동 방식** : 전동기를 래크기어에 설치하여 힘의 작용점이 조향 핸들과 가장 멀어 조작감이 우수하나 모터에 방진과 방음, 그리고 기존 시스템의 설계에 많은 수정을 해야만 접목이 가능하다.

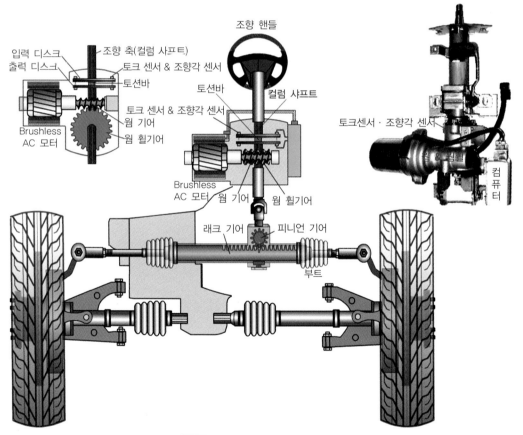

그림 전동식 동력 조향장치의 구조

1 개 요

　자동차가 주행 중 바른 방향을 유지하고 핸들 조작이나 외부의 힘에 의해 주행 방향이 변하였을 때 직진 상태로 복원되도록 타이어 및 지지하는 축의 각을 설정하는 것으로 캠버, 캐스터, 토인, 킹핀 경사각의 4가지의 요소로 이루어져 있다. 만약 앞바퀴 정렬이 맞지 않으면 타이어가 조기에 마모되며 주행 안정성이 떨어지고 고속 주행 시에 큰 영향을 받는다.

동영상

2 정의 및 필요성

	캠버(Camber)	킹핀(King pin angle)	캐스터(Carster)	토인(Toe-in)
정의	바퀴를 앞에서 보면 타이어 중심선이 수선에 대하여 이루는 각	바퀴를 앞에서 보면 킹핀의 중심선과 수선에 대하여 이루는 각	바퀴를 옆에서 보면 킹핀의 중심선과 수선에 대하여 이루는 각	바퀴를 위에서 보면 앞쪽이 뒤쪽보다 좁게 되어 있는 것
각도	1°30′	8°53′	1°45′±30′	2~6mm
필요성	·핸들조작을 가볍게 ·앞차축의 휨 방지	·핸들조작을 가볍게 ·시미현상 방지 ·복원성	·방향성 ·직진성 or 주행성 ·복원성	·타이어 사이드슬립 방지 ·타이어 편마모 방지 ·선회 시 토아웃 방지
앞바퀴 정렬 그림	캠버각	킹핀각	캐스터각	토인 길이 A 〈 B

※ 사이드슬립의 정의는 앞차륜 정렬의 합성력을 측정하는 것을 말하고, 사이드슬립의 한계값은 1m 주행 시 IN, OUT 각각 5mm 이내(1km 주행 시 5m 이내)이며 조정은 타이로드 길이로 한다.

연습문제 1

사이드슬립 시험 결과 왼쪽 바퀴가 바깥쪽으로 6mm, 오른쪽 바퀴는 안쪽으로 10mm 움직였을 때 전체 미끄럼 량은?

정답 안쪽으로 2mm , in(+) 2mm

01. 독립차축 조향장치의 동력전달 순서(조향기어 형식 : 랙과 피니언)는 조향 휠 → 조향 축 → 조향 조인트 → 조향 기어 박스(피니언 기어 → 래크 기어) → 타이로드 → 타이로드 엔드 → 너클 암(조향 너클 암) → 너클 → 휠 허브 베어링 → 디스크 → 휠 → 타이어이다.

☐ O ☐ X

02. 독립차축 조향장치의 동력전달 순서(조향기어 형식 : 볼 너트)는 조향 휠(핸들) → 조향 축 → 조향 조인트 → 조향 기어 박스(볼 너트 → 섹터 축) → 피트먼 암 → [한쪽] 타이로드 → 타이로드 조정 칩 → 타이로드 엔드 → 너클 암 → 휠 → 타이어 [다른 한쪽] 릴레이 로드 → 타이로드(아이들 암 병렬연결 : 차체지지) → 타이로드 조정 칩 → 타이로드 엔드 → 너클 암 → 휠 → 타이어 순이다.

☐ O ☐ X

03. 일체식 차축 조향장치 동력전달 순서(웜 섹터)는 조향 휠(핸들) → 조향 축 → 조향 조인트 → 조향 기어 박스(웜기어 → 섹터 기어) → 드래그 링크 → 피트먼 암 → 너클 암 → 너클 → 타이로드 → 반대쪽 너클 → 휠 → 타이어 순이다.

☐ O ☐ X

04. 조향 너클의 설치방식은 엘리옷, 역 엘리옷, 마몬, 르모앙형이 있고 킹핀은 조향너클에 고정되어 사용된다.

☐ O ☐ X

05. 조향장치는 애크먼 장토의 원리를 활용하여 설계되었으며 선회할 때 내·외륜의 각의 차를 애크먼각이라 한다.

☐ O ☐ X

06. 조향장치는 선회 시 반력을 이길 수 있어야 하고 복원 성능이 있어야 한다. 또한 주행 중 노면의 충격이 일부 전달되어 노면의 감각을 알 수 있어야 한다.

☐ O ☐ X

07. 조향기어비가 적으면 조향 핸들의 조작은 빠르게 되지만 조작력은 커야한다. 이럴 경우 가역 식에 가까워 노면의 충격이 크게 전달된다.

☐ O ☐ X

정답   1.○ 2.○ 3.× 4.× 5.○ 6.○ 7.○

08. 조향 핸들의 유격이 클 경우 주행 중 차량이 한쪽으로 지속적으로 힘을 받으며 쏠리게 된다.

☐ O ☐ X

09. 타이어가 어떤 슬립각을 가지고 선회 할 때 접지면에 발생하는 힘 가운데, 타이어의 진행 방향에 대하여 바깥쪽 직각으로 작용하는 성분을 코너링 포스라 한다.

☐ O ☐ X

10. 자동차가 선회할 때 주행하려고 하는 진행방향보다 바깥쪽으로 진행되어 선회반경이 커지는 현상을 오버 스티어링 현상이라고 한다.

☐ O ☐ X

11. 4륜 조향장치에서 역위상으로 조향 시 회전반경은 커지게 된다. ☐ O ☐ X

12. 동력 조향장치는 유체를 사용하여 조향 조작력에 관계없이 조향 기어비를 선정할 수 있으며 노면의 충격 및 진동을 유체가 흡수해 주는 장점이 있다.

☐ O ☐ X

13. 동력 조향장치 고장 발생 시 파워스티어링 압력스위치가 작동하여 수동으로 조작이 가능하다.

☐ O ☐ X

14. 전자제어 동력 조향장치는 조향 기어 박스의 유량을 조절하는 유량 제어 방식, 동력 실린더에서 빠져나가는 유량을 제어하는 실린더 바이패스 제어방식, 제어 밸브에서 유압을 제어하는 유압반력 제어방식 등이 있다.

☐ O ☐ X

15. 전동방식 동력 조향장치는 오일을 사용하지 않으므로 친환경적이고 기관의 동력을 사용하지 않아서 연료 소비율이 향상된다.

☐ O ☐ X

16. 앞바퀴 정렬의 요소 중 캠버는 차량을 정면에서 보았을 때 지면의 수선과 타이어 중심선이 이루는 각으로 핸들의 조작력을 가볍게 하고 조향핸들의 복원성을 가지게 한다.

☐ O ☐ X

17. 토인은 타이어를 위에서 보았을 때 앞쪽이 뒤쪽보다 좁게 되어 있는 것을 뜻하며 타이로드의 길이를 조정하여 수정할 수 있다.

☐ O ☐ X

정답 8.✕ 9.✕ 10.✕ 11.✕ 12.○ 13.✕ 14.○ 15.○ 16.✕ 17.○

01 조향장치의 원리는 어느 원리에 따른 것인가?

① 베르누이의 원리
② 플레밍의 오른손 법칙
③ 애커먼 장토식 원리
④ 플레밍의 왼손법칙

02 조향장치의 기능이라고 볼 수 없는 것은?

① 차륜, 주로 앞바퀴를 원하는 방향으로 조향한다.
② 수동 조작력에 의한 조향 토크를 차륜을 조향하는 데 충분한 수준의 조향 토크로 증강시킨다.
③ 노면에서의 충격을 흡수하여 조향 휠에 전달되지 않도록 완충작용을 한다.
④ 커브를 회전할 때 좌·우 차륜의 조향각을 서로 같게 한다.

03 조향장치의 필요조건의 설명으로 틀리는 것은?

① 조향 핸들에서 손을 떼면, 조향 차륜들(주로 앞바퀴)은 직진 위치로 복귀해야 한다.
② 선회 후에는 직진성이 있어야 한다.
③ 조향 기어비는 가능한 한 작게 해야한다.
④ 노면으로부터의 충격을 감쇠시켜 조

향 핸들에 가능한 한 적게 전달되게 한다.

> **해설** 선회 후에는 복원성이 있어서 핸들이 직진 상태로 돌아와야 한다.

04 조향장치의 링크기구의 구성부품이 아닌 것은?

① 조향 기어   ② 피트먼 암
③ 타이로드   ④ 너클 암

05 다음 중 최소 회전 반경을 구하는 공식을 바르게 나타낸 것은? (단, L : 축거, α : 바깥쪽 바퀴의 조향각, r : 바퀴 접지면 중심과 킹핀과의 거리)

① $R = \dfrac{r}{\sin\alpha} + L$

② $R = \dfrac{L}{\sin\alpha} + r$

③ $R = \dfrac{\sin\alpha}{r} + L$

④ $R = \dfrac{\sin\alpha}{L} + r$

06 다음 중 조향기어의 방식이 아닌 것은?

① 가역식
② 비가역식
③ 반가역식
④ 3/4 가역식

> **정답** 01.③ 02.④ 03.③ 04.① 05.② 06.④

07 다음 중 동력 조향장치의 장점이라고 할 수 없는 것은?

① 조향 조작력이 작아도 된다.
② 조향 조작력에 관계없이 조향 기어비를 선정할 수 있다.
③ 조향 조작이 경쾌하고 신속하다.
④ 고속에서 조향이 가볍다.

08 자동차의 동력 조향장치가 고장 났을 때 수동으로 원활하게 조종할 수 있도록 하는 부품은?

① 시프트 레버   ② 안전 체크 밸브
③ 조향 기어   ④ 동력부

09 조향 휠이 한쪽으로 쏠리는 원인 중 틀린 것은?

① 파워 스티어링 오일에 공기 유입
② 타이어 공기압의 불균형
③ 앞바퀴 정렬 조정 불량
④ 앞바퀴 허브 베어링의 파손

10 조향 기어비를 크게 하였을 때 현상으로 틀린 것은?

① 조향 핸들의 조작이 가벼워진다.
② 복원 성능이 좋지 않게 된다.
③ 좋지 않은 도로에서 조향 핸들을 놓치기 쉽다.
④ 조향장치가 마모되기 쉽다.

11 조향기어 백래시가 큰 경우는?

① 조향핸들 유격이 크게 된다.
② 조향기어비가 커진다.
③ 핸들에 충격이 느껴진다.
④ 주행 중 핸들이 흔들린다.

12 주행 중 조향 핸들이 무거워졌다. 원인 중 틀린 것은?

① 앞 타이어의 공기가 빠졌다.
② 조향 기어 박스의 오일이 부족하다.
③ 볼 조인트의 과도한 마모
④ 타이어의 밸런스가 불량하다.

13 차량 속도와 기타 조향력에 필요한 정보에 의해 고속과 저속 모드에 필요한 유량으로 제어하는 조향방식에 해당하는 것은?

① 전동 펌프식   ② 공기 제어식
③ 속도 감응식   ④ 유압반력 제어식

14 앞바퀴 정렬과 관계없는 것은?

① 캠버   ② 킹핀 경사각
③ 드웰각   ④ 캐스터

15 주행 중 조향 바퀴에 방향성과 복원성을 주는 전차륜 정렬 요소는?

① 캠버   ② 캐스터
③ 토인   ④ 킹핀 경사각

정답   07.④   08.②   09.①   10.③   11.①   12.④   13.③   14.③   15.②

16 타이로드로 조정할 수 있는 것은?

① 캠버　　② 캐스터
③ 킹핀　　④ 토인

17 조향장치에서 타이로드와 직접 연결된 부품은?

① 조향 너클　　② 센터 축
③ 피트먼 암　　④ 아이들 암

18 조향 핸들의 회전각도와 조향 바퀴의 조향 각도와의 비율을 무엇이라 하는가?

① 조향 핸들의 유격
② 최소 회전반경
③ 조향 안전 경사각도
④ 조향비

19 축거(축간거리) 3m, 바깥쪽 앞바퀴의 최대 회전각 30도, 안쪽 앞바퀴의 최대 회전각은 45도 일 때의 최소 회전 반경은? (단, 바퀴의 접지면과 킹핀 중심과의 거리는 무시)

① 15m　　② 12m
③ 10m　　④ 6m

20 토인의 조정은 무엇으로 하는가?

① 시임의 두께
② 와셔의 두께
③ 드래그 링크의 길이
④ 타이로드의 길이

21 핸들이 1회전 하였을 때 피트먼 암이 40도 움직였다. 조향기어의 비는?

① 9 : 1　　② 0.9 : 1
③ 40 : 1　　④ 4 : 1

제동장치 Brake system

- 주 브레이크 : 디스크나 드럼을 사용
- 주차 브레이크 : 대부분 수동 레버나 T바를 이용, 일부는 페달을 사용
- 제 3브레이크 : 감속 브레이크로 엔진브레이크, 와전류 감속기, 유압 감속기, 배기(공기저항 감속기) 브레이크 등이 있다.

1 유압식 제동장치의 개요

유압식 브레이크는 파스칼의 원리를 이용하여 주행 중인 자동차의 속도를 감속 또는 정지시킴을 목적으로 하며, 구비조건으로는 작동이 확실하고, 안정성, 신뢰성, 내구성이 우수하여야 함과 동시에 조작이 용이 하여야 한다. 그리고 자동 조정 브레이크는 드럼과 라이닝의 간극이 클 때 후진에서 브레이크 작동 시 자동적으로 조정 이 된다.

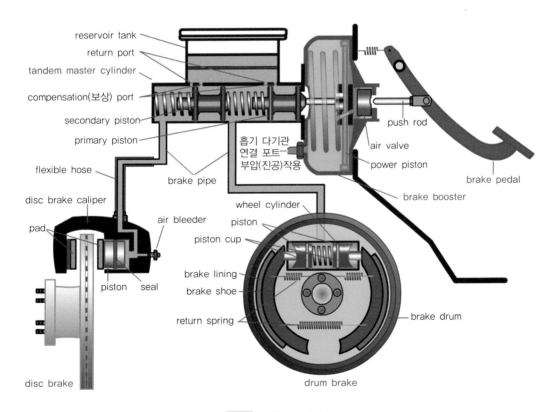

그림 브레이크 장치의 구조

(1) 브레이크의 작동 순서

브레이크 페달 → 푸시로드 → 진공식 배력장치 → 브레이크 마스터 실린더 → 브레이크 라인 → 브레이크 캘리퍼 및 휠 실린더

(2) 브레이크 페달의 유격

엔진을 정지시킨 상태에서 페달을 2~3번 밟아 부스터의 진공을 없앤 후 페달을 밟았을 때 브레이크 라이닝이 드럼에 닿을 때까지의 브레이크 페달의 움직인 거리를 유격이라 한다. 유격은 차종마다 다르나 일반적으로 10~15㎜이다.

(3) 브레이크의 구성

1) 브레이크 마스터 실린더

페달의 힘을 받아 유압을 발생시켜 각 파이프에 송출하는 작용을 하고 사용 목적은 앞뒤 브레이크를 분리시켜서 제동 안전을 돕기 위함이다. 또한 마스터 실린더의 푸시로드 길이를 길게 하면 라이닝이 팽창하여 풀리지 않는다.

① 피스톤 컵
　ⓐ 1차 컵은 유압 발생실의 유밀 유지한다.
　ⓑ 2차 컵은 외부로 오일 누출을 방지한다.
② 체크밸브 : 리턴 스프링과 함께 오일 회로에 잔압을 둔다.
③ 리턴 스프링 : 피스톤을 신속하게 제자리에 복원토록 한다.

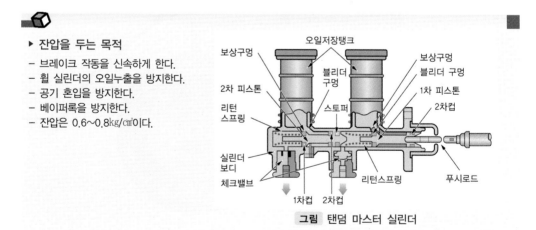

▶ 잔압을 두는 목적
- 브레이크 작동을 신속하게 한다.
- 휠 실린더의 오일누출을 방지한다.
- 공기 혼입을 방지한다.
- 베이퍼록을 방지한다.
- 잔압은 0.6~0.8kg/㎠이다.

그림 탠덤 마스터 실린더

▶ 베이퍼 록(Vapor lock)의 원인

브레이크 오일이 비등하여 송유 압력의 전달 작용이 불가능하게 되는 현상 즉, 열에 의하여 기포가 발생하는 현상을 말하며, 그 원인은 다음과 같다.
- 과도한 브레이크 사용 시
- 긴 비탈길에서 장시간 브레이크 사용 시
- 브레이크 라이닝의 끌림으로 인한 페이드 현상 시
- 오일의 변질로 인한 비점 저하, 불량 오일 사용 시
- 마스터 실린더, 브레이크슈 리턴 스프링 쇠손에 의한 잔압의 저하

그림 베이퍼 록

▶ 페이드 현상

주행 중에 브레이크 작동을 계속 반복하여 마찰열에 의하여 제동력이 감소되는 현상을 말하며, 페이드 현상이 발생하면 자동차를 세우고 열을 공기 중에 서서히 식혀야 한다.

2) 브레이크 드럼

휠 허브에 볼트로 설치되며, 슈와 드럼의 마찰로 제동력이 발생한다.

① 구비조건

ⓐ 정적 및 동적 평형이 잡혀 있을 것

ⓑ 충분한 강성이 있을 것

ⓒ 마찰면의 내마모성이 우수할 것

ⓓ 방열이 잘 될 것 (드럼의 핀 설치)

ⓔ 가벼울 것

② 기타 사항

ⓐ 표면온도 : 600~700℃

ⓑ 재질 : 특수주철 or 강판

ⓒ 드럼과 라이닝의 간극 : 0.3~0.4mm

ⓓ 드럼의 면적은 발생 마찰열의 열방산 능력에 따라 정해진다.

3) 휠 실린더

마스터 실린더에서 받은 유압을 이용하여 브레이크슈를 드럼에 압착시키는 역할을 한다. 조립은 피스톤과 컵에 브레이크 오일을 바른 후 실린더 양쪽 각 끝에서 컵을 밀어 넣는다.

※ **종류** : 단일 직경형(한쪽 피스톤 컵), 계단 직경형, 동일 직경형(양쪽 피스톤 컵) 등이 있다.

4) 브레이크 슈

브레이크 슈는 휠 실린더의 힘을 받아 브레이크 드럼에 압착하여 제동력을 발생하고, 슈의 리턴 스프링은 휠 실린더의 오일이 마스터 실린더로 되돌아오는 역할을 하며, 리턴 스프링의 장력이 약하면 휠 실린더 내의 잔압은 낮아진다.

① 라이닝의 구비조건
 ⓐ 고열에 견디고 내마모성이 우수할 것
 ⓑ 온도 변화 및 물에 의한 마찰계수 변화가 적을 것
 ⓒ 기계적 강도가 클 것
 ⓓ 마찰계수가 클 것(0.3~0.5μ)
 ⓔ 페이드 현상이 잘 일어나지 않을 것

② 브레이크 공급과 원리
 ⓐ 브레이크 공급 라인은 강관의 파이프와 플렉시블 호스로 구성되어 있다.
 ⓑ 브레이크 마스터 실린더의 직경과 휠 실린더의 직경이 같다면 마스터 실린더의 입력되는 힘과 휠 실린더에서 나오는 힘은 같다.(단, 휠 실린더를 1개로 가정)

5) 브레이크 오일 Brake oil

브레이크 오일은 피마자기름에 알코올 등의 용제를 혼합한 식물성 기름이며, 마스터 실린더 및 휠 실린더의 세척액은 알코올로 하고, 브레이크 오일 구비 조건 다음과 같다.

① 화학적으로 안정되고 침전물이 생기지 않을 것
② 점도가 알맞고 점도지수가 클 것
③ 윤활성이 있고, 비점이 높을 것
④ 빙점이 낮고, 인화점과 착화점이 높을 것
⑤ 고무, 금속 제품을 부식, 연화 팽창시키지 않을 것

6) 안티 롤 장치 Anti roll system

안티 롤 장치란 자동차를 언덕길에서 일시 정지하였다가 다시 출발할 때 자동차가 뒤로 밀리는 것을 방지해주는 장치이며, 휠 홀더 장치라고도 한다. 작동은 클러치 페달과 연동되는 링키지가 올라가는 언덕

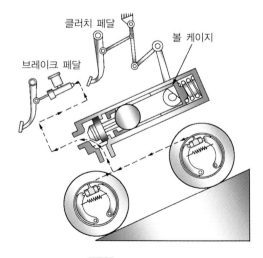

그림 안티 롤 장치

길에서 브레이크 페달을 밟은 다음 클러치 페달을 밟아 자동차를 정지시키면 볼 케이지 (Ball cage)가 움직여 마스터 실린더와 휠 실린더와의 통로를 차단하여 클러치 페달만 밟고 있어도 브레이크가 풀리지 않도록 되어 있다.

(4) 브레이크 슈와 드럼의 조합(마찰기구)

1) 자기작동 작용

제동 시 마찰력이 더욱 증대되는 현상을 말한다.

① 리딩슈 : 자기작동이 일어나는 슈

※ 1차 슈 : 자기작동 먼저 일어나는 슈

※ 2차 슈 : 자기작동이 나중에 일어나는 슈

② 트레일링 슈 : 자기 작동이 일어나지 않아 제동력이 감소되는 슈

2) 작동 상태에 의한 분류

① 넌 서보 브레이크 : 제동 시 해당 슈에만 자기작동 작용이 일어나는 형식

② 서보 브레이크 : 제동 시 모든 슈가 자기작동 작용이 일어나는 형식

ⓐ 유니서보 형식 : 전진 시 모두 자기작동 작용을 하여 큰 제동력을 내지만 후진 시에는 모두 트레일링 슈가 되어 제동력이 감소(단일 직경형)

ⓑ 듀어서보 형식 : 전·후진 모두 자기작동 작용을 하여 큰 제동력 발생(동일 직경형)

(5) 브레이크 고장 원인

1) 제동 시 한쪽으로 쏠리는 원인

① 드럼의 편마모 및 타이어 공기압 불평형

② 라이닝의 접촉이 불량할 때

③ 쇽업소버의 작동이 불량할 때

④ 앞바퀴 휠 얼라인먼트의 조정이 불량할 때

2) 브레이크가 풀리지 않는 원인

① 마스터 실린더 리턴 구멍이 막혔을 때

② 마스터 실린더 푸시로드 길이가 길 때

③ 브레이크 페달 리턴 스프링의 장력이 부족할 때

④ 마스터 실린더 피스톤 컵이 부풀었을 때

2 디스크 브레이크

마스터 실린더에서 발생한 유압을 이용하여 회전하는 디스크에 양쪽에서 마찰 패드를
디스크에 밀어 붙여 제동하는 브레이크이다.

(1) 디스크 브레이크의 장단점

1) 장 점

① 방열성이 양호하여 베이퍼 록이나 페이드 현상이 드럼 브레이크에 비해 적다.

② 제동 성능이 안정되고 한쪽만 제동되는 일이 적으며, 구조가 간단하다.

③ 디스크에 물이 묻어도 제동력의 회복이 빠르다.

④ 고속에서 반복 사용하여도 안정된 제동력을 얻을 수 있다.

2) 단 점

① 마찰 면적이 적어 패드의 압착력이 커야 한다.

② 자기 작동 작용이 없어 페달 조작력이 커야 한다.

③ 패드의 강도가 커야하며, 패드의 마모가 빠르다.

④ 디스그에 이물질이 쉽게 딜라붙는나.

(2) 디스크 브레이크의 종류

디스크 브레이크의 종류로는 그림에 나타낸 것과 같이 디스크의 양쪽에 설치된 실린더
가 패드를 접촉시켜 제동력을 발생하는 고정 캘리퍼형(대향 피스톤형) 실린더가 한쪽에
설치되어 캘리퍼가 유동하여 제동력을 발생하는 부동(떠서 움직이는) 캘리퍼형으로 분류
한다. 열을 잘 식히기 위해 디스크 중앙에 통풍구를 둔 벤틸레이티드 디스크도 있다.

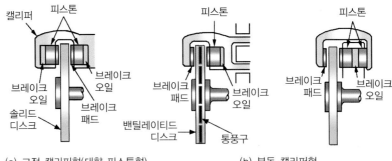

(a) 고정 캘리퍼형(대향 피스톤형)　　　(b) 부동 캘리퍼형

그림 디스크 브레이크의 종류

3 배력식 브레이크 Servo brake

배력식 브레이크 장치는 브레이크 페달을 적은 힘으로 밟아도 큰 제동력을 얻을 수 있기 때문에 유압식 브레이크의 브레이크 보조 장치로 사용된다. 또한 배력 장치에 고장이 발생되어도 배력 장치와 관계없이 브레이크 작용이 이루어지도록 하는 구조로 되어 있다.

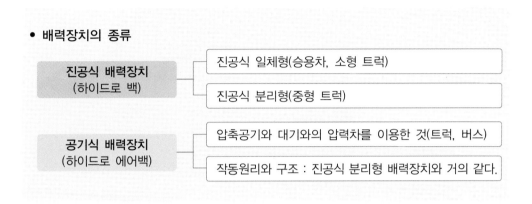

(1) 진공식 배력장치(하이드로 백)

엔진의 대기압과 흡기 다기관의 압력차는 0.7kg/cm^2를 이용하여 제동력을 증대시킨다.

※ 하이드로 백의 공기빼기 순서 : 릴레이 밸브 부 → 하이드롤릭 실린더 → 휠 실린더 순이다.

1) 페달을 밟았을 때

마스터 실린더 유압에 의해 진공 밸브가 닫히고 공기 밸브가 열려 대기압이 동력피스톤 아래쪽에 작용하면 하이드롤릭 실린더 쪽으로 힘을 가한다. 하이드롤릭 실린더에서 발생된 큰 유압이 휠 실린더로 압송되어 큰 제동력을 얻는다.

2) 페달을 놓았을 때

유압의 저항 따라 공기 밸브가 닫히고 진공 밸브가 열려 동력 피스톤 아래쪽에 진공이 작용하면 양쪽의 진공도가 같아진다. 따라서 스프링의 힘으로 동력 피스톤이 아래로 내려오면 하이드롤릭 피스톤도 같이 움직여 유압이 저하됨과 동시에 제동이 풀리게 된다.

(2) 공기식 배력장치(압축 공기식 배력장치)≒진공식 분리형 배력장치

압축 공기식 배력 장치는 기관에 의해서 구동되는 공기 압축기에 의해서 발생하는 압축 공기와 대기와 압력차를 이용하여 적은 힘으로 브레이크 페달을 조작하여도 큰 제동력을 얻을 수 있는 장치이다.

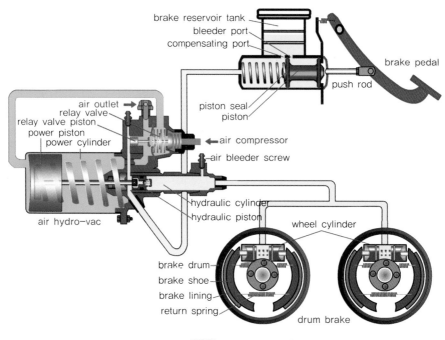

그림 공기식 배력 장치

4 공기 브레이크 Air brake

유압 대신에 압축 공기의 압력($5 \sim 7 \mathrm{kg/cm}^2$)을 이용하여 슈를 드럼에 압착시켜서 제동 작용을 하는 것이며, 브레이크 페달로 밸브를 개폐하여 공기량을 조절하여 제동력을 조절할 수 있다.

(1) 공기 브레이크의 장점

1) 트레일러 견인 시 사용이 가능하다.
2) 공기의 압축압력을 높이면 더 큰 제동력을 얻을 수 있다.
3) 베이퍼록 발생되지 않으며, 차량의 중량이 증가되어도 사용할 수 있다.
4) 공기가 조금 새어도 제동성능이 현저하게 저하 되지 않아 안전도가 높다.
5) 공기식은 페달을 밟는 양에, 유압식은 페달을 밟는 힘에 따라 제동력이 커진다.

(2) 공기 브레이크의 압축 공기 계통

1) 릴레이 밸브 : 제동 시 브레이크 챔버로 공기를 보내거나 배출시키는 밸브(후륜)

2) 퀵 릴리스 밸브 : 제동이 풀릴 때 챔버의 공기를 신속히 배출시키는 밸브(전륜)

3) 언로더 밸브 : 공기 압축기가 필요 이상으로 작동되는 것을 방지

4) 압력조절기 : 공기탱크의 압력을 조정하는 기구

5) 브레이크 캠 : 공기 브레이크에서 브레이크슈를 직접 작동시키는 것

6) 브레이크 챔버 : 휠 실린더와 같은 작용을 하며 브레이크 캠을 작동.

즉, 압축 공기 압력을 기계적 힘(제동압력)으로 바꾸어 주는 역할을 한다.

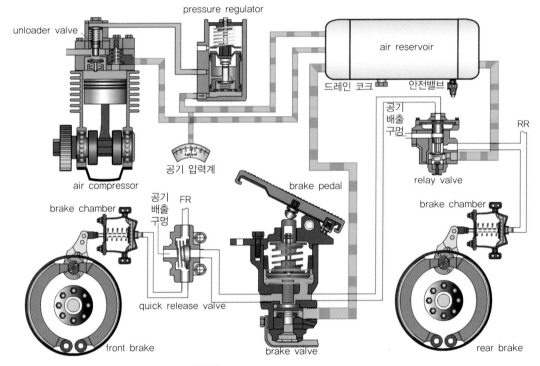

그림 공기 브레이크 장치의 구조

5 핸드 브레이크 Hand brake

핸드 브레이크는 주차용으로 사용되는 것으로 사이드 브레이크라고도 한다. 작동범위는 전 작동범위의 50~70%에서 완전히 작동되어야 한다.

(1) 센터 브레이크식

일반적으로 변속기 출력축 후단부에 브레이크 드럼을 설치하고 라이닝을 레버와 로드에 의하여 작용시킨다. 외부 수축식과 내부 확장식이 있다.

(2) 휠 브레이크식

뒷바퀴의 슈를 레버의 작동에 의해 와이어를 거쳐 작동시키는 형식이다.

브레이크 본체
파킹 브레이크 케이블
파킹 브레이크 레버
이퀄라이저
조인트 로드

그림 핸드 브레이크

⑥ 잠김 방지 브레이크 시스템 ABS Anti-lock Brake System

자동차의 브레이크를 컨트롤하는 장치로서 결과적으로 제동 시 휠 로크 현상이 발생하면 차량은 제어 불능 상태에 빠지게 되며 제동거리 또한 길어지게 된다. ABS는 이러한 휠 로크 현상을 미연에 방지하여, 최적의 제동력을 유지하여 사고의 위험성을 줄이는 사전 예방 안전장치이다.

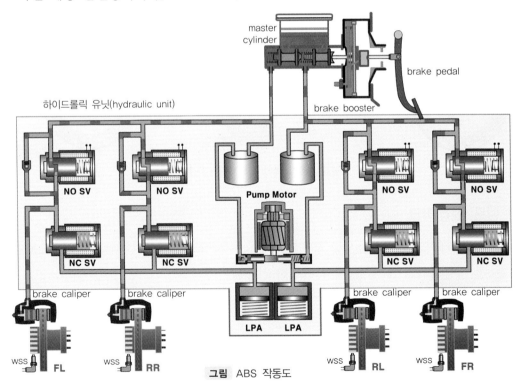

master cylinder
brake pedal
하이드롤릭 유닛(hydraulic unit)
brake booster
NO SV   NO SV   Pump Motor   NO SV   NO SV
NC SV   NC SV   NC SV   NC SV
brake caliper   brake caliper   LPA   LPA   brake caliper   brake caliper
WSS FL   WSS RR   WSS RL   WSS FR

그림 ABS 작동도

(1) ABS 장치의 특징

1) 제동 시 차체의 안정성 확보

2) 운전자의 의지에 따라 조향능력 유지

3) 최소 제동거리 확보를 위한 안전장치

$$미끄럼률 = \frac{자동차속도 - 바퀴의속도}{자동차속도} \times 100$$

4) 반복 작동 횟수는 1초당 15~20회이
며, 모든 작용을 피드백으로 한다.

5) ABS의 작동은 미끄럼률 10~ 20% 범
위이며, 바퀴가 어느 정도 회전되면서
제동하는 것이 이상적인 제동 방법이
다. 그러나 구조가 복잡하며 가격이
비싸다.

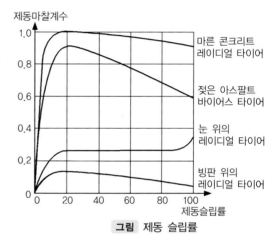

그림 제동 슬립률

(2) ABS의 작동 및 구성부품

1) 하이드롤릭 유닛(HCU) = 모듈레이터

① 구성 : 솔레노이드 밸브(S/V), 체크밸브, 축압기, 펌프, 리저버 탱크

② 4가지 조절 상태 : 정상, 감압, 유지, 증압

  ⓐ 정상상태 : 모든 S/V 및 펌프 전원 OFF로 일반 브레이크 작동

  ⓑ 감압상태 : 모든 S/V 및 펌프 전원 ON으로 브레이크 캘리퍼 유압 해제

  ⓒ 유지상태 : NO S/V ON, NC S/V 및 펌프 OFF로 상태 유지

  ⓓ 증압상태 : 모든 S/V OFF, 펌프 ON으로 브레이크 캘리퍼 유압 증대

③ ABS 작동 시 : 감압, 유지, 증압 3단계를 반복하여 제어

④ ABS 고장 시 : 모든 S/V 및 펌프 전원 OFF로 일반 브레이크 사용

▶ **전자 제어 유닛(ECU)**

ECU는 ABS를 조절하는 장치이며, 차속 감지기의 신호에 의하여 바퀴의 속도를 검출하고, 바퀴의 상황을 파악하여 소정의 이론에 의하여 바퀴의 상황을 예측하여 바퀴가 고정되지 않도록 모듈레이터 내의 솔레노이드 밸브, 모터 등에 신호를 보낸다. 또 ABS 고장 시 페일 세이프 기능을 작동시켜 경고등이 점등되어 운전자에게 알려주는 자기진단 기능을 갖추고 있다.

2) 솔레노이드 밸브 Solenoid valve

각 브레이크 라인별로 NO S/V, NC S/V 1개씩 설치됨.

① NO S/V(노멀 오픈 솔레노이드 밸브) : 전원을 주지 않았을 때 열리는 밸브

② NC S/V(노멀 클로즈 솔레노이드 밸브) : 전원을 주지 않았을 때 닫히는 밸브

③ 기능 : 브레이크 캘리퍼로 보내는 오일의 압력 조절 및 축압기와 리저버(오일 저장) 탱크로 흘러가는 유로 조절

3) 체크 밸브 check valve

ABS 작동 중에 브레이크 페달을 놓았을 때, 휠 실린더의 브레이크 오일이 마스터 실린더의 오일 탱크로 복귀되도록 하며, 휠 실린더의 유압이 마스터 실린더의 유압보다 높아지는 것을 방지하는 일도 한다.

4) 축압기 Accumulator

오일을 일시 저장하는 장소로 저압과 고압 두 개로 나뉘며 축압기 내부는 고압의 질소 가스와 다이어프램이 들어있다. 감압 시 오일펌프에 의해 고압의 오일을 축적하였 다가 증압 시 브레이크 캘리퍼 내의 유압이 낮아지게 되므로 다시 펌프를 작동시켜 브레이크 캘리퍼로 공급해준다.

5) 전동펌프

점화스위치 ON 시 ABS 구동테스트를 위해 작동되며 ABS 제어 시는 감압과 증압 과정에서 작동하여 브레이크 캘리퍼의 유압을 해제하거나 증가 시켜주는 동력을 제공한 다.

6) 휠 속도 센서 Wheel speed sensor

차속 감지기(speed sensor)는 폴 피스와 톤 휠의 돌기가 마주치는 것에 의해 바퀴의 회전속도를 감지하는 마그네트와 코일로 구성되어 있고 간극은 대략 0.3~0.9mm이다. 그리고 폴 피스에 이물질이 묻어 있으면 바퀴의 회전속도 감지능력이 저하된다. 앞바퀴 는 너클 스핀들(Knuckle spindle), 뒷바퀴는 허브 스핀들(Hub spindle)에 설치되어 있다. 앞 구동축과 뒤 브레이크 드럼에 부착된 감지기 로터(Sensor rotor)의 회전을 차속 감지기(Speed sensor)가 각 바퀴의 속도를 검출하여 바퀴의 회전신호를 ECU로 보낸다.

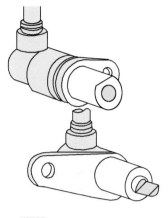

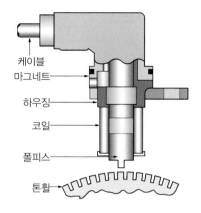

케이블
마그네트
하우징
코일
폴피스
톤휠

그림 휠 스피드 센서 외형　　　**그림** 휠 스피드 센서 내부 구조

(3) 전자 제동력 분배제어(EBD : Electronic Brake-force Distribution control)

1) EBD의 원리

기존 프로포셔닝(P)밸브 대신 ABS
-ECU에 논리(logic)를 추가하여 뒷
바퀴가 먼저 제동압력에 고착되지 않
도록 제어하는 시스템이다.

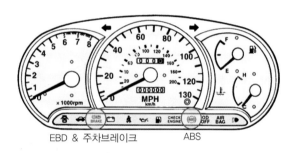

EBD & 주차브레이크　　　　ABS

그림 전자 제동력 분배장치 경고등

▶ 프로포셔닝(P) 밸브
급 제동 시 차량의 무게 중심은 앞쪽으로 기울게 된다.
이 때 같은 제동유압으로 브레이크를 작동시키면 후륜이 먼저 고착하게 된다.
제동 시 후륜의 고착은 차체에 요잉이나 전복의 확률을 높이게 된다.
이를 방지하기 위해 P밸브를 사용한다.
P 밸브는 후륜에 작용되는 브레이크 압력을 낮추어 먼저 고착되는 것을 막아준다.

2) EBD의 필요성

상황에 따른 차량의 앞·뒤의 무게 배분이 달라지는 여건에도 잘 대응 할 수 있으며
시스템 고장 시에 운전자가 경고등을 통해 상황을 인지할 수 있다.

※ EBD 시스템 이상 발생 시 주차경고등이 점등된다.

휠 속도 센서 1개 고장 시에는 경고등이 점등되지 않는다. (2개 이상부터 경고등
점등)

7 동적 제어 시스템

(1) VDC Vehicle Dynamic Control

1) VDC의 개요

VDC는 ESP(Electric Stability Program)이라고도 부르며, 차량의 자세를 제어하는 장치를 말한다. VDC가 설치된 경우에는 ABS와 TCS제어를 포함한다. VDC는 요 모멘트 제어와 자동 감속기능을 포함하여 차량의 자세를 제어할 수 있다. VDC는 각각의 휠에 가해지는 제동압력을 다르게 하여 빠른 속도에서도 차체의 안정성을 유지시켜 주는 역할을 수행한다.

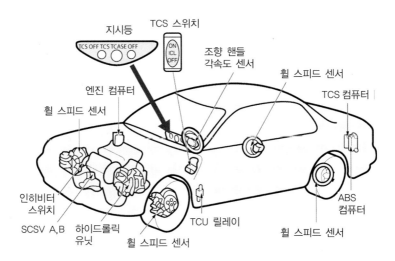

그림 구동력 제어장치의 구성 부품

2) 구성 요소

① 조향 핸들 각속도 센서

운전자의 핸들 조작방향 및 각속도를 검출하여 VDC ECU로 입력한다.

② 요레이트(Yaw-rate) & G(횡가속도) 센서

차량의 회전과 기울기 값을 검출하여 VDC ECU로 입력한다.

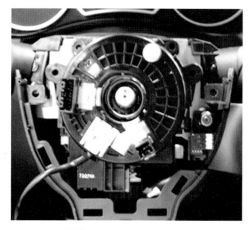

그림 조향 핸들 각속도 센서   그림 요레이트 & G센서

③ 휠 스피드 센서

차량의 주행 속도를 검출하여 VDC ECU로 입력한다.

④ 하이드롤릭 유닛(H/U)

기존에 설명했던 ABS의 H/U과 원리와 작동이 거의 비슷하다. 다른 점은 어큐뮬레이터에서 공급되는 고압라인이 하나 추가된 것이다.

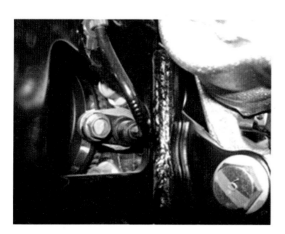

그림 휠 스피드 센서   그림 하이드롤릭 유닛

⑤ VDC ECU

ⓐ ①~③로부터 차량의 주행 상태 정보를 입력받아 언더 스티어 및 오버 스티어 상태를 파악하여 각각의 브레이크를 독립적으로 작동시킨다.

ⓑ 엔진ECU와 통신을 하여 점화시기 지각 및 흡입공기량 제한하여 엔진출력을 떨어뜨린다.

⑥ 브레이크 스위치

브레이크 상태를 VDC ECU가 검출하여 신속히 제어하기 위한 참조 신호로 사용한다.

⑦ VDC OFF 스위치

VDC의 기능을 OFF하는 것이 아니라 TCS의 기능을 OFF하는 스위치이다. 출발을 하거나 선회를 할 때 TCS 제어를 필요로 하지 않는 운전자를 위한 스위치이다.

그림 VDC OFF 스위치

(2) TCS Traction Control System

1) TCS의 개요

차량의 구동바퀴가 각각 마찰계수가 다른 노면에 정차했다가 출발할 때 차동기어 장치가 마찰계수가 떨어지는 바퀴의 회전수를 높이게 된다. 또한 선회할 때 가속을 하면 구동력이 커지면서 바퀴에 슬립이 발생하게 된다. 이러한 상황에서 TCS가 작동하면 슬립이 발생하는 바퀴에 구동력을 저하시켜 안전한 주행이 가능하게 된다.

2) TCS의 종류

① ETCS(Engine intervention Traction Control System)

국내에 처음 TCS가 도입되었을 당시 주로 사용된 것으로 브레이크의 제어와는 별개로 엔진의 구동력만 감소시키기 위해 점화시기 지각제어, 흡입공기량 제한 제어방식을 사용했다. 현재 사용하는 TCS는 브레이크 제어와 함께 엔진 점화시기 제어인 EM(Engine Management)제어를 실행한다.

② BTCS

(Break Traction Control System)
구동바퀴에서 미끄럼이 발생하는 바퀴에 제동유압을 가해 구동력을 저하시키는 것으로 TCS 효과가 EM방식에 비해 우수하다.

③ FTCS(Full Traction Control System)
브레이크 ECU가 슬립이 일어나는 바퀴에 제동압력을 가해주는 동시에 엔진 ECU에 회전력 감소 신호를 CAN통신으

❶ 미끄러지기 쉬운 노면에서 타이어가 공전

❷ 센서가 감지

❸ 브레이크 제어나 엔진 출력 제어를 통해 공전을 억제시킴

❹ 좌우구동바퀴의 회전속도를 같게 한 다음 안전주행

그림 TCS의 작동 원리

로 요청하여 연료 공급 차단 및 점화시기를 지각 등을 통해 엔진 출력을 저하시킨다.

(3) 자동 긴급 제동장치 AEB Autonomous Emergency Braking

차량 전면부에 부착한 레이더로 앞 차와의 차간 거리를 측정하고 현재 차속대비 충돌의 위험을 감지하면 운전자에게 소리나 진동으로 보내 속도를 줄이도록 하는 기술, 충돌 경고에도 운전자가 반응하지 않으면 브레이크가 작동해 자동으로 주행을 멈추게 한다.

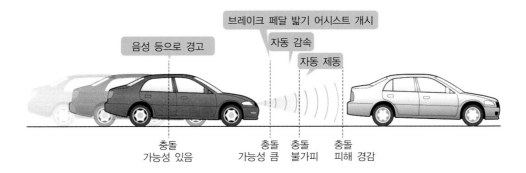

01. 엔진 브레이크, 와전류 감속기, 유압 감속기, 배기 브레이크는 감속브레이크로 사용하고 제 3의 브레이크라 한다.

☐ O ☐ ✕

02. 유압식 브레이크는 베르누이 원리를 이용한 것이다.

☐ O ☐ ✕

03. 전자제어가 없는 소형차용 유압 브레이크의 작동 순서는 브레이크 페달 → 푸시로드 → 브레이크 마스터 실린더 → 진공식 배력장치 → 브레이크 파이프 및 호스 → 브레이크 캘리퍼 및 휠 실린더이다.

☐ O ☐ ✕

04. 브레이크 마스터 실린더는 피스톤 1차컵, 2차컵, 리턴스프링, 체크밸브 등으로 구성된다.

☐ O ☐ ✕

05. 브레이크 라인에 잔압을 유지하기 위해 체크밸브를 사용하며 체크밸브는 베이퍼록 방지, 신속한 작동, 휠 실린더의 오일 누출 방지, 공기 혼입을 방지하는 등의 기능을 한다.

☐ O ☐ ✕

06. 드럼브레이크는 자기작동 효과가 있어 디스크 브레이크에 비해 큰 제동력을 발휘 할 수 있다.

☐ O ☐ ✕

07. 브레이크 오일은 점도가 알맞고 점도지수가 작아야 하며 윤활성이 있고 비점이 높아야 한다.

☐ O ☐ ✕

08. 디스크 브레이크는 공기 중에 노출되어 있기 때문에 방열성이 우수하고 브레이크 패드의 내마모성이 뛰어나다.

☐ O ☐ ✕

09. 진공식 배력장치는 흡기 서지탱크나 발전기의 진공부압을 이용하며 대기압과의 압력차이로 제동력을 증대시키는 장치이다.

☐ O ☐ ✕

정답 1.○ 2.✕ 3.✕ 4.○ 5.○ 6.○ 7.✕ 8.✕ 9.○

10. 공기식 배력장치는 공기압축기가 있는 대형차에서 주로 사용되며 공기의 압축압력과 대기압을 이용하여 제동력을 증대시킨다.   ☐ O ☐ X

11. 공기 브레이크는 작은 공기의 누출만으로도 제동성능에 크게 영향을 받는다.   ☐ O ☐ X

12. 브레이크 챔버는 공기의 압축압력으로 브레이크 캠을 작동시키는 역할을 한다. 즉, 압축공기의 압력을 기계적인 힘으로 바꾸어 주는 역할을 한다.   ☐ O ☐ X

13. ABS는 제동 시 휠의 잠김을 방지하여 미끄러지는 것을 막아 조향능력을 확보하고 제동마찰계수도 높여주는 역할을 한다.   ☐ O ☐ X

14. 미끄럼률 20% 부근에서 큰 제동마찰계수가 얻어지므로 바퀴의 속도를 차체의 속도에 20%로 유지하면 이상적인 제동이 가능하다.   ☐ O ☐ X

15. ABS의 구성품으로 모듈레이터, 휠스피드센서, ECU 등이 있고 작동 시 감압, 유지, 증압을 반복하여 초당 15~20회 정도 작동하게 된다.   ☐ O ☐ X

16. 프로포셔닝 밸브의 역할을 대신하기 위해 개발된 것이 전자 제동력 분배제어 장치 EBD이며 차량의 앞·뒤 무게 배분이 달라지는 것에 대해 대응이 용이하다.   ☐ O ☐ X

17. 차량이 조향과 함께 급제동 시 차체의 회전력 및 속도, 조향핸들의 각속도 등을 연산하여 각 휠에 독립적으로 제동력을 가할 수도 있으며 필요에 따라 엔진의 출력도 줄일 수 있는 차량 자세 제어장치를 VDC 혹은 ESP라고 한다.   ☐ O ☐ X

18. TCS는 제동 시 한 쪽 휠이 고착되어 반대 쪽 바퀴가 미끄러지는 것을 방지해 주는 전자제어 장치이다.   ☐ O ☐ X

정답   10.○   11.✕   12.○   13.○   14.✕   15.○   16.○   17.○   18.✕

01 제동장치가 갖추어야 할 구비 조건이 아닌 것은?

① 신뢰성이 높고, 내구력이 클 것
② 최고 속도에 대하여 충분한 제동 작용을 할 것
③ 제동 작용이 확실하고, 점검·조정이 용이할 것
④ 차량 총중량 이상에 대하여 충분한 제동 작용을 할 것

02 유압식 브레이크는 무슨 원리를 이용한 것인가?

① 베르누이 원리
② 파스칼의 원리
③ 애커먼 장토식의 원리
④ 렌츠의 원리

03 주 제동 브레이크에 해당되는 것은?

① 드럼 브레이크
② 배기 브레이크
③ 엔진 브레이크
④ 와전류 리타더

04 브레이크 장치의 파이프는 무엇으로 만들어졌는가?

① 동　　　　② 강
③ 플라스틱　④ 주철

05 마스터 실린더 잔압을 두는 이유가 아닌 것은?

① 작동지연 방지
② 베이퍼록 방지
③ 오일누출 방지
④ 블로백 방지

06 다음 부품 중 표면이 경화되어 있지 않는 것은?

① 브레이크 드럼
② 베어링 저널
③ 기어 이
④ 밸브 스템 엔드

07 공기 브레이크에서 압축 공기압을 기계적인 힘으로 바꾸어 주는 구성품은?

① 브레이크 챔버
② 브레이크 밸브
③ 퀵릴리스 밸브
④ 브레이크 캠

08 다음 중 브레이크 페달 작용 후 오일이 마스터 실린더로 돌아오게 하는 것은?

① 브레이크 라이닝
② 브레이크 슈
③ 푸시로드
④ 리턴 스프링

 01.④ 02.② 03.① 04.② 05.④ 06.① 07.① 08.④

09 브레이크 슈의 리턴 스프링이 약하면 휠 실린더 내의 잔압은 어떻게 되는가?

① 높아졌다 낮아졌다 한다.
② 낮아진다.
③ 일정하다.
④ 높아진다.

10 다음 중 제 3 브레이크에 해당되지 않는 것은?

① 배기 브레이크
② 와전류 브레이크
③ 핸드 브레이크
④ 하이드롤릭 리타더

11 듀오 서보형 브레이크는?

① 전진 시 브레이크를 작동하면 1차 및 2차 슈가 자기작동을 한다.
② 전진 시 브레이크를 작동하면 1차 슈만 자기작동을 한다.
③ 전·후진 시 브레이크를 작동하면 1차 및 2차 슈가 자기작동을 한다.
④ 후진 시에만 1차 및 2차 자기작동을 한다.

12 브레이크 마스터 실린더의 단면적이 12cm² 일 때 작용되는 힘이 50kg이다. 이 때 단면적이 6cm²의 휠 실린더 4개에 각각 얼마의 힘이 작용하는가?

① 25kg   ② 50kg
③ 75kg   ④ 100kg

13 드럼 브레이크에 대한 디스크 브레이크의 장점은?

① 자기작동 효과가 크다.
② 오염이 잘 되지 않는다.
③ 패드의 마모율이 낮다.
④ 패드의 교환이 용이하다.

14 전자제어식 ABS−EBD 제동 시스템의 구성품이 아닌 것은?

① 휠 스피드 센서
② 프로포셔닝 밸브
③ 하이드롤릭 유닛
④ 전자제어 유닛

해설 최근 차량은 전자 제동력 분배제어(EBD)가 프로포셔닝 밸브의 역할을 대신하게 된다.

15 브레이크 안전장치인 ABS의 작동상태와 관계가 없는 것은?

① 브레이크 유압의 감소 작용
② 브레이크 유압의 유지 작용
③ 브레이크 유압의 상승 작용
④ 브레이크 유압의 차단 작용

16 ABS 브레이크 장치에 대한 설명이다. 틀린 것은?

① 제한속도를 초과해서 코너를 주행할 때도 미끄러짐이 없다.
② 어떠한 주행 조건에도 차륜의 로크가 일어나지 않도록 제어한다.
③ 항상 최대 마찰계수를 얻도록 하여 차륜의 미끄러짐을 방지한다.
④ 조정성, 안정성을 확보한다.

정답   09.②   10.③   11.③   12.①   13.④   14.②   15.④   16.①

17 다음 중 ABS의 해제 조건이 아닌 것은?

① 브레이크 S/W OFF
② 바퀴의 슬립
③ 차량 속도 증가
④ 차량 속도 감소

18 ABS 시스템에서 사용되는 센서는?

① 스로틀 위치 센서
② 휠 스피드 센서
③ 공기 흡입 센서
④ 제어 센서

19 전자제어식 ABS는 제동 시 타이어의 슬립률이 항상 얼마가 되도록 제어하는가?

① 0~18%   ② 10~20%
③ 80~90%   ④ 90~100%

20 ABS 차량에서 ECU로부터 신호를 받아 각각의 휠 실린더의 유압을 조정하는 것은?

① 마스터 실린더
② 프로포셔닝 밸브
③ 하이드롤릭 유닛
④ 릴레이 밸브

[시행 2019. 9. 1]

제1장 총칙

제2조 정의

- **1항 : 공차상태**

  자동차에 사람이 승차하지 아니하고, 물품을 적재하지 않는 상태로서 연료, 냉각수, 윤활유를 만재하고 예비타이어를 설치하여 운행할 수 있는 상태를 말한다.

  ※ 공차상태에서 제외 품목 : 예비부품, 공구, 휴대물 등이 있다.

- **2~4항 : 적차상태**

  공차상태의 자동차에 승차정원이 승차 최대적재량이 적재된 상태를 말한다.

  ① 윤중 : 1개의 바퀴가 수직으로 지면을 누르는 중량

  ② 축중 : 수평상태에 1개의 축에 연결된 모든 바퀴의 윤중의 합

  ③ 승차정원 1인은 65kg, 13세 미만은 1.5인의 정원이 1인으로 함

제2장 자동차 및 이륜자동차의 안전기준

제4조 길이, 너비, 높이

① 길이 : 13m 이하

  ※ **연결 자동차** : 16.7m 이하

② 너비 : 2.5m 이하

  ※ 외부 돌출부는 승용 25cm, 기타 30cm 이하, 피견인차가 견인차보다 넓은 경우 피견인차의 가장바깥으로부터 10cm 이하

③ 높이 : 4m 이하

제5조 최저지상고

접지 부분외의 부분은 지면과 10cm 이상일 것

제6조 차량 총중량 등

① 화물 및 특수 40톤
② 승합자동차 30톤
③ 차량 총중량 20톤 } 을 초과할 수 없다.
④ 축중 10톤   = 이하
⑤ 윤중 5톤

제8조 최대안전 경사각도-(전복 한계각도)

① 공차상태에서 좌우 각각 35도
② 차량총중량이 차량중량의 1.2배 이하인 경우 30도
③ 승차정원 11명 이상인 승합자동차 : 적차상태에서 28도

제9조 최소회전반경

① 자동차의 최소회전반경은 바깥쪽 앞바퀴자국의 중심선을 따라 측정할 때에 12미터를 초과하여서는 아니된다.

제10조 접지부분 접지압력

③ 무한궤도는 $1cm^2$당 3kg 이하

제12조 주행장치

① 별표 1 : 타이어 트레드 부분에는 트레드 깊이가 1.6mm까지 마모된 것을 표시하는 트레드 마모지시기를 표기할 것
※ 사이드월에 표기되어야 할 사항
제작사, 제작번호, 호칭(단면너비, 편평비, 내부구조, 림지름, 하중지수, 속도기호), 종류, 제품명, 제작시기, 제작국명
③ 자동차(승용자동차를 제외한다)의 바퀴 뒤쪽에는 흙받이를 부착하여야 한다.

제12조의2 타이어공기압 경고장치

① 승용자동차와 차량총중량이 3.5톤 이하인 승합·화물·특수자동차에는 설치하여야 한다.(복륜, 피견인자동차 제외)
② 40km/h부터 최고속도까지의 범위에서 작동

제13조 조종장치등

② 가속제어장치의 복귀장치는 가속페달에서 작용력을 제거할 때에 원동기의 가속제어장치를 가속위치에서 공회전위치로 복귀시킬 수 있는 장치가 최소한 2개 이상

제14조 조향장치

① 3. 다음 각 목의 자동차 구분에 따른 해당 속도로 반지름 50미터의 곡선에 접하여 주행할 때 자동차의 선회원(旋回圓)이 동일하거나 더 커지는 구조일 것

　　가. 승용자동차 : 시속 50킬로미터

　　나. 승용자동차 외의 자동차 : 시속 40킬로미터(최고속도가 시속 40킬로미터 미만인 경우에는 해당 자동차의 최고속도)

③ 조향핸들의 유격은 당해 자동차의 조향핸들 지름의 12.5% 이내

④ 조향바퀴의 옆으로 미끄러짐이 1m 주행에 좌우방향으로 각각 5mm 이내

제15조 제동장치(측정상태 : 공차상태의 자동차에 운전자 1인이 승차한 상태)

① 10. 별표 3) 주 제동장치의 급제동정지거리 및 조작력 기준

구 분	최고속도(km/h)		
	80km/h 이상	35km/h~80km/h 미만	35km/h 미만
제동초속도	50km/h	35km/h	당해 최고속도
급제동정지거리	22m 이하	14m 이하	5m 이하
측정조작력	발 조작식의 경우 : 90kg 이하		
	손 조작식의 경우 : 30kg 이하		

11. 별표 4) 주 제동장치의 제동능력 및 조작력기준

최고속도	$\dfrac{차량\ 총중량}{차량\ 중량}$ 의 차	제동력의 판정기준
80km/h 이상	1.2배 이하일 때	$\dfrac{제동력의\ 총합}{차량\ 총중량} \geqq 0.5(50\%)$
80km/h 미만	1.5배 이하일 때	$\dfrac{제동력의\ 총합}{차량\ 총중량} \geqq 0.4(40\%)$
기타 자동차	각 축의 제동력의 합	차량중량의 50% 이상
	각 축의 제동력	전 축중의 50% 이상(뒷 축중의 20% 이상)
	좌우 제동력의 편차	당해 축중의 8% 이하

※ **제동력의 복원** : 브레이크 페달을 놓을 때에 제동력이 3초 이내에 당해 축중의 20% 이하로 감소될 것

12. 별표 4의2) 주차 제동장치의 제동능력 및 조작력 기준

구 분		기 준
측정 시 조작력	승용 자동차	발 조작식의 경우 : 60kg 이하
		손 조작식의 경우 : 40kg 이하
	기타 자동차	발 조작식의 경우 : 70kg 이하
		손 조작식의 경우 : 50kg 이하
제동능력		경사각 11°30′이상의 경사면에서 정지 상태를 유지할 수 있거나 제동 능력이 차량 중량의 20% 이상일 것

제 17 조 연료장치

① 2. 배기관의 끝으로부터 30cm 이상 떨어져 있을 것(연료탱크 제외)

  3. 노출된 전기단자 및 전기개폐기로부터 20cm 이상 떨어져 있을 것(탱크 제외)

제 19 조 차대 및 차체

① 3.

$$경형·소형자동차 : \frac{C}{L} \leq \frac{11}{20} \quad 승합·화물(차체밖 적재×)자동차 : \frac{C}{L} \leq \frac{2}{3}$$

$$기타자동차 : \frac{C}{L} \leq \frac{1}{2} \qquad ※ L : 축거, \quad C : 뒤 오버행$$

③ 측면 보호대 설치 차량

차량 총중량이 8톤 이상이거나 최대 적재량이 5톤 이상인 화물, 특수, 연결 자동차

 – 설치 기준

1. 측면 보호대의 양쪽 끝과 앞·뒤 바퀴와의 간격은 각각 400mm 이내

2. 가장 아래 부분과 지상과의 간격은 550mm 이하

3. 가장 윗부분과 지상과의 간격은 950mm 이상

④ 후부 안전판 설치 차량

차량 총중량이 3.5톤 이상 화물차, 특수자동차

 – 후부안전판의 설치 기준

1. 너비는 타이어 좌·우 최 외측 바깥부분 너비의 100mm 이내일 것

2. 가장 아래 부분과 지상과의 간격은 550mm 이내일 것

3. 차량 수직방향의 단면 최소 높이는 100mm 이상일 것

4. 좌, 우 측면의 곡률반경은 2.5mm 이상일 것

(⑧~⑩ 어린이운송용 승합자동차)

⑧ 색상 : 황색

⑨ 탈부착이 가능한 어린이 보호 표지 앞뒤 장착(청색바탕의 노란색 글씨의 "어린이보호")

⑩ 좌측 옆면 앞부분에는 정지표시장치를 설치하여야 한다.

제20조 견인 및 연결장치

① **견인장치** : 견인할 때에 당해 자동차의 차량 중량의 1/2 이상의 힘에 견딜 수 있는 구조의 견인장치를 갖출 것

제27조 좌석 안전띠 장치 등

① 환자수송용·특수구조자동차의 좌석, 시내·마을버스를 제외한 자동차는 안전띠를 설치한다.

② 승용차는 3점식, 승용차 외의 중간좌석이 구조상 곤란한 경우 2점식으로 할 수 있다.

제35조 소음방지장치

「소음·진동관리법」 시행규칙 별표 13) 자동차의 소음허용기준(제29조 및 제40조 관련)

- 운행자동차 중 : 2006년 1월 1일 이후에 제작되는 자동차

자동차 종류	소음 항목	배기소음(dB)	경적소음(dB)
경자동차		100 이하	110 이하
승용자동차	소형	100 이하	110 이하
	중형	100 이하	110 이하
	중대형	100 이하	112 이하
	대형	105 이하	112 이하
화물자동차	소형	100 이하	110 이하
	중형	100 이하	110 이하
	대형	105 이하	112 이하
이륜자동차		105 이하	110 이하

제36조 배출가스 발산 방지장치

「대기환경보전법」 시행규칙 별표 21) 운행차배출허용기준(제78조 관련)

※ 무부하 (수시·정기)검사 기준

① 휘발유 및 가스사용 자동차

차 종		제작일자	일산화탄소	탄화수소
경자동차		2004년 1월 1일 이후	1.0% 이하	150ppm 이하
승용자동차		2006년 1월 1일 이후	1.0% 이하	120ppm 이하
승합 · 화물 · 특수자동차	소형	2004년 1월 1일 이후	1.2% 이하	220ppm 이하
	중형 · 대형		2.5% 이하	400ppm 이하
이륜자동차	소형·중형	2018년 1월 1일 이후	3.0% 이하	1,000ppm이하
	대형	2009년 1월 1일 이후	3.0% 이하	1,000ppm이하

② 경유사용 자동차

차 종		제 작 일 자	매 연
경·승용 자동차			10% 이하
승합·화물· 특수 자동차	소형	2016년 9월 1일 이후	
	중형		
	대형	2008년 1월 1일 이후	20% 이하

제 37 조 배기관

① 배기관의 열림 방향은 왼쪽 또는 오른쪽으로 45도를 초과해 열려 있어서는 안 되며, 배기관의 끝은 차체 외측으로 돌출되지 않도록 설치해야 한다.

제 38 조 전조등

① 주행빔 전조등

1. 좌우 각 1개 또는 2개를 설치

2. 등광색은 백색

3. 광도기준

  나. 관측각도

    주행빔 전조등의 발광면은 상측 · 하측 · 내측 · 외측의 5도 이하에서 관측될 것

  바. 1) 모든 전조등의 최대 광도값의 총합은 430,000cd 이하일 것

② 변환빔 전조등

1. 좌우 각 1개

2. 등광색은 백색

3. 가. 설치기준

1) 너비 방향

  가) 변환빔 전조등의 발광면 외측 끝단은 자동차 최외측으로부터 400밀리미터
     이하일 것

2) 높이 방향

  공차상태에서 500mm이상 1200mm 이하일 것

나. 관측각도

  1) 발광면은 상측 15도·하측 10도·외측 45도·내측 10도 이하에서 관측될 것

제 39~44 조

	후퇴등	차폭등	번호등	후미등	제동등	방향지시등
등광색	백색	백색	백색	적색	적색	호박색
개수	1 or 2	좌·우 각 1		좌·우 각 1	좌·우 각 1	앞·뒤·옆-좌·우 각 1
비고			미등과 동시 작동 구조			점멸횟수 분당 60~120회

제 49 조 후부반사기

① 1. 좌·우 각각 1개 설치

2. 반사광은 적색

제 54 조 속도계 및 주행거리계

③ 최고속도제한장치는 자동차의 최고속도가 다음 각호의 기준을 초과하지 아니하는 구조
이어야 한다.

1. 승합자동차 : 110km/h

2. 차량총중량이 3.5톤을 초과하는 화물자동차·특수자동차 : 90km/h

3. 저속전기자동차 : 60km/h

제 56 조 운행기록장치 (기록내용 : 차속, 엔진회전수, 브레이크 신호, GPS)

- **설치차량**

1. 「여객자동차 운수사업법」에 따른 여객자동차 운송사업자

2. 「화물자동차 운수사업법」에 따른 화물자동차 운송사업자 및 화물자동차 운송가맹사
업자

제 57 조 소화설비

① 승차정원 11인 이상의 승합자동차의 경우에는 운전석 또는 운전석과 옆으로 나란한 좌석 주위에 설치

  1. 승차정원이 7인 이상 승용자동차 및 경형승합자동차

  3. 중·대형 화물(피견인차 제외) 및 특수자동차

  4. 고압가스, 위험물을 운송하는 자동차(피견인차 포함)

② 승차정원 23인 초과 승합 중 너비 2.3m를 초과하는 경우 운전석 부근에 가로 60cm, 세로 20cm 이상의 공간을 확보하여야 한다.

※ 능력단위 : A(일반), B(유류), C(전기)

제 58 조 경광등 및 사이렌

① 1. 가. 1등당 광도 : 135~2,500cd 이하

     나. 등광색

       군경, 소방 (적색 or 청색)

       전신, 전화, 전기, 가스, 민방위, 도로관리 (황색)

       구급차 혈액 공급차량 (녹색)

  2. 사이렌음의 크기 : 전방 20m에서 90~120dB 이하

② 구난형 특수 자동차, 노면청소용자동차 : 경광등(황색)을 설치할 수 있다.

전조등 검사기준	
안전(제작차 업체) 기준	검사(운행차량) 기준
4 등식 : 12,000~112,500cd 2 등식 : 15,000~112,500cd	4 등식 : 12,000cd 이상 2 등식 : 15,000cd 이상

※ 홈페이지 http://www.law.go.kr 에서 「**자동차 및 자동차부품의 성능과 기준에 관한 규칙**」을 검색하시면 최종법령 원본의 내용을 확인하실 수 있습니다.

01. 공차상태에 공구는 포함되지 않고 예비타이어는 포함이 된다. ☐ O ☐ X

02. 윤중이란 축에 연결된 바퀴가 수직으로 지면을 누르는 중량을 뜻한다. ☐ O ☐ X

03. 승차정원 1인을 65kg, 13세 이하는 1.5인의 정원을 1인으로 한다. ☐ O ☐ X

04. 자동차의 길이는 13m 이하, 너비는 2.5m 이하, 높이는 4m 이하여야 한다.
☐ O ☐ X

05. 자동차의 최저지상고는 공차상태의 자동차에 있어서 접지부분외의 부분은 지면과의 사이에 12cm 이상의 간격이 있어야 한다. ☐ O ☐ X

06. 자동차의 차량총중량은 20톤(승합자동차의 경우에는 30톤, 화물자동차 및 특수자동차의 경우에는 40톤), 축중은 10톤, 윤중은 5톤을 초과하여서는 아니된다. ☐ O ☐ X

07. 승용자동차는 시속 40km에서 반지름 50미터의 곡선에 접하여 주행할 때 자동차의 선회원이 동일하거나 더 커지는 구조여야 한다. ☐ O ☐ X

08. 조향핸들의 유격(조향바퀴가 움직이기 직전까지 조향핸들이 움직인 거리를 말한다)은 당해 자동차의 조향핸들지름의 12.5퍼센트 이내이어야 한다. ☐ O ☐ X

09. 조향바퀴의 옆으로 미끄러짐이 1미터 주행에 좌우방향으로 각각 5밀리미터 이내이어야 하며, 각 바퀴의 정렬상태가 안전운행에 지장이 없어야 한다. ☐ O ☐ X

10. 최고속도가 80km/h 이상의 자동차가 제동초속도가 50km/h 일 때 급제동정지거리는 22m 이하여야 하며 발 조작식의 경우 90kg 이하에서 조작되어야 한다. ☐ O ☐ X

11. 주 제동장치의 좌·우 제동력의 편차는 당해 축중의 8% 이하여야 하며 브레이크 페달을 놓았을 때 제동력이 3초 이내 당해 축중의 30% 이하로 감소되어야 한다.
☐ O ☐ X

정답 1.◯ 2.✕ 3.✕ 4.◯ 5.✕ 6.◯ 7.✕ 8.◯ 9.◯ 10.◯ 11.✕

12. 연료장치는 배기관의 끝으로부터 30cm 이상 떨어져 있어야 하며 노출된 전기단자 및 전기개폐기로부터 30cm 이상 떨어져 있어야 한다. 단, 연료탱크는 제외한다.
□ O □ X

13. 자동차의 가장 뒤의 차축 중심에서 차체의 뒷부분 끝(범퍼 및 견인용 장치를 제외한다)까지의 수평거리("뒤 오우버행"을 말한다)는 가장 앞의 차축중심에서 가장 뒤의 차축중심까지의 수평거리의 2분의 1 이하여야 한다.
□ O □ X

14. 차량총중량이 8톤 이상이거나 최대적재량이 5톤 이상인 화물자동차 · 특수자동차 및 연결자동차는 측면보호대를 설치하여야 한다.
□ O □ X

15. 차량총중량이 3.5톤 이상인 화물자동차 및 특수자동차는 후부안전판을 설치하여야 한다.
□ O □ X

16. 어린이운송용 승합자동차의 앞과 뒤에는 청색바탕에 노란색 글씨의 "어린이보호"의 보호표지를 뗄 수 없는 구조로 장착 하여야 한다.
□ O □ X

17. 자동차(피견인자동차를 제외한다)의 앞면 또는 뒷면에는 자동차의 길이방향으로 견인할 때에 해당 자동차 중량의 4분의 3 이상의 힘에 견딜 수 있고, 진동 및 충격 등에 의하여 분리되지 아니하는 구조의 견인장치를 갖추어야 한다.
□ O □ X

18. 환자수송용·특수구조자동차의 좌석, 시내·마을버스 등(국토교통부장관이 지정 및 여객사자동차 운수사업법 시행령)을 외한 자동차는 안전띠를 설치해야한다.
□ O □ X

19. 후퇴등 · 차폭등 · 번호등은 백색, 후미등 · 제동등은 적색, 방향지시등은 호박색을 사용해야 한다.
□ O □ X

20. 승합자동차는 110km/h를 초과하지 아니하게 최고속도 제한장치를 설치하여야 한다.
□ O □ X

정답　12.✕　13.○　14.○　15.○　16.✕　17.✕　18.○　19.○　20.○

01 자동차 높이의 최대허용 기준으로 맞는 것은?

① 3.5m 이하　② 3.8m 이하
③ 4.0m 이하　④ 4.5m 이하

02 공차상태의 정의 및 품목에서 제외되는 것은?

① 예비타이어　② 예비공구
③ 윤활유 만재　④ 연료 만재

03 조향핸들의 유격은 당해 자동차의 조향핸들 지름의 몇 % 이내여야 하는가?

① 10.0%　② 12.5%
③ 14%　④ 15.5%

04 자동차가 반지름 50미터의 곡선에 접하여 주행할 때 자동차의 선회원이 동일하거나 더 커지는 구조여야 하는 자동차 구분에 따른 해당 속도로 맞는 것은?

① 승용자동차 : 시속 60킬로미터
② 승용자동차 외의 자동차 : 시속 50킬로미터
③ 승합자동차 : 40킬로미터 미만
④ 승용자동차 외의 자동차가 시속 40킬로미터 미만인 경우에는 해당 자동차의 최고 속도

해설 • 승용자동차 : 시속 50킬로미터
• 승용자동차 외의 자동차 : 시속 40킬로미터
승용자동차 외의 자동차가 시속 40킬로미터 미만인 경우에는 해당 자동차의 최고 속도

05 자동차안전기준규칙상의 자동차 안전기준에 대한 내용으로 잘못된 것은?

① 자동차의 길이는 15m를 초과하여서는 안 된다.
② 자동차의 높이는 4m를 초과하여서는 안 된다.
③ 자동차의 윤중은 5톤을 초과하여서는 안 된다.
④ 자동차의 최소회전반경은 바깥쪽 앞바퀴자국의 중심선을 따라 측정할 때에 12m를 초과하여서는 안 된다.

해설 자동차의 길이는 13m를 초과하여서는 안 된다.

06 공차상태에서 접지부분 외의 차체가 지면으로부터의 최소한의 높이는?

① 10cm　② 12cm
③ 15cm　④ 18cm

07 방향지시등의 등광색으로 맞는 것은?

① 적색　② 백색
③ 호박색　④ 청색

정답 　01.③　02.②　03.②　04.④　05.①　06.①　07.③

08 자동차의 차량총중량 · 윤중 · 축중의 설명이 잘못된 것은?

① 승용자동차의 차량총중량은 20톤을 초과해서는 안 된다.

② 승합자동차의 차량총중량은 25톤을 초과해서는 안 된다.

③ 자동차의 축중은 10톤을 초과해서는 안 된다.

④ 자동차의 윤중은 5톤을 초과해서는 안 된다.

해설 승합자동차의 차량총중량은 30톤을 초과해서는 안 된다.

09 공차 상태에서 좌, 우측 각각 몇 도까지 기울여도 자동차가 전복되지 않아야 하는가?

① 25도 ② 30도
③ 35도 ④ 40도

10 무한궤도를 장착한 자동차의 접지압력은 무한궤도 1cm² 당 몇 kg 이하여야 하는가?

① 1kg ② 3kg
③ 5kg ④ 7kg

11 차량이 직진 주행 중에 옆 방향으로 미끄러지는(사이드슬립) 양은 1m 주행 중 몇 mm 이내여야 하는가?

① 3mm ② 4mm
③ 5mm ④ 10mm

12 최고속도가 매시 80km 이상의 자동차의 급제동 정지거리는 얼마인가?

① 5m 이하 ② 14m 이하
③ 22m 이하 ④ 27m 이하

13 좌·우 바퀴의 제동력 차이는 당해 축중의 몇 % 이하인가?

① 8% 이하 ② 12% 이하
③ 20% 이하 ④ 50% 이하

14 브레이크 페달을 놓을 때에 제동력이 몇 초 이내에 당해 축중의 20% 이하로 감소되어야 하는가?

① 1초 ② 3초
③ 5초 ④ 7초

15 승용차의 발 조작식 주차 제동 조작력은 얼마인가?

① 40kg 이하 ② 50kg 이하
③ 60kg 이하 ④ 70kg 이하

16 휘발유 또는 경유를 사용하는 자동차의 연료 탱크 주입구 및 가스 배출구는 노출된 전기단자 및 전기개폐기로부터 몇 cm 이상 떨어져 있어야 하는가? (단, 연료탱크는 제외)

① 10cm 이상 ② 20cm 이상
③ 30cm 이상 ④ 40cm 이상

정답 08.② 09.③ 10.② 11.③ 12.③ 13.① 14.② 15.③ 16.②

17 밴형, 승합 자동차의 축거와 뒤 오버행의 비는 얼마인가?

① $\frac{1}{2}$ 이하
② $\frac{2}{3}$ 이하
③ $\frac{3}{4}$ 이하
④ $\frac{11}{20}$ 이하

18 측면보호대의 가장 아랫부분과 지상과의 간격은 얼마인가?

① 40cm 이하
② 55cm 이하
③ 60cm 이하
④ 70cm 이하

19 후부안전판의 설치 위치로 가장 아랫부분과 지상과의 간격은 얼마인가?

① 35cm 이내
② 45cm 이내
③ 55cm 이내
④ 65cm 이내

20 어린이운송용 승합자동차의 색상으로 맞는 것은?

① 백색
② 황색
③ 적색
④ 청색

21 전좌석 안전띠를 설치해야하는 자동차는?

① 시내버스
② 마을버스
③ 환자수송용 자동차
④ 시외버스

22 이륜자동차의 배기소음허용기준으로 적합한 것은?

① 95dB 이하
② 105dB 이하
③ 100dB 이하
④ 110dB 이하

23 배기관의 열림 방향은 왼쪽 또는 오른쪽으로 몇 도를 초과해서 열려 있으면 안 되는가?

① 15도
② 20도
③ 25도
④ 45도

24 전조등의 등광색으로 맞는 것은?

① 황색
② 백색
③ 적색
④ 호박색

25 번호등에 대한 설명으로 틀린 것은?

① 등광색은 백색이여야 한다.
② 미등과 동시에 작동해야 한다.
③ 등록번호판의 모든 측정점에서 3.5cd/m^2 이상의 휘도일 것.
④ 번호등은 등록번호판을 잘 비추는 구조일 것

26 방향지시등에 대한 설명으로 틀린 것은?
① 자동차 앞·뒷·옆면 좌·우 각각 1개를 설치할 것
② 등광색은 호박색일 것
③ 다른 등화장치와 독립적으로 작동될 것
④ 분당 60~100회 사이 점멸 할 것

27 운행기록장치에 기록되는 내용으로 관련이 없는 것은?

① 차속 및 엔진회전수
② 조향핸들 조작신호
③ 브레이크 신호
④ GPS 신호

28 후부 반사기의 반사광 색깔은 무슨 색인가?

① 백색 　　② 황색
③ 적색 　　④ 청색

29 운전자가 교통상황을 확인할 수 있도록 거울이나 카메라모니터 시스템 등을 이용한 장치를 무엇이라 하는가?

① 간접시계장치
② 사고기록영상장치
③ 후사경
④ 감광식 거울

30 2006년 이후 제작하여 운행하는 자동차 중 대형 승용차의 경음기 음량 크기는 최대 얼마 이하인가?

① 110dB 　　② 112dB
③ 100dB 　　④ 105dB

31 2008년 1월 1일 이후 제작한 경유사용 자동차의 매연 기준은 얼마 이하인가?

① 10% 　　② 15%
③ 20% 　　④ 40%

32 차량별 최고속도제한장치의 최고속도의 기준으로 틀린 것은?

① 승합자동차는 110km/h 초과하지 않아야 한다.
② 차량총중량이 3.5톤을 초과하는 화물자동차·특수자동차는 90km/h 초과하지 않아야 한다.
③ 저속전기자동차는 60km/h 초과하지 않아야 한다.
④ 어린이 운송용 승합자동차는 80km/h 초과하지 않아야 한다.

33 전파 감시 업무에 사용되는 자동차의 경광등 등광색은 무슨 색인가?

① 적색 　　② 청색
③ 황색 　　④ 녹색

정답　27.② 　28.③ 　29.① 　30.② 　31.③ 　32.④ 　33.③

자 동 차 구 조 원 리
9 급 공 무 원

02

제1회~제20회

모의고사

01 기동전동기의 전기자 코일과 계자코일은 어떻게 연결되어 있는가?

① 직, 병렬로 연결되어 있다.
② 병렬로 연결되어 있다.
③ 직렬로 연결되어 있다.
④ 각각 단자에 연결되어 있다.

> **해설** 전동기의 종류

전동기의 종류	전기자 코일과 계자 코일	사용되는 곳
직권 전동기	직렬 연결	기동 전동기
분권 전동기	병렬 연결	DC·AC 발전기
복권 전동기	직·병렬 연결	와이퍼모터

02 AC(교류) 발전기에서 전류가 발생하는 곳은?

① 전기자   ② 스테이터
③ 로터   ④ 브러시

> **해설**

교류(AC)발전기 및 직류(DC)발전기의 비교		
역 할	교류 발전기(AC)	직류 발전기(DC)
① 여자 방식	타 여자식	자 여자식
② 여자 형성	로터	계자
③ 전류 발생	스테이터	전기자
④ 브러시 접촉부	슬립링	정류자
⑤ AC를 DC로 정류	실리콘 다이오드	브러시와 정류자
⑥ 역류 방지	다이오드(+)3개, (−)3개	컷 아웃릴레이

교류(AC)발전기 및 직류(DC)발전기의 비교		
역 할	교류 발전기(AC)	직류 발전기(DC)
⑦ 컷인 전압	13.8~14.8 V	13.8~14.8 V
⑧ 자속을 만드는 부분	로터(rotor)	계자코일과 계자철심
⑨ 조정기	전압조정기	전압, 전류조정기와 역류방지기
⑩ 작동 원리	플레밍의 오른손 법칙	플레밍의 오른손 법칙

03 아래 그림에 표시된 X는 무엇을 나타내는 것인가?

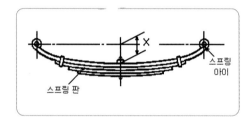

① 닙   ② 스팬
③ 새클   ④ 캠버

> **해설** ① 닙 : 판스프링의 끝에 휘어진 부분
> ② 스팬 : 아이와 아이사이 거리
> ③ 새클 : 판스프링의 스팬 길이가 늘어났을 때 보상해주는 장치

정답 **01.**③ **02.**② **03.**④

04 자동차의 PCV(Positive Crankcase Ventilation) 장치는 공해방지 대책의 한 방법이다. 다음 중 무엇을 제거하기 위한 것인가?

① 일산화탄소(CO)
② 이산화탄소(CO_2)
③ 아황산가스(SO_2)
④ 블로우바이가스(Blow-by gas)

> **해설** PCV는 압축행정 시 피스톤과 실린더 사이로 새어나오는 HC(블로우바이)가스를 제어하기 위한 장치이다.
> 새어나온 HC 가스는 엔진 헤드 커버에 포집되어 있다가 공전과 저속시에는 PCV 장치를 통해 흡기 쪽으로 환원되고 고속시에는 브리드 호스를 통하여 흡기 쪽으로 환원된다.

05 전자제어 디젤 연료분사 방식 중 다단분사에 대한 설명으로 가장 적합한 것은?

① 후분사는 소음 감소를 목적으로 한다.
② 다단분사는 연료를 분할하여 분사함으로써 연소효율이 좋아지며 PM, NOX를 동시에 저감시킬 수 있다.
③ 분사시기를 늦추면 촉매환원성분인 HC가 감소된다.
④ 후분사 시기를 빠르게 하면 배기가스 온도가 하강한다.

> **해설** 커먼레일 방식 디젤기관의 연소과정 3단계
> 1. 파일럿 분사(Pilot Injection : 착화 분사) : 파일럿 분사란 주 분사가 이루어지기 전에 연료를 분사하여 연소가 원활히 되도록 하기 위한 것이며, 파일럿 분사 실시 여부에 따라 기관의 소음과 진동을 줄일 수 있다.
> 2. 주 분사(Main Injection) : 기관의 출력에 대한 에너지는 주 분사로 부터 나온다. 주 분사는 파일럿 분사가 실행되었는지 여부를 고려하여 연료 분사량을 계산한다.

3. 사후 분사(Post Injection) : 사후 분사는 유해 배출 가스 감소를 위해 사용되는 것이며, 연소가 끝난 후 배기행정에서 연소실에 연료를 공급하여 배기가스를 통해 촉매변환기로 공급한다.

06 LPG 기관의 연료 제어 관련 주요 구성 부품에 속하지 않는 것은?

① 베이퍼라이저
② 긴급 차단 솔레노이드 밸브
③ 퍼지컨트롤 솔레노이드 밸브
④ 액상 기상 솔레노이드 밸브

> **해설** 퍼지컨트롤 솔레노이드 밸브는 캐니스터에 저장된 HC 가스를 흡기 쪽으로 환원시키기 위한 액추에이터이다. 연료증발가스 제어 장치의 구성요소인 것이다.

07 배기가스 재순환 장치의 설치목적에 적당한 것은?

① NOx 감소
② CO 감소
③ HC 감소
④ 매연 감소

> **해설** 이론적 공연비 부근에서 엔진의 온도가 높아지게 되고 이 때 NOx의 발생량이 증가하게 된다. 이 때의 NOx를 줄이기 위해 배출가스 중의 일부를 흡기쪽으로 환원시켜 완전연소에 도움이 되지 않게 만들어 주는 장치를 배기가스 재순환 장치(EGR)라 한다.

08 동력조향장치의 구성품이 아닌 것은?

① 오일 펌프
② 파워 실린더
③ 서지 탱크
④ 제어 밸브

> **해설** 서지 탱크는 공기를 일시 저장하는 기능을 가진 것으로 유압을 제어하는 장치와는 거리가 멀다.

정답 04.④ 05.② 06.③ 07.① 08.③

09 현가장치에서 스프링 시스템이 갖추어야 할 기능이 아닌 것은?

① 승차감
② 원심력 향상
③ 주행 안정성
④ 선회특성

해설 원심력은 구심력에 상응하는 힘으로 차량이 주행함에 있어 도움이 되지 않는 운동성분이다.

10 기관의 회전력을 액체 운동 에너지로 바꾸어 변속기에 동력을 전달하는 장치는?

① 시동전동기
② 토크컨버터
③ 건식클러치
④ 플라이휠

해설 이 문제의 답은 유체 클러치와 토크컨버터가 될 수 있다.
유체클러치와 토크컨버터의 가장 큰 차이점은 스테이터의 유무에 따라 나뉜다고 생각하면 된다.
유체클러치와 토크컨버터 둘 중 스테이터가 어디의 구성요소에 포함이 되는지는 알고 계시죠?^^

11 기관의 점화시기가 너무 늦을 경우 일어날 수 있는 현상은?

① 기관의 동력증가
② 연료소비량의 감소
③ 배기관에 다량의 카본퇴적
④ 기관의 수명연장

해설 가솔린 기관에서 노킹의 주된 원인은 조기점화 때문이다. 조기점화에 의해서 노킹이 발생되면 노크센서에서 신호를 ECU로 보내고 ECU에서는 점화시기를 늦춰서 노킹이 일어나지 않게 만들어 준다. 하지만 점화시기가 너무 늦어지게 되면 압축압력이 떨어진 상태에서 폭발이 일어나기 때문에 출력도 떨어지고 불완전 연소에 의

해서 배기라인으로 카본이 퇴적되게 된다. 출력이 부족하니 가속 페달을 더 밟을 것이고 당연히 연료 소비량도 증가될 것이다. 카본이 퇴적되면 연소실 체적이 더욱 더 작아지게 되어 압축행정 시 실린더 헤드에 부하가 더욱 가중되어 기관의 수명에도 좋지 않은 영향을 끼치게 된다.

12 점화회로에서 파워트랜지스터의 베이스를 차단하는 것은?

① 다이오드
② 제너다이오드
③ 콘덴서
④ ECU

해설 파워TR은 NPN형을 사용하고 베이스, 이미터, 컬렉터 3개의 리드로 구성되어 있다.
베이스는 ECU와 이미터는 접지, 컬렉터는 점화 1차 코일과 연결되어 있다.

13 디젤기관의 장점으로 맞는 것은?

① 실린더 지름 크기에 제한이 적다.
② 매연발생이 적다.
③ 기관의 최고속도가 높다.
④ 마력당 기관의 중량이 유리하다.

해설 디젤엔진은 자기착화 방식으로 높은 압축압력을 만들어 내기 위해 중량이 많이 나가게 되어 마력당 부담해야 하는 무게 부분에서 불리하다. 그리고 가솔린엔진에 비해 폭발 압력이 상대적으로 높아 큰 토크를 만들어 내지만 마력당 중량이 불리한 관계로 고속을 내기에는 어려움 있다. 전반적으로 토크를 많이 필요로 하는 대형차에 주로 많이 사용되므로 발생되는 매연 역시 많다고 할 수 있다. 다만 최근에는 이런 디젤엔진에 전자제어가 추가되면서 CRDI, 과급기 등 출력을 높일 수 있는 부가적인 시스템이 많이 추가가 되면서 엔진의 무게도 줄어들고 마력도 높아져서 고속용 엔진으로도 많이 사용하게 되었다.

14 공해방지장치의 하나인 활성탄 여과기에 관한 설명이다. 맞는 것은?

① 흡기다기관과 3원 촉매기 사이에 설치되어야 한다.

② 에어클리너를 통과한 흡입공기를 다시 여과 시켜 배기가스의 질을 향상시킨다.

③ 흡기를 여과시킬 때 특히 질소산화물을 흡착한다.

④ 기관 정지 상태에서 연료탱크 또는 흡기다기관에서 증발한 연료가스를 흡착하였다가 기관 작동 중 다시 이를 방출, 연소되게 한다.

해설 연료증발가스 제어장치에 관련된 문제이다. 구성은 캐니스터, PCSV이다.

15 클러치에 대한 설명 중 부적당한 것은?

① 페달의 유격은 클러치 미끄럼(Slip)을 방지하기 위하여 필요하다.

② 페달의 리턴 스프링이 약하게 되면 클러치 차단이 불량하게 된다.

③ 건식클러치에 있어서 디스크에 오일을 바르면 안 된다

④ 페달과 상판과의 간격이 과소하면 클러치 끊임이 나빠진다.

해설 클러치
① 페달의 유격이 있어야지만 페달을 밟지 않았을 때 간극이 유지되어 동력이 미세하게 차단되는 것을 막을 수 있다. – 동력이 미세하게 차단되면 미끄럼이 발생된다.
② 페달의 리턴 스프링의 장력이 약하게 되면 동력 전달이 잘 되지 않는다.
③ 건식클러치의 오일은 미끄러지는 주된 원인이 된다.
④ 상판은 페달 아래쪽의 바닥면을 말하므로 간격이 과소하면 페달을 끝까지 밟지 못해 차단

이 제대로 될 수가 없다.

16 400cd의 광원에서 2m 거리의 조도는?

① 100 cd ② 100 Lx
③ 200 Lx ④ 200 cd

해설 조도$(Lx) = \dfrac{광도(cd)}{거리(m)^2} = \dfrac{400}{2^2} = 100Lx$

17 그림과 같은 브레이크 페달에 100N의 힘을 가하였을 때 피스톤의 면적이 5㎠라고 하면 작동유압은?

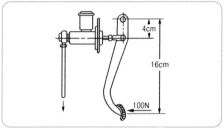

① 60 N/cm^2 ② 80 N/cm^2
③ 100 N/cm^2 ④ 120 N/cm^2

해설 ① 지렛대 비율=16 : 4 = 4 : 1
② 푸시로드에 작용하는 힘=지렛대 비율×페달 밟는 힘
∴ 4×100N=400N
③ 작동유압=$\dfrac{400N}{5cm^2} = 80N/cm^2$

18 일반적인 브레이크 오일의 주성분은?

① 윤활유와 경유
② 알코올과 피마자기름
③ 알코올과 윤활유
④ 경유와 피마자기름

해설 브레이크 오일의 주성분은 알코올과 피마자기름이다.

정답 14.④ 15.② 16.② 17.② 18.②

19 흡기 시스템의 동적 효과 특성을 설명한 것 중 (   )안에 알맞은 단어는?

흡입행정의 마지막에 흡입 밸브를 닫으면 새로운 공기의 흐름이 갑자기 차단되어 (㉠)가 발생한다. 이 압력파는 음으로 흡기다기관의 입구를 향해서 진행하고, 입구에서 반사되므로 (㉡)가 되어 흡입 밸브쪽으로 음속으로 되돌아온다.

① ㉠ 간섭파, ㉡ 유도파
② ㉠ 서지파, ㉡ 정압파
③ ㉠ 정압파, ㉡ 부압파
④ ㉠ 부압파, ㉡ 서지파

해설 흡입행정의 마지막에 흡입 밸브를 닫으면 새로운 공기의 흐름이 갑자기 차단되어 정압파가 발생한다. 이 압력파는 음으로 흡기다기관의 입구를 향해서 진행하고, 입구에서 반사되므로 부압파기 되어 흡입 밸브 쪽으로 음속으로 되돌아온다.

20 화물자동차 및 특수자동차의 차량 총중량은 몇 톤을 초과해서는 안 되는가?

① 20톤   ② 30톤
③ 40톤   ④ 50톤

해설 제6조(차량총중량등)
① 자동차의 차량총중량은 20톤(승합자동차의 경우에는 30톤, 화물자동차 및 특수자동차의 경우에는 40톤), 축중은 10톤, 윤중은 5톤을 초과하여서는 아니된다. 〈개정 2004.8.6.〉

01 주행 중 조향핸들이 한쪽으로 쏠리거나 꺾이는 원인이 아닌 것은?

① 조향핸들 축의 축 방향 유격이 크다.
② 좌우 타이어의 압력이 같지 않다.
③ 뒷 차축이 차의 중심선에 대하여 직각이 되지 않는다.
④ 앞 차축 한쪽의 현가스프링이 절손되었다.

> **해설** ① 조향핸들의 축방향 유격은 핸들의 조향에 영향을 미치지 않는다.
> ③ 번 보기는 스러스트 각에 대한 설명으로 스러스트 각으로 인해 조향핸들은 한쪽으로 꺾이는 원인이다.
> ②, ④은 핸들이 한쪽을 쏠리는 원인이다.

02 기동전동기의 기본 원리는 어느 법칙에 해당되는가?

① 플레밍의 왼손법칙
② 렌쯔의 법칙
③ 오른나사의 법칙
④ 키르히호프의 법칙

> **해설** 기동전동기 – 플레밍의 왼손법칙
> 교류발전기 – 플레밍의 오른손법칙

03 디젤기관에서 부하 변동에 따라 분사량의 증감을 자동적으로 조정하여 제어렉에 전달하는 장치는?

① 플런저 펌프
② 분사 노즐
③ 조속기
④ 분사 펌프

> **해설** 분사량 증감은 분사펌프의 캠축 회전 관성력이나 흡기 쪽의 진공을 이용한 조속기로 할 수 있고 분사 시기는 타이머로 할 수 있다.

04 종감속 및 차동장치에서 링기어와 항상 같은 속도로 회전하는 것은?

① 차동 사이드 기어
② 액슬축
③ 차동 피니언 기어
④ 차동기 케이스

> **해설** 차동기 케이스가 링기어와 볼트로 연결되어 있어 같은 회전수를 가진다.

05 전자제어 디젤연소분사장치(Common-rail system)에서 예비분사에 대한 설명 중 가장 옳은 것은?

① 예비분사는 주 분사 이후에 미연가스의 완전 연소와 후처리 장치의 재연소를 위해 이루어지는 분사이다.
② 예비분사는 인젝터의 노후화에 따른 보정분사를 실시하여 엔진의 출력저하 및 엔진부조를 방지하는 분사이다.
③ 예비분사는 연소실의 연소압력 상승을 부드럽게 하여 소음과 진동을 줄여준다.
④ 예비분사는 디젤 엔진의 단점인 시동성을 향상시키기 위한 분사를 말한다.

정답 **01.**① **02.**① **03.**③ **04.**④ **05.**③

해설 예비(파일럿)분사 : 연료 분사를 증대시킬 때 미리 예비분사를 실시하여 부드러운 압력 상승곡선을 가지게 해준다. 그 결과 소음과 진동이 줄어들고 자연스런 증속이 가능하다.

06 다음 중 냉각장치에서 과열의 원인이 아닌 것은?

① 벨트 장력 과대
② 냉각수의 부족
③ 팬벨트의 마모
④ 냉각수 통로의 막힘

해설 벨트의 장력이 과할 경우에는 베어링의 마모가 촉진되고 엔진 과냉의 원인이 될 수 있다.

07 자동차용 AC 발전기에 사용되는 일반적인 다이오드의 수는? (단, 여자 다이오드는 무시한다.)

① 2개   ② 3개
③ 4개   ④ 6개

해설 AC 발전기에서 교류를 직류로 정류하기 위해 "−" 다이오드 3개, 역류방지용 "+"다이오드 3개 총 6개의 다이오드가 존재한다. 그리고 AC 발전기는 타여자 방식이다. 타여자 방식에서 자여자 방식으로 전환되는 교류를 직류로 정류해주기 위해 여자다이오드 3개가 존재한다.

08 ★★★ 중요

자동차가 고속으로 선회할 때 차체의 좌우 진동을 완화 하는 기능을 하는 것은?

① 타이로드   ② 토인
③ 겹판스프링   ④ 스태빌라이저

해설 스프링 위 질량 운동 중 X축을 기준으로 일어나는 회전운동(롤링)을 완화시키기 위해 사용하는 토션바 스프링의 일종인 스태빌라이저가

있다. 이 문제는 기출 문제에 가장 많이 출제되었다.

09 자동변속기 유압제어회로에 작용하는 유압은 어디서 발생되는가?

① 토크 컨버터
② 변속기 내의 오일펌프
③ 냉각수 수압
④ 유체 클러치

해설 아래 그림에서 토크컨버터와 변속기가 맞물리는 자리에 자동변속기 오일펌프가 위치하게 된다.

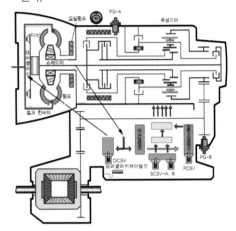

10 자동차로 길이 400m의 비탈길을 왕복하였다 올라가는 데 3분, 내려오는 데 1분 걸렸다고 하면 왕복의 평균속도는 몇 km/h인가?

① 10km/h   ② 11km/h
③ 12km/h   ④ 13km/h

해설 총 왕복시간 = 4min
왕복이동거리 = 800m 이므로
$$V = \frac{거리}{시간} = \frac{800m}{4\,min}$$
$$= \frac{0.8km}{4h} \times 60 = 12km/h$$

11 전자제어 섀시 장치에 속하지 않는 장치는?

① 종감속 장치
② 자동 변속기
③ 차속감응형 조향장치
④ 차속감응형 4륜 조향장치

해설 종감속 장치는 구동 토크를 키우기 위해 감속 기어비를 결정하는 기계적 장치이다.

12 150Ah의 축전지 2개를 병렬로 연결한 상태에서 15A의 전류로 방전시킨 경우 몇 시간 사용할 수 있는가?

① 5   ② 10
③ 15   ④ 20

해설 150Ah 축전지 2개를 병렬로 연결하면 300Ah가 된다.

$$AH = A \times H \text{에서 } H = \frac{AH}{A}$$

$$\therefore \frac{300Ah}{15A} = 20H$$

13 다음 중 촉매 변환기의 효율을 높이기 위한 장치는?

① 아이들 업 장치
② 2차 공기 공급 장치
③ 배기가스 재순환 장치
④ PCV

해설 2차 공기 공급 장치 : 배기관에 신선한 공기를 보내서 배기가스 중에 포함되는 유해한 HC와 CO를 연소하여, H_2O와 CO_2로 변환하기 위한 시스템이다. 즉, 엔진에 혼합기로서 흡입되는 공기를 1차로 생각하고, 펌프에 의해서 공기를 보내는 에어 인젝션 시스템도 배기 맥동을 이용하여 공기를 흡입하는 에어 섹션 시스템이 있다.

14 전자제어 차량의 연료펌프는 재 시동성을 향상시키기 위해 연료의 압력을 유지시켜주고 베이퍼록 현상을 방지시켜 준다. 이 역할을 하는 구성 부품은?

① 체크밸브(Check valve)
② 프레쥬어레귤레이터(연료압력조절기)
③ 임펠러
④ 연료필터

해설 체크밸브는 기관이 정지하면 체크 밸브가 닫혀 연료 라인에 잔압을 유지시켜 베이퍼 록을 방지하고, 재시동성을 향상시키는 장치이다. 릴리프 밸브는 연료펌프 및 연료내의 압력이 과도하게 상승하는 것을 방지하기 위한 장치이고, 작동압력은 $4.5 \sim 6.0 kg/cm^2$ 이다.

15 조향핸들의 회전각도와 조향바퀴의 조향각도와의 비율을 무엇이라 하는가?

① 조향핸들의 유격
② 최소 회전반경
③ 조향 안전 경사각도
④ 조향비

해설 조향기어비(조향비)
$$= \frac{\text{조향 핸들이 움직인 각도}}{\text{피트먼 암(조향바퀴)이 움직인 각도}}$$

16 E.G.R(Exhaust Gas Recirculation) 밸브에 대한 설명 중 틀린 것은?

① 배기가스 재순환 장치이다.
② 연소실 온도를 낮추기 위한 장치이다.
③ 증발가스를 포집하였다가 연소시키는 장치이다.
④ 질소산화물(NOX) 배출을 감소하기 위한 장치이다.

해설 배기가스 재순환 장치 : 질소산화물을 감소시키기 위해 배출가스 중의 일부를 흡기 쪽으로 다시 순환시키는 장치이다. 이론적 공연비의 최적의 상태에서 벗어나게 되어 출력에는 도움이 되지 않지만 연소실의 온도를 낮출 수 있어 결과적으로 질소산화물의 배출량을 감소할 수 있는 것이다.

17 자동차의 길이, 너비 및 높이 기준 중 길이에 있어서 화물 자동차 및 특수 자동차의 경우 몇 m 이내이어야 하는가?

① 12 ② 13
③ 15 ④ 16.7

해설 제4조(길이·너비 및 높이)
① 자동차의 길이·너비 및 높이는 다음의 기준을 초과하여서는 아니된다.
 1. 길이 : 13미터(연결자동차의 경우에는 16.7미터를 말한다)
 2. 너비 : 2.5미터(후사경·환기장치 또는 밖으로 열리는 창의 경우 이들 장치의 너비는 승용자동차에 있어서는 25센티미터, 기타의 자동차에 있어서는 30센티미터. 다만, 피견인자동차의 너비가 견인자동차의 너비보다 넓은 경우 그 견인자동차의 후사경에 한하여 피견인자동차의 가장 바깥쪽으로 10센티미터를 초과할 수 없다)
 3. 높이 : 4미터

18 순방향으로 전류를 흐르게 하였을 때 빛이 발생되는 다이오드로서 자동차에서는 크랭크각 센서, TDC센서, 조향휠 각도센서, 차고센서 등에 이용되는 다이오드는? (단, 크랭크각 센서, TDC 센서는 멜코시스템일 경우)

① 포토 다이오드
② 발광 다이오드
③ 트랜지스터
④ 정류 다이오드

해설 멜코시스템은 발광다이오드와 포토다이오드를 같이 사용하는 옵티컬 타입의 센서를 사용한다.

19 일반적인 오일의 양부 판단 방법이다. 틀린 것은?

① 오일의 색깔이 우유색에 가까운 것은 물이 혼입되어 있는 것이다.
② 오일의 색깔이 회색에 가까운 것은 가솔린이 혼입되어 있는 것이다.
③ 종이에 오일을 떨어뜨려 금속 분말이나 카본의 유무를 조사하고 많이 혼입된 것은 교환한다.
④ 오일의 색깔이 검은색에 가까운 것은 너무 오랫동안 사용했기 때문이다.

해설 유연가솔린이 혼입되었을 경우 붉은 색을 띄게 된다. 회색의 경우 연소 생성물이 혼입되었을 때이다.

20 디젤 연소실의 구비조건 중 틀린 것은?

① 연소시간이 짧을 것
② 열효율이 높을 것
③ 평균유효 압력이 낮을 것
④ 디젤노크가 적을 것

해설 디젤기관 연소실의 구비조건
 ① 분사된 연료를 가능한 한 짧은 시간 내에 완전 연소시킬 것
 ② 평균유효 압력이 높고, 연료 소비율이 적을 것
 ③ 고속회전에서의 연소 상태가 좋을 것
 ④ 기관 시동이 쉬울 것
 ⑤ 노크발생이 적을 것
 ⑥ 열효율이 높을 것

정답 ▶ 17.② 18.② 19.② 20.③

모의고사

자동차구조원리

01 가솔린 기관에서 노킹(knocking) 발생 시 억제하는 방법은?

① 혼합비를 희박하게 한다.
② 점화시기를 지각 시킨다.
③ 옥탄가가 낮은 연료를 사용한다.
④ 화염전파속도를 느리게 한다.

해설 가솔린 기관의 노킹방지 방법
① 화염전파거리를 짧게 하는 연소실 형상을 사용한다.
② 자연 발화온도가 높은 연료를 사용한다.
③ 동일 압축비에서 혼합기의 온도를 낮추는 연소실 형상을 사용한다.
④ 연소속도가 빠른 연료를 사용한다.
⑤ 점화시기를 늦춘다.
⑥ 옥탄가가 높은 가솔린을 사용한다.
⑦ 혼합가스에 와류가 발생하도록 한다.
⑧ 냉각수 온도를 낮춘다.

02 디젤기관에서 감압 장치의 설치 목적에 적합하지 않는 것은?

① 겨울철 오일의 점도가 높을 때 시동을 용이하게 하기 위하여
② 기관의 점검 조정 및 고장 발견 시 등에 작용시킨다.
③ 흡입 또는 배기밸브에 작용 감압한다.
④ 흡입효율을 높여 압축압력을 크게 하는 작용을 한다.

해설 데콤프장치(감압장치 : De-Compression Device)
디젤 엔진은 압축압력이 높기 때문에 한랭 시 기동을 할 때 원활한 크랭킹이 어렵다. 이런 점을 고려하여 크랭킹을 할 때 흡기밸브나 배기밸브를 캠축의 운동과는 상관없이 강제적으로 열어서 기관의 시동 또는 조정을 위하여 회전시킬 때 실린더내의 압축압력을 감압시켜 기관의 시동을 도와주는 장치이며 디젤엔진을 정지시키는 역할을 한다.
보기 ④는 과급장치에 대한 설명이다.

03 수동변속기 차량의 클러치판은 어떤 축의 스플라인에 끼어져 있는가?

① 추진축 ② 크랭크축
③ 액슬축 ④ 변속기 입력축

해설 변속기 입력축(클러치축)의 스플라인 부에 의해 클러치판이 조립되며 변속기 입력축의 직경이 작은 부분은 파일럿 베어링에 의해 지지된다.(플라이 휠 가운데 베어링 위치)

04 하이드로백은 무엇을 이용하여 브레이크에 배력 작용을 하게 하는가?

① 흡기 다기관의 압력
② 배기가스 압력
③ 대기 압력
④ 대기압과 흡기 다기관의 압력차

해설 브레이크 페달을 밟지 않았을 때 공기 밸브는 닫히고 진공 밸브가 열려서 하이드로백 전체에 진공압이 형성되고 브레이크 페달을 밟게 되면 공기밸브는 열리고 진공밸브는 닫혀서 파워 피스톤을 기준으로 브레이크 마스터 실린더 쪽은 진공압 페달 쪽은 대기압이 형성된다. 이런 원리에 의해 브레이크 힘이 배력 된다.
이런 원리 때문에 주행 중 엔진이 멈추게 되면 피스톤의 진공압을 만들 수 없게 되고 배력 작용

정답 **01.**② **02.**④ **03.**④ **04.**④

을 할 수 없게 되어 브레이크가 잘 듣지 않게 되는 것이다.

05 실린더 배기량이 200cc, 연소실의 체적이 20cm³인 기관의 압축비는 얼마인가?

① 8
② 9
③ 10
④ 11

> **해설**
>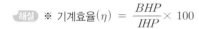
> 압축비 $= \dfrac{\text{행정체적}}{\text{연소실체적}} + 1 = \dfrac{200cc}{20cc} + 1 = 11$
> 배기량 = 행정체적　　$1cc = 1cm^3$

06 제동마력(BHP)을 지시마력(IHP)으로 나눈 값은?

① 기계효율
② 열효율
③ 체적효율
④ 전달효율

> **해설** ※ 기계효율$(\eta) = \dfrac{BHP}{IHP} \times 100$
> ※ BHP = IHP − FHP　　* 손실마력(FHP)

07 예연소실식 디젤기관의 노즐 분사압력은?

① 100~120 kgf/cm²
② 200~250 kgf/cm²
③ 300~330 kgf/cm²
④ 400~450 kgf/cm²

> **해설**
>
> | 종 류 | 단실식 | 복실식 | | |
> |---|---|---|---|---|
> | 연소실 종류 | 직접분사실식 | 예연소실식 | 와류실식 | 공기실식 |
> | 예열 플러그 | 필요가 없다 | 필요로 하다 | 필요로 하다 | 필요가 없다 |
> | 분사압력 | 200~300 kg/cm² | 100~120 kg/cm² | 100~140kg/cm² | |

08 기관의 플라이휠의 무게는 무엇과 관계가 있는가?

① 링기어의 잇수
② 클러치판의 길이
③ 크랭크축의 길이
④ 회전속도와 실린더 수

> **해설** 회전속도가 높은 엔진일수록 플라이휠의 무게는 가벼워야 하며(속도를 올리는데 유리) 실린더 수가 많을수록 플라이휠의 무게는 가벼워도 된다.(위상차가 줄어들기 때문)
> 즉, 크랭크축이 얼마 회전하지 않아 자주 폭발하기 때문에 저장해야할 관성에너지가 작아지기 때문이다.

09 마스터 실린더에서 피스톤 1차 컵의 하는 일은?

① 오일 누출 방지
② 유압 발생
③ 잔압 형성
④ 베이퍼록 방지

> **해설** 1차 컵은 유압 발생실의 유밀을 유지한다. 2차 컵은 외부로 오일 누출을 방지한다.

10 기동전동기에서 회전력을 기관의 플라이휠에 전달하는 동력 기구는?

① 피니언 기어
② 아마츄어
③ 브러시
④ 시동 스위치

> **해설**
>

11 축전지를 방전하면 양극판과 음극판은?

① 양극판은 과산화납이 된다.
② 양극과 음극판 모두 황산납이 된다.
③ 음극판만 해면상납이 된다.
④ 양극과 음극판 모두 해면상납이 된다.

해설

(양극판)	(전해액)	(음극판)	(방전)	(양극판)	(전해액)	(음극판)
PbO_2	$+2H_2SO_4$	$+Pb$	$\rightleftarrows$	$PbSO_4$	$+2H_2O$	$+PbSO_4$
(과산화납)	(묽은황산)	(해면상납)	(충전)	(황산납)	(물)	(황산납)

12 냉각장치 라인에 압력 캡을 설치하는 이유로 가장 적합한 것은?

① 냉각수 순환을 원활하게 한다.
② 냉각수의 비등점을 올린다.
③ 냉각수의 누수를 방지한다.
④ 방열기 수명을 연장한다.

해설 압력 캡을 설치하면 냉각장치의 압력을 높일 수 있어 냉각수의 끓는 온도를 올릴 수 있다. 압력 밥솥의 원리와 비슷하다.

13 전자제어 분사차량의 인젝터 분사시간에 대한 설명 중 틀린 것은?

① 급가속시에는 순간적으로 분사시간이 길어진다.
② 밧데리 전압이 낮으면 무효 분사시간이 길어진다.
③ 급감속시에는 경우에 따라 연료차단이 된다.
④ 지르코니아 산소 센서의 출력 전압이 높으면 분사시간이 길어진다.

해설 지르코니아 산소센서의 특징

ⓐ 배기가스 중의 산소량이 많으면 산소센서에서 기전력이 낮게 발생되면 출력 전압 (0.1V 정도)이 감소하고, ECU는 혼합기가 희박하다고 판단한다.
ⓑ 배기가스 중의 산소량이 적으면 산소센서에서 기전력이 높게 발생되면 출력 전압 (0.9V 정도)이 증가하고, ECU는 혼합기가 농후하다고 판단한다.
ⓒ 산소 센서의 출력 전압은 반드시 디지털 테스터로 측정한다.
ⓓ 산소 센서의 정상 작동 범위는 300~400℃ 이상이다.

14 추진축이 진동하는 원인이 아닌 것은?

① 추진축의 굽음
② 십자축 베어링의 마모
③ 밸런스웨이트가 떨어졌다.
④ 피니언 기어의 마모

해설 구동 피니언 기어가 마모 되더라도 피니언 축을 받치고 있는 베어링 때문에 진동하지는 않는다. 다만, 구동피니언 기어와 링기어의 백레시가 커지기 때문에 힐과 페이스 접촉이 일어날 확률이 많아질 것이다.

15 자동변속기 장착 차량에서 가속 페달을 전 스로틀 부근까지 갑자기 밟았을 때 강제적으로 다운 시프트되는 현상을 무엇이라고 하는가?

① 킥 다운
② 히스테리시스
③ 리프트 풋업
④ 스톨 테스트

해설 반대로 가속 페달에서 발을 갑자기 때서 업 시프트 되는 현상을 "리프트 풋업"이라 한다.

정답 **11.**② **12.**② **13.**④ **14.**④ **15.**①

16 트랜지스터의 대표적 기능으로 릴레이와 같은 작용을 하는 것을 무엇이라 하는가?

① 스위칭 작용
② 채터링 작용
③ 정류 작용
④ 상호 유도 작용

> **해설** 트랜지스터의 3대 작용에는 적은 베이스 전류로 큰 컬렉터 전류를 만드는 증폭 작용과 베이스 전류를 단속하여 이미터와 컬렉터 전류를 단속하는 스위칭 작용이 있으며, 회로에는 증폭 회로, 스위칭 회로, 발진회로 등이 있다.

17 교류발전기에서 브러시와 슬립링이 하는 역할은?

① 로터 코일을 자화시킨다.
② 충전 경고등을 점등시킨다.
③ 다이오드의 소손을 방지한다.
④ 발전 전류를 충전시킨다.

> **해설** 로터에 감겨져 있는 코일의 양쪽 단자가 슬립링과 연결되어 있다. 슬립링을 누르고 있는 브러시를 통해 로터 코일을 자화시키게 된다.

18 전자제어 연료분사장치에서 인젝터 연료분사 압력은 압력조절기에 의해 조정된다. 압력조절기는 무엇에 의하여 제어를 받는가?

① 산소(O_2) 센서
② 엔진 회전수
③ 흡기 다기관 진공도
④ 솔레노이드 밸브

> **해설** 연료압력조절기는 서지탱크와 진공호스로 연결이 된다. 스로틀밸브 개도량이 작을 때 진공이 높게(낮은 압력) 형성되어 연료의 회수량이 많아지고 반대로 개도량이 클 때 진공이 낮아져 (높은 압력) 형성되어 연료의 회수량이 작아지게 된다.

19 다음 중 배기가스 제어장치가 아닌 것은?　★★ 2017 강원도 기출문제

① 제트 에어장치
② 가열공기 흡입장치
③ 캐니스터
④ 촉매 변환 장치

> **해설** ①, ②, ④은 배기가스 즉, 엔진에서 일어나는 연소에 의해 배출되는 가스를 제어하기 위한 장치이다.
> ③은 연료 증발가스를 제어하는 장치이다.
> ① 제트 에어장치 : 흡입효율을 높이고 점화플러그 주변에 와류를 발생시켜 연소효율을 높이기 위한 장치로 작은 제트밸브를 흡기 쪽에 한 개 더 위치시킨다.
> ② 가열공기 흡입장치 : 과거 기화기를 사용했던 방식에 흡입공기의 올리는 장치로 기화기의 결로 현상을 방지할 수 있고 기화를 촉진시키는 기능을 할 수 있었다.

20 가솔린기관의 점화장치에서 전자배전 점화장치(DLI)의 특징이 아닌 것은?

① 배전기에 의한 배전 누전이 없다.
② 배전기 캡에서 발생하는 전파 잡음이 없다.
③ 고전압 출력을 작게 하여도 유효방전에너지는 감소한다.
④ 배전기식은 로터와 접지전극 사이로부터 진각폭의 제한을 받지만 DLI는 진각폭에 따른 제한이 없다.

> **해설** ③ 고전압 출력이 낮아져도 유효방전에너지 변화는 없다.

모의고사

01 가솔린 연료의 구비조건으로 적합하지 않는 사항은?

① 발열량이 클 것
② 연소 후 탄소 등 유해 화합물을 남기지 말 것
③ 온도에 관계없이 유동성이 좋을 것
④ 연소 속도가 늦고 자기 발화온도를 낮출 것

해설 가솔린 기관에서 연료의 자기 발화온도를 낮추게 되면 불꽃을 만들기 전에 조기점화가 발생하게 되어 노킹의 주된 원인이 된다.

02 디젤기관에서 조속기의 작용은?

① 분사압력을 조정한다.
② 분사시기를 조정한다.
③ 분사량을 조정한다.
④ 착화성을 조정한다.

해설 디젤 기관의 기계식 분사펌프에서 조속기는 분사량을 타이머는 분사시기를 조정한다.

03 클러치판의 비틀림 스프링의 작용은?

① 클러치판 라이닝 마모를 방지한다.
② 회전동력이 작용할 때 충격을 흡수한다.
③ 클러치판의 마찰을 방지한다.
④ 압력판을 보호한다.

해설 비틀림 코일스프링(댐퍼 스프링 or 토션 스프링)

클러치를 접속할 때 압축 또는 수축되면서 회전 충격을 흡수해 준다.

04 삼원촉매장치에서 삼원 물질에 들지 않는 가스는?

① CO
② HC
③ CO_2
④ NOx

해설 사람이 날 숨으로 뱉는 것이 CO_2인 것처럼 CO_2는 엔진에서 정상연소 시 많이 발생되는 물질이다.

05 폐자로 점화코일에 흐르는 1차 전류를 차단했을 때 생기는 2차 전압은 약 몇 V 인가?

① 10000~15000
② 25000~30000
③ 45000~50000
④ 50000~65000

해설

구 분	1차 코일	2차 코일
코일굵기	0.6 ~ 1mm	0.06 ~ 0.1mm
저항값	3 ~ 5Ω	7.5 ~ 10kΩ
권선비	60 ~ 100 : 1	
감은 회수	200 ~ 300회	20,000 ~ 25,000회
유기전압	200 ~ 300V	20,000 ~ 25,000V

정답 **01.**④ **02.**③ **03.**② **04.**③ **05.**②

06 다음 중 ABS(Anti-lock Brake System)의 구성 요소가 아닌 것은?

① 휠 스피드 센서
② 모듈레이터
③ 믹스춰(mixture) 컨트롤 밸브
④ 하이드롤릭 유닛

> **해설** • ABS의 구성부품 및 제어순서 : 휠 스피드 센서 → ECU → 하이드롤릭 유닛(모듈레이터)
> • 믹스춰 컨트롤 밸브 : 스로틀밸브 보상장치로 밸브가 닫히는 감속 시 잠시 작동하여 공기를 보상해 줌.

07 직류전기의 설명으로 틀린 것은?

① 시간의 변화에 따라 전류의 변화가 없다.
② 시간의 변화에 따라 전압의 변화가 없다.
③ 시간의 변화에 따라 전류의 방향이 변한다.
④ 시간의 변화에 따라 전류의 방향이 일정하다.

> **해설** ③은 교류전기에 대한 설명이다. /
> • 직류 - DC(Direct Current)
> • 교류 - AC(Alternation Current)

08 다음 중 압력 센서의 방식이 아닌 것은?

① 반도체식
② 피에죠식
③ 금속 다이어프램식
④ 정전 용량식

> **해설** 반도체 피에조 저항형 센서는 MAP센서, 노크센서 등에 사용된다.
> 정전 용량식은 전기장의 원리를 이용한 장치로 터치식의 전원의 스위치로 많이 사용된다.

09 기동전동기 중 피니언 섭동식에 대한 설명으로 틀린 것은?

① 피니언 섭동식은 수동식과 전자식이 있다.
② 전기자가 회전하기 전에 피니언 기어와 링기어를 미리 치합시키는 방식이다.
③ 피니언의 관성과 직류전동기가 무부하에서 고속 회전하려는 특성을 이용한 것이다.
④ 전자식 피니언 섭동식은 피니언 섭동과 시동전동기 스위치의 개폐를 전자력을 이용한 형식이다.

> **해설** ③은 벤딕스식의 설명이다.

10 축거 2.5m, 소향각 30°, 바퀴 접지면 중심과 킹핀과의 거리 25㎝인 자동차의 최소회전 반경은?

① 4.25m   ② 5.25m
③ 6.25m   ④ 7.25m

> **해설** 최소회전반경
> $$= \frac{축거}{\sin\alpha} + r = \frac{2.5m}{\frac{1}{2}} + 0.25m = 5.25m$$
> * 25cm = 0.25m

11 자동차의 최저 지상고는 얼마인가?

① 10㎝ 이상   ② 12㎝ 이상
③ 15㎝ 이상   ④ 65㎝ 이하

> **해설** 제5조(최저지상고)
> 공차상태의 자동차에 있어서 접지부분외의 부분은 지면과의 사이에 10센티미터 이상의 간격이 있어야 한다.

정답   **06.**③   **07.**③   **08.**④   **09.**③   **10.**②   **11.**①

12 다음 중 디젤기관의 해체 정비 시기와 관계가 없는 것은?

① 연료 소비량
② 윤활유 소비량
③ 압축비
④ 압축 압력

해설 기관 해체 정비 시기
윤활유 소비량이 표준 소비량의 50% 이상
공인연비보다 연료 소비율이 60% 이상
규정의 압축 압력의 70% 이하

13 블로바이 가스는 어떤 밸브를 통해 흡기 다기관으로 유입되는가?

① EGR 밸브
② 퍼지컨트롤 솔레노이드밸브
③ 서모밸브(Thermo valve)
④ PCV밸브

해설
① EGR 밸브 : NOx를 줄이기 위해 배출가스 중 일부를 흡기쪽으로 유입시키는 역할을 한다.
② 퍼지컨트롤 솔레노이드밸브 : ECU의 제어를 받아 캐니스터에 포집된 연료증발가스(HC)를 흡기쪽으로 유입시키는 역할을 한다.
③ 서모밸브(Thermo valve) : 온도밸브를 뜻하는 것으로 냉각수온센서(WTS)를 사용하기 이전의 시스템에서 EGR밸브를 작동시키기 위한 장치로 사용.
④ PCV밸브 : 브리드 호스와 함께 블로바이 가스를 흡기관으로 유입시키기 위해 사용함.

14 다음 중 브레이크 페이드 현상이 가장 적은 것은?

① 서어보 브레이크
② 넌서어보 브레이크
③ 디스크 브레이크
④ 2리이딩 슈우 브레이크

해설 ①, ②, ④은 드럼 브레이크의 종류들이다. 디스크와 브레이크 패드가 공기 중에 노출되어 열방산 능력이 뛰어난 디스크 브레이크에서 페이드 현상이 적다.

15 제 4속의 감속비가 1이고 종감속비가 6.0인 자동차의 엔진을 1800rpm으로 회전시켰다. 이때 왼쪽바퀴는 고정시키고 오른쪽 바퀴만 회전시킬 때 오른쪽 바퀴의 회전수는? (단, 차체는 직진 상태)

① 300rpm   ② 600rpm
③ 1200rpm   ④ 1800rpm

해설 총감속비 = 변속비×종감속비 = 1×6 = 6
엔진의 회전수는 감속되므로
$$\frac{1800rpm}{6} = 300rpm$$
이 때 한쪽 바퀴가 고정되므로 차동기어 장치의 원리상 반대쪽 바퀴의 회전수가 2배로 커지게 되므로 $300rpm \times 2 = 600rpm$

16 전자제어분사 차량의 크랭크각 센서에 대한 설명 중 틀린 것은?

① 이 센서의 신호가 안 나오면 고속에서 실화한다.
② 엔진 RPM을 컴퓨터로 알리는 역할도 한다.
③ 이 신호를 컴퓨터가 받으면 연료펌프 릴레이를 구동한다.
④ 분사 및 점화시점을 설정하기 위한 기준 신호이다.

해설 크랭크각 센서의 신호가 입력되지 않으면 저속에서도 엔진 부조가 일어나고 시동 자체가 되지 않는다.

정답 ▶ 12.③ 13.④ 14.③ 15.② 16.①

17 연료의 잔압이 저하되는 원인과 가장 관계가 없는 것은?

① 연료 필터의 막힘
② 연료압력 조정기의 누설
③ 인젝터의 누설
④ 책 밸브의 불량

해설 연료 필터가 막히면 오히려 잔압이 잘 유지될 것이다.

18 다음 중 피드백(Feed back) 제어에 필요한 센서는?

① 대기압 센서
② 산소 센서
③ 흡기온 센서
④ 공기흐름 센서

해설 피드백 센서의 대표적인 예는 산소센서와 ABS 시스템의 휠 스피드 센서이다.

19 전자제어 현가장치(E.C.S)에서 압축공기 저장탱크내의 구성품이 아닌 것은?

① 잔압 체크밸브
② 드라이어
③ HARD/SOFT 전환밸브
④ 축적기(에어탱크)

해설 HARD/SOFT 전환밸브는 유압을 이용하는 쇽업소버 스텝모터 제어방식에 사용되는 밸브이다.

20 부동액 성분의 하나로 비등점이 197.2℃, 응고점이 -50℃ 인 불연성 포화액인 물질은?

① 에틸렌글리콜
② 메탄올
③ 글리세린
④ 변성 알코올

해설 에틸렌글리콜의 특징
① 비등점이 197.2℃, 응고점이 최고 -50℃ 이다.
② 도료(페인트)를 침식하지 않는다.
③ 냄새가 없고 휘발하지 않으며, 불연성이다.
④ 기관 내부에 누출되면 교질 상태의 침전물이 생긴다.
⑤ 금속 부식성이 있으며, 팽창계수가 크다.

모의고사

01 자동차의 삼원촉매장치에 관한 설명 중 옳은 것은?

① 배기가스 중의 일부를 흡기다기관으로 보내 혼합기에 합류시키는 장치이다.

② 연료탱크에 생기는 증발가스를 처리하기 위한 장치이다.

③ 크랭크실에 생기는 블로바이가스를 감소하기 위한 장치이다.

④ 배기가스 중의 유해가스를 정화시키기 위하여 설치한 장치이다.

해설 ① 배기가스재순환장치 EGR
② 연료증발가스
③ PCV, 브리드 호스

02 유체클러치에서 와류를 감소시키는 장치는 어느 것인가?

① 커플링   ② 클러치

③ 가이드링   ④ 베인

터빈
가이드링

03 다음 중 가속 페달에 의해 저항 변화가 일어나는 센서는?

① 공기온도 센서

② 수온 센서

③ 크랭크 포지션 센서

④ 스로틀 포지션 센서

해설 위치에너지가 바뀌는 부분을 가변저항을 이용해 측정하는 센서로 TPS, APS(가속페달 위치 센서) 등이 있다.

04 속도제한장치를 설치하지 않아도 되는 자동차는?

① 차량총중량 10톤 이상인 고속시외버스

② 차량총중량 4톤 이상인 혈액 공급 차량

③ 차량총중량 10톤 이상인 전세버스

④ 차량총중량 16톤 이상인 덤프형 화물자동차

해설 제54조(속도계 및 주행거리계)
② 다음 각 호의 자동차(「도로교통법」 제2조제22호에 따른 긴급자동차와 당해 자동차의 최고속도가 제3항의 규정에서 정한 속도를 초과하지 아니하는 구조의 자동차를 제외한다)에는 최고속도제한장치를 설치해야 한다. 〈개정 1995.7.21., 1995.12.30., 1997.1.17., 2003.2.25., 2005.8.10., 2010.3.29., 2012.2.15.〉
1. 승합자동차
2. 차량총중량이 3.5톤을 초과하는 화물자동차·특수자동차(피견인자동차를 연결하는 견인자동차를 포함한다)

정답   **01.**④   **02.**③   **03.**④   **04.**②

3. 「고압가스 안전관리법 시행령」 제2조의 규정에 의한 고압가스를 운송하기 위하여 필요한 탱크를 설치한 화물 자동차(피견인자동차를 연결한 경우에는 이를 연결한 견인자동차를 포함한다)
4. 저속전기자동차
도로교통법 제2조제22호
22. "긴급자동차"란 다음 각 목의 자동차로서 그 본래의 긴급한 용도로 사용되고 있는 자동차를 말한다.
가. 소방차
나. 구급차
다. 혈액 공급차량
라. 그 밖에 대통령령으로 정하는 자동차

05 자동 변속기 장착 차량을 스톨 테스트(Stall test) 할 때 가속 페달을 밟는 시험시간은 얼마 이내 이어야 하는가?

① 5초   ② 10초
③ 15초   ④ 20초

> **해설** 터빈은 멈춘 상태에서 펌프만 가동시키는 작업이므로 자동변속기 오일이 순간 높은 열에 노출되게 된다.

06 4행정 기관에서 3행정을 완성하려면 크랭크축의 회전 각도는 몇 도인가?

① 360°   ② 540°
③ 720°   ④ 1080°

> **해설** 위상차 $= \dfrac{720°}{기통수} = \dfrac{720°}{4} = 180°$
> * 1행정에 180도 회전하므로 3행정을 완성하려면
> $180° \times 3 = 540°$

07 디젤엔진에서 연료 분사량 부족의 원인 중 틀린 것은?

① 엔진의 회전속도가 낮다.
② 분사펌프의 플런저가 마모되었다.

③ 토출밸브 시트가 손상되었다.
④ 토출밸브 스프링이 약화되었다.

> **해설** 엔진 회전수가 낮을 때는 조속기가 작동되어 연료의 분사량을 증량시키는 제어를 하게 된다. 반대로 회전수가 과도하게 높아졌을 경우에는 조속기는 연료의 분사량을 줄이는 제어를 한다.

08 점화장치의 고전압을 구성하는 것이 아닌 것은?

① 배전기   ② 점화 코일
③ 고압 케이블   ④ 다이오드

> **해설** 고전압이 흘러가는 부품을 전기의 흐름별로 나열하면 점화 2차 코일 → 고압케이블 → 배전기(중심전극, 로터, 접점) → 고압케이블 → 점화 플러그 순이다.

09 그림과 같은 회로에 20A의 전류가 흐른다면 2Ω의 저항이 연결된 곳에는 얼마의 전류가 흐르는가?

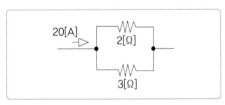

① 4A   ② 8A
③ 12A   ④ 16A

> **해설** 먼저 합성저항을 구하고 회로에 가해진 전압을 구한다.
> $$R_T = \dfrac{1}{\left(\dfrac{1}{2} + \dfrac{1}{3}\right)} = \dfrac{6}{5}$$
> $$E = I \times R = 20 \times \dfrac{6}{5} = 24V$$
> $$\therefore I_{2\Omega} = \dfrac{E}{R_1} = \dfrac{24}{2} = 12A$$

10 자동차 에어컨 장치의 순환과정으로 맞는 것은?

① 압축기 → 응축기 → 건조기 → 팽창밸브 → 증발기
② 압축기 → 응축기 → 팽창밸브 → 건조기 → 증발기
③ 압축기 → 팽창밸브 → 건조기 → 응축기 → 증발기
④ 압축기 → 건조기 → 팽창밸브 → 응축기 → 증발기

해설 에어컨의 순환과정은 압축기(컴프레서) → 응축기(콘덴서) → 건조기(리시버 드라이어) → 팽창밸브 → 증발기(이배퍼레이터)이다.

11 가솔린 자동차와 비교한 LP가스를 사용하는 자동차에 대한 설명으로 틀린 것은?

① 동절기에는 연료결빙으로 인하여 부탄만을 사용한다.
② 동절기에는 시동성이 떨어진다.
③ 저속에서는 기관출력이 문제되지 않는다.
④ 엔진오일의 점도지수가 높은 것을 사용한다.

해설 동절기에는 인화성을 좋게 하기 위해 일반적으로 부탄 70%, 프로판 30%의 비율로 구성된다.

12 다음 중 실린더 내에서 연료의 연소속도를 빠르게 하는 경우가 아닌 것은?

① 혼합비가 희박하다.
② 흡기압력과 온도가 높다.
③ 압축비가 높다.
④ 기관의 회전속도가 빠르다.

해설 혼합비가 희박할 경우에는 연료입자와 입자 사이의 거리가 멀어져서 화염전파가 잘 되지 않으므로 연소속도가 빠를 수 없다. 이런 불완전 연소로 인해 오히려 너무 희박한 혼합비에서는 HC의 배출량이 증가하게 되는 것이다.

13 오버 드라이브에서 선기어가 고정되고 링기어가 회전하면 유성캐리어는 어떻게 회전하나?

① 링기어보다 천천히 회전한다.
② 링기어 회전수와 같다.
③ 링기어보다 빨리 회전한다.
④ 링기어의 1/3 회전한다.

해설 유성기어 장치에서 선기어 고정에 링기어 구동이면 변속비는 1보다 커서 유성기어 캐리어는 감속하게 된다.

14 디젤 기관의 연소실 중 직접 분사식의 장점은?

① 분사펌프, 분사노즐의 수명이 길다.
② 공기의 와류가 강하다.
③ 디젤 노크를 일으키지 않는다.
④ 열효율이 높다.

해설 직접 분사실식(Direct injection chamber type)의 특징
 – 열효율이 높고, 구조가 간단하고, 기동이 쉽다.
 – 실린더 헤드와 피스톤 헤드에 요철로 둔 것
 – 연소실 체적에 대한 표면적 비가 작아 냉각 손실이 적다.
 – 사용 연료에 민감하고 노크 발생이 쉽다.

15 발전기에서 교류를 직류로 변경시키는 장치는?

① 콘덴서　　　② 다이오드
③ 트랜지스터　　④ 직접 회로

> 해설 교류발전기에서 교류를 직류로 변경시키는 장치는 다이오드이지만 일반적으로는 A/D 컨버터가 그 역할을 한다. 이와는 반대로 직류를 교류로 변경시키는 장치를 인버터라 한다.

16 사이드 슬립(Side slip) 량은 무엇으로 조정하는가?

① 타이로드　　　② 타이어
③ 현가스프링　　④ 드래그 링크

> 해설 사이드슬립 발생 이유는 토인이 맞지 않아서이고 토인을 조정하기 위해 타이로드의 길이를 조정한다. 타이로드의 길이를 늘이면 토인, 길이를 줄이면 토 아웃이 된다.

17 수막현상에 대하여 잘못 설명한 것은?

① 빗길을 고속 주행할 때 발생한다.
② 타이어 폭이 좁을수록 잘 발생한다.
③ ABS가 수막현상의 위험을 줄일 수 있다.
④ 트레드 홈의 깊이가 적을수록 잘 발생한다.

> 해설 수막현상은 타이어 폭이 넓고 트레드 패턴이 러그형식이거나 홈의 깊이가 적을수록 잘 발생된다.

18 점화순서가 1-3-4-2인 4실린더 4행정 기관에서 1번 실린더가 압축행정일 때 크랭크축을 회전하는 방향으로 180°회전 시키면 배기행정을 하고 있는 실린더

는 몇 번 실린더인가?

① 1번 실린더　　② 2번 실린더
③ 3번 실린더　　④ 4번 실린더

> 해설 크랭크축을 회전하기 전에 배기행정에 있는 실린더는 4번이다. 하지만 크랭크축 방향으로 180° 즉 한 위상차만큼 회전하게 되므로 2번 실린더가 배기행정 쪽으로 넘어와서 위치하게 된다.

19 노면상태, 주행조건, 운전자의 선택상태 등에 의하여 차량의 높이와 스프링상수 및 감쇠력 변화를 컴퓨터에서 자동으로 조절하는 장치를 무엇이라 하는가?

① 뒤차축 현가장치(IRS)
② 전자제어 현가장치(ECS)
③ 미끄럼 제한 브레이크(ABS)
④ 고에너지 점화장치(HEI)

> 해설 ②번이 답이라는 것을 쉽게 찾을 수 있을 것이고 ①의 인테크럴 링크 독립식 서스펜션(IRS)으로 일부 최신 고급 차량에 적용되어 있는 독립식 후륜 서스펜션의 종류로 높은 주행 성능을 위해 스프링 및 질량을 최소한 장치이다.

20 엔진작동 중 밸브를 회전시켜주는 이유는?

① 밸브면에 카본이 쌓여 밸브의 밀착이 불완전하게 하는 것을 방지한다.
② 밸브 스프링의 작동을 돕는다.
③ 연소실벽에 카본이 쌓여 있는 것을 방지한다.
④ 압축 행정 시 공기의 와류를 좋게 한다.

> 해설 밸브 회전 기구를 설명하는 것으로 밸브가 회전하게 되면 밸브시트와 밸브면 사이에 카본이 쌓이는 것을 방지한다.

정답　**15.**② **16.**① **17.**② **18.**② **19.**② **20.**①

01 전자제어 연료분사 장치에서 기본 분사량의 결정에 영향을 주는 요소는?

① 엔진 회전수와 흡입 공기량
② 흡입 공기량과 냉각수온
③ 냉각수온과 스로틀 각도
④ 스로틀 각도와 흡입 공기량

> **해설** 연료의 기본 분사량을 결정하기 위한 가장 중요한 신호는 엔진의 회전수이다. 이 회전수를 바탕으로 흡입공기량을 측정하여 기본 분사량을 결정하는데 만약 흡입공기량의 정보가 정확하지 않을 때 스로틀 밸브의 각도도 활용하게 된다. 따라서 기본 분사량을 결정하기 위해 반드시 필요한 신호는 엔진 회전수이고 그 외에 스로틀밸브의 각도와 흡입 공기량이 필요하게 된다. 또한 냉간 시 기본 분사량을 결정하기 위해 냉각수온의 신호를 참조한다. 만약, 선지에 엔진의 회전수가 빠졌을 경우 나머지 입력신호의 비중을 고려해 답을 선택하면 된다.

02 교류발전기에서 직류 발전기 컷-아웃 릴레이와 같은 일을 하는 것은?

① 실리콘 다이오드
② 로터
③ 전압조정기
④ 브러쉬

> **해설** 직류 발전기 컷아웃 릴레이의 역할은 배터리에서 직류발전기로 전류가 흐르는 것을 방지하는 역류방지이다. 그 역할을 교류발전기에서는 실리콘 다이오드가 수행한다.

03 클러치 미끄러짐의 판별 사항에 해당하지 않는 것은?

① 연료의 소비량이 적어진다.
② 등판할 때 클러치 디스크의 타는 냄새가 난다.
③ 클러치에서 소음이 발생한다.
④ 자동차의 증속이 잘되지 않는다.

> **해설** 클러치가 미끄러지면 변속기 입력축으로 동력이 잘 전달되지 않고 바퀴에 구동력이 약하게 되어 운전자는 가속 페달을 더 밟게 된다. 이 때문에 클러치에서 슬립에 의한 소음이 발생될 수도 있고 연료 소비량은 많아지게 된다.

04 냉각 수온 센서의 결함 시 엔진에 미치는 영향으로 거리가 먼 것은?

① 공회전상태가 불안정하게 된다.
② 워밍업 시에 검은 연기가 배출된다.
③ 배기가스 중에 CO 및 HC가 증가된다.
④ 엔진의 점화시기가 불량하게 된다.

> **해설** WTS의 불량으로 ECU가 냉간 시를 인지하지 못할 경우 연료량 부족으로 공전상태가 불안정할 수 있다. 또한 WTS에서 ECU 쪽으로 신호자체가 입력되지 않을 경우 ECU는 냉간으로 판단하고 지속적으로 연료의 분사량을 증량시키게 된다. 이럴 경우 농후한 공연비로 인해 ②, ③선지의 현상이 발생된다. 다만 WTS는 점화시기를 보정하는 신호로는 사용하지 않는다.

정답 **01.①** **02.①** **03.①** **04.④**

05 자동변속기 차량의 토크컨버터에서 출발 시 토크증대가 되도록 스테이터를 고정시켜주는 것은?

① 오일 펌프
② 펌프 임펠러
③ 원웨이 클러치
④ 가이드 링

> **해설** 스톨 포인트에서 클러치 포인트까지 스테이터 내부의 원웨이 클러치가 회전을 고정시켜 주고 클러치 포인트 이 후에는 스테이터에 흘러들어오는 유체의 방향이 바뀌게 되어 펌프 터빈과 같은 방향으로 회전하게 된다.

06 가솔린 기관의 연소실 종류가 아닌 것은?

① 반구형 연소실
② 지붕형 연소실
③ 욕조형 연소실
④ 보조형 연소실

> **해설** 가솔린 기관의 연소실의 종류에는 반구형, 욕조형, 지붕형, 쐐기형 등이 있고 보조형연소실은 디젤 기관의 연소실 종류이다.

07 동력조향장치가 고장 시 핸들을 수동으로 조작할 수 있도록 하는 것은?

① 베인식 오일 펌프
② 파워 실린더
③ 안전 체크 밸브
④ 시프트 컨트롤 레버

> **해설** 안전 체크 밸브 : 동력조향장치 고장 시 수동조작을 쉽게 해주며 제어밸브 내에 위치한다.

08 일반적으로 공급전원을 사용하지 않아도 되는 센서는?

① 1번 실린더 TDC 센서
② WTS
③ AFS
④ O_2 센서

> **해설** 지르코니아 방식의 산소센서는 배기관과 대기중의 산소 농도 차에 의해 자체 기전력을 만든다. 이러한 이유로 0.1~0.9V의 낮은 기전력이 만들어지는 것이다.

09 연소실 체적이 35㎤이고 행정 체적이 252cc인 엔진에서 압축비는?

① 7.2
② 8
③ 8.2
④ 8.5

> **해설**
> $$압축비(\varepsilon) = \frac{V_{실린더}}{V_{연소실}} = \frac{V_{연소실} + V_{행정}}{V_{연소실}}$$
> $$= 1 + \frac{V_{행정}}{V_{연소실}} = 1 + \frac{252cc}{35cc} = 8.2$$
>
> * $1cm^3 = 1cc$

10 추진축의 스플라인 부가 마모되면?

① 차동기의 드라이브 피니언과 링기어의 치합이 불량하게 된다.
② 차동기의 드라이브 피니언 베어링의 조임이 헐겁게 된다.
③ 동력을 전달할 때 충격 흡수가 잘 된다.
④ 주행 중 소음을 내고 추진축이 진동한다.

> **해설** 추진축 길이의 변화를 주기위한 슬립이음의 구성품인 축의 스플라인부가 마모되면 이음사이의 유격 때문에 축 전체가 소음과 진동을 일으키게 된다.

11 종감속 기어의 구동피니언의 잇수가 5, 링기어 잇수가 42인 자동차가 평탄한 도로를 달려갈 때 추진축의 회전수가 1400 rpm일 때 뒤차축의 회전수는?

① 약 210rpm
② 약 167rpm
③ 약 280rpm
④ 약 700rpm

해설 종감속비 $= \dfrac{링기어\ 잇수}{구동피니언\ 잇수} = \dfrac{42}{5} = 8.4$

$\therefore 1400rpm \div 8.4 ≒ 167rpm$

12 전조등 자동제어 시스템이 갖추어야 할 조건으로 거리가 먼 것은?

① 차고 높이에 따라 전조등 높이를 제어한다.
② 어느 정도 빛이 확산하여 주위의 상태를 파악할 수 있어야 한다.
③ 승차인원이나 적재 하중에 따라 전조등의 조사방향을 좌·우로 제어한다.
④ 교행 할 때 맞은 편에서 오는 차를 눈부시게 하여 운전의 방해가 되어서는 안 된다.

해설 ③번 보기의 경우 상황에 따라 차고가 달라지게 되므로 전조등의 조사방향을 상·하로 제어할 필요성이 있다. 요즘 생산되는 일부 차종에서는 조향핸들의 작동정도에 따라 전조등의 조사방향을 좌·우로 제어(코너링 오토레벨링)하기도 한다.

13 기관의 연소속도에 대한 설명 중 틀린 것은?

① 공기 과잉률이 크면 클수록 연소 속도는 빨라진다.

② 일반적으로 최대 출력 공연비 영역에서 연소속도가 가장 빠르다.
③ 흡입공기의 온도가 높으면 연소속도는 빨라진다.
④ 연소실내의 난류의 강도가 커지면 연소 속도는 빨라진다.

해설 공기 과잉률 $= \dfrac{흡입된\ 공기량}{이론상\ 공기량}$ 으로 과잉률이 커지면 희박연소 상황이라 연소 속도는 느려진다.

14 자동차에 사용되는 냉매 중 오존(O_3)을 파괴하지 않는 신냉매는?

① R-11
② R-12
③ R-113
④ R-134a

해설 최근에는 지구온난화 지수가 낮은 R-134a와 더불어 불포화탄화수소인 R-1234yf 등의 냉매도 사용된다.

15 자동변속기에서 오일펌프에서 발생한 압력, 즉 라인압을 일정하게 조정하는 밸브는 어느 것인가?

① 리듀싱 밸브
② 거버너 밸브
③ 매뉴얼 밸브
④ 레귤레이터 밸브

해설 • 리듀싱 밸브 : 감압밸브
• 거버너 밸브 : 유성기어의 변속이 그때의 주행속도(출력축의 회전속도)에 적응하도록 보디와 밸브의 오일 배출구가 열리는 정도를 결정하는 밸브
• 매뉴얼 밸브 : 운전자가 운전석에서 자동변속기의 시프트 레버를 조작했을 때 작동하는 밸브이며, 변속레버의 움직임에 따라 P, R, N, D 등의 각 레인지로 변환하여 유로를 변경시킨다.

정답 **11.**② **12.**③ **13.**① **14.**④ **15.**④

16 점화지연의 3가지에 해당되지 않는 것은?

① 기계적 지연 　② 점성적 지연
③ 전기적 지연 　④ 화염 전파지연

해설 점화지연의 3가지는 기계적 지연, 전기적 지연, 화염 전파지연 등이다.

17 연료 분사 펌프의 토출량과 플런저의 행정은 어떠한 관계가 있는가?

① 토출량은 플런저의 유효행정에 정비례한다.
② 토출량은 예비행정에 비례하여 증가한다.
③ 토출량은 플런저의 유효행정에 반비례한다.
④ 토출량은 플런저의 유효행정과 전혀 관계가 없다.

해설 연료의 분사량 결정은 플런저의 유효행정에 정비례한다. 즉 플런저의 유효행정을 크게 하면 연료 토출량이 많아진다.

18 LPG 기관에서 액체상태의 연료를 기체상태의 연료로 전환시키는 장치는?

① 베이퍼라이저
② 솔레노이드 밸브 유닛
③ 봄베 　④ 믹서

해설 베이퍼라이저는 감압, 기화, 압력 조절 등의 기능을 하며, 봄베로부터 압송된 높은 압력의 액체 LPG를 베이퍼라이저에서 압력을 낮춘 후 기체 LPG로 기화시켜 엔진 출력 및 연료 소비량에 만족할 수 있도록 압력을 조절한다.

19 브레이크슈의 리턴 스프링에 관한 설명으로 거리가 먼 것은?

① 리턴 스프링이 약하면 휠 실린더 내의 잔압이 높아진다.
② 리턴 스프링이 약하면 드럼을 과열시키는 원인이 될 수도 있다.
③ 리턴 스프링이 강하면 드럼과 라이닝의 접촉이 신속히 해제된다.
④ 리턴 스프링이 약하면 브레이크슈의 마멸이 촉진될 수 있다.

해설 브레이크슈 리턴 스프링은 페달을 놓으면 오일이 휠 실린더에서 마스터 실린더로 되돌아가게 하며, 슈의 위치를 확보하여 슈와 드럼의 간극을 유지해 준다. 그리고 리턴 스프링이 약하면 휠 실린더 내의 잔압이 낮아진다.

20 물품 적재 장치에 대한 안전기준으로 틀린 것은?

① 쓰레기 청소용 자동차의 물품 직재 장치는 덮개를 설치한 구조일 것
② 사체·독극물 또는 위험물을 적재하는 장치는 차실과 완전히 격리되는 구조일 것
③ 일반형 또는 덤프형 화물자동차의 적재함은 위쪽이 개방된 구조일 것
④ 밴형 화물자동차의 승차 장치와 물품적재장치 사이에는 차실과 완전히 격리되는 구조로서 적하구는 위쪽에 설치할 것

해설 제32조(물품적재장치)
① 자동차의 적재함 기타의 물품적재장치는 견고하고 안전하게 물품을 적재·운반할 수 있는 구조로서 다음 각 호의 기준에 적합하여야 한다.
1. 일반형 및 덤프형 화물자동차의 적재함은 위쪽이 개방된 구조일 것
2. 밴형 화물자동차는 다음 각 목의 기준에 적합할 것
　가. 물품적하구는 뒷쪽 또는 옆쪽으로 하되, 문은 좌우·상하로 열리는 구조이거나 미닫이식으로 할 것

정답 　**16.**② 　**17.**① 　**18.**① 　**19.**① 　**20.**④

모의고사

자동차구조원리

---

01 다음은 클러치의 릴리스 베어링에 관한 것이다. 맞지 않은 것은?

① 릴리스 베어링은 릴리스 레버를 눌러주는 역할을 한다.
② 릴리스 베어링의 종류에는 앵귤러 접촉형, 카본형, 볼 베어링 형이 있다.
③ 대부분 오일리스 베어링으로 되어 있다.
④ 항상 기관과 같이 회전한다.

해설 릴리스 포크에 조립되어 있는 릴리스 베어링은 동력 전달시 즉 클러치 페달을 밟지 않았을 때에는 회전하지 않는다. 항상 기관과 같이 회전하는 부품은 클러치 커버, 클러치 스프링, 릴리스 레버 등이 있다.

02 기관에서 밸브시트의 침하로 인한 피해 현상이다. 관계가 없는 것은?

① 밸브스프링의 장력이 커짐
② 가스의 저항이 커짐
③ 밸브 닫힘이 완전하지 못함
④ 블로우백 현상이 일어남

해설 밸브시트가 침하될 경우 밸브스프링의 높이가 길어지며 장력은 오히려 작아지게 된다.
• **블로우백** : 압축 행정 또는 폭발 행정일 때 가스가 밸브와 밸브 시트 사이에서 누출되는 현상.

03 공기 브레이크에서 공기의 압력을 기계적 운동으로 바꾸어 주는 장치는?

① 릴레이 밸브
② 브레이크 챔버
③ 브레이크 밸브
④ 브레이크 슈

해설 공기 브레이크의 압축 공기 계통
① **릴레이 밸브** : 제동 시 브레이크 챔버로 공기를 보내거나 배출시키는 밸브 (뒷 브레이크용)
② **퀵 릴리스 밸브** : 제동이 풀릴 때 챔버의 공기를 신속히 배출시키는 밸브 (앞 브레이크 용)
③ **언로우더 밸브** : 공기 압축기가 필요 이상으로 작동되는 것을 방지
④ **압력조절기** : 공기탱크의 압력을 조정하는 기구
⑤ **브레이크 캠** : 공기 브레이크에서 브레이크 슈를 직접 작동시키는 것
⑥ **브레이크 챔버** : 휠 실린더와 같은 작용을 하며 브레이크 캠을 작용하며, 챔버는 압축 공기 압력을 기계적 힘(제동압력)으로 바꾸어 주는 역할을 한다.
⑦ **브레이크 밸브** : 브레이크 페달 아래쪽에 위치한 밸브로 밟은 양에 따라 제동력이 결정된다.

정답 **01.**④ **02.**① **03.**②

04 자동차 및 자동차부품의 성능과 기준에 관한 규칙 중 자동차의 연료탱크, 주입구 및 가스배출구의 적합기준으로 옳지 않은 것은?

① 배기관의 끝으로부터 20cm이상 떨어져있을 것(연료탱크를 제외한다.)

② 차실안에 설치하지 아니하여야 하며, 연료탱크는 차실과 벽 또는 보호판 등으로 격리되는 구조일 것

③ 노출된 전기단자 및 전기개폐기로부터 20cm이상 떨어져 있을 것(연료탱크를 제외한다.)

④ 연료장치는 자동차의 움직임에 의하여 연료가 새지 아니하는 구조일 것

해설 제17조(연료장치) ①자동차의 연료탱크·주입구 및 가스배출구는 다음 각호의 기준에 적합하여야 한다. 〈개정 1997.1.17., 1997.8.25.〉
1. 연료장치는 자동차의 움직임에 의하여 연료가 새지 아니하는 구조일 것
2. 배기관의 끝으로부터 30센티미터 이상 떨어져 있을 것(연료탱크를 제외한다)
3. 노출된 전기단자 및 전기개폐기로부터 20센티미터 이상 떨어져 있을 것(연료탱크를 제외한다)
4. 차실안에 설치하지 아니하여야 하며, 연료탱크는 차실과 벽 또는 보호판 등으로 격리되는 구조일 것

05 냉방장치에 관한 설명으로 맞는 것은?

① 압축기는 응축기 이후에 설치된다.

② 응축기에 온도를 측정하는 센서가 부착되어 저온 시 과도하게 냉매가 순환되는 것을 방지한다.

③ 에어컨 냉매 R-134a는 R-1234yf에 비해 냉방능력이 떨어진다.

④ 증발기에 위치한 냉매가 증발하며 주변의 열을 빼앗는다.

해설 ① 응축기 이후에는 건조기 또는 팽창밸브(오리피스 튜브)가 설치된다.
② 증발기에 감온통이나 온도센서가 부착되어 팽창밸브에서 과도하게 냉매가 흐르는 것을 제어한다.
③ R-1234yf의 냉방능력이 R-134a 보다 떨어져 내부에 열교환기를 필요로 한다.

06 아래 그래프는 혼합비와 배출가스 발생량의 관계를 나타낸 것이다. ㉠, ㉡, ㉢의 배출가스 명칭은?

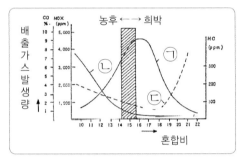

① ㉠-NOx ㉡-CO ㉢-HC
② ㉠-HC ㉡-NOx ㉢-CO
③ ㉠-CO ㉡-HC ㉢-NOx
④ ㉠-CO ㉡-NOx ㉢-HC

해설 이론적 공연비 부근에서 가장 많이 배출되는 것이 NOx이고 희박한 공연비에서 배출량이 증가하는 것이 HC이다.

07 타이어의 뼈대가 되는 부분으로서 공기압력을 견디어 일정한 체적을 유지하고 또 하중이나 충격에 따라 변형하여 완충작용을 하는 것은?

① 브레이커
② 카커스
③ 트레드
④ 비드부

해설 타이어의 제일 안쪽 뼈대가 되는 카커스층 그 밖의 층에 브레이커가 위치하게 되고 노면과 직접 닿는 곳에 트레드부가 위치하고 있다.

08 기관이 과열되는 원인이 아닌 것은?

① 수온 조절기가 열려 있다.
② 라디에이터 코어가 20% 이상 막혔다.
③ 냉각수의 양이 적다.
④ 물 펌프의 작동이 불량하다.

해설 수온 조절기가 열린 상태에서 고착이 되면 오히려 과냉의 원인이 되어 처음 시동 시 엔진 워밍업 시간이 길어진다.

09 납산 축전지를 분해하였더니 브리지 현상을 일으키고 있다. 그 원인은?

① 극판이 황산화되었다.
② 사이클링 쇠약이다.
③ 과충전하였다.
④ 고율 방전하였다.

해설 사이클링은 배터리의 충·방전이 반복되는 것을 말하며, 사이클링이 장기간 이루어지면 배터리 극판의 작용물질이 탈락되어 엘리먼트 레스트에 축적되기 때문에 극판의 아래 부분이 단락되는데 이러한 현상을 브리지 현상이라 한다.

10 유압식 제동장치에서 제동력이 떨어지는 원인 중 틀린 것은?

① 브레이크 오일의 누설
② 엔진 출력 저하
③ 패드 및 라이닝의 마모
④ 유압장치에 공기 유ㄹ입

해설 엔진의 출력이 저하 된다고 브레이크 장치에 영향을 끼치지는 않는다. 다만 타이밍 벨트가 주행

중에 끊어 져서 멈췄을 경우나 진공식 배력 장치의 진공 호스가 문제가 생겼을 때에는 배력 작동이 되지 않기 때문에 브레이크가 잘 듣지 않게 된다.

11 엔진의 공회전 속도를 적절하게 제어해 주는 것은?

① 스텝모터
② 배기가스 재순환 밸브
③ 연료 분사밸브
④ 연료압력 조절기

해설 공전 시 연소실에 공급되는 공기량을 조절하는 액추에이터에는 ISC−서보방식, 스텝모터방식, 공전 액추에이터 방식 등이 있다.

12 점화플러그의 자기청정온도로 가장 알맞은 것은?

① 250~300℃ ② 450~800℃
③ 850~950℃ ④ 1000~50℃

해설 자기청정 온도보다 낮으면 카본이 퇴적되어 실화가 발생되고 반대로 너무 높으면 발화원의 역할을 하여 조기점화의 원인이 된다.

13 각 실린더의 분사량을 측정하였더니 최대분사량이 66㏄ 최소분사량이 58㏄, 평균 분사량이 60㏄였다면 분사량의 [+]불균율은?

① 10% ② 15%
③ 20% ④ 30%

해설 $[+]불균율 = \dfrac{66cc - 60cc}{60cc} \times 100 = 10\%$

가 된다. 참고로

$[-]불균율 = \dfrac{60cc - 58cc}{60cc} \times 100 ≒ 3.3\%$

14 기관을 크랭킹 할 때 가장 기본적으로 작동되어야 하는 센서는?

① 크랭크 각 센서
② 수온 센서
③ 산소 센서
④ 대기압 센서

해설 시동작업에 직접적으로 관련하는 센서는 크랭크 각 센서이다. 연료 분사시기를 결정하고 엔진 1 회전 당 흡입 공기량, 점화 신호 시기 등을 계산하기 때문이다.

15 토인의 필요성을 설명한 것으로 틀린 것은?

① 수직방향의 하중에 의한 앞 차축 휨을 방지한다.
② 조향링키지의 마모에 의해 토 아웃이 되는 것을 방지한다.
③ 앞바퀴를 평행하게 회전시킨다.
④ 바퀴가 옆 방향으로 미끄러지는 것과 타이어의 마모를 방지한다.

해설 ①은 캠버의 필요성을 설명한 것이다.

16 LP가스를 사용하는 자동차의 설명(감압 기화기 방식)으로 틀린 것은?

① 실린더 내 흡입공기의 저항 발생시 축 출력 손실이 가솔린 엔진에 비해 더 크다.
② 일반적으로 배출가스 중에 NOx의 양은 가솔린 엔진에 비해 많다.
③ LP가스는 영하의 온도에서 기화되지 않는다.
④ 탱크는 밀폐식으로 되어 있다.

해설 ① LPG 엔진의 특성상(일부 기체 상태로 연료공급) 가솔린 엔진보다 필요한 공기량이 적기 때문에 흡입공기량에 문제가 생기면 출력에 바로 영향을 끼치게 된다.
② 가솔린 엔진에 비해 엔진의 온도와 오일의 온도가 더 높게 유지된다. 따라서 온도에 민감한 질소산화물의 배출량이 많아지게 된다.
③ 영하의 온도에서 기화를 돕기 위해 프로판의 함유량을 높이게 된다.

17 예연소실식 엔진의 연료분사 개시 압력은 일반적으로 얼마인가?

① 70kgf/㎠ 정도
② 130kgf/㎠ 정도
③ 200kgf/㎠ 정도
④ 250kgf/㎠ 정도

해설 예연소실식 분사 압력이 100~120kgf/㎠ 이기 때문에 개시 압력은 이보다 조금 높은 130kgf/㎠ 정도 된다.

18 교류발전기에서 배터리의 전류가 흘러가는 순서로 맞는 것은?

① 브러시 → 정류자 → 전기자코일 → 정류자 → 브러시
② 브러시 → 슬립링 → 스테이터코일 → 슬립링 → 브러시
③ 브러시 → 정류자 → 스테이터코일 → 정류자 → 브러시
④ 브러시 → 슬립링 → 로터코일 → 슬립링 → 브러시

해설 로터코일 내부에 전원이 공급되는 순서를 질문한 것으로 교류발전기의 전압조정기 그림을 참조하면 될 것이다.

정답 **14.**① **15.**① **16.**③ **17.**② **18.**④

19 하이브리드 자동차의 특징이 아닌 것은?

① 에너지 회생제동
② 2개의 동력원으로 주행
③ 저전압 배터리와 고전압 배터리 사용
④ 고전압 배터리 충전을 위해 LDC 사용

> **해설** 저전압 배터리를 충전하기 위해 사용하는 것이 LDC이다.

20 토크컨버터에 대한 설명 중 틀린 것은?

① 속도비율이 1일 때 회전력 변환비율이 가장 크다.
② 스테이터는 펌프와 터빈의 회전방향과 반대로 돌지 못한다.
③ 클러치점(Clutch point)이상의 속도비율에서 회전력 변환비율은 1이 된다.
④ 유체충돌의 손실은 클러치 포인트 이전인 경우 속도비율이 0.6~0.7일 때 가장 작다.

> **해설** 스톨포인트, 즉 속도비가 "0"일 때 회전력 변환비율이 2~3 : 1 로 가장 크다.

01 가솔린 차량의 배출가스 중 CO에 관한 설명이다. 틀린 것은?

① 불완전 연소 시 다량 발생
② 촉매변환기에 의해 CO_2로 전환 가능
③ 혼합기가 희박할 때 발생량 증대
④ 인체에 다량 흡입 시 사망 유발

해설 혼합비가 농후한 상태에서 연소되어 산소가 부족할 때 많이 발생된다.

02 자동차 및 자동차부품의 성능과 기준에 관한 규칙에서 정한 방향지시등의 1분간 점멸 횟수는?

① 10 ± 30회
② 30 ± 30회
③ 50 ± 30회
④ 90 ± 30회

해설 사람이 가장 편안하게 느끼는 현가장치의 진동수와도 같다.

03 스로틀(밸브) 위치 센서의 비정상적인 현상이 발생 시 나타나는 증상이 아닌 것은?

① 공회전시 엔진 부조 및 주행 시 가속력이 떨어진다.
② 연료 소모가 적다.
③ 매연이 많이 배출 된다.
④ 공회전 시 갑자기 시동이 꺼진다.

해설 ECU는 일반적으로 TPS의 신호가 비정상적일 경우 공전스위치의 신호로 공전 여부만 판단하여 연료를 분사하게 된다. 운전자가 가속 페달을 밟게 되면 공전이 아니라고 판단하여 필요보다 많은 연료를 분사하게 되고 이 때문에 연료가 오버 플로 되어 시동이 꺼지거나 출력이 부족할 수도 있고 배출가스 중에 매연도 많아지는 것이다. 이러한 이유로 연비는 나빠지게 된다.

04 과급기에 대한 설명 중 틀린 것은?

① 과급기는 기관의 출력을 높이기 위하여 설치한다.
② 배기터빈 과급기가 많이 사용된다.
③ 피스톤과 실린더의 마모를 방지하여 수명을 길게 한다.
④ 실린더 내에 체적 효율을 높인다.

해설 과급기 장치는 고온, 고압에 노출되므로 엔진 내구성에는 좋지 않은 영향을 끼친다.

05 전(前)차륜정렬 중 조향 핸들의 조작력을 가볍게 하기 위해 필요한 것은?

① 캠버   ② 캐스터
③ 토인   ④ 토아웃

해설 핸들의 조작력을 가볍게 만들어 주는 요소는 차량을 정면에서 봤을 때 지면의 수선과 기울기를 가지는 각으로 타이어 중심과 만드는 각 캠버와 조향축 경사각이 만드는 조향축(킹핀) 경사각이다. 보기 중에 조향축(킹핀)경사각이 없으므로 캠버가 답이 된다.

정답 **01.**③ **02.**④ **03.**② **04.**③ **05.**①

06 다음 센서 중 서미스터(Thermistor)에 해당되는 것으로 나열된 것은?

① 냉각수온 센서, 흡기온 센서
② 냉각수온 센서, 산소 센서
③ 산소 센서, 스로틀 포지션 센서
④ 스로틀 포지션 센서, 크랭크 앵글 센서

해설 자동차에서 온도를 측정하는 반도체로 부특성 서미스터(온도가 증가하면 저항이 감소)를 많이 사용한다.
※ 이 문제는 보기 중 온도를 측정하는 센서를 찾으면 된다.

07 전자제어 가솔린 연료분사 장치의 장점이 아닌 것은?

① 엔진의 출력 증대
② 실린더 헤드의 설계 자유도 향상
③ 가속응답성 향상
④ 시동·난기성 향상

해설 분사된 연료의 빠른 연소와 분사되는 위치를 고려해야 하기 때문에 설계의 제한을 받게 된다.

08 타이어 호칭기호 185/70 R 13 85 H에서 13이 나타내는 것은?

① 림 직경(인치)
② 타이어 직경(인치)
③ 편평비(%)
④ 허용하중(kgf)

해설 185 타이어 폭(mm) 70 편평비(%)
R 레이디얼   13 림 직경 or 타이어 내경(인치)
85 허용하중(kg) H 속도기호

09 다음 중 디젤엔진에 사용되는 연료의 특성으로 거리가 먼 것은?

① 상온에서 자연발화점이 높아 휘발유 보다 안전한 연료이다.
② 높은 온도에서 사용되는 연료이므로 질소산화물 발생량이 많다.
③ 세탄가가 높은 연료는 노킹을 잘 일으키지 않는다.
④ 연료의 착화성을 좋게 하기 위해 질산에틸, 과산화테드탈렌, 아질산아밀, 초산아밀 등의 촉진제를 사용한다.

해설 경유는 자연발화점이 낮아 자기착화방식을 택하고 인화점이 높아 상온에서 안전한 연료이다.

10 전조등 장치에 관련된 내용으로 맞는 것은?

① 주행빔 전조등은 좌우 각 1개씩만 설치 가능하다.
② 실드빔 전조등은 렌즈를 교환할 수 있는 구조로 되어 있다.
③ 실드빔 전조등 형식은 내부에 불활성가스가 봉입 되어있다.
④ 전조등 회로의 좌·우 램프는 직렬 연결 되어있다.

해설 ① 주행빔 전조등은 좌우 각 1개 또는 2개이며, 백색이어야 한다.
② 실드빔 형식의 전조등은 반사경, 렌즈, 필라멘트가 일체형이고 교환 시 가격이 비싸다.
③ 실드빔 전조등은 다른 물질과 화학반응을 일으키지 않는 불활성가스가 봉입되어 있으며 일반적으로 질소가스를 이용한다. 질소가스는 증기와 산소가 접촉해서 화학반응을 일으키는 것을 차단한다.
④ 전조등 회로의 램프는 좌·우 병렬로 연결되어 있어 한 쪽이 필라멘트가 끊어지더라도 다른 한 쪽을 정상적으로 사용할 수 있다.

11 점화플러그에 카본이 심하게 퇴적되어 있는 원인으로 틀린 것은?

① 장시간 저속 주행
② 점화플러그의 과냉
③ 혼합기가 너무 희박
④ 연소실에 오일이 올라옴

> **해설** ① 점화플러그가 자기청정 온도보다 낮게 유지되어 오손의 원인이 됨.
> ② 자기청정온도 이하의 원인으로 오손 및 실화가 일어남.
> ④ 오일 연소는 카본 발생의 원인이 된다.

12 기관이 1500rpm에서 20m·kgf의 회전력을 낼 때 기관의 출력은 41.87ps이다. 기관의 출력을 일정하게 하고 회전수를 2500rpm으로 하였을 때 약 얼마의 회전력을 내는가?

① 45m·kgf ② 35m·kgf
③ 25m·kgf ④ 12m·kgf

> **해설** 토크와 회전수는 반비례 관계에 있다. 따라서 회전수가 1500rpm에서 2500rpm으로 1.6배 증가 되었으므로, 토크는 20m·kgf 보다 1.6배 감소하면 된다. $\frac{20}{1.6} = 12.5\,m \cdot kgf$ 이 된다. 따라서 약 12m·kgf가 답이 된다.

13 오버드라이브 장치를 설치했을 때 얻을 수 있는 장점에 해당되지 않는 것은?

① 기관회전수가 같을 때 차의 속도를 30% 가량 빨리 할 수 있다.
② 기관의 수명이 20% 가량 줄어든다.
③ 평지에서 연료가 20% 정도 절약된다.
④ 기관의 운전이 정숙하다.

> **해설** 오버드라이브 장치의 부착 시 장점

ⓐ 연료 소비량을 20% 절약 시킨다.
ⓑ 엔진의 수명이 연장되고, 운전이 정숙하다.
ⓒ 엔진 동일 회전 속도에서 차속을 30% 빠르게 한다.
ⓓ 크랭크축의 회전속도보다 추진축의 회전속도를 크게 할 수 있다.

14 클러치를 작동 시켰을 때 동력을 완전히 전달시키지 못하고 미끄러지는 원인이 아닌 것은?

① 클러치 압력판 및 플라이휠 등에 기름이 묻었을 때
② 클러치 스프링의 장력이 감소되었을 때
③ 클러치 페이싱 및 압력판이 한계값 이상 마모되었을 때
④ 클러치 페달의 자유간극이 클 때

> **해설** 클러치 페달의 자유간극이 클 때에는 동력 전달과는 상관없이 차단이 제대로 되지 않아 변속 시 소음과 진동이 일어 날 수 있다.

15 전자제어 ABS 제동장치 설명 중 틀린 것은?

① 급제동 시 브레이크 페달에서 맥동을 느낄 수도 있다.
② 제동 시 미끄럼이 발생하는 휠의 제동압력을 감소시킨다.
③ ABS 제동장치는 선회 시 제동 중 선회안전성을 확보한다.
④ 제동 시 휠에 미끄럼이 발생하면 모터가 작동되어 제동압력을 증가 시킨다.

> **해설** 제동 시 휠에 미끄럼이 발생되어 슬립률이 20%를 넘어가면 모터를 작동하여 제동압력을 감소시킨다.

16 4행정 가솔린기관의 연료 분사 모드에서 동시 분사모드에 대한 특징을 설명한 것 중 거리가 먼 것은?

① 급가속시에만 사용된다.
② 1사이클에 2회씩 연료를 분사한다.
③ 기관에 설치된 모든 분사밸브가 동시에 분사한다.
④ 시동 시, 냉각수 온도가 일정 온도 이하일 때 사용된다.

> **해설** (1) 각 실린더의 흡입·압축·폭발·배기 행정에 관계없이 크랭크축 1회전에 일정한 위치에서 1회 분사(1사이클에 2회 분사)를 한다. 즉, 각 실린더의 흡입 요구량 중 2분의 1씩 분사를 한다.
> (2) 시동 시 또는 아이들 포지션 스위치(IPS)가 OFF 된 상태에서 스로틀 밸브 개도 변화율이 규정값보다 같거나 클 때, 즉 급가속 시 4개의 인젝터가 동시에 연료를 분사한다.

17 축전지 격리판의 요구조건이 아닌 것은?

① 다공성일 것
② 기계적 강도가 있을 것
③ 전도성일 것
④ 전해액 확산이 잘될 것

> **해설** 축전지의 격리판이 전기를 통하게 되면 단락의 원인이 되므로 비 전도성이여야 한다.

18 다음 중 동력조향장치의 장점이라고 볼 수 없는 것은?

① 조향 조작력이 작아도 된다.
② 조향 조작력에 관계없이 조향기어비를 선정할 수 있다.
③ 조향 조작이 경쾌하고 신속하다.
④ 고속에서 조향이 가볍다.

> **해설** 고속에서 조향이 가벼워지는 것은 동력조향장치의 단점이다.
> 이 부분을 보완하기 위해서 EPS, MDPS 등의 시스템이 개발되었다.

19 전자제어 점화 장치에서 크랭킹 중에 고정 점화 시기는?

① BTDC 0°
② BTDC 5°
③ ATDC 12°
④ BTDC 15°

> **해설** 크랭킹 중 엔진의 회전수는 200~300rpm 이다. 이 때 폭발행정 TDC전 5°에서 점화시기를 결정하고 엔진의 회전수가 올라가면 점화시점을 더욱 빠르게 진각시키게 된다. 이유는 폭발 상사점 후 10~13°에서 최대 폭발압력을 얻기 위함이다.

20 가솔린 기관의 밸브 간극이 규정 값보다 클 때 어떤 현상이 일어나는가?

① 정상 작동온도에서 밸브가 완전하게 개방되지 않는다.
② 소음이 감소하고 밸브기구에 충격을 준다.
③ 흡입 밸브 간극이 크면 흡입량이 많아진다.
④ 기관의 체적효율이 증대된다.

> **해설** 밸브 간극이 규정 값보다 크면 정상 작동온도에서 밸브가 완전하게 개방되지 않는다.

모의고사

자동차구조원리

01 크랭크 핀과 축받이의 간극이 커졌을 때 일어나는 현상이 아닌 것은?

① 운전 중 심한 타음이 발생할 수 있다.
② 흑색 연기를 뿜는다.
③ 윤활유 소비량이 많다.
④ 유압이 낮아 질 수 있다.

> 해설 크랭크 핀은 커넥팅 로드 대단부의 부분이 크랭크축과 접촉하는 베어링 부분으로 유격이 크면 유압이 낮아지고 저온 시에 소음과 진동이 발생될 수 있다. 또한 윤활간극이 커져서 오일순환 유압이 낮아지고 이로 인해 오일의 유면이 높아져 크랭크축의 평형추에 의해 비산되는 오일량이 증가하게 되고 이는 윤활유가 연소에 의해 소비가 증대되는 원인이 되기도 한다.
> 흑색 연기를 뿜는 경우는 농후한 혼합비에서 연소가 이루어 졌을 때의 증상이다.

02 차동 제한 차동장치(LSD: Limited Slip Differential)의 특징으로 틀린 것은?

① 급선회 시 주행 안전성을 향상시킨다.
② 좌, 우 바퀴에 토크를 알맞게 분배하여 직진안정성이 향상된다.
③ 요철 노면에서 가속, 직진 성능에 향상되어 후부 흔들림을 방지할 수 있다.
④ 구동 바퀴의 미끄러짐 현상을 단속하나 타이어의 수명이 단축된다.

> 해설 LSD 장치는 슬립을 줄여주는 기능을 하므로 수명이 단축되는 것과는 거리가 멀다.

03 다음 중 직접점화장치(Direct Ignition System)의 구성요소와 관계없는 것은?

① E.C.U   ② 배전기
③ 이그니션 코일 ④ 센서

> 해설 DIS는 4기통 기준 2 or 4개의 점화플러그를 하나의 코일로 제어하여 배전기가 필요 없는 방식이다.

04 실린더 마모의 원인 중에 부적당한 것은?

① 실린더와 피스톤 링의 접촉
② 피스톤 랜드에 의한 접촉
③ 흡입가스 중의 먼지와 이물질에 의한 것
④ 연소 생성물에 의한 부식

> 해설 실린더와 피스톤의 랜드가 직접 접촉은 하지 않는다. 피스톤 링과 접촉을 하게 된다.

05 전동식 전자제어 동력조향장치의 설명으로 틀린 것은?

① 속도감응형 파워 스티어링의 기능 구현이 가능하다.
② 파워스티어링 펌프의 성능 개선으로 핸들이 가벼워진다.
③ 오일 누유 및 오일 교환이 필요 없는 친환경 시스템이다.
④ 기관의 부하가 감소되어 연비가 향상된다.

정답 01.② 02.④ 03.② 04.② 05.②

해설 전동식 전자제어 동력조향장치 MDPS 에서는 유압을 사용하지 않기 때문에 펌프가 필요하지 않다.

06 ABS (Anti-lock Brake System), TCS (Traction Control System)에 대한 설명으로 틀린 것은?

① ABS는 브레이크 작동 중 조향이 가능하다.
② TCS는 주행 중 브레이크 제동 상태에서만 작동한다.
③ ABS는 급제동 시 타이어 록(lock) 방지를 위해 작동한다.
④ TCS는 주로 노면과의 마찰력이 적을 때 작동할 수 있다.

해설 TCS는 영문명에서처럼 가속페달을 밟아서 구동되는 순간 바퀴가 슬립하지 않도록 제동해주는 전자제어장치이다.

07 자동차의 동력을 전달하기 위한 축에 관한 설명으로 맞는 것은?

① 플렉시블 자재이음은 경질의 고무나 가죽을 이용하여 각의 변화를 줄 수 있는 장치이며 설치각은 12~18도 이다.
② 등속 자재이음의 휠 쪽을 더블 옵셋 조인트, 차동기어 장치 쪽을 버필드 조인트라 한다.
③ 추진축의 길이변화를 가능하게 하기 위해 스플라인 장치를 사용하며 이를 슬립이음이라 한다.
④ 휠링이 발생 시 이를 줄이기 위하여 스파이럴과 니들베어링을 사용한다.

해설 ① 플렉시블 이음의 설치각은 2~3도
② 휠 쪽을 버필드 조인트, 차동기어장치 쪽을 더블옵셋 조인트라 하고 이쪽이 길이변화가 가능하다.

08 조향축의 설치 각도와 길이를 조절할 수 있는 형식은?

① 랙 기어 형식
② 틸트 형식
③ 텔레스코핑 형식
④ 틸트 앤드 텔레스코핑 형식

해설 • 조향축 상하 조절 : 틸트
• 조향축 길이 조절 : 텔레스코핑

09 공연비에 관한 중 맞는 것을 보기 중에 고르시오.

① 이론적 공연비 부근에서 CO, HC, NOx 의 발생량은 줄어든다.
② 공연비가 과도하게 희박한 상태에서는 오히려 CO의 발생량이 증가된다.
③ 공연비가 농후한 상태나 불완전 연소 시 HC의 발생량은 증가하게 된다.
④ NOx의 발생 정도는 엔진의 온도에 크게 영향을 받지 않는다.

해설 ① 이론적 공연비 부근에서 NOx 의 발생량은 증가한다.
② 공연비가 과도하게 희박한 상태에서는 오히려 HC의 발생량이 증가된다.
④ NOx의 발생 정도는 엔진의 온도에 크게 영향을 받는다.

정답 **06.**② **07.**③ **08.**④ **09.**③

10 공주거리에 대한 설명으로 맞는 것은?

① 정지거리에서 제동거리를 뺀 거리
② 제동거리에서 정지거리를 더한 거리
③ 정지거리에서 제동거리를 나눈 거리
④ 제동거리에서 정지거리를 곱한 거리

해설 정지거리 = 공주거리 + 제동거리

11 변속기에서 싱크로메시 기구는 어떤 작용을 하는가?

① 가속 작용
② 감속 작용
③ 동기 작용
④ 배력 작용

해설 싱크로메시 기구는 동기물림식에 사용된다. 회전수를 싱크로나이저 링의 콘 부분의 경사면을 통해 동기화 시켜 변속충격을 최소화 한다.

12 패스트 아이들 기구는 어떤 역할을 하는가?

① 연료가 절약되게 한다.
② 빙결을 방지한다.
③ 고속회로에서 연료의 비등을 방지한다.
④ 기관이 워밍업 되기 전에 엔진의 공전속도를 높게 하기 위한 기구이다.

해설 이름에서처럼 저온의 아이들 상태를 빨리 끝내기 위한 장치이다.

13 점화코일 1차 전류 차단 방식 중 TR을 이용하는 방식의 특징으로 옳은 것은?

① 원심, 진공 진각기구 사용
② 고속회전 시 채터링 현상으로 엔진 부조 발생
③ 노킹 발생 시 대응이 불가능함
④ 기관 상태에 따른 적절한 점화시기 조절이 가능함

해설 ① 원심, 진공 진각 기구는 배전기 타입에서 점화시기를 조정하는 장치이다.
② 채터링 현상 : 접점 방식의 스위치 개폐 시 발생되는 진동 현상.

14 전자 제어 엔진에서 노크센서(Knock sensor)가 장착됨에 따른 효과가 아닌 것은?

① 엔진 도크 및 출력 증대
② 연비 향상
③ 엔진 내구성 증대
④ 일정한 연료 컷(cut) 제어

해설 노크센서의 정보를 활용해 점화시기를 조정하게 된다. 연료의 분사량과는 관련이 없다.

15 12V를 사용하는 자동차에 60W 헤드라이트 2개를 병렬로 연결하였을 때 흐르는 전류는 얼마인가?

① 5A　　　② 10A
③ 8A　　　④ 2.5A

해설 $P = IE$ 에서 $P = 60\,W$
병렬 2개의 전구이므로 $60 + 60 = 120\,W$
(참고 : 직렬일 때는 가장 큰값 선택)
$120 = I \times 12$ 이므로 $I = 10A$

정답 **10.**① **11.**③ **12.**④ **13.**④ **14.**④ **15.**②

16 기관의 흡배기장치에 대한 설명으로 가장 잘못 된 것은?

① 배기 배압을 방지하기 위해 배기관의 굴곡을 완만하게 한다.
② 고속에서는 흡기다기관의 길이가 길수록 체적효율이 높아진다.
③ 배기다기관은 고온, 고압가스가 통과하므로 내열성이 큰 주철 등이 주로 사용된다.
④ 흡입효율을 높이기 위해 운전 조건에 따라 흡기다기관의 길이나 체적을 변화시키는 가변흡기장치가 있다.

해설 가변흡기시스템을 두는 이유는 고속에서는 흡기관의 길이를 짧게 하여 유체의 관성력을 최대한 줄이고 저속 고 부하 영역에서는 흡기관의 길이를 길게 하여 관성력에 의해 공기의 흡입을 원활하게 만든다.

17 LPI 자동차의 연료 공급장치에 대한 설명으로 틀린 것은?

① 봄베는 내압시험과 기밀시험을 통과하여야 한다.
② 연료펌프는 기체 상태의 LPG를 인젝터에 압송한다.
③ 연료압력조절기는 연료 배관의 압력을 일정하게 유지시키는 역할을 한다.
④ 연료 배관 파손 시 봄베 내 연료의 급격한 방출을 차단하기 위해 과류 방지밸브가 있다.

해설 LPI 기관은 봄베 내의 펌프를 이용하여 액체의 연료를 인젝터에 공급한다. 액체가 분사되면서 기화될 때 빙결되는 것을 방지하기 위해 아이싱 팁이 필요하다.

18 L-Jetronic 전자제어 연료분사장치에 관한 내용 중 연료의 분사량이 기본 분사량보다 감소되는 경우는?

① 흡입공기 온도가 20℃ 이상일 때
② 대기압이 표준대기압(1기압)보다 높을 때
③ 냉각수 온도가 80℃ 이하일 때
④ 축전지의 전압이 기준전압보다 높을 때

해설 ①의 경우, 같은 체적하에 산소의 밀도가 떨어지게 되고 공연비를 맞추기 위해 분사량도 줄여야 한다.

19 주차 브레이크는 공차상태에서 몇 도 이상의 경사면에서 정지 상태를 유지할 수 있는 능력이 있어야 하는가?

① 10도 30분   ② 11도 30분
③ 12도 30분   ④ 13도 30분

해설

주차제동장치의 제동능력 및 조작력 기준
(제15조제1항제12호관련)
1. 주차제동장치의 제동능력 및 조작력 기준

구분		기준
1. 측정자동차의 상태		공차상태의 자동차에 운전자 1인이 승차한 상태
2. 측정시 조작력	승용 자동차	발조작식의 경우 : 60킬로그램 이하
		손조작식의 경우 : 40킬로그램 이하
	그 밖의 자동차	발조작식의 경우 : 70킬로그램 이하
		손조작식의 경우 : 50킬로그램 이하
3. 제동능력		경사각 11도30분 이상의 경사면에서 정지상태를 유지할 수 있거나 제동능력이 차량중량의 20퍼센트 이상일 것

정답 **16.**② **17.**② **18.**① **19.**②

20 50Ah의 축전지를 정전류 충전법에 의해 충전할 때 적당한 충전전류는?

① 5A

② 10A

③ 15A

④ 20A

> **해설** 정전류 최대 충전 : 용량의 20%
> 　　　　표준 : 10%
> 　　　　최소 : 5%

정답 **20.** ①

모의고사

01 자동차가 고속으로 주행할 때 발생하는 앞바퀴의 진동으로 상·하로 떨리는 현상을 무엇이라 하는가?

① 완더(wander)
② 스쿼트(squat)
③ 트램핑(tramping)
④ 노스다운(nose down)

해설 타이어의 정적 불평형의 트램핑에 관련된 질문이다.

02 자동차에 디스크 브레이크 종류 중 부동형 캘리퍼의 장점이 아닌 것은?

① 구조가 간단하고 중량이 가볍다.
② 오일이 누출될 수 있는 개소가 적다.
③ 피스톤의 이동량을 크게 하여야 한다.
④ 베이퍼록 현상이 잘 발생되지 않는다.

해설 부동형 캘리퍼의 특징은 한쪽 피스톤만 작동하여 반발력으로 캘리퍼를 당겨서 패드를 디스크에 압착시킨다.
그러므로 피스톤의 이동량이 커지게 된다. 이는 장점이 아닌 단점에 해당된다.

03 자동변속기 차량의 히스테리시스(hysteresis) 작용에 대한 내용으로 알맞은 것은?

① 일정속도가 되면 자동으로 변속이 이루어지는 작용
② 스로틀 개도가 일정각도 이상이 되면 자동으로 변속이 이루어지는 작용
③ 주행 시 변속점 경계구간에서 변속이 빈번하게 일어나지 않게 해주는 작용
④ 주행속도가 일정속도 이상이 되면 자동으로 변속이 이루어지는 작용

해설 변속선도 내의 업시프트 선도와 다운시프트 선도의 속도차이를 두어 설계하는 이유도 히스테리시스 작용을 하기 위해서이다.

04 다음은 광속에 대한 정의이다. ( )안에 알맞은 것은?

광속이란 모든 방향에 고르게 복사되는 빛의 광도가 1 칸델라인 점광원에서 1 스테라디안의 입체각 안에 복사되는 빛의 다발을 말하며 단위는 (   )을 쓴다.

① cd   ② lux
③ lm   ④ dB

05 자동차의 공기압 고무 타이어는 요철형 무늬의 깊이를 몇 mm 이상 유지하여야 하는가?

① 1.0   ② 1.6
③ 2.0   ④ 2.4

정답 **01.**③ **02.**③ **03.**③ **04.**③ **05.**②

(제12조제1항 및 제64조제1항 관련) Ⅰ. 자동차용 공기압타이어의 표기·구조 및 성능 기준
1. 공기압타이어 표기 기준
  가. 공기압타이어(이하 이 표에서 "타이어"라 한다) 트레드 부분에는 트레드 깊이가 1.6밀리미터까지 마모된 것을 표시하는 트레드 마모지시기를 표기할 것

06 흡입공기량 검출방식에서 질량유량을 검출하는 것은?

① 열선식   ② 가동베인식
③ 칼만와류식   ④ 제어유량식

열선식 및 열막식은 공기의 질량 유량을 계측하는 방식으로 체적 유량을 계측하는 베인식과 칼만와류식에 비해 다음과 같은 장점을 가지고 있다.
1. 흡입 공기 온도가 변화해도 측정상의 오차가 거의 없다.
2. 공기 질량을 직접 정확하게 계측할 수 있어 기관 작동 상태에 적용하는 능력이 개선

07 축전지 셀의 음극과 양극의 판수는?

① 각각 같은 수다.
② 음극판이 1장 더 많다.
③ 양극판이 1장 더 많다.
④ 음극판이 2장 더 많다.

일반적으로 극판 수는 화학적 평형을 고려하여 음극판을 양극판 보다 1장 더 두고 있다.

08 제동 시 뒤쪽으로 가는 브레이크 유압을 제어하는 제동 안전장치가 아닌 것은?

① 로드센싱 프로포셔닝 밸브
② 프로포셔닝 밸브
③ 언로더 밸브
④ 리미팅 밸브

언로더 밸브 : 공기브레이크 작동 시 컴프레셔 내 압력이 과도하게 상승하는 것을 방지하기 위해 작동을 정지시키는 밸브

09 전자제어 연료분사 가솔린 기관에서 연료펌프의 체크 밸브는 어느 때 닫히게 되는가?

① 기관 회전 시   ② 기관 정지 후
③ 연료 압송 시   ④ 연료 분사 시

펌프의 작동이 없을 때 스프링의 장력에 의해 체크 볼이 유입라인을 막게 된다.

10 기관의 윤활유 유압이 높을 때의 원인과 관계없는 것은?

① 베어링과 축의 간격이 클 때
② 유압 조정 밸브 스프링의 장력이 강할 때
③ 오일 파이프의 일부가 막혔을 때
④ 윤활유의 점도가 높을 때

유압이 높아지는 원인
  ① 유압 조정 밸브(릴리프 밸브) 스프링의 장력이 강할 때
  ② 윤활계통의 일부가 막혔을 때
  ③ 윤활유의 점도가 높을 때

11 LPG 기관의 연료장치에서 냉각수의 온도가 낮을 때 시동성을 좋게 하기 위해 작동되는 밸브는?

① 기상 밸브   ② 액상 밸브
③ 안전 밸브   ④ 과류 방지 밸브

기상 밸브는 LPG 기관의 연료장치에서 냉각수의 온도가 낮을 때 시동성을 좋게 하기 위해 작동한다.

정답   **06.**①   **07.**②   **08.**③   **09.**②   **10.**①   **11.**①

12 다음 중 내연기관에 대한 내용으로 맞는 것은?

① 실린더의 이론적 발생 마력을 제동 마력이라 한다.

② 6실린더 엔진의 크랭크축의 위상각 은 90도이다.

③ 베어링 스프레드는 피스톤 핀 저널 에 베어링을 조립 시 밀착되게 끼 울 수 있게 한다.

④ 모든 DOHC 엔진의 밸브 수는 16개 이다.

해설 ① 실린더의 이론적 발생 마력을 지시마력이 라 한다.

② 6실린더 엔진의 크랭크축의 위상각은 4행정 사이클은 120°, 2행정 사이클은 60°이다.

④ 4실린더 DOHC 엔진의 밸브수가 일반적으로 16개이다.

13 가솔린의 주요 화합물로 맞는 것은?

① 탄소와 수소   ② 수소와 질소

③ 탄소와 산소   ④ 수소와 산소

해설 가솔린은 탄소와 수소의 화합물이다.

개념 확장

LPG가 가솔린에 비해 유해배출가스가 적게 나오는 이유는?(단, 공연비는 동일 조건)

❶ 탄소원자의 수가 적기 때문에

② 탄소원자의 수가 많기 때문에

③ 수소원자의 수가 많기 때문에

④ 수소원자의 수가 적기 때문에

해설 LPG : 부탄 (C_4H_9), 프로판 (C_3H_7),
가솔린 : C_8H_{18}

---

14 연료는 온도가 높아지면 외부로부터 불꽃 을 가까이 하지 않아도 발화하여 연소된다. 이때의 최저온도를 무엇이라 하는가?

① 인화점   ② 착화점

③ 연소점   ④ 응고점

해설 착화점이란 연료가 그 온도가 높아지면 외부 로부터 불꽃을 가까이 하지 않아도 발화하여 연 소된다. 이때의 최저온도이다.

개념 확장

가솔린 기관에 사용되는 연료의 구비조건 이 아닌 것은?

① 체적 및 무게가 적고 발열량이 클 것

② 연소 후 유해 화합물을 남기지 말 것

❸ 착화온도가 낮을 것

④ 옥탄가가 높을 것

해설 착화온도가 낮으면 조기점화의 원인이 되고 이는 노킹의 일으키는 주된 원인이 된다.

---

15 전자제어 가솔린 기관의 실린더 헤드 볼 트를 규정 토크로 조이지 않았을 때 발 생하는 현상으로 거리가 먼 것은?

① 냉각수의 누출

② 스로틀 밸브의 고착

③ 실린더 헤드의 변형

④ 압축가스의 누설

해설 헤드 볼트를 규정 토크로 조이지 않으면

① 압축압력 및 폭발압력이 낮아진다.

② 냉각수가 실린더로 유입된다.

③ 기관 오일이 냉각수와 섞인다.

④ 기관의 출력이 저하한다.

⑤ 실린더 헤드가 변형되기 쉽다.

⑥ 냉각수 및 엔진 오일이 누출된다.

---

16 차동장치에서 하이포이드기어 시스템의 장점이 아닌 것은?

① 운전이 정숙하다.
② 하중 부담능력이 작다.
③ 추진축의 높이를 낮게 할 수 있다.
④ 설치공간을 작게 차지한다.

해설 종감속 기어의 종류

Spiral bevel gear   Hypoid gear   Worm and Worm gear

17 옥탄가 80이란 무엇을 말하는가?

① 이소옥탄 20%에 노말헵탄 80%의 혼합물인 표준연료와 같은 정도의 내폭성이 있다는 것
② 이소옥탄 80%에 노말헵탄 20%의 혼합물인 표준연료와 같은 정도의 내폭성이 있다는 것
③ 이소옥탄 80%에 세탄 20%의 혼합물로서 20% 정도의 노킹을 일으킨다는 연료
④ 노말헵탄 80%에 세탄 20%의 혼합물로서 내폭제(antiknock dope)를 의미

해설 옥탄가 $= \dfrac{\text{이소옥탄}}{\text{이소옥탄} + \text{노멀헵탄}} \times 100$

18 점화장치에서 폐자로 점화코일에 흐르는 1차 전류를 차단했을 때 생기는 전압이 250V이고 점화1차 코일과 2차코일의 권선비가 100 : 1 일 때 2차 전압은 약 몇 V인가?

① 10000   ② 25000
③ 45000   ④ 50000

해설 점화 코일에서 고전압을 얻도록 유도하는 공식

$$E_2 = \frac{N_2}{N_1} E_1$$

$100 \times 250\,V = 25000\,V$

E_1 : 1차 코일에 유도된 전압
E_2 : 2차 코일에 유도된 전압
N_1 : 1차 코일의 유효권수
N_2 : 2차 코일의 유효권수

19 자동차 충전장치에서 전압조정기의 제너다이오드는 어떤 상태에서 전류가 흐르게 되는가?

① 브레이크다운 전압에서
② 배터리 전압보다 낮은 전압에서
③ 로터코일에 전압이 인가되는 시점에서
④ 브레이크다운 전류에서

해설 제너다이오드는 브레이크다운 전압에 다다르면 역방향으로도 전류를 인가시키는 특성을 가지고 있으며 이는 발전기에서 과충전을 방지하기 위한 용도로 사용하게 된다.

20 다음 중 자동변속기 차량의 공회전 상태에서 작동하지 않는 것은?

① 토크컨버터의 펌프의 회전
② 오일펌프의 작동
③ 토크컨버터의 터빈의 회전
④ 토크컨버터의 댐퍼클러치의 작동

해설 댐퍼클러치는 많은 토크가 필요하지 않는 고속 영역에서 작동된다.

정답 16.② 17.② 18.② 19.① 20.④

01 엔진의 윤활장치에서 엔진오일이 순환하는 과정을 바르게 표시한 것은?

① 오일펌프 → 오일스트레이너 → 오일필터 → 유압리프터 → 섬프

② 섬프 → 오일스트레이너 → 오일펌프 → 오일필터 → 유압리프터

③ 오일스트레이너 → 오일펌프 → 오일필터 → 섬프 → 유압리프터

④ 오일스트레이너 → 오일필터 → 오일펌프 → 유압리프터 → 섬프

> **해설** 윤활유 순환 순서
> 오일팬(섬프) → 오일스트레이너 → 오일펌프(압력↑ 유압조절밸브 통한 오일팬 리턴가능) → 오일필터(필터 막혔을 때 : 바이패스밸브 작동) → 크랭크 축 및 엔진블록으로 순환 → 실린더 헤드 (유압리프터 포함)

02 경형 및 소형자동차의 "뒤 오버행" 값으로 옳은 것은?

① 가장 앞의 차축 중심에서 가장 뒤의 차축 중심까지의 수평거리의 20분의 11이하일 것

② 가장 앞의 차축 중심에서 가장 뒤의 차축 중심까지의 수평거리의 2분의 1이하일 것

③ 가장 앞의 차축 중심에서 가장 뒤의 차축 중심까지의 수평거리의 3분의 2이하일 것

④ 가장 앞의 차축 중심에서 가장 뒤의 차축 중심까지의 수평거리의 4분의 1이하일 것

> **해설** 제19조(차대 및 차체)
> ① 자동차의 차대 및 차체는 다음 각호의 기준에 적합하여야 한다. 〈개정 2017. 11. 14.〉
> 3. 자동차의 가장 뒤의 차축 중심에서 차체의 뒷부분 끝(범퍼 및 견인용 장치를 제외한다)까지의 수평거리("뒤 오우버행"을 말한다)는 가장 앞의 차축중심에서 가장 뒤의 차축중심까지의 수평거리의 2분의 1 이하일 것. 다만, 다음 각 목의 경우에는 각 목에서 정하는 기준에 적합하여야 한다.
> 가. 경형 및 소형자동차의 경우에는 20분의 11 이하일 것
> 나. 승합자동차, 화물자동차(화물을 차체밖으로 나오게 적재할 우려가 없는 경우에 한정한다), 특수자동차의 경우에는 3분의 2 이하일 것. 다만, 차량총중량 3.5톤 이하인 센터차축트레일러의 경우에는 4미터 이내로 할 수 있다.

03 오일의 상태를 살펴보았더니 흰색이 나타났다. 그 원인은 무엇인가?

① 엔진에서 노킹현상이 심하게 발생되었다.

② 엔진오일에 냉각수가 유입되었다.

③ 가솔린이 유입되었다.

④ 심히 오염된 상태로서 교환시기가 지났다.

> **해설** 오일 색깔로 점검하는 방법
> ⓐ 검은색 : 교환 시기를 넘겨 심하게 오염되었을 때
> ⓑ 붉은색 : 가솔린이 유입되었을 때
> ⓒ 우유색 : 냉각수가 섞여 있을 때
> ⓓ 회 색 : 연소생성물인 4에틸 납 $Pb\{C2H5\}4$의 혼입

정답 　 **01.**② 　 **02.**① 　 **03.**②

04 가솔린 기관(자동차용)의 실린더 내 최고 폭발 압력은 약 몇 kgf/㎠인가?

① 3.5
② 35
③ 350
④ 3500

해설 가솔린 엔진 35~45 kgf/㎠,
디젤엔진 55~65 kgf/㎠ :
디젤엔진이 폭발 압력이 더 크다.

05 S.L.A형 독립현가 장치에서 과부하가 걸리면 어떻게 되는가?

① 더욱 정의 캠버가 된다.
② 더욱 부의 캠버가 된다.
③ 캠버의 변화가 없다.
④ 더욱 정의 캐스터가 된다.

해설 독립식 차축의 현가장치에 사용되는 위시본 형식은 평행사변형과 SLA형으로 나눌 수 있다.

비 교	평행사변형	SLA
위아래컨트롤 암의 길이	같다.	위 < 아래
캠 버	변화 없다.	변한다.
윤 거	변한다.	변화 없다.
타이어 마모도	빠르다.	느리다.

※ SLA형식의 스프링이 피로하거나 약해지면 바퀴의 위 부분이 안쪽으로 움직여 부의 캠버가 된다.

06 자동변속기의 오일량을 점검할 때 방법이 아닌 것은?

① 오일은 정상 작동온도에서 측정 전 각 영역별로 변속레버를 이동시킨 후 점검한다.
② 차량을 평지에 주차시킨 후 변속레

버의 위치를 N에서 점검한다.
③ 오일량 점검은 시동을 끄고 점검을 한다.
④ 레벨게이지의 MIN과 MAX선 사이에 지시되면 정상이고 일반적으로 오일 색깔은 붉은색이다.

해설 자동차를 평탄 지면에 주차시킨 다음, 오일 레벨 게이지를 빼내기 전에 게이지 주위를 깨끗이 청소하고 변속레버를 P 레인지로 선택한 후 주차 브레이크를 걸고 엔진을 기동시킨 후 변속기 내의 유온(油溫)이 70~80℃에 이를 때까지 엔진을 공전 상태로 한다. 선택 레버를 차례로 각 레인지로 이동시켜 토크 컨버터와 유압회로에 오일을 채운 후 시프트 레버를 N위치에 놓고 측정한다. 그리고 레벨 게이지를 빼내어 오일량이 "HOT" 범위에 있는가를 확인하고, 오일이 부족하면 "HOT" 범위까지 채운다.

07 자동차에 사용하는 퓨즈에 관한 설명으로 맞는 것은?

① 퓨즈는 정격 전류가 흐르면 회로를 차단하는 역할을 한다.
② 퓨즈는 과대 전류가 흐르면 회로를 차단하는 역할을 한다.
③ 퓨즈는 용량이 클수록 전류가 정격 전류가 낮아진다.
④ 용량이 적은 퓨즈는 용량을 조정하여 사용한다.

해설 퓨즈는 단락 및 누전에 의해 과대 전류가 흐르면 차단되어 전류의 흐름을 방지하는 부품으로 전기회로에 직렬로 설치된다. 재질은 납과 주석의 합금이다.

08 이모빌라이저 시스템에 대한 설명으로 틀린 것은?

① 차량의 도난을 방지할 목적으로 적용되는 시스템이다.

② 도난 상황에서 시동이 걸리지 않도록 제어한다.

③ 도난 상황에서 시동키가 회전되지 않도록 제어한다.

④ 엔진의 시동은 반드시 차량에 등록된 키로만 시동이 가능하다.

해설 이모빌라이저는 차량의 도난을 방지할 목적으로 적용되는 장치이며, 도난 상황에서 시동이 걸리지 않도록 제어한다. 그리고 엔진 시동은 반드시 차량에 등록된 키로만 시동이 가능하다. 엔진 시동을 제어하는 장치는 점화장치, 연료장치, 시동장치이다.

09 여러 장을 겹쳐 충격 흡수 작용을 하도록 한 스프링은?

① 토션바 스프링
② 고무 스프링
③ 코일 스프링
④ 판스프링

해설 판스프링은 여러 장 겹쳐 충격흡수 작용을 하도록 한 것이다.

10 자동차가 커브를 돌 때 원심력이 발생하는데 이 원심력을 이겨내는 힘은?

① 코너링 포스
② 컴플라이언 포스
③ 구동 토크
④ 회전 토크

해설 코너링 포스(cornering force)란 타이어가 어떤 슬립 각도로 선회할 때 접지 면에 생기는

힘 중에서 타이어 진행방향에 대해 직각으로 작용하는 성질. 즉 커브를 돌 때 원심력을 이겨내는 힘이다.

11 조향 핸들이 1회전하였을 때 피트먼 암이 40°움직였다. 조향기어의 비는?

① 9 : 1   ② 0.9 : 1
③ 45 : 1   ④ 4.5 : 1

해설 조향 기어비 $= \dfrac{조향핸들이\ 회전한 각도}{피트먼\ 암이\ 움직인\ 각도}$

$\therefore \ \dfrac{360°}{40°} = 9$

12 유압 브레이크 장치에서 잔압을 형성하고 유지시켜 주는 것은?

① 마스터 실린더 피스톤 1차 컵과 2차 컵

② 마스터 실린더의 체크 밸브와 슈의 리턴 스프링

③ 마스터 실린더 오일 탱크

④ 마스터 실린더 피스톤

해설 유압 브레이크에서 잔압을 유지시키는 부품은 마스터 실린더의 체크 밸브와 슈의 리턴 스프링이다.

13 자동차 주행빔 전조등의 발광면은 상측, 하측, 내측, 외측의 몇 도 이내에서 관측 가능해야 하는가?

① 5   ② 10
③ 15   ④ 20

해설 주행빔 전조등의 발광면은 상측, 하측, 내측, 외측의 5도 이내에서 관측 가능해야 한다.

14 피스톤의 평균속도를 올리지 않고 회전수를 높일 수 있으며 단위 체적 당 출력을 크게 할 수 있는 기관은?

① 장 행정기관
② 정방형 기관
③ 단 행정기관
④ 고속형 기관

> **해설** 단 행정기관의 특징
> ① 흡배기 밸브의 지름을 크게 하여 효율을 증대할 수 있다.
> ② 기관의 높이를 낮게 할 수 있다.
> ③ 피스톤의 평균속도를 올리지 않고 기관의 회전속도를 높일 수 있다.
> ④ 피스톤이 과열하기 쉽고, 폭발압력이 커 기관 베어링의 폭이 넓어야 한다.
> ⑤ 회전속도가 증가하면 관성력의 불평형으로 회전부분의 진동이 커진다.
> ⑥ 실린더 안지름이 커 기관의 길이가 길어진다.

15 내연기관과 비교하여 전기 모터의 장점 중 틀린 것은?

① 마찰이 적기 때문에 손실되는 마찰열이 적게 발생한다.
② 후진 기어가 없어도 후진이 가능하다.
③ 평균 효율이 낮다.
④ 소음과 진동이 적다.

> **해설** 전기 모터의 장점은 마찰이 적기 때문에 손실되는 마찰열이 적게 발생하며, 후진 기어가 없어도 후진이 가능하고, 소음과 진동이 적다.
>
> 평균 효율성 = $\dfrac{(장치의\ 총\ 사용\ 시간-고장에\ 의한\ 손실\ 시간)}{장치의\ 총\ 사용\ 시간} \times 100$
>
> 으로 나타낼 수 있으며 내연기관보다 전기모터의 효율성이 좋은 편이다.

16 스로틀 밸브가 열려있는 상태에서 가속할 때 일시적인 가속 지연 현상이 나타나는 것을 무엇이라고 하는가?

① 스텀블(stumble)
② 스톨링(stalling)
③ 헤지테이션(hesitation)
④ 서징(surging)

> **해설** 용어 풀이
> ① 스텀블(stumble) : 가·감속할 때 차량이 앞뒤로 과도하게 진동하는 현상
> ② 스톨링(stalling) : 공급된 부하 때문에 기관의 회전을 멈추기 바로 전의 상태
> ③ 헤지테이션(hesitation) : 가속 중 순간적인 멈춤으로서, 출발할 때 가속 이외의 어떤 속도에서 스로틀의 응답성이 부족한 상태
> ④ 서징(surging) : 펌프나 송풍기 등을 설계 유량(流量)보다 현저하게 적은 유량의 상태에서 가동하였을 때 압력, 유량, 회전수, 동력 등이 주기적으로 변동하여 일종의 자려(自勵) 진동을 일으키는 현상

17 전자동 에어컨(FATC) 시스템의 ECU에 입력되는 센서 신호로 거리가 먼 것은?

① 외기온도 센서
② 차고 센서
③ 일사 센서
④ 내기온도 센서

> **해설** 자동 에어컨 시스템에서 ECU로 입력되는 센서는 외기 온도 센서, 내기 온도(실내온도) 센서, 냉각수 온도 센서, 일사 센서(SUN 센서), 핀 서모 센서, AQS 센서, 습도 센서 등이 있다.

18 스파크 플러그 표시 기호의 한 예이다. 열가를 나타내는 것은?

BP6ES

① P
② 6
③ E
④ S

해설 BP6ES에서 B는 점화플러그 나사부분 지름, P는 자기 돌출형(프로젝티드 코어 노스 플러그), 6은 열가(열값), E는 점화플러그 나사길이, S는 표준형을 의미한다.

19 선회할 때 조향 각도를 일정하게 유지하여도 선회 반경이 작아지는 현상은?

① 오버 스티어링
② 언더 스티어링
③ 다운 스티어링
④ 어퍼 스티어링

해설 ① 오버 스티어링 현상이란 자동차가 주행 중 선회할 때 조향 각도를 일정하게 하여도 선회 반지름이 작아지는 현상이다.
② 언더 스티어링이란 자동차가 주행 중 선회할 때 조향 각도를 일정하게 하여도 선회 반지름이 커지는 현상이다.

20 커넥팅 로드 대단부의 배빗메탈의 주재료는?

① 주석(Sn)
② 안티몬(Sb)
③ 구리(Cu)
④ 납(Pb)

해설 배빗메탈의 주재료는 주석(Sn)이다.

정답 **18.**② **19.**① **20.**①

01 저속, 전부하에서 기관의 노킹(knocking) 방지성을 표시하는데 가장 적당한 옥탄가 표기법은?

① 리서치 옥탄가
② 모터 옥탄가
③ 로드 옥탄가
④ 프런트 옥탄가

> **해설** 옥탄가의 표기방법
> ① 리서치 옥탄가 : 전부하 저속 즉 저속에서 급 가속할 때 기관의 앤티노크성을 표시하는 데 적당하다.
> ② 모터 옥탄가 : 고속 전부하, 고속 부분부하, 그리고 저속 부분부하 상태인 기관의 앤티노크성을 표시하는데 적당하나.
> ③ 로드 옥탄가 : 표준 연료를 사용하여 기관을 운전하는 방법으로 가솔린의 앤티노크성을 직접 결정할 수 있다. 이때는 기관의 노크 경향을 변화시키기 위하여 수동으로 점화시기를 제어하는 방식이 이용된다.
> ④ 프런트 옥탄가 : 연료의 구성성분 중 100℃까지 증류되는 부분의 리서치 옥탄가(RON)로서, 가속 노크에 관한 연료의 특성을 이해하는데 중요한 자료이다.

02 다음에서 설명하는 디젤기관의 연소과정은?

분사 노즐에서 연료가 분사되어 연소를 일으킬 때까지의 기관이며 이 기간이 길어지면 노크가 발생한다.

① 착화 지연기간
② 화염 전파기간
③ 직접 연소시간
④ 후기 연소기간

> **해설** 착화 지연기간은 연료가 연소실에 분사된 후 착화될 때까지의 기간으로 약 1/1000 ~ 4/1000초 정도 소요되며, 이 기간이 길어지면 노크가 발생한다.

03 블로다운(blow down) 현상에 대한 설명으로 옳은 것은?

① 밸브와 밸브 시트 사이에서의 가스 누출 현상
② 압축행정 시 피스톤과 실린더 사이에서 공기가 누출되는 현상
③ 피스톤이 상사점 근방에서 흡·배기 밸브가 동시에 열려 배기 잔류가스를 배출시키는 현상
④ 배기행정 초기에 배기 밸브가 열려 배기가스 자체의 압력에 의하여 배기가스가 배출되는 현상

> **해설** 블로다운이란 배기행정 초기에 배기 밸브가 열려 배기가스 자체의 압력에 의하여 배기가스가 배출되는 현상이다.

정답 **01.**① **02.**① **03.**④

04 삼원 촉매장치 설치 차량의 주의사항 중 잘못된 것은?

① 주행 중 점화스위치를 꺼서는 안 된다.
② 잔디, 낙엽 등 가연성 물질 위에 주차시키지 않아야 한다.
③ 엔진의 파워 밸런스 측정 시 측정 시간을 최대로 단축해야 한다.
④ 유연 가솔린을 사용한다.

해설 촉매 변환기 설치 차량의 운행 및 시험할 때 주의사항
① 무연 가솔린을 사용한다.
② 주행 중 점화 스위치 OFF 금지
③ 차량을 밀어서 시동 금지
④ 파워 밸런스 시험은 실린더 당 10초 이내로 할 것

05 가솔린 기관의 흡기다기관과 스로틀 바디 사이에 설치되어 있는 서지 탱크의 역할 중 틀린 것은?

① 실린더 상호간에 흡입 공기 간섭 방지
② 흡입 공기 충진 효율을 증대
③ 연소실에 균일한 공기 공급
④ 배기가스 흐름 제어

해설 서지 탱크의 역할은 실린더 상호간에 흡입 공기 간섭 방지, 흡입 공기 충진 효율 증대, 연소실에 균일한 공기 공급이다.

06 압력식 라디에이터 캡을 사용하므로 얻어지는 장점과 거리가 먼 것은?

① 비등점을 올려 냉각효율을 높일 수 있다.
② 라디에이터를 소형화할 수 있다.
③ 라디에이터 무게를 크게 할 수 있다.
④ 냉각장치 내의 압력을 높일 수 있다.

해설 압력식 캡의 작용
① 냉각수의 비등점을 높여 냉각범위를 넓게 냉각효과를 크게 하기 위하여 사용한다.
② 압력 밸브는 라디에이터 내의 압력이 규정 값(게이지 압력으로 0.2~0.9kgf/cm²)이상 되면 열려 과잉 압력의 수증기를 배출한다.
③ 부압 밸브는 방열기 내에 냉각수가 냉각될 때 부압이 발생하면 열려 부압을 제거한다.
④ 라디에이터를 소형·경량화 할 수 있다.

07 배기가스 재순환 장치(EGR)의 설명으로 틀린 것은?

① 가속 성능을 향상시키기 위해 급가속시에는 차단된다.
② 연소 온도가 낮아지게 된다.
③ 질소산화물(NOx)이 증가한다.
④ 탄화수소와 일산화탄소량은 저감되지 않는다.

해설 배기가스 재순환 장치(EGR system)
① 연소가스를 재순환시켜 연소실 내의 연소 온도를 낮춰 질소산화물(NOx)을 저감시키기 위한 장치이다.
② 가속 성능을 향상시키기 위해 급가속시에는 차단된다.
③ 연소된 가스가 흡입되므로 엔진의 출력이 저하된다.
④ 엔진의 냉각수 온도가 낮을 때는 작동하지 않는다.
⑤ 탄화수소와 일산화탄소량은 저감되지 않는다.

정답 04.④ 05.④ 06.③ 07.③

연료 누설 및 파손을 방지하기 위해 전자제어 기관의 연료 시스템에 설치된 것으로 감압 작용을 하는 것은?

① 체크 밸브
② 제트 밸브
③ 릴리프 밸브
④ 포핏 밸브

해설 연료 펌프에 설치된 릴리프 밸브의 역할은 연료 압력이 과다하게 상승되는 것을 억제시키고 모터의 과부하를 억제하며, 펌프에서 나오는 연료를 다시 탱크로 복귀시킨다.

09 타이어 트레드 패턴의 종류가 아닌 것은?

① 러그 패턴   ② 블록 패턴
③ 리브러그 패턴   ④ 카커스 패턴

해설 디이이 트레드 페턴에는 리브 페턴, 러그 페턴, 리브러그 패턴, 블록 패턴, 오프 더 로드 패턴 등이 있다.

10 유압식 전자제어 동력조향장치에서 컨트롤 유닛(ECU)의 입력 요소는?

① 브레이크 스위치
② 차속 센서
③ 흡기 온도 센서
④ 휠 스피드 센서

해설 ECU 입력요소에는 차속 센서, 스로틀 위치 센서, 조향 휠 각속도 센서 등이 있다.

11 전자제어 현가장치의 제어 기능에 해당되는 것이 아닌 것은?

① 앤티 스키드

② 앤티 롤
③ 앤티 다이브
④ 앤티 스쿼트

해설 전자제어 현가장치의 제어 : 앤티 롤 제어, 앤티 스쿼트 제어, 앤티 다이브 제어, 앤티 피칭 제어, 앤티 바운싱 제어, 차속감응 제어, 앤티 쉐이크 제어

12 변속장치에서 동기 물림 기구에 대한 설명으로 옳은 것은?

① 변속하려는 기어와 메인 스플라인과의 회전수를 같게 한다.
② 주축기어의 회전속도를 부축기어의 회전속도보다 빠르게 한다.
③ 주축기어와 부축기어의 회전수를 같게 한다.
④ 변속하려는 기어와 슬리브와의 회진수에는 관계없다.

해설 동기 물림 기구는 변속하려는 기어와 메인 스플라인과의 회전수를 같게 한다. 메인 스플라인=싱크로나이저 허브 내의 스플라인 부를 뜻함.

13 그림에서 I_1=5A, I_2=2A, I_3=3A, I_4= 4A 라고 하면 I_5에 흐르는 전류(A)는?

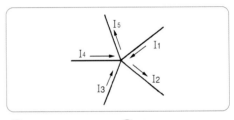

① 8   ② 4
③ 2   ④ 10

해설 유입전류($I_1 + I_3 + I_4$)=유출전류($I_2 + I_5$)에서 $5A + 3A + 4A = 2A + I_5$

∴ $I_5 = 10A$

14 축전지에 대한 설명 중 틀린 것은?

① 전해액 온도가 올라가면 비중은 낮아진다.
② 전해액 온도가 낮으면 황산의 확산이 활발해진다.
③ 온도가 높으면 자기방전량이 많아진다.
④ 극판수가 많으면 용량이 증가한다.

해설 전해액 온도가 낮으면 황산의 확산이 둔해진다.

15 점화코일의 2차 쪽에서 발생되는 불꽃전압의 크기에 영향을 미치는 요소 중 거리가 먼 것은?

① 점화플러그 전극의 형상
② 점화플러그 전극의 간극
③ 기관 윤활유 압력
④ 혼합기 압력

해설

점화전압이 결정되는 요인	점화요구 전압	
	높다	낮다
전극간극	크다	작다
압축	높다	낮다
혼합비	희박	농후
전극온도	낮다	높다
전극형상	둥그스름하다	날카롭다
점화시기	늦다	빠르다

16 배기밸브가 하사점 전 55°에서 열려 상사점 후 15°에서 닫힐 때 총 열림각은?

① 240°
② 250°
③ 255°
④ 260°

해설 배기밸브 열림 각도
= 배기밸브 열림+배기밸브 닫힘+180°
∴ 55°+15°+180°=250°

17 전류에 대한 설명으로 틀린 것은?

① 자유전자의 흐름이다.
② 단위는 A를 사용한다.
③ 직류와 교류가 있다.
④ 저항에 항상 비례한다.

해설 전류란 자유전자의 흐름이며, 단위는 A를 사용한다. 전류에는 직류와 교류가 있고, 전류는 전압에 비례하고, 저항에 반비례한다.

18 측압이 가해지지 않은 쪽의 스커트 부분을 따낸 것으로 무게를 늘리지 않고 접촉면적은 크게 하고 피스톤 슬랩(slap)은 적게 하여 고속기관에 널리 사용하는 피스톤의 종류는?

① 슬리퍼 피스톤(slipper piston)
② 솔리드 피스톤(solid piston)
③ 스플릿 피스톤(split piston)
④ 옵셋 피스톤(offset piston)

해설 슬리퍼 피스톤(slipper piston)은 측압을 받지 않는 스커트 부분을 잘라낸 것으로 실린더 마모를 적게 하며, 피스톤 중량을 가볍게 하고, 피스톤 슬랩을 감소시킬 수 있는 특징이 있다.

19 자동차에서 제동시의 슬립비를 표시한
것으로 맞는 것은?

① $\dfrac{\text{자동차 속도} - \text{바퀴속도}}{\text{자동차 속도}} \times 100$

② $\dfrac{\text{자동차 속도} - \text{바퀴속도}}{\text{바퀴속도}} \times 100$

③ $\dfrac{\text{바퀴속도} - \text{자동차 속도}}{\text{자동차 속도}} \times 100$

④ $\dfrac{\text{바퀴속도} - \text{자동차 속도}}{\text{바퀴속도}} \times 100$

해설 슬립비율 = $\dfrac{\text{자동차 속도} - \text{바퀴속도}}{\text{자동차 속도}} \times 100$

로 표시한다. ABS의 작동은 슬립률 10~20%의
범위이다.

20 수동변속기에서 클러치(clutch)의 구비
조건으로 틀린 것은?

① 동력을 차단할 경우에는 차단이 신
속하고 확실할 것
② 미끄러지는 일이 없이 동력을 확실
하게 전달 할 것
③ 회전부분의 평형이 좋을 것
④ 회전관성이 클 것

해설 **클러치의 구비조건**
① 회전관성이 작을 것
② 동력전달이 확실하고 신속할 것
③ 방열이 잘되어 과열되지 않을 것
④ 회전부분의 평형이 좋을 것
⑤ 동력을 차단할 경우에는 신속하고 확실할 것

모의고사

01 기관의 습식 라이너(wet type)에 대한 설명 중 틀린 것은?

① 습식 라이너를 끼울 때에는 라이너 바깥둘레에 비눗물을 바른다.

② 실링이 파손되면 크랭크 케이스로 냉각수가 들어간다.

③ 냉각수와 직접 접촉하지 않는다.

④ 냉각효과가 크다.

> **해설** 습식 라이너는 냉각수와 직접 접촉하는 방식으로 냉각효과 크다. 실링이 파손되면 크랭크 케이스로 냉각수가 들어갈 우려가 있으며, 습식 라이너를 끼울 때에는 라이너 바깥둘레에 비눗물을 바른다.

02 조향장치가 갖추어야 할 조건으로 틀린 것은?

① 조향조작이 주행 중의 충격을 적게 받을 것

② 안전을 위해 고속주행 시 조향력을 작게 할 것

③ 회전반경이 작을 것

④ 조작 시에 방향전환이 원활하게 이루어 질 것

> **해설** 조향장치가 갖추어야 할 조건
> ① 고속주행에서도 조향핸들이 안정되고, 복원력이 좋을 것
> ② 수명이 길고 다루기나 정비가 쉬울 것
> ③ 조향핸들의 회전과 바퀴의 선회차이가 작을 것
> ④ 조향조작이 주행 중의 충격을 적게 받을 것
> ⑤ 진행방향을 바꿀 때 섀시 및 보디 각부에 무리

한 힘이 작용하지 않을 것
⑥ 회전반경이 작으며, 조작하기 쉽고 방향전환이 원활하게 이루어 질 것

03 제작자동차 앞면 창유리 및 운전자 좌석 좌, 우의 창유리 또는 창의 가시광선투과율은 몇 % 이상이어야 하는가?

① 80　　② 90

③ 60　　④ 70

> **해설** 제94조(운전자의 시계범위) ① 승용자동차와 경형승합자동차는 별표 12의 운전자의 전방시계범위와 제50조에 따른 운전자의 후방시계범위를 확보하는 구조이어야 한다. 〈개정 2008.1.14.〉
> ② 자동차의 앞면창유리[승용자동차(컨버터블자동차 등 특수한 구조의 승용자동차를 포함한다)의 경우에는 뒷면창유리 또는 창을 포함한다] 및 운전자좌석 좌우의 창유리 또는 창은 가시광선 투과율이 70퍼센트 이상이어야 한다. 다만, 운전자의 시계범위외의 차광을 위한 부분은 그러하지 아니하다.

04 유압 브레이크는 무슨 원리를 응용한 것인가?

① 아르키메데스의 원리

② 베르누이의 원리

③ 아인슈타인의 원리

④ 파스칼의 원리

> **해설** 유압 브레이크는 파스칼의 원리를 이용한 장치이며, 파스칼의 원리란 밀폐된 용기 내에 액체를 가득 채우고 압력을 가하면 모든 방향으로 같은 압력이 작용한다는 원리이다.

정답 　01.③　02.②　03.④　04.④

05 현가장치에서 스프링이 압축되었다가 원 위치로 되돌아올 때 작은 구멍(오리피스)을 통과하는 오일의 저항으로 진동을 감소시키는 것은?

① 스태빌라이저
② 공기 스프링
③ 토션 바 스프링
④ 쇽업소버

해설 쇽업소버는 스프링이 압축되었다가 원위치로 되돌아올 때 작은 구멍(오리피스)을 통과하는 오일의 저항으로 진동을 감소시킨다.

06 유압식 동력 조향장치와 비교하여 전동식 동력 조향장치 특징으로 틀린 것은?

① 엔진룸의 공간 활용도가 향상된다.
② 유압제어를 하지 않으므로 오일이 필요 없다.
③ 유압제어 방식에 비해 연비를 향상시킬 수 없다.
④ 유압제어를 하지 않으므로 오일펌프가 필요 없다.

해설 전동방식 동력 조향장치의 장점
① 연료 소비율(연비)이 향상된다.
② 에너지 소비가 적으며, 구조가 간단하다.
③ 엔진의 가동이 정지된 때에도 조향 조작력 증대가 가능하다.
④ 조향 특성 튜닝(tuning)이 쉽다.
⑤ 엔진룸 레이아웃(ray-out) 설정 및 모듈화가 쉽다.
⑥ 유압제어 장치가 없어 환경 친화적이다.
⑦ 엔진룸의 공간 활용도가 향상된다.

07 중·고속 주행 시 연료 소비율의 향상과 기관의 소음을 줄일 목적으로 변속기의 입력 회전수보다 출력 회전수를 빠르게 하는 장치는?

① 클러치 포인트
② 오버 드라이브
③ 히스테리시스
④ 킥 다운

해설 오버드라이브 장치는 기관의 여유 출력을 이용한 것으로 변속기의 출력 회전속도를 입력 회전속도보다 빠르게 한다.

08 전자제어 연료 분사식 기관의 연료 펌프에서 릴리프 밸브의 작용 압력은 약 몇 kgf/cm²인가?

① 0.3~0.5
② 1.0~2.0
③ 3.5~5.0
④ 10.0~11.5

해설 전자제어 연료분사 기관의 연료 펌프에서 릴리프 밸브의 작용 압력은 3.5~5.0kgf/cm²이다.
교재마다 압력의 차이가 조금씩 날 것입니다. 이유는 엔진의 종류와 시스템의 다양성에서 오는 차이라 생각하시면 됩니다. 이런 경우는 중복되는 수치의 범위를 기억해서 암기하시면 됩니다.

09 디젤기관에서 열효율이 가장 우수한 형식은?

① 예연소실식 ② 와류실식
③ 공기실식 ④ 직접분사식

해설 직접분사식의 장점
① 실린더 헤드의 구조가 간단해 열효율이 높고, 연료 소비율이 적다.
② 연소실 체적에 대한 표면적 비율이 적어 냉각 손실이 적다.
③ 기관시동이 쉽다.

10 인젝터의 분사량을 제어하는 방법으로 맞는 것은?

① 솔레노이드 코일에 흐르는 전류의 통전시간으로 조절한다.
② 솔레노이드 코일에 흐르는 전압의 시간으로 조절한다.
③ 연료압력의 변화를 주면서 조절한다.
④ 분사구의 면적으로 조절한다.

해설 인젝터의 연료 분사량은 인젝터의 개방시간 즉 솔레노이드 코일에 흐르는 전류의 통전시간 으로 제어한다.

11 축전지의 충·방전 화학식이다. ( )속에 해당되는 것은?

$$PbO_2 + (\ ) + Pb$$
$$\rightleftarrows PbSO_4 + 2H_2O + PbSO_4$$

① H_2O
② $2H_2O$
③ $2PbSO_4$
④ $2H_2SO_4$

12 시동 off 상태에서 브레이크 페달을 여러 차례 작동 후 브레이크 페달을 밟은 상태에서 시동을 걸었는데 브레이크 페달이 내려가지 않는다면 예상되는 고장 부위는?

① 주차 브레이크 케이블
② 앞바퀴 캘리퍼
③ 진공 배력장치
④ 프로포셔닝 밸브

해설 진공 배력장치에 이상이 있으면 기관 시동 off 상태에서 브레이크 페달을 여러 차례 작동 후 브레이크 페달을 밟은 상태에서 시동을 걸었 는데 브레이크 페달이 내려가지 않는다.

13 디젤기관의 연료 분사에 필요한 조건으로 틀린 것은?

① 무화
② 분포
③ 조정
④ 관통력

해설 연료 분사에 필요한 조건은 무화(안개화), 분무(분포), 관통력이다.

14 전자제어 가솔린 분사장치에서 기관의 각종 센서 중 입력 신호가 아닌 것은?

① 스로틀 포지션 센서
② 냉각수온 센서
③ 크랭크 각 센서
④ 인젝터

해설 ECU의 출력 신호에는 인젝터 작동 신호, ISC(공전속도 조절기구) 작동 신호, PCSV 작동 신호, 에어컨 릴레이 작동 신호 등이 있다.

15 가솔린 기관의 이론 공연비로 맞는 것은?(단, 희박연소 기관은 제외)

① 8 : 1
② 13.4 : 1
③ 14.7 : 1
④ 15.6 : 1

해설 전자제어 가솔린 기관에 적용되는 가장 이상 적인 공연비는 14.7 : 1이다.

16 가솔린 기관에서 체적 효율을 향상시키기 위한 방법으로 틀린 것은?

① 흡기 온도의 상승을 억제한다.
② 흡기 저항을 감소시킨다.
③ 배기 저항을 감소시킨다.
④ 밸브 수를 줄인다.

해설 과급장치의 인터쿨러를 활용하면 흡기 온도의 상승을 억제할 수 있다.

흡기관의 굴곡을 완만하게 하고 거리를 짧게 하는 것이 흡기 저항을 감소시킬 수 있는 방법이다. 배기 저항을 감소시키기 위해 웨스트 게이트 밸브 등을 활용하기도 한다.

17 가솔린 노킹(knocking)의 방지책에 대한 설명 중 잘못 된 것은?

① 압축비를 낮게 한다.
② 냉각수의 온도를 낮게 한다.
③ 화염전파 거리를 짧게 한다.
④ 착화지연을 짧게 한다.

해설 가솔린 기관의 노킹방지 방법
① 화염전파거리를 짧게 하는 연소실 형상을 사용한다.
② 자연 발화온도가 높은 연료를 사용한다.
③ 동일 압축비에서 혼합기의 온도를 낮추는 연소실 형상을 사용한다.
④ 연소속도가 빠른 연료를 사용한다.
⑤ 점화시기를 늦춘다.
⑥ 옥탄가가 높은 가솔린을 사용한다.
⑦ 혼합가스에 와류가 발생하도록 한다.
⑧ 냉각수 온도를 낮춘다.

18 AC 발전기의 출력변화 조정은 무엇에 의해 이루어지는가?

① 엔진의 회전수
② 배터리의 전압
③ 로터의 전류
④ 다이오드 전류

해설 과충전을 방지하기 위해 로터 코일에 전류를 차단하면 스테이터에서 교류전기가 만들어지지 않는 원리를 생각하면 된다.

19 트랜지스터식 점화장치는 어떤 작동으로 점화코일의 1차 전압을 단속하는가?

① 증폭 작용
② 자기유도작용
③ 스위칭 작용
④ 상호유도작용

해설 TR을 사용하는 점화장치는 기본적으로 트랜지스터의 3대 작용 중 스위칭 작용을 사용한다. 베이스 전원을 제어해서 점화 1차 코일의 전원을 인가 및 차단하게 되는 것이다. 전원을 차단할 때 1차 코일에서는 자기유도작용, 2차 코일에서는 상호유도작용이 발생된다.

20 모터나 릴레이 작동 시 라디오에 유기되는 일반적인 고주파 잡음을 억제하는 부품으로 맞는 것은?

① 트랜지스터   ② 볼륨
③ 콘덴서   ④ 독소기

해설 점화장치의 고주파 억제용 장치로 TVRS 케이블이나 저항 플러그 등도 있다. 같이 정리해 두면 좋을 것이다.

모의고사

자동차구조원리

01 자동차용 교류 발전기에 대한 특성 중 거리가 먼 것은?

① 브러시 수명이 일반적으로 직류 발전기보다 길다.
② 중량에 따른 출력이 직류 발전기보다 1.5배 정도 높다.
③ 슬립링 손질이 불필요하다.
④ 자여자 방식이다.

해설 교류 발전기는 타여자 방식을, 직류 발전기는 자여자 방식을 사용한다.

02 유압식 브레이크 마스터 실린더에 작용하는 힘이 120kgf 이고, 피스톤 면적이 3cm²일 때 마스터 실린더 내에 발생되는 유압은?

① 50kgf/cm²
② 40kgf/cm²
③ 30kgf/cm²
④ 25kgf/cm²

해설 $P = \dfrac{W}{A}$

P : 유압, W : 푸시로드에 작용하는 힘,
A : 피스톤 면적

$\therefore \dfrac{120\text{kgf}}{3\text{cm}^2} = 40\text{kgf}/\text{cm}^2$

03 빈 칸에 알맞은 것은?

애커먼 장토의 원리는 조향각도를 (㉠)로 하고, 선회할 때 선회하는 안쪽 바퀴의 조향각도가 바깥쪽 바퀴의 조향각도보다 (㉡)되며, (㉢)의 연장선상의 한 점을 중심으로 동심원을 그리면서 선회하여 사이드슬립 방지와 조향 핸들 조작에 따른 저항을 감소시킬 수 있는 방식이다.

① ㉠ 최소, ㉡ 작게, ㉢ 앞차축
② ㉠ 최대, ㉡ 작게, ㉢ 뒷차축
③ ㉠ 최소, ㉡ 크게, ㉢ 앞차축
④ ㉠ 최대, ㉡ 크게, ㉢ 뒷차축

해설 애커먼 장토의 원리는 조향각도를 최대로 하고, 선회할 때 선회하는 안쪽 바퀴의 조향각도가 바깥쪽 바퀴의 조향각도보다 크게 되며, 뒷차축의 연장선상의 한 점을 중심으로 동심원을 그리면서 선회하여 사이드슬립 방지와 조향핸들 조작에 따른 저항을 감소시킬 수 있는 방식이다.

04 캠축의 구동방식이 아닌 것은?

① 기어형
② 체인형
③ 포핏형
④ 벨트형

해설 캠축의 구동방식에는 벨트 전동방식, 체인 전동방식, 기어 전동방식 등이 있다.

정답 01.④ 02.② 03.④ 04.③

05 다음 중 전자제어 동력조향장치(EPS)의 종류가 아닌 것은?

① 속도 감응식
② 전동 펌프식
③ 공압 충격식
④ 유압 반력 제어식

> **해설** EPS의 기본 전자제어의 개념은 차속센서를 이용한 속도 감응형 제어이다. 저속에서는 조향 핸들을 가볍게 조작 가능할 수 있도록, 고속에서는 무겁게 조작할 수 있도록 하는 것이다. 이 제어를 위해 유압을 이용하는 방식과 전동 모터를 이용하는 방식, 이 두 가지를 같이 사용하는 방식으로 나눌 수 있다. ② 전동 펌프식이 전동 모터를 이용해 유압을 작동시키는 방식이고 ④ 유압 반력 제어식이 유압을 이용하여 제어하는 방식 중에 하나이다.

06 가솔린 기관에서 배기가스에 산소량이 많이 존재하고 있다면 연소실내의 혼합기는 어떤 상태인가?

① 농후하다.
② 희박하다.
③ 농후하기도 하고 희박하기도 하다.
④ 이론공연비 상태이다.

> **해설** 배기가스에 산소량이 많이 존재하고 있다면 연소실 내의 혼합기는 희박하다.

07 기동전동기에서 오버런닝 클러치의 종류에 해당되지 않는 것은?

① 롤러식   ② 스프래그식
③ 전기자식   ④ 다판 클러치식

> **해설** 오버런닝 클러치의 종류에는 롤러식, 스프래그식, 다판 클러치식 등이 있다.

08 디스크 브레이크와 비교해 드럼 브레이크의 드럼 브레이크의 특성으로 맞는 것은?

① 페이드 현상이 잘 일어나지 않는다.
② 구조가 간단하다.
③ 브레이크의 편제동 현상이 적다.
④ 자기작동 효과가 크다.

> **해설** 드럼 브레이크는 디스크 브레이크에 비해 자기작동 효과가 큰 장점이 있다.

09 전자제어식 자동변속기 제어에 사용되는 센서가 아닌 것은?

① 차고센서
② 유온센서
③ 입력축 속도센서
④ 스로틀 포지션 센서

> **해설** TCU로 입력되는 신호에는 스로틀 포지션 센서, 기관 회전수, 인히비터 스위치, 펄스 제너레이터 A & B(입력 및 출력축 속도센서), 수온센서, 유온센서, 가속스위치, 오버드라이브 스위치, 킥다운 서보 스위치, 차속센서 등이 있다.

10 자동변속기에서 오일라인압력을 근원으로 하여 오일라인압력보다 낮은 일정한 압력을 만들기 위한 밸브는?

① 체크밸브
② 거버너 밸브
③ 매뉴얼 밸브
④ 리듀싱 밸브

> **해설** 리듀싱 밸브는 오일라인압력을 근원으로 하여 오일라인압력보다 낮은 일정한 압력을 형성한다.

정답 05.③ 06.② 07.③ 08.④ 09.① 10.④

11 수동변속기에서 기어변속 시 기어의 이 중물림을 방지하기 위한 장치는?

① 파킹 볼 장치
② 인터록 장치
③ 오버드라이브 장치
④ 록킹 볼 장치

> **해설** 변속기 기어의 이중물림을 방지하는 장치는 인터록 장치이다.

12 공기량 계측방식 중에서 발열체와 공기 사이의 열전달 현상을 이용한 방식은?

① 열선식 질량유량 계량방식
② 베인식 체적유량 계량방식
③ 칼만와류 방식
④ 맵 센서방식

> **해설** 열선식 질량유량 계량방식은 발열체와 공기 사이의 열전달 현상을 이용한다.

13 피스톤 링의 주요기능이 아닌 것은?

① 기밀작용
② 감마작용
③ 열전도 작용
④ 오일제어 작용

> **해설** 피스톤 링의 3가지 작용은 기밀유지 작용(밀봉작용), 오일제어 작용, 열전도 작용(냉각작용) 이다.

14 일반적으로 에어백(air bag)에 가장 많이 사용되는 가스는?

① 수소
② 이산화탄소
③ 질소
④ 산소

> **해설** 에어백에 사용되는 가스는 질소가스이다.

15 연료파이프나 연료펌프에서 가솔린이 증 발해서 일으키는 현상은?

① 엔진 록
② 연료 록
③ 베이퍼 록
④ 앤티 록

> **해설** 베이퍼 록(증기폐쇄)이란 액체가 흐르는 연 료펌프나 파이프의 일부가 열을 받으면 파이프 내의 액체가 비등하여 증기가 발생하며, 이 증기 가 액체의 유동을 방해하는 현상이다.

16 자동차 기관이 과열된 상태에서 냉각수 를 보충할 때 적합한 것은?

① 시동을 *끄고* 즉시 보충한다.
② 시동을 *끄고* 냉각시킨 후 보충한 다.
③ 기관을 가감속하면서 보충한다.
④ 주행하면서 조금씩 보충한다.

> **해설** 냉각장치의 비점을 높이기 위해 압력 캡을 사용하게 된다. 때문에 고온의 냉각수가 높은 압 력을 받으며 순환하기 때문에 과열상태에서 바 로 보충하면 화상에 노출될 수 있다.

17 피스톤 간극이 크면 나타나는 현상이 아 닌 것은?

① 블로바이가 발생한다.
② 압축압력이 상승한다.
③ 피스톤 슬랩이 발생한다.
④ 기관의 기동이 어려워진다.

> **해설** 피스톤 간극이 크면
> ① 피스톤 슬랩(piston slap)현상이 발생된다.
> ② 압축압력이 저하된다.
> ③ 기관오일이 연소실로 올라온다.
> ④ 블로바이가 일어난다.
> ⑤ 기관오일이 연료로 희석된다.
> ⑥ 기관의 출력이 낮아진다.
> ⑦ 백색 배기가스가 발생한다.

정답   **11.**②   **12.**①   **13.**②   **14.**③   **15.**③   **16.**②   **17.**②

18 동력전달 장치에서 차동기어 장치의 원리는?

① 후크의 법칙
② 파스칼의 원리
③ 랙과 피니언의 원리
④ 에너지 불변의 원칙

해설 랙과 피니언의 원리로 선회 시 양쪽 각 바퀴의 회전수 차이를 보상해 준다.

19 가솔린을 완전 연소시키면 발생되는 화합물은?

① 이산화탄소와 아황산
② 이산화탄소와 물
③ 일산화탄소와 이산화탄소
④ 일산화탄소와 물

해설 가솔린을 완전 연소시키면 이산화탄소와 물이 발생된다.

20 다음은 점화플러그에 대한 설명이다. 틀린 것은?

① 전극 앞부분의 온도가 950℃ 이상 되면 자연 발화될 수 있다.
② 전극부의 온도가 450℃ 이하가 되면 실화가 발생한다.
③ 점화플러그의 열 방출이 가장 큰 부분은 단자 부분이다.
④ 전극의 온도가 400~600℃인 경우 전극은 자기청정 작용을 한다.

해설 점화플러그에서 열방출이 가장 큰 부분은 나사부(실린더 헤드로 81%전도)이다.

정답 ▶ **18.**③ **19.**② **20.**③

01 기관의 회전수가 3500rpm, 제2속의 감속비 1.5, 최종감속비 4.8, 바퀴의 반경이 0.3m일 때 차속은?(단, 바퀴의 지면과 미끄럼은 무시한다.)

① 약 35km/h   ② 약 45km/h
③ 약 55km/h   ④ 약 65km/h

> **해설** $V = \pi D \times \dfrac{En}{Rt \times Rf} \times \dfrac{60}{1000}$
>
> V : 주행속도(km/h), D : 바퀴지름,
> En : 기관 회전수, Rt : 변속비, Rf : 최종감속비
>
> $\therefore \ 3.14 \times 0.3 \times 2 \times \dfrac{3500}{1.5 \times 4.8} \times \dfrac{60}{1000}$
>
> $= 54.95 \text{km/h}$

02 전자제어 현가장치의 입력센서가 아닌 것은?

① 차속센서
② 조향 휠 각속도센서
③ 차고센서
④ 임펙트 센서

> **해설** ECS의 입력센서 : 차고센서, 조향 휠 각속도 센서, G(중력 가속도)센서, 인히비터 스위치, 차속센서, 스로틀 위치센서, 고압 및 저압스위치, 뒤 압력센서, 모드선택 스위치, 전조등 릴레이, 도어 스위치, 제동등 스위치, 공전스위치

03 액슬축의 지지방식이 아닌 것은?

① 반부동식   ② 3/4 부동식
③ 고정식   ④ 전부동식

> **해설** 액슬축(차축)의 지지방식에는 3/4 부동식, 반부동식, 전부동식 등이 있다.

04 앞바퀴 정렬 요소 중 조향핸들의 복원성과 관련 있는 것들로만 묶인 것은?

① 킹핀경사각, 캐스터
② 캐스터, 캠버
③ 캠버, 토인
④ 토인, 킹핀경사각

> **해설** 조향축과 관련된 각이 조향핸들의 복원성에 영향을 준다.

05 자동변속기에서 토크컨버터 내의 록업 클러치(댐퍼 클러치)의 작동조건으로 거리가 먼 것은?

① "D"레인지에서 일정 차속(약 70 km/h 정도) 이상 일 때
② 냉각수 온도가 충분히(약 75℃ 정도) 올랐을 때
③ 브레이크 페달을 밟지 않을 때
④ 발진 및 후진 시

> **해설** 댐퍼 클러치가 작동하지 않는 경우
> ① 제1속 및 후진할 때
> ② 기관 브레이크가 작동할 때
> ③ 오일온도가 60℃이하일 때
> ④ 냉각수 온도가 50℃이하일 때
> ⑤ 제3속에서 제2속으로 시프트 다운될 때
> ⑥ 기관 회전속도가 800rpm이하일 때
> ⑦ 변속레버가 중립위치에 있을 때

정답 01.③   02.④   03.③   04.①   05.④

06 ABS의 구성품 중 휠 스피드 센서의 역할은?

① 바퀴의 록(lock) 상태 감지
② 차량의 과속을 억제
③ 브레이크 유압 조정
④ 라이닝의 마찰 상태 감지

> **해설** 휠 스피드 센서의 작용은 바퀴의 회전속도를 톤휠과 센서의 자력선 변화로 감지하여 이를 전기적 신호(교류 펄스)로 바꾸어 ABS ECU로 보내면, ABS ECU는 바퀴가 록(lock, 잠김)되는 것을 검출한다.

07 전자식 기관제어 장치의 구성에 해당하지 않는 것은?

① 연료 분사 제어
② 배기 재순환(EGR)
③ 공회전 제어(ISC)
④ 전자식 제동 제어장치(ABS)

> **해설** ABS는 브레이크에 적용된 전자제어장치이다.

08 우수식 크랭크축을 사용하는 6기통 가솔린엔진의 점화 순서가 1-5-3-6-2-4 이다. 3 실린더가 동력행정을 시작하려는 순간 5번 실린더는 어떤 행정을 하는가?

① 동력행정
② 배기행정
③ 압축행정
④ 흡기행정

> **해설**

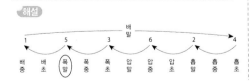

09 디젤기관의 연료분사 장치에서 연료의 분사량을 조절하는 것은?

① 연료 여과기
② 연료 분사노즐
③ 연료 분사펌프
④ 연료 공급펌프

> **해설** 디젤기관의 연료분사량은 분사펌프에 설치된 조속기로 한다.

10 LPG차량에서 연료를 충전하기 위한 고압용기는?

① 봄베
② 베이퍼라이저
③ 슬로우 컷 솔레노이드
④ 연료 유니온

> **해설** 봄베는 LPG 저장 탱크이며, 유지압력은 7~10bar 정도이며 80%이상 과충전을 방지하기 위해 과충전 방지 밸브가 있다.

11 연소실 체적이 40cc 이고, 총배기량이 1280cc인 4기통 기관의 압축비는?

① 6 : 1 ② 9 : 1
③ 18 : 1 ④ 33 : 1

> **해설** ① 배기량$(Vs) = \dfrac{1280}{4} = 320$
>
> ② $\epsilon = \dfrac{Vc + Vs}{Vc}$
>
> ε : 압축비, Vs : 실린더 배기량(행정체적),
> Vc : 연소실 체적
>
> $\therefore \dfrac{40 + 320}{40} = 9$

12 자동차 엔진오일 점검 및 교환방법으로 적합한 것은?

① 환경오염방지를 위해 오일은 최대한 교환 시기를 늦춘다.
② 가급적 고점도의 오일로 교환한다.
③ 오일을 완전히 배출하기 위하여 시동 걸기 전에 교환한다.
④ 오일 교환 후 기관을 시동하여 충분히 엔진 윤활부에 윤활한 후 시동을 끄고 오일량을 점검한다.

> **해설** 윤활부 및 새로 교환된 오일 여과기 등에 충분히 오일이 공급되고 난 후 오일량을 점검하는 것이 정확한 점검 방법이다.

13 배터리 취급 시 틀린 것은?

① 전해액량은 극판 위 10~13mm 정도 되도록 보충한다.
② 연속 대전류로 방전되는 것은 금지해야 한다.
③ 전해액을 만들어 사용 시는 고무 또는 납그릇을 사용하되, 황산에 증류수를 조금씩 첨가하면서 혼합한다.
④ 배터리 단자부 및 케이스 면은 소다수로 세척한다.

> **해설** 전해액을 만들 때에는 절연체 그릇을 사용하여야 하며, 증류수에 황산을 조금씩 첨가하면서 혼합한다.

14 배출가스 저감장치 중 삼원촉매(Catalytic Convertor)장치를 사용하여 저감시킬 수 있는 유해가스의 종류는?

① CO, HC, 흑연

② CO, NOx 흑연
③ NOx, HC, SO
④ CO, HC, NOx

> **해설** 삼원촉매장치는 배기가스 중의 CO, HC, NOx를 N_2, H_2O, CO_2 등으로 산화 또는 환원시킨다.

15 LPG 기관에서 액상 또는 기상 솔레노이드 밸브의 작동을 결정하기 위한 엔진 ECU의 입력요소는?

① 흡기관 부압   ② 냉각수 온도
③ 엔진 회전수   ④ 배터리 전압

> **해설** 액상 또는 기상 솔레노이드 밸브는 LPG 기관에서 냉각수 온도신호에 따라 기체 또는 액체의 연료를 차단하거나 공급한다.

16 전자제어 점화장치에서 점화시기를 제어하는 순서는?

① 각종 센서 → ECU → 파워 트랜지스터 → 점화코일
② 각종 센서 → ECU → 점화코일 → 파워 트랜지스터
③ 파워 트랜지스터 → 점화코일 → ECU → 각종 센서
④ 파워 트랜지스터 → ECU → 각종 센서 → 점화코일

> **해설** 점화시기 제어순서는 각종 센서 → ECU → 파워 트랜지스터 → 점화코일이다.

17 IC 조정기를 사용하는 발전기 내부 부품 중 사용하지 않는 것은?

① 다이리스터   ② 제너 다이오드
③ 트랜지스터   ④ 다이오드

정답 ▶ 12.④ 13.③ 14.④ 15.② 16.① 17.①

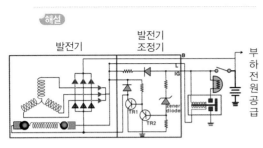

그림 교류 발전 조정기

18 축전지를 과 방전 상태로 오래두면 사용하지 못하게 되는 이유는?

① 극판에 수소가 형성된다.
② 극판이 산화납이 되기 때문이다.
③ 극판이 영구 황산납이 되기 때문이다.
④ 황산이 증류수가 되기 때문이다.

해설 축선지를 과방전 상태로 오래 두면 못쓰게 되는 이유는 극판이 영구 황산납(유화, 설페이션)이 되기 때문이며, 비중이 1.200(20℃) 정도가 되면 보충전을 하고, 보관 시에는 15일에 1번씩 보충전을 한다.

19 추진축의 자재이음은 어떤 변화를 가능하게 하는가?

① 축의 길이
② 회전속도
③ 회전축의 각도
④ 회전토크

해설 자재이음은 동력전달 각도의 변화를 가능하게 한다.

20 전자제어 현가장치(ECS)에서 급가속 시의 차고제어로 맞는 것은?

① 앤티 롤 제어
② 앤티 다이브 제어
③ 스카이훅 제어
④ 앤티 스쿼트 제어

해설 급가속 시 앞이 들리게 되는 노스업(스쿼트) 현상이 일어난다.

정답 **18.**③ **19.**③ **20.**④

모의고사

자동차구조원리

※ [난이도 상] 변별력 출제 예상문제

01 자동변속기의 장점이 아닌 것은?

① 기어변속 조작이 간단하고, 엔진 스톨이 없다.

② 구동력이 커서 등판발진이 쉽고, 등판능력이 크다.

③ 진동 및 충격흡수가 크다.

④ 가속성이 높고, 최고속도가 다소 낮다.

해설 자동변속기의 특징

① 기어변속이 편리하므로 기관 스톨(갑자기 정지해버리는 현상)이 없으므로 안전운전이 가능하다.

② 기관에서 생긴 진동이 바퀴로 전달되는 과정에서 흡수된다.

③ 과부하가 걸려도 기관에 직접 전달하지 않으므로 기관의 수명이 길다.

④ 발진, 가속, 감속이 원활하게 이루어져 승차감이 좋다.

⑤ 구동력이 크기 때문에 등판발진이 쉽고 최대 등판능력도 크다.

⑥ 유체에 의한 변속으로 충격이 적다.

⑦ 기관의 토크를 유체를 통해 전달되므로 연료 소비율이 증대한다.(연비가 불량하다.)

"④"선지의 최고속도가 다소 낮은 것은 단점에 해당한다.

02 자동차 후퇴등 등화의 중심점은 공차상태에서 지상 25센티미터 이상 몇 센티미터 이하의 높이에 설치하여야 하는가?

① 50 ② 75

③ 120 ④ 150

해설 제39조(후퇴등)

자동차(차량총중량 0.75톤 이하인 피견인자동차는 제외한다)의 뒷면에는 다음 각 호의 기준에 적합한 후퇴등을 설치하여야 한다.

1. 1개 또는 2개를 설치할 것. 다만, 길이가 600센티미터 이상인 자동차(승용자동차는 제외한다)에는 자동차 측면 좌·우에 각각 1개 또는 2개를 추가로 설치할 수 있다.

2. 등광색은 백색일 것

3. 후퇴등의 설치 및 광도기준은 별표 6의10에 적합할 것

[별표 6의10] 〈신설 2014.6.10〉

1. 후퇴등의 설치기준

가. 설치위치

1) 높이 : 후퇴등의 발광면은 공차상태에서 지상 250밀리미터 이상 1,200밀리미터 이내일 것

03 디젤기관에서 기계식 독립형 연료 분사 펌프의 분사시기 조정방법으로 맞는 것은?

① 거버너의 스프링을 조정

② 랙과 피니언으로 조정

③ 피니언과 슬리브로 조정

④ 펌프와 타이밍 기어의 커플링으로 조정

해설 독립형 분사펌프의 분사시기 조정은 펌프와 타이밍기어의 커플링으로 한다.

정답 01.④ 02.③ 03.④

04 자동변속기에서 스톨테스트의 요령 중 틀린 것은?

① 사이드 브레이크를 잠근 후 풋 브레이크를 밟고 전진기어를 넣고 실시한다.
② 사이드 브레이크를 잠근 후 풋 브레이크를 밟고 후진기어를 넣고 실시한다.
③ 바퀴에 추가로 버팀목을 받치고 실시한다.
④ 풋 브레이크는 놓고 사이드 브레이크만 당기고 실시한다.

> **해설** 스톨 테스트 방법
> ① 트랜스 액슬 오일온도가 정상 작동온도(70~80℃)로 된 후 실시한다.
> ② 바퀴에 버팀목을 받친다.
> ③ 시험 중 차량의 앞뒤에는 사람이 서 있지 않게 한다.
> ④ 사이드 브레이크를 잠근 후 풋 브레이크를 밟고 변속레버를 D또는 R위치에서 한다.
> ⑤ 변속레버를 "D" 또는 "R"위치에 놓고 최대 기관회전수로 결함부위를 판단한다.
> ⑥ 스톨 테스트할 때 가속페달을 밟는 시험시간은 5초 이내이어야 한다.

05 다음 중 현가장치에 사용되는 판스프링에서 스팬의 길이변화를 가능하게 하는 것은?

① 섀클   ② 스팬
③ 행거   ④ U 볼트

> **해설** 판스프링의 구조
> ① 닙(nip) : 스프링 양끝의 휘어진 부분이다.
> ② 스팬(span) : 스프링 아이(eye)와 아이 중심거리이다.
> ③ 섀클(shackle) : 스팬의 길이를 변화시키며, 차체에 스프링을 설치하는 부분이다.
> ④ 캠버(camber) : 스프링의 휨량이다.

06 수동변속기의 클러치의 역할 중 거리가 가장 먼 것은?

① 엔진과의 연결을 차단하는 일을 한다.
② 변속기로 전달되는 엔진의 토크를 필요에 따라 단속한다.
③ 관성운전 시 엔진과 변속기를 연결하여 연비향상을 도모한다.
④ 출발 시 엔진의 동력을 서서히 연결하는 일을 한다.

> **해설** 클러치의 역할
> ① 엔진과의 열결을 차단하는 일을 한다.
> ② 변속기로 전달되는 엔진의 토크를 필요에 따라 단속한다.
> ③ 관성운전을 할 때 엔진과 변속기의 연결을 차단한다.
> ④ 출발할 때 엔진의 동력을 서서히 연결하는 일을 한다.

07 다음 중 윤활유 첨가제가 아닌 것은?

① 부식 방지제
② 유동점 강하제
③ 극압 윤활제
④ 인화점 하강제

> **해설** • 인화 : 불을 끌어당기는 현상
> • 발화 : 불이 일어나기 시작
> • 착화 : 불이 붙는 것
> • 점화 : 불을 키는 것
> 발화, 착화, 점화는 거의 같은 용도로 사용되는 단어이고 인화는 불이 일어난 포인트가 작용점이 아니라 끌어당기는 부분이기 때문에 위의 3단어와는 차이가 난다.

정답 **04.**④ **05.**① **06.**③ **07.**④

08 스로틀 포지션 센서(TPS)의 설명 중 틀린 것은?

① 공기유량센서(AFS) 고장 시 TPS 신호에 의해 분사량을 결정한다.
② 자동 변속기에서는 변속시기를 결정해 주는 역할도 한다.
③ 검출하는 전압의 범위는 약 0(V)~12(V)까지이다.
④ 가변저항기이고 스로틀 밸브의 개도량을 검출한다.

해설 센서에서 출력되는 전압의 범위는 5V 이하이다.

09 다음 중 힘이나 압력을 받으면 기전력이 발생하는 반도체의 성질은 무엇인가?

① 펠티어 효과   ② 피에죠 효과
③ 제백 효과   ④ 홀 효과

해설
• 펠티어 효과 : 두 종류의 도체를 결합하고 전류를 흐르도록 할 때, 한 쪽의 접점은 발열하여 온도가 상승하고 다른 쪽의 접점에서는 흡열하여 온도가 낮아지는 현상
• 제백 효과 : 펠티어 효과의 반대 개념으로 이중의 금속을 연결하여 한쪽을 고온, 다른 쪽은 저온으로 했을 때 기전력이 발생하는 현상
• 홀 효과 : 전류를 직각방향으로 자계에 가했을 때 전류와 자계에 직각인 방향으로 기전력이 발생하는 현상.

10 지르코니아 산소센서의 주요 구성 물질은?

① 강 + 주석
② 백금 + 주석
③ 지르코니아 + 백금
④ 지르코니아 + 주석

해설 지르코니아 O₂센서(Zirconia λ-sensor) O₂ 센서는 고체 전해질의 지르코니아 소자(ZrO_2)의 양면에 백금 전극을 설치하고 이 전극을 보호하기 위하여 전극 외측을 세라믹으로 코팅하였다.

11 전자제어 분사장치에서 결함코드를 삭제하는 방법 중 틀린 것은?

① 배터리 터미널을 탈·부착한다.
② ECM 퓨즈를 분리한다.
③ 스캐너를 사용하여 제거한다.
④ 엔진을 정지시킨 후 시동을 한다.

해설 엔진이 정지 된 상태에서 배터리가 방전되지 않는 한 상시 전원이 공급된다.

12 다음에서 와이퍼 전동기의 자동 정위치 정지장치와 관계 되는 부품은?

① 전기자   ② 캠판
③ 브러시   ④ 계자철심

해설 복권 전동기 안에 캠판이 있어 캠의 홈 부분에 기준 위치와 일치하면 그 곳이 정위치가 되는 것이다.

13 LPI 차량에서 시동이 걸리지 않는다. 원인 중 거리가 가장 먼 것은?(단, 크랭킹은 가능하다.)

① 연료차단 솔레노이드 밸브 불량
② key-off시 인젝터에서 연료 누유
③ 연료 필터 막힘
④ 인히비터 스위치 불량

해설 인히비터 스위치 불량 시 기동전동기 ST 단자 쪽으로 배터리 전류가 흘러갈 수 없어 크랭킹도 되지 않는다.

정답 ▶ **08.**③　**09.**②　**10.**③　**11.**④　**12.**②　**13.**④

14 배전기의 1번 실린더 TDC센서 및 크랭크각 센서에 대한 설명이다. 옳지 않은 것은?

① 크랭크각 센서용 4개의 슬릿과 내측에 1번 실린더 TDC센서용 1개의 슬릿이 설치되어 있다.
② 2종류의 슬릿을 검출하기 때문에 발광 다이오드 2개와 포토다이오드 2개가 내장되어 있다.
③ 발광 다이오드에서 방출된 빛은 슬릿을 통하여 포토다이오드에 전달되며 전류는 포토다이오드의 순방향으로 흘러 비교기에 약 5V의 전압이 감지된다.
④ 배전기가 회전하여 디스크가 빛을 차단하면 비교기 단자는 '0' 볼트(V)가 된다.

> **해설** 옵티컬 타입의 센서를 말하는 것으로 포토다이오드에 빛이 들어오면 역방향으로 전류가 흐르게 된다.

15 속도계 기어의 설치 장소는?

① 변속기 1속 기어
② 변속기 부축
③ 변속기 출력축
④ 변속기 톱기어

> **해설** ABS 시스템이 상용화 되지 않았을 때 차속을 변속기 출력축의 감속기에 위치한 드리븐 기어에서 신호를 받아 계기판의 속도계로 사용하였다.

16 피스톤 스커트부의 모양의 분류에 속하지 않는 것은?

① 스플릿형
② T 슬롯형
③ 솔리드형
④ 히트 댐형

> **해설** 스플릿형에는 I,U,T 슬롯형이 있다. 기계적 강도가 높은 재질을 사용하여 통형으로 제작한 솔리드형이 있다. 히트댐은 분류에 속하지 않고 헤드에 받은 열이 스커트 부로 열전달 되는 것을 막아 준다.

17 크랭크각 센서가 설치될 수 있는 곳은?

① 연료 펌프
② 서지 탱크
③ 스로틀 보디
④ 배전기

> **해설** 옵티컬타입의 센서는 주로 배전기 내부에 설치된다. 인덕션타입(마그네틱 픽업코일)과 액티브타입(홀센서)은 크랭크과 캠축의 회전부에 설치되는 경우가 대부분이다.

18 자동차에서 축전지를 때어낼 때 작업 방법으로 가장 알맞은 것은?

① 접지 터미널을 먼저 푼다.
② 양 터미널을 함께 푼다.
③ 벤트 플러그를 열고 작업한다.
④ 절연되어 있는 케이블을 먼저 푼다.

> **해설** 자동차에서 배터리(축전지)를 떼어낼 때에는 항상 접지(-)를 먼저 풀고 나중에 조립한다. 이 방법이 단자 탈부착 시 불꽃이 가장 적게 일어나는 방법이다.

19 간접분사방식의 MPI(Multi Point Injection) 연료 분사장치에서 인젝터가 설치되는 곳은?

① 각 실린더 흡입밸브 전방
② 서지탱크(Surge tank)
③ 스로틀보디(Throttle body)
④ 연소실 중앙

해설 SPI 방식 : 스로틀 보디 주변 설치
GDI 방식 : 연소실 내부 설치

20 오토매틱 트랜스미션의 오일 온도 센서는 전기적인 신호로 오일온도를 T.C.U에 전달해주는 역할을 한다. 설치 목적은?

① 트랜스미션 오일의 온도에 따라 점도 특성변화를 참조하기 위함
② 트랜스미션 오일의 온도 상승에 따른 누유를 방지하기 위함
③ 트랜스미션 오일의 온도 상승에 따른 오염 작용을 방지하기 위함
④ 트랜스미션 오일의 교환 주기를 알려주기 위함

해설 점도에 따라 오일의 유성이 달라지기 때문에 상황에 따라 제어하는 압력을 다르게 할 필요성이 요구됨.

※ [난이도 상] 변별력 출제 예상문제

01 경광등 기준에 있어서 민방위 업무를 수행하는 기관에서 긴급예방 또는 복구를 위한 출동에 사용하는 자동차의 경광등의 등광색은?

① 적색
② 적색 또는 청색
③ 황색
④ 녹색

> 해설 제58조(경광등 및 싸이렌)
> • 군경, 소방 (적색 or 청색)
> • 민방위 업무, 전신, 전화, 전기, 가스, 도로관리 (황색)
> • 구급차 혈액 공급차량 (녹색)

02 가솔린 300㏄를 연소시키기 위해서는 몇 kgf의 공기가 필요한가? (단, 혼합비는 14 : 1, 가솔린비중 0.73이다.)

① 3.770 kgf
② 2.455 kgf
③ 2.555 kgf
④ 3.066 kgf

> 해설 $300cc = 0.3l$
> $0.3l \times 14 \times 0.73 = 3.066 \mathrm{kg_f}$

03 크랭크 케이스의 환기에 관한 설명 중 관계되지 않는 것은?

① 오일의 열화를 방지한다.
② 자연식과 강제식이 있다.
③ 대기의 오염 방지와 관계한다.
④ 송풍기를 두고 있다.

> 해설 블로바이 가스 제어장치에 관한 설명으로 ②번 보기에서 설명한 강제식은 흡입라인의 진공도를 이용한 것을 설명한 것이며 송풍기를 따로 두지는 않는다.

04 가솔린 기관에서 발생되는 질소산화물에 대한 특징을 설명한 것 중 틀린 것은?

① 혼합비가 농후하면 발생농도가 낮다.
② 점화시기가 빠르면 발생농도가 낮다.
③ 혼합비가 일정할 때 흡기다기관의 부압은 강한 편이 발생농도가 낮다.
④ 기관의 압축비가 낮은 편이 발생농도가 낮다.

> 해설 질소산화물은 혼합비가 농후할 때, 혼합비가 일정하고 흡기다기관의 부압은 강할 때, 기관의 압축비가 낮을 때 발생농도가 낮다. 점화시기가 빠르면 조기점화 때문에 노킹이 발생되고 연소실의 온도는 올라가게 된다.

정답 01.③ 02.④ 03.④ 04.②

05 자동 정속 주행 장치의 오토 크루즈 컨트롤 유니트(Auto cruise control unit)에 입력되는 신호가 아닌 것은?

① 클러치 스위치 신호
② 브레이크 스위치 신호
③ 크루즈 컨트롤 스위치 신호
④ 킥다운 스위치 신호

> 해설 브레이크나 클러치 스위치 신호가 들어오게 되면 정속 주행 장치를 해지하는 신호로 사용 할 것이고 크루즈 컨트롤의 작동여부를 결정짓는 운전자 의사를 반영한 스위치 신호도 필요한 것이다.

06 브레이크 파이프에 잔압이 없을 때 어디를 점검하는가?

① 브레이크 페달
② 마스터 실린더 1차 컵
③ 마스터 실린더 체크밸브
④ 푸시로드

> 해설 브레이크 내 잔압 유지는 위쪽의 체크밸브와 아래쪽의 슈의 리턴스프링이 그 역할을 수행한다.

07 전자제어 차량에서 배터리의 역할이 아닌 것은?

① 컴퓨터(ECU, ECM)를 작동시킬 수 있는 전원을 공급한다.
② 인젝터를 작동시키는 전원을 공급한다.
③ 연료 펌프를 작동시키는 전원을 공급한다.
④ P.C.V 밸브를 작동시키는 전원을 공급한다.

> 해설 P.C.V 밸브는 서지탱크의 진공압으로 작동되는 체크밸브이다.

08 자동변속기에서 리어 유성캐리어의 반시계방향 회전을 고정하는 클러치는?

① 원웨이 클러치
② 프론트 클러치
③ 리어 클러치
④ 엔드 클러치

> 해설 기동전동기의 오버러닝 클러치, 토크컨버터의 스테이터, 유성기어장치 등의 내부에 원웨이 클러치가 사용되어 한쪽 방향의 회전을 제한하는 기능을 한다.

09 실린더 배열에 의한 분류로 나누었을 때의 종류로 틀린 것은?

① 직렬형 엔진
② V형 엔진
③ 성형(방사형) 엔진
④ 수직 대향형 엔진

> 해설 엔진 높이를 낮고 편평하게 설계하여 주행 성능을 높인 수평 대향형 엔진이 있다.

10 클러치 압력판의 역할로 다음 중 가장 적당한 것은?

① 기관의 동력을 받아 속도를 조절한다.
② 제동거리를 짧게 한다.
③ 견인력을 증가시킨다.
④ 클러치판을 밀어서 플라이휠에 압착시키는 역할을 한다.

> 해설 압력판의 기구학적 위치를 생각하면 된다.

---

11 미끄럼제한 브레이크장치(ABS)의 구성품이 아닌 것은?

① 휠(wheel)속도센서
② 모듈레이터 유닛
③ 브레이크오일 압력센서
④ 어큐뮬레이터

해설 ③번의 브레이크 오일 압력센서는 ESP (VDC) 시스템이 작동 중을 때 운전자의 제동 의지를 알기 위해 부착되어진 센서이다. 이 문제는 ABS시스템에 관련된 문제이므로 ③이 답인 것이다.

12 자동차 연결장치는 길이방향으로 견인할 때 당해 자동차의 차량 중량이 3000 kgf일 경우 어느 정도 이상의 힘에 견딜 수 있어야 하는가?

① 1000kgf 이상
② 1500kgf 이상
③ 3000kgf 이상
④ 6000kgf 이상

해설 제20조(견인장치 및 연결장치)
① 자동차(피견인자동차를 제외한다)의 앞면 또는 뒷면에는 자동차의 길이방향으로 견인할 때에 해당 자동차 중량의 2분의 1 이상의 힘에 견딜 수 있고, 진동 및 충격 등에 의하여 분리되지 아니하는 구조의 견인장치를 갖추어야 한다.

13 자동차의 안개등에 대한 안전기준으로 틀린 것은?

① 뒷면 안개등의 등광색은 백색일 것
② 앞면의 안개등은 좌·우 각각 1개를 설치할 것
③ 앞면 안개등의 등광색은 백색 또는 황색으로 하고, 너비가 130cm 이

하인 초소형자동차에는 1개를 설치할 수 있다.
④ 뒷면에 안개등을 설치할 경우에는 2개 이하로 설치할 것

해설 제38조의2(안개등) ① 자동차(피견인자동차는 제외한다)의 앞면에 안개등을 설치할 경우에는 다음 각 호의 기준에 적합하게 설치하여야 한다. 〈개정 2018. 7. 11.〉
1. 좌·우에 각각 1개를 설치할 것. 다만, 너비가 130센티미터 이하인 초소형자동차에는 1개를 설치할 수 있다.
2. 등광색은 백색 또는 황색일 것
3. 앞면안개등의 설치 및 광도기준은 별표 6의6에 적합할 것. 다만, 초소형자동차는 별표 37의 기준을 적용할 수 있다.
② 자동차의 뒷면에 안개등을 설치할 경우에는 다음 각 호의 기준에 적합하게 설치하여야 한다. 〈개정 2018. 7. 11.〉
1. 2개 이하로 설치할 것
2. 등광색은 적색일 것
3. 뒷면안개등의 설지 및 광노기순은 별표 6의7에 적합할 것. 다만, 초소형자동차는 별표 38의 기준을 적용할 수 있다.

14 전자제어 연료분사장치 차량에서 시동이 안 걸리는 증세에 대한 원인들이다. 가장 거리가 먼 것은?

① 타이밍 벨트가 끊어짐
② 점화 1차코일의 단선
③ 연료펌프 배선의 단선
④ 차속센서 고장

해설 차속센서가 고장이 나면 ABS 시스템이 림홈(페일세이프)기능으로 전환되어 일반 브레이크를 사용할 수 있다.

정답 **11.**③ **12.**② **13.**① **14.**④

15 디젤기관의 연료 분사시기가 빠르면 어떤 결과가 일어나는가를 기술하였다. 틀린 것은?

① 노크를 일으키고, 노크음이 강하다.
② 배기가스가 흑색을 띤다.
③ 기관의 출력이 저하된다.
④ 분사압력이 증가한다.

> **해설** ① 분사시기가 빨라지면 연소실에 높은 압력이 유지되기 어려우므로 착화가 지연되게 된다.
> ② 불완전 연소로 배기가스가 흑색을 띄게 된다.
> ③ 엔진의 출력도 저하되게 된다.
> ④ 최고 압력이 되기 전에 분사하게 되므로 분사압력은 오히려 감소하게 된다.

16 수동변속기 차량에서 고속으로 기어 바꿈 할 때 충돌음이 발생하였다면 원인이 되는 것은?

① 바르지 못한 엔진과의 정렬
② 드라이브 기어의 마모
③ 싱크로나이저 링의 고장
④ 싱크로나이저 스프링의 장력 부족

> **해설** 수동변속기의 기어 바꿈 시 충돌음의 대부분은 싱크로 매시기구의 싱크로나이저 링의 마모 때문이다. 싱크로나이저 스프링의 장력이 부족할 경우 키가 밖으로 힘을 받지 못하여 기어가 잘 빠지는 원인이 된다.

17 다음 그림에서 전체 저항을 구하면?

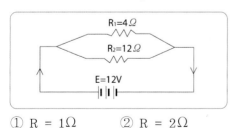

① R = 1Ω   ② R = 2Ω

③ R = 3Ω   ④ R = 4Ω

> **해설** $\dfrac{1}{\dfrac{1}{4}+\dfrac{1}{12}} = \dfrac{1}{\dfrac{3}{12}+\dfrac{1}{12}} = \dfrac{1}{\dfrac{4}{12}} = 3Ω$

18 일정한 어느 속도에서 차의 떨림이 앞바퀴로부터 올 때 무슨 조정을 해야 하는가?

① 휠 밸런스
② 앞바퀴 휠 얼라인먼트
③ 클러치 페달 유격
④ 종감속 기어의 백래시

> **해설** 일반적으로 타이어 교환 후 이런 증상이 간혹 발생된다. 이는 타이어를 휠에 조립하고 나서 휠 밸런스를 제대로 보지 않았을 경우일 가능성이 높다.

19 전자제어 현가장치가 제어하는 3가지 기능이 아닌 것은?

① 조향력   ② 스프링 상수
③ 감쇠력   ④ 차고 조정

> **해설** • 스프링 상수 2단계 : 소프트, 하드 /
> • 감쇠력 3단계 : 오토, 소프트, 하드 /
> • 차고 3단계 : 노말, 로우, 하이

20 전자제어 LPI 기관의 구성품이 아닌 것은?

① 베이퍼라이저
② 가스온도센서
③ 연료압력센서
④ 레귤레이터 유닛

> **해설** 베이퍼라이저는 LPG 기관의 구성품이다.
> 레귤레이터 유닛 → 연료압력조절기

정답 15.④ 16.③ 17.③ 18.① 19.① 20.①

※ [난이도 상] 변별력 출제 예상문제

01 직류발전기 계자코일에 과대한 전류가 흐르는 원인은?

① 계자코일의 단락
② 슬립링의 불량
③ 계자코일의 높은 저항
④ 계자코일의 단선

> 해설 코일에 단락이 생겼을 경우 짧은 구간의 저항에 많은 전류가 흐르게 된다.

02 다음 중 핸드브레이크의 휠 브레이크에서 양쪽 바퀴의 제동력을 같게 하는 기구는?

① 스트럿바   ② 래칫컬
③ 리턴스프링   ④ 이퀄라이저

> 해설 핸드 브레이크를 당겨서 뒤쪽의 두 바퀴에 제동력을 가하기 위해서는 하나의 와이어에 장력을 주었을 때 두 개의 와이어로 전달하는 장치가 필요하다. 이 때 사용하는 것이 이퀄라이저이다. 이름에서처럼 양쪽에 대등한 힘을 전달하는 장치라 생각하면 된다.

03 전자제어 디젤 기관의 인젝터 연료분사량 편차보정 기능(IQA)에 대한 설명 중 거리가 가장 먼 것은?

① 인젝터의 내구성 향상에 영향을 미친다.
② 강화되는 배기가스규제 대응에 용이하다.

③ 각 실린더별 분사 연료량의 편차를 줄여 엔진의 정숙성을 돕는다.
④ 각 실린더별 분사 연료량을 예측함으로써 최적의 분사량 제어가 가능하게 한다.

> 해설 IQA(Injector Quantity Adaptation)
> 인젝터간 연료 분사량 편차 보정 및 각 실린더의 인젝터 상호간 보정을 통하여 안정을 추구함. 인젝터 및 ECU 수리 및 교환 시 코딩을 반드시 해야 함. 코딩을 하지 않을 경우 냉간 시 부조 현상.

04 기관에 쓰이는 베어링의 크러시(Crush)에 대한 설명으로 틀린 것은?

① 크러시가 크면 조립할 때 베어링이 안쪽 면으로 변형되어 찌그러진다.
② 베어링에 공급된 오일을 베어링의 전 둘레에 순환하게 한다.
③ 크러시가 작으면 온도 변화에 의하여 헐겁게 되어 베어링이 유동한다.
④ 하우징보다 길게 제작된 베어링의 바깥 둘레와 하우징 둘레의 길이 차이를 크러시라 한다.

> 해설 ②은 오일홈의 역할을 설명한 것으로 크러시에 대한 설명이 아니다.
> ④의 크러시가 크면 베어링이 서로 맞물려 변형이 일어나게 된다. 반대로 너무 작게 되면 온도가 내려갔을 때 유격이 커져서 베어링이 유동 될 수 있다.

정답 ▶ **01.**① **02.**④ **03.**① **04.**②

05 전자제어기관 연료 분사장치에서 흡기 다기관의 진공도가 높을 때 연료 압력 조정기에 의해 조정되는 파이프라인의 연료 압력은?

① 일정하다.
② 높다.
③ 기준압력 보다 낮아진다.
④ 기준압력 보다 높아진다.

> **해설** 스로틀 밸브가 닫혀 있을 경우 즉, 운전자가 가속 페달을 많이 밟지 않았을 경우 흡기 다기관 이나 서지탱크 쪽의 진공도가 높아진다. 진공도가 높아 질 경우 연료압력 조정기 위쪽에 높은 진공도로 인하여 밸브가 열리게 되고 연료가 탱크 쪽으로 리턴 되는 양도 많아지게 된다. 리턴이 많이 되면 압력은 당연히 낮아지게 될 것이고 인 젝터 작동 시 연료 분사 압력은 높지가 않아 공전 시에 알맞은 연료가 분사되게 된다.

06 전자제어 제동장치 구성부품 중 컨트롤 유닛(E.C.U)이 하는 역할이 아닌 것은?

① 센서의 고장감지
② 유압기구의 제어
③ 각 센서의 정보입력
④ 바퀴를 고정

> **해설** ABS 시스템은 브레이크 작동 시 슬립률이 10~20%를 유지할 수 있도록 해제 및 작동을 반 복한다.

07 다음 중 저항에 관한 설명으로 맞는 것은?

① 저항이 0Ω이라는 것은 저항이 없는 것을 말한다.
② 저항이 ∞Ω이라는 것은 저항이 너무 적어 저항 테스터로 측정할 수 없는 값을 말한다.

③ 저항이 0Ω이라는 것은 나무와 같이 전류가 흐를 수 없는 부도체를 말한다.
④ 저항이 ∞Ω이라는 것은 전선과 같이 저항이 없는 도체를 말한다.

> **해설** ∞Ω은 저항이 너무 커서 테스트기로 측정할 때 측정전과 비교하여 테스터기 표시 창에 아무 런 변화가 없는 상태를 말한다. 0Ω은 저항이 없 는 상태로 전류가 흐를 때 아무런 저항이 없다는 뜻이다.

08 사다리꼴 조향기구(애커먼장토식)의 주요 기능은?

① 조향력을 증가시킨다.
② 좌우 차륜의 조향각을 다르게 한다.
③ 좌우 차륜의 위치를 나란하게 변화시킨다.
④ 캠버의 변화를 보상한다.

> **해설** 좌우 조향각을 다르게 하여(내측을 더 크게 함) 선회 시 저항이 크게 걸리지 않도록 하는데 그 목적이 있다.

09 기관 공회전 시 윤활유의 소비량이 증가 한다. 소비될 수 있는 원인이 아닌 곳은?

① 기계식 연료 펌프가 부착된 곳
② 타이밍 체인커버
③ 크랭크축 뒷부분의 오일시일
④ 오일레벨 스틱

> **해설** 오일레벨 스틱이 불량하더라도 고정되는 높 이가 높고 구멍이 작기 때문에 오일이 누유 되지 는 않는다.

10 댐퍼 클러치 제어와 관련 없는 것은?

① 스로틀 포지션 센서
② 펄스제너레이터-B
③ 오일온도 센서
④ 노크센서

> **해설** 댐퍼(락업)클러치는 토크가 필요로 하는 구간에서는 작동되지 않아야 한다.
> • TPS : 가속여부 확인
> • 펄스제너레이터-B : 펄스제너레이터-A와 비교 후 부하 여부 확인
> • 오일온도센서 : 냉간 시 엔진이 부하 받으므로 댐퍼클러치를 작동시키면 안되는 기준신호로 사용

11 농후한 혼합기가 기관에 미치는 영향이다. 틀린 것은?

① 출력 감소
② 불완전 연소
③ 기관의 냉각
④ 카본의 생성

> **해설** 농후한 혼합기는 연료입자가 굵어지게 되는 경향이 있어 한 번에 연소하기 어려워지게 되고 이는 출력의 감소, 불완전 연소 등에 영향을 끼치게 된다. 그리고 연소 이후 카본이 생성되는 주된 원인이 되기도 한다.

12 자동 변속기를 장착한 자동차가 출발할 때 덜커덩 거리는 원인 중 가장 영향을 주는 것은?

① 레귤레이터(Regulator) 압력스프링 작용 불량
② 오일펌프 불량
③ 압력조정 밸브 불량
④ 브레이크밴드 조정 불량

> **해설** • 레귤레이터 밸브 : 기계적인 밸브이다. 스프링 장력으로 토크 컨버터 내의 유압을 일정하게 만들어 준다.
> • 압력조정 밸브 : N → D 즉 변속시의 라인압력을 제어하는 밸브이다.
> ※ 문제에서는 변속시가 아니라 차량이 출발할 때라는 전제조건을 줬으므로 차량이 구동될 때 토크를 키워주는 토크 컨버터 문제라고 보는 것이 맞다.

13 ABS(Anti-lock Brake System) 경고등이 점등되는 조건이 아닌 것은?

① ABS 작동 시
② ABS 이상 시
③ 자기 진단 중
④ 휠 스피드 센서 불량 시

> **해설** VDC(ESP) 시스템이 작동 중에 경고등이 점등된다. ABS는 작동 중에 경고등이 점등되지 않는다.
> 자기 진단 중에는 경고등이 점등되는 주기로 고장코드를 파악할 수 있다.

14 MPI엔진의 연료압력 조절기 고장 시 엔진에 미치는 영향이 아닌 것은?

① 장시간 정차 후에 엔진시동이 잘 안 된다.
② 엔진연소에 영향을 미치지 않는다.
③ 엔진을 짧은 시간 정지 시킨 후 재시동이 잘 안 된다.
④ 연료소비율이 증가하고 CO 및 HC 배출이 증가한다.

> **해설** ①, ③ 열린 상태에서 고장 발생 시 연료가 계속 탱크로 리턴 되어 시동이 잘 되지 않을 수 있다.
> ④ 닫힌 상태에서 고장 발생 시 압력이 계속 높게 유지 되어 농후한 혼합기가 계속 공급된다.

정답 ▶ 10.④ 11.③ 12.① 13.① 14.②

15 전자제어 연료분사장치에 사용하는 베인식 에어플로미터(Air flow meter)의 구성부품이 아닌 것은?

① 흡기온 센서
② 포텐셔 미터
③ 댐핑 챔버
④ O_2 센서

해설

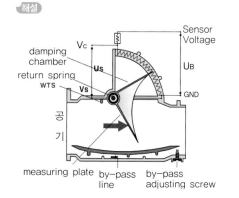

16 전자제어 연료분사장치의 구성 품 중 다이어프램 상하의 압력차에 비례하는 다이어프램 신호를 전압변화로 만들어 압력을 측정할 수 있는 센서는?

① 반도체 피에조(piezo) 저항형 센서
② 메탈코어형 센서
③ 가동벤식 센서
④ SAW식 센서

해설

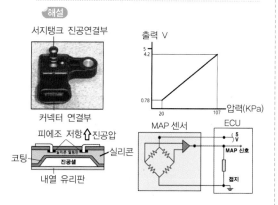

17 메스 에어 플로 센서(Mass air flow sensor)의 핫 와이어로 주로 사용되는 것은?

① 가는 백금선
② 가는 은선
③ 가는 구리선
④ 가는 알루미늄선

해설

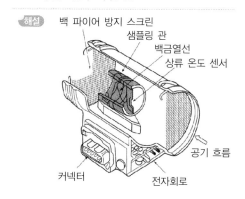

18 전자제어 현가장치(ECS)의 감쇠력 제어를 위해 입력되는 신호가 아닌 것은?

① G센서
② 스로틀 포지션센서
③ ECS 모드 선택 스위치
④ ECS 모드 표시등

해설 표시등 및 경고등은 액추에이터이다.

19 다음 중 디젤기관의 장점이 아닌 것은?

① 일산화탄소와 탄화수소 배출물이 적다.
② 제동 열효율이 높다.
③ 시동에 소요되는 동력이 크다.
④ 동급 배기량에 비해 출력이 높다.

해설 ③의 내용은 디젤기관의 단점에 해당된다.

20 도난방지장치에서 리모콘으로 록(Lock) 버튼을 눌렀을 때 문은 잠기지만 경계상태로 진입하지 못하는 현상이 발생한다면 그 원인으로 가장 거리가 먼 것은 무엇인가?

① 후드 스위치 불량
② 트렁크 스위치 불량
③ 파워윈도우 스위치 불량
④ 운전석 도어 스위치 불량

해설 도난을 방지하기 위해 입력 받는 신호를 고려하면 된다.

※ [난이도 상] 변별력 출제 예상문제

01 극판의 크기, 판의 수 및 황산 양에 의해서 결정되는 것은?

① 축전지의 용량
② 축전지의 전압
③ 축전지의 전류
④ 축전지의 전력

> **해설** 축전지의 용량은 극판의 크기(면적), 극판의 수, 전해액의 양에 따라 정해진다.

02 전자제어 현가장치(ECS)에서 차고조정이 정지되는 조건이 아닌 것은?

① 커브길 급회전 시
② 급가속 시
③ 고속 주행 시
④ 급정지 시

> **해설** 차고조정이 정지되는 조건이 아닌 것은 이란 말은 작동되는 조건을 의미한다.
> 고속 시에는 차고 조정을 낮게 하여 주행성능을 향상시킨다.

03 자동차 기관의 스플릿 피스톤 스커트부에 슬롯을 두는 이유는?

① 블로바이 가스를 저감시킨다.
② 실린더 벽에 오일을 분산시킨다.
③ 공급된 연료를 고루 분산시킨다.
④ 피스톤 헤드부의 높은 열이 스커트로 전도되는 것을 차단한다.

> **해설** 가로 홈(스커트부의 열전달 억제)과 세로 홈(전달에 의한 팽창 억제)을 둔 피스톤(I,U,T)

04 전자제어 디젤엔진의 연료장치 중에서 고압이송 단계에 속하는 것은?

① 플라이밍 펌프
② 연료 필터
③ 1차 연료펌프
④ 커먼레일

> **해설** 고압라인에 해당되는 부품은 2차 연료펌프, 커먼레일, 인젝터 등이 있다.

05 기관이 회전 중에 유압경고등 램프가 꺼지지 않은 원인이 아닌 것은?

① 기관 오일량의 부족
② 유압의 높음
③ 유압 스위치와 램프 사이 배선의 접지 단락
④ 유압 스위치 불량

> **해설** 유압이 전달되지 않거나 낮을 때 압력스위치 접점이 붙으면서 경고등이 들어오는 구조로 설계가 되어 있어 유압이 높을 때 경고등이 꺼지게 된다.

정답 01.① 02.③ 03.④ 04.④ 05.②

06 지르코니아 산소센서에 대한 설명 중 틀린 것은?

① 지르코니아 소자와 백금이 사용된다.
② 일정온도 이상이 되어야 전압이 발생한다.
③ 이론 혼합비에서 출력전압이 900 mV로 고정된다.
④ 배기가스 중의 산소농도와 대기중의 산소농도의 차이로 공연비를 검출한다.

해설 지르코니아 산소센서는 피드백 제어로 100~900mV를 주기로 전압을 발생시킨다. 450mV를 기준으로 주기가 일정 할 때가 이론 혼합비에 가까울 때이다.

07 크랭크축에 밴드 브레이크를 설치하고, 토크 암의 길이를 1m로 하여 측정하였더니 10kgf의 힘이 작용하였다. 1200 rpm일 때 이 기관의 제동출력은 몇 PS 인가?

① 32.5 ② 22.6
③ 16.7 ④ 8.4

해설 제동마력 $= \dfrac{2\pi TR}{75}$

$= \dfrac{2 \times 3.14 \times 10\text{kg} \times 1\text{m} \times 1200\text{rps}}{75 \times 60}$

$= \dfrac{1256}{75}\text{kg·m/s} = 16.7\text{PS}$

08 병렬형(Parallel) TMED(Transmission Mounted Electric Device)방식의 하이브리드 자동차의 HSG(Hybrid Starter Generator)에 대한 설명 중 틀린 것은?

① 엔진 시동 기능과 발전 기능을 수행한다.

② 감속 시 발생되는 운동에너지를 전기에너지로 전환하여 배터리를 충전한다.
③ EV 모드에서 HEV(Hybrid Electric Vehicle)모드로 전환 시 엔진을 시동한다.
④ 소프트 랜딩(Soft Landing)제어로 시동 ON 시 엔진 진동을 최소화하기 위해 엔진 회전수를 제어한다.

해설 소프트 랜딩 제어 : 시동 OFF시 엔진 진동을 최소화하기 위해 엔진 회전수를 제어한다.

09 동력조향장치(유압식)에서 조향휠을 한쪽으로 완전히 조작 시 엔진의 회전수가 500rpm 정도로 떨어지는 원인으로 가장 알맞은 것은?

① 파워 스티어링 펌프 구동 벨트 장력 이완
② 파워 스티어링 오일압력 스위치 접촉 불량
③ 파워 스티어링 오일의 점도 상승
④ 파워 스티어링 기어의 유격 과대

해설 공전 시 조향핸들을 회전시키면 순간적으로 엔진에 출력이 떨어지게 되는데 이를 보상하기 위한 장치가 오일압력 스위치이다.

10 전자제어 현가장치에서 차고센서의 감지방식으로 옳은 것은?

① G 센서 방식
② 가변 저항 방식
③ 칼만 와류 방식
④ 앤티 쉐이크 방식

해설 차고센서는 옵티컬 방식과 가변저항 방식이 대표적이다.

정답 **06.**③ **07.**③ **08.**④ **09.**② **10.**②

11 다음 중 브레이크 작동 시 페이드 현상이 가장 적은 것은?

① 서보 브레이크
② 넌 서보 브레이크
③ 디스크 브레이크
④ 2 리딩 슈 브레이크

해설 ①, ②, ④는 드럼브레이크의 종류이다.

12 2행정 기관에서 주로 사용되는 윤활방식은?

① 비산압력식
② 압력식
③ 분리윤활식
④ 비산식

해설 2행정 기관에서 사용되는 윤활방식은 혼합윤활과 분리윤활 이렇게 둘로 나눌 수 있다.
• 혼합윤활 : 윤활유를 연료에 혼합하여 사용하는 방식으로 연료는 공급되는 과정에 기화되어 연료로 사용되고 윤활유는 각 기계마찰 부에 공급되게 된다.

13 시동전동기 스위치의 풀인 코일에 대한 설명으로 옳은 것은?

① 풀인 코일은 전기자에 전원을 공급한다.
② 풀인 코일은 시동 시 플런저를 잡아당긴다.
③ 풀인 코일은 ST단자에서 감기 시작해서 차체에 접지된다.
④ 풀인 코일은 시동 시 플런저의 위치를 유지시킨다.

해설 풀인 코일은 ST단자와 M단자 사이에 직렬로 연결되어 있으며 힘이 좋아 플런저를 당기는 일을 한다. ③, ④는 홀드인 코일에 대한 설

명이다.

14 헤드라이트 등 등화 안전장치에서 퓨즈 대신에 회로차단기(Circuit breaker)를 사용하는 이유로 가장 적절한 것은?

① 회로의 순간적인 오류로부터 운전자가 위험에 처하는 것을 방지하기 위해
② 엔진부의 온도가 너무 높으면 회로가 끊어지도록 하기 위해
③ 전류에 의해 발생한 열을 내장된 컴퓨터로 측정하기 위해
④ 쉽게 리셋 할 수 있어 회로 검사를 할 필요가 없으므로

해설 회로차단기 : 과잉의 전류가 흘러 과열로 인한 전장품(電裝品)이 손상되는 것을 방지하기 위해 회로를 열어 차단하는 장치를 말한다.

15 냉각수 온도 센서(WTS)의 고장 시 발생될 수 있는 현상 중 틀린 것은?

① 냉간 시동 시 공전상태에서 엔진이 불안정하다.
② 냉각수 온도 상태에 따른 연료 분사량 보정을 할 수 없다.
③ 고장발생 시(단선) 온도를 150℃로 판정한다.
④ 엔진 시동 시 냉각수 온도에 따라 분사량 보정을 할 수 없다.

해설 냉간 시 상온으로 인지하여 고장이 난 경우 공전상태에서 연료량 부족으로 엔진의 회전이 불안정 하게 된다. 멜코 시스템의 경우 WTS 단선으로 인한 고장 시 −52℃로 고정하여 시스템 고장 시 추운 지역에서도 농후한 혼합비를 공급하여 시동이 꺼지지 않게 한다. 다만 상온에서는 연료 소비량이 늘어날 것이다.

정답 11.③ 12.③ 13.② 14.① 15.③

16 엔진이 난기가 되어도 출력이 증가되지 않는 원인 중 틀린 것은?

① 스로틀(밸브) 위치 센서의 오작동
② 산소 센서의 오작동
③ 연료 펌프의 오작동
④ 맵(MAP) 센서의 오작동

> **해설** 산소센서는 연료량 보정용 신호이다. 연료펌프와 맵 센서 오작동 시는 공전상태를 유지하기 힘들다.

17 현가장치에서 드가르봉식 쇽업소버의 설명으로 가장 거리가 먼 것은?

① 질소가스가 봉입되어 있다.
② 오일실과 가스실이 분리되어 있다.
③ 오일에 기포가 발생하여도 충격 감쇠효과가 저하하지 않는다.
④ 쇽업소버의 작동이 정지되면 질소가스가 팽창하여 프리 피스톤의 압력을 상승시켜 오일 챔버의 오일을 감압한다.

> **해설** 그림에서처럼 프리 피스톤의 압력이 상승되면 오일 챔버의 압력은 증압된다.

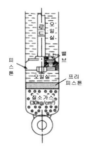

18 전자제어 자동변속기에서 클러치점(Clutch-point)이 0.8, 터빈축의 회전속도가 1600rpm일 때 기관의 회전속도는?

① 1000rpm   ② 2000rpm
③ 3000rpm   ④ 3500rpm

> **해설** 터빈의 회전이 1600rpm 일 때 80% 이므로 100%는 $80 : 1600 = 100 : x$ 이므로
> $x = 2000$rpm

19 기관의 상태에 따른 점화 요구전압, 점화시기, 배출가스에 대한 설명 중 틀린 것은?

① 질소산화물(NOx)은 점화시기를 진각 함에 따라 증가한다.
② 탄화수소(HC)는 점화시기를 진각 함에 따라 감소한다.
③ 연소실의 혼합비가 희박할수록 점화 요구 전압은 높아져야 한다.
④ 실린더 압축 압력이 높을수록 점화 요구 전압도 높아져야 한다.

> **해설**
>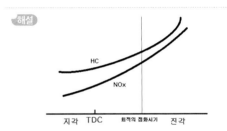

20 전자제어 파워스티어링 제어방식이 아닌 것은?

① 유량제어식
② 유압반력 제어식
③ 유온 반응 제어식
④ 실린더 바이패스 제어식

> **해설** 1) 유량제어방식(속도감응 제어방식) : 조향기어 박스의 유량을 조절하는 방식
> 2) 실린더 바이패스 제어방식 : 동력 실린더 바이패스 제어방식
> 3) 유압반력 방식 : 제어밸브에 유압을 제어하는 방식

모의고사

※ [난이도 상] 변별력 출제 예상문제

01 기관의 열효율을 측정하였더니 배기 및 복사에 의한 손실이 35%, 냉각수에 의한 손실이 35%, 기계 효율이 80%라면 제동 열효율은?

① 35% ② 30%

③ 28% ④ 24%

> 해설 제동열효율 = (100−35−35) × 기계효율

02 전자제어 제동장치(ABS)에 대한 설명으로 틀린 것은?

① 제동 시 차량의 스핀을 방지한다.
② 제동 시 조향안정성을 확보해 준다.
③ 선회 시 구동력 과다로 발생되는 슬립을 방지한다.
④ 노면 마찰계수가 가장 높은 슬립률 부근에서 작동된다.

> 해설 ③의 구동력(가속페달 작동 중)을 제어할 수 있는 장치는 구동력제어시스템(TCS)의 기능이다.

03 타이어의 높이가 180mm, 너비가 220mm인 타이어의 편평비는?

① 122 ② 82
③ 75   ④ 62

> 해설 편평비 = $\dfrac{타이어\ 높이}{타이어\ 폭} \times 100$

04 최근에 전조등으로 많이 사용되고 있는 크세논(Xenon)가스 방전등에 관한 설명이다. 틀린 것은?

① 전구의 가스 방전실에는 크세논 가스가 봉입되어 있다.
② 전원은 12,24V를 사용한다.
③ 크세논 가스등의 발광색은 황색이다.
④ 크세논 가스등은 기존의 전구에 비해 광도가 약 2배 정도이다.

> 해설 크세논 가스등의 특징은 다음과 같다.
> ① 발광색은 백색광원이다.
> ② 기동전압이 매우 높아 특별한 기동 장치가 필요하고 제작이 어렵다.
> ③ 가동시간을 요하지 않는다.
> ④ 휘도가 높고 발광부 면적이 작아 투광용 광원으로 적합하다.
> ⑤ 천연 주광색에 가깝다.

05 자동차 기능 종합 진단 시 자동변속기를 장착한 자동차의 스톨테스트(Stall test)를 하고자 한다. 그 목적은?

① 토크컨버터, 프런트 및 리어브레이크밴드, 리어클러치, 엔진 등의 성능을 알아보기 위한 시험
② 주행 중 클러치 및 변속기의 조작 상태를 알아보기 위한 시험
③ 출발시의 토크비를 알아보기 위한 시험
④ 펌프임펠러가 터빈 러너에 전달하는 회전력을 알아보기 위한 시험

ⓐ 라인 압력 저하
ⓑ 기관의 출력 성능
ⓒ 브레이크의 슬립
ⓓ 앞, 뒤 클러치의 슬립
ⓔ 오버 드라이브 클러치의 슬립
ⓕ 토크 컨버터의 일방향 클러치 작동

06 금속분말을 소결시킨 브레이크 라이닝으로 열전도성이 크며 몇 개의 조각으로 나누어 슈에 설치된 것은?

① 위븐 라이닝
② 메탈릭 라이닝
③ 몰드 라이닝
④ 세미 메탈릭 라이닝

해설 • **위븐 라이닝**(Weaving lining) : 위븐은 '짜서 만들다, 엮어 만들다' 라는 뜻으로 장 섬유의 석면을 황동, 납, 아연선 등을 심으로 하여 실을 만들어 짠 다음, 광물성 오일과 합성수지로 가공하여 성형한 것으로 유연하고 마찰계수가 크다.
• **몰드 라이닝**(Mould lining) : 몰드는 형판, 틀에 넣어 만든 것 금형의 뜻으로 단 섬유의 석면을 합성수지, 고무 등과의 결합제와 섞은 다음 고온·고압에서 성형한 후 다듬질한 것으로 내열·내마모성이 우수하다.
• **세미 메탈릭 라이닝** : 금속을 많이 첨가한 유기계(탄소가 포함된 유기물질 소재) 마찰재이다.

07 공기 브레이크에 해당하지 않는 부품은?

① 릴레이 밸브
② 브레이크 밸브
③ 브레이크 챔버
④ 하이드로 에어백

해설 하이드로 에어백은 유압 브레이크 제동압력을 증가시키기 위해 대기압과 공기의 압축압력을 이용한 것이다.

08 과급기에서 공기의 속도 에너지를 압력 에너지로 바꾸는 장치는?

① 디플렉터(Deflecter)
② 터빈(Turbine)
③ 디퓨저(Defuser)
④ 루트 슈퍼 차져

해설 디퓨저 : 확산시키는 장치라는 뜻으로 유체의 유로를 넓혀서 흐름을 느리게 하여 유체의 운동에너지를 저압의 압력에너지로 바꾸는 장치로 터보차져의 외주에 부착한 장치를 말한다.

09 링 1개의 마찰력이 0.25kgf인 경우 4기통 기관에서 피스톤 1개당 링의 수가 4개 일 때 마찰손실 마력은? (단, 피스톤의 평균속도는 12m/sec)

① 0.64 ps ② 0.8 ps
③ 1 ps ④ 1.2 ps

해설 손실마력 $= \dfrac{F \times V}{75}$

$= \dfrac{0.25\text{kg} \times 4 \times 4 \times 12\text{m/sec}}{75}$

$= 0.64PS$

10 자동 변속기가 변속이 이루어질 때 변속 충격을 흡수하는 작용을 하는 것은?

① 오일 펌프
② 밸브 보디
③ 거버너
④ 어큐뮬레이터

해설 유압이 갑자기 흘러갈 때 충격을 완화시켜주는 장치로 ABS 모듈레이터 안에도 저압과 고압 어큐뮬레이터가 있다.

11 브레이크를 밟았을 때 하이드로백 내의 작동이다. 틀린 것은?

① 공기 밸브는 닫힌다.
② 진공 밸브는 닫힌다.
③ 동력 피스톤이 마스터 실린더 쪽으로 움직인다.
④ 하이드로백 내의 동력 피스톤과 마스터 실린더 쪽 사이는 진공상태이다.

> **해설** 브레이크 페달을 밟았을 때 공기 밸브는 공기밸브는 열리고 진공밸브는 닫힌다.
> 브레이크 페달을 놓았을 때 공기 밸브는 닫히고 진공밸브는 열리게 된다.

12 변속기에서 주행 중 기어가 빠졌다. 그 고장원인 중 직접적으로 영향을 미치지 않는 것은?

① 록킹볼의 마모 및 스프링 절손
② 각 기어의 지나친 마모
③ 오일의 부족 또는 변질
④ 싱크로나이저 키의 마모

> **해설** 오일이 부족하거나 변질 되었다면 기어가 잘 들어가지 않고 소음이 커질 것이다.

13 디젤 엔진의 예열장치에서 연소실내의 압축 공기를 직접 예열하게 되는 형식을 무엇이라 하는가?

① 흡기 가열식
② 흡기 히터식
③ 예열 플러그식
④ 히터 레인지식

> **해설** 복실식인 예연소실과 와류실에 사용되는 예열 플러그로 냉간 시 원활한 시동을 돕는다.

14 전자제어 가솔린기관에서 공연비 피드백 제어의 작동 조건을 설명한 것으로 거리가 먼 것은?

① 주행 중 급가속 시
② 산소 센서가 활성화 온도 이상일 때
③ 냉각수 온도가 일정 온도 이상일 때
④ 스로틀 포지션 센서의 아이들 접점이 ON 시

> **해설** 급가속 시에는 농후한 혼합비가 요구되므로 피드백제어를 하면 안 된다.

15 속업쇼버가 설치된 스트럿과 컨트롤 암이 조향너클과 일체로 연결되어있는 현가장치의 형식은?

① 맥퍼슨형
② 트레일링암형
③ 위시본형
④ SLA형

> **해설**

스트럿
너클
로워암

---

16 토크 컨버터에서 스톨 포인트에 대한 설명이 아닌 것은?

① 속도비가 "0"인 점이다.
② 펌프는 회전하나 터빈이 회전하지 않는 점이다.
③ 스톨 포인트에서 토크비가 최대가 된다.
④ 스톨 포인트에서 효율이 최대가 된다.

> **해설** 토크컨버터의 성능곡선도에서 확인 할 수 있는 내용으로 스톨 포인트란 펌프의 회전은 있지만 터빈은 돌지 않는 상황을 설명한 것이고 터빈의 회전수가 점차 올라감에 따라 속도비가 1까지 증가하게 된다. 속도비가 1에서 기계효율이 가장 좋으며 펌프의 회전수와 터빈의 회전수가 같을 때이다.

17 장기 주차 시 차량의 하중에 의해 타이어에 변형이 발생하고, 차량이 다시 주행하게 될 때 정상적으로 복원되지 않는 현상은?

① 히스테리시스 현상
② 히트 세퍼레이션 현상
③ 런 플랫 현상
④ 플랫 스팟 현상

> **해설** • 히트 세퍼레이션 현상 : 타이어의 고열에 의해 트레드 층과 카커스 층이 분리되는 현상
> • 렌 플랫 : 사이드 월에 철심이 있어 펑크 시 급격하게 바람이 빠지지 않게 설계된 타이어를 말함

18 조향기어의 종류에 해당하지 않는 것은?

① 토르센형
② 볼 너트형
③ 웜 섹터 롤러형
④ 랙 피니언형

> **해설** • 토르센형 : LSD의 종류로 응답성이 좋은 토크 비례형 장치로 웜기어와 스퍼기어를 이용한다.
> 토크 센싱형의 변형된 어원이다.

19 차축의 형식 중 구동 차축의 스프링 아래 질량이 커지는 것을 피하기 위해 종감속기어와 차동장치를 액슬 축으로부터 분리하여 차체에 고정한 형식은?

① 3/4 부동식(Three quarter floating axle type)
② 반부동식(Half floating axle type)
③ 벤조식(Banjo axle type)
④ 데 디온식(De dion axle type)

> **해설** 데 디온식 : 종감속장치를 차체에 고정하여 스프링 아래 질량을 감소한 방식으로 슬립이음이 필요하다.

20 유해 배기가스가 과도하게 배출되는 원인으로 가장 거리가 먼 것은?

① 산소 센서 불량
② 유온 센서 불량
③ 냉각수온 센서 불량
④ 스로틀위치 센서 불량

> **해설** 유온센서는 자동변속기 오일의 온도를 측정하여 TCU에 정보를 입력하여 댐퍼클러치의 작동유무를 결정하기 위한 신호로도 사용된다.

정답 **16.**④ **17.**④ **18.**① **19.**④ **20.**②

자 동 차 구 조 원 리
9 급 공 무 원

03

2017~2019년 시행

기출문제

01 다음 중 브레이크 페달 자유간극이 크게 되는 원인이 아닌 것은?

① 푸시로드를 짧게 조정했을 시
② 페달링크 기구 접촉부 마모 시
③ 브레이크 드럼과 라이닝의 마모 시
④ 마스터 실린더 리턴 포트의 막힘 시

02 주행 시 핸들의 쏠림 원인으로 거리가 먼 것은?

① 타이어 공기압력이 균일하지 못할 때
② 허브베어링이 마모 되었을 때
③ 현가장치의 작동이 불량할 때
④ 조향 링키지가 헐거울 때

03 축전지 점화장치에서 점화순서를 나열한 것이다. 다음 보기의 빈칸에 들어갈 내용을 바르게
정리한 것은?

축전지 → (　　　　) → (　　　　) → (　　　　) → (　　　　)
㉠ : 배전기　　　㉡ : 점화스위치　　　㉢ : 점화플러그　　　㉣ : 점화코일

① ㉠ → ㉡ → ㉣ → ㉢
② ㉡ → ㉢ → ㉣ → ㉠
③ ㉡ → ㉣ → ㉠ → ㉢
④ ㉢ → ㉡ → ㉣ → ㉠

04 다음 중 피스톤의 구비 조건으로 거리가 먼 것은?
① 열전도성이 낮을 것
② 커넥팅 로드와 피스톤의 중량차가 작을 것
③ 열팽창 계수가 작을 것
④ 기밀유지가 용이하고 관성력이 작을 것

정답 　01. ③　02. ④　03. ③　04. ①

05 타이어 공기압이 규정압력보다 높을 때의 영향으로 거리가 먼 것은?

① 연료소비량이 증가한다.
② 타이어 트레드의 중심부 마모가 촉진된다.
③ 조향핸들이 가벼워진다.
④ 주행 중 충격의 증가로 승차감이 저하된다.

06 다음 중 가솔린 기관에서 노크의 발생 원인으로 거리가 먼 것은?

① 압축비가 증가했을 때   ② 화염전파거리가 길 때
③ 연료에 이물질이 포함되어 있을 때   ④ 흡기온도가 낮을 때

07 양호한 콘크리트 도로를 시속 60km의 속도로 주행 할 때 구름저항은 얼마인가? (단, 차량 총중량 : 2,000kg, 구름저항계수 : 0.015)

① 20kg   ② 30kg   ③ 40kg   ④ 50kg

08 다음 중 윤활유의 역할이 아닌 것은?

① 오일 막을 형성하여 금속 표면의 내부 부식과 녹을 방지한다.
② 금속 표면으로 외부의 공기나 수분이 침투하는 것을 막아 방청을 한다.
③ 엔진이 작동할 때 각 부에서 발생되는 열을 흡수하여 온도를 유지한다.
④ 마찰로 인해 발생한 열을 다른 곳으로 방열하여 냉각시키는 일을 한다.

09 엔진의 정상 연소 시 실린더 벽의 온도로 적절한 것은?

① 60℃   ② 80℃   ③ 100℃   ④ 120℃

10 다음 중 가솔린과 비교 시 디젤의 장점이 아닌 것은?

① 진동이 적고 운전이 정숙하다.
② 인화점이 높아서 화재의 위험이 적다.
③ 토크변동이 적어 운전이 용이하다.
④ CO, HC의 배출량이 적다.

정답   **05.** ①   **06.** ④   **07.** ②   **08.** ③   **09.** ④   **10.** ①

11 다음 중 자동차 제원의 정의가 잘못 설명된 것은?

① 윤거 : 차체 좌우 중심선 사이의 거리
② 전장 : 자동차의 제일 앞쪽 끝에서 뒤쪽 끝까지의 최대 길이
③ 전고 : 접지면으로부터 자동차의 최고부까지의 높이
④ 축거 : 앞차축의 중심에서 뒷차축의 중심간의 수평거리

12 다음 중 EFI(Electronic Fuel Injection System) 전자제어분사장치의 주요 특징으로 잘 못 설명된 것은?

① 배기가스 배출량 저감
② 냉간 시 시동성능 향상
③ 조향능력 향상
④ 흡기효율 향상

13 ABS의 셀렉트 로우(Select low) 제어 방식이란 무엇인가?

① 제동압력을 독립적으로 제어하는 방식
② 좌우 차륜의 속도를 비교하여 속도가 느린 차륜 쪽의 유압을 제어하는 방식
③ 좌우 차륜의 감속도를 비교하여 먼저 슬립이 발생되는 차륜에 맞추어 유압을 동시 에 제어하는 방식
④ 좌우 차륜의 속도를 비교하여 속도가 빠른 차륜은 제동하고 속도가 느린 차륜은 공 전시키는 방식

14 LPG 자동차의 연료 공급 순서를 바르게 나열한 것을 보기에서 고르시오.

㉠ 전자판   ㉡ 혼합기   ㉢ 조정기   ㉣ 여과기

① ㉣ – ㉢ – ㉡ – ㉠
② ㉠ – ㉣ – ㉢ – ㉡
③ ㉠ – ㉢ – ㉣ – ㉡
④ ㉢ – ㉡ – ㉠ – ㉣

15 하이브리드 자동차의 시스템에서 기관과 변속기가 직접 연결되어 바퀴를 구동시키는 방식으로 발전기가 필요하지 않는 방식은?

① 직렬형
② 병렬형
③ 직·병렬형
④ 엑티브 에코 드라이브 시스템

16 다음 중 최종감속기어 장치에 대한 설명으로 틀린 것은?

① 추진축의 회전력을 수직으로 바꾸어 뒤차축에 전달해 준다.
② 엔진으로부터 받은 동력을 최종적으로 감속시켜 회전력을 증대시킨다.
③ 스파이럴 베벨기어는 추진축의 높이를 낮출 수 있어 자동차의 중심이 낮아져 안전성이 증대 된다.
④ 하이포이드 기어는 구동 피니언의 중심을 링기어 중심보다 아래로 낮출 수 있다.

01 조향장치의 최소회전반경에 대한 설명으로 틀린 것은?

① 자동차가 직진 위치에 있을 때 앞차축과 스티어링 너클 암, 타이로드가 사다리꼴 형성을 한다.

② 선회 시 바깥쪽 바퀴의 조향각이 안쪽 바퀴의 조향각 보다 작으며 최소회전반경을 구할 때는 바깥쪽 바퀴의 조향각이 필요하다.

③ 좌우 조향차륜의 스핀들 연장선은 항상 후 차축 연장선의 한 점에서 만난다.

④ 최소회전반경은 각 회전의 중심점에서 바깥쪽 휠의 킹핀까지의 거리로 나타낸다.

02 가솔린 기관과 비교하였을 때 LPG기관의 장점으로 맞는 것은?

① 혼합비가 희박하여 배기가스 중의 CO 함유량이 낮다.

② 감압·기화장치에서 주기적으로 타르를 배출 할 수 있다.

③ 저속 · 고부하시나 냉간 시 엔진 부조가 발생할 염려가 없다.

④ 주행 중 전반적으로 엔진의 온도가 낮아 NOx의 발생이 적다.

03 대형차에서 주로 사용하는 허브베어링으로 맞는 것은?

① 평(레이디얼) 베어링 1개

② 평(레이디얼) 베어링 1개와 테이퍼롤러 베어링 1개

③ 테이퍼 롤러 베어링 2개

④ 평(레이디얼) 베어링 2개

04 디젤기관 예열플러그에 대한 설명으로 틀린 것은?

① 실드형 예열플러그는 예열 시간이 코일형에 비해 조금 길지만 1개당의 발열량과 열 용량이 크다.

② 예열플러그의 적열상태를 운전석에서 점검할 수 있도록 하는 예열지시등이 있다.

③ 주로 복실식의 예연소실식과 와류실식에 사용한다.

④ 연소실에 분사된 연료를 가열하여 노킹을 줄일 수 있다.

정답 **01.** ④ **02.** ① **03.** ③ **04.** ④

05 자동차의 앞면창유리로 사용되는 것은?

① 안전유리　　　　　　　　　　② 이중접합유리

③ 강화유리　　　　　　　　　　④ 합성유리

> **해설** 제34조(창유리 등) ① 자동차의 앞면창유리는 접합유리 또는 유리·플라스틱 조합유리로, 그 밖의 창유리는
> 강화유리, 접합유리, 복층유리 또는 유리·플라스틱 조합유리 중 하나로 하여야 한다. 다만, 컨버터블자동차
> 및 캠핑용자동차 등 특수한 구조의 자동차의 앞면 외의 창유리와 피견인자동차의 창유리는 그러하지 아니하다.

06 디젤의 분사노즐의 구비조건으로 틀린 것은?

① 분무를 연소실 구석구석까지 뿌려지게 해야 한다.

② 연료의 분사 끝에서 완전히 차단하여 후적이 일어나지 않아야 한다.

③ 고온·고압의 가혹한 조건에서 장시간 사용할 수 있어야 한다.

④ 연료를 되도록 굵은 물방울 입자 모양으로 분사하여 엔진의 출력을 높인다.

07 직류발전기와 비교한 교류발전기의 설명으로 맞는 것은?

① 컷 아웃 릴레이를 사용하여 일정한 출력의 전압을 생성한다.

② 실리콘 다이오드로 정류하므로 전기적 용량이 크다.

③ 회전 부분에 정류자를 두어 허용 회전속도의 한계를 높일 수 있다.

④ 에너지 회생 제동기능이 있어 감속 시 배터리를 충전 할 수 있다.

08 수냉식 냉각장치에 대한 설명으로 맞는 것은?

① 입구제어방식과 출구제어방식으로 나눌 수 있으며 입구제어방식이 수온의 핸칭(난조)량이 크다.

② 냉각 장치 팬벨트의 장력이 부족하면 비오는 날 벨트 슬립 소음이 커진다.

③ 압력캡을 이용하여 냉각수라인의 압력을 대기압보다 높게 하여 냉각수의 비등점을 높였다.

④ 수온 조절기의 개도되는 온도가 높아지면 엔진 정상작동 온도 도달 시간이 길어진다.

09 등화장치에 관련된 설명으로 맞는 것은?

① 전조등 광도의 측정 단위는 룩스(Lx)로 나타낸다.

② 필라멘트식 주행빔의 광도 기준은 43,800cd ~ 430,000cd이다.

③ 조도는 광도에 비례하고 거리에 반비례한다.

④ 광원에서 나오는 빛의 다발을 광속이라 하고 단위는 루멘(Lm)으로 나타낸다.

> **해설** ① 전조등 광도의 측정 단위는 칸델라(cd)로 나타낸다.
> ② 관련법 개정으로 의미 없는 내용임. 참조만 할 것.
> ③ 조도는 광도에 비례하고 거리의 제곱에 반비례한다.

10 제동등의 설명 중 틀린 것은?

① 제동등의 등광색은 적색이며 좌우 각각 1개씩 설치할 것

② 1등당 광도는 40cd 이상 420cd 이하일 것

③ 다른 등화와 겸용하는 제동등의 경우에는 제동조작을 할 때에 그 광도가 6배 이상으로 증가할 것

④ 1등당 유효 조광면적은 22㎠ 이상일 것

> **해설** ②, ③, ④ 관련법 개정으로 의미 없는 내용임. 참조만 할 것.

01 전자제어 연료분사 장치에서 기본 연료 분사량을 결정하기 위한 센서로 맞는 것은?

① 대기압 센서(BPS)　　　　　　② 공기 온도 센서(ATS)

③ 공기 유량 센서(AFS)　　　　　④ 스로틀 포지션 센서(TPS)

02 1-2-4-3의 점화순서를 가지는 가솔린 엔진에서 1번 실린더가 폭발행정일 때 3번 실린더의 행정으로 맞는 것은?

① 흡입행정　　　② 압축행정　　　③ 동력행정　　　④ 배기행정

03 다음 보기 중 현가장치의 구성 요소가 아닌 것은?

① 스태빌라이저　　　　　　　　② 스트럿

③ 타이로드　　　　　　　　　　④ 코일 스프링

04 가솔린 엔진과 비교했을 때 디젤엔진의 특징으로 맞는 것은?

① 과급기 장치를 추가하여 엔진의 무게를 줄이고 출력을 높일 수 있다.

② 고온, 고압에서 엔진의 노킹이 심하다.

③ 엔진의 무게가 가벼워 고속용 엔진에 주로 사용된다.

④ 고압 분사 시스템으로 소음과 진동이 크다.

05 자동차가 선회할 때 바깥쪽 바퀴의 회전수를 안쪽 바퀴보다 많게 해주는 장치는?

① 차동기어장치　　　　　　　　② 유성기어장치

③ 차량 자세 제어장치　　　　　④ 전 차륜 조향장치

06 유압브레이크는 무슨 원리를 이용한 것인가?

① 베르누이의 원리　　　　　　　② 에크먼 장토의 원리

③ 파스칼의 원리　　　　　　　　④ 키르히호프의 원리

정답　**01.** ③　**02.** ④　**03.** ③　**04.** ④　**05.** ①　**06.** ③

07 어느 4행정 사이클 엔진의 밸브 개폐시기가 아래와 같다. 보기 중 맞는 것을 고르시오.

흡입밸브 열림 : 상사점 전 18° 흡입밸브 닫힘 : 하사점 후 48°
배기밸브 열림 : 하사점 전 45° 배기밸브 닫힘 : 상사점 후 14°

① 흡기밸브 열려 있는 기간 동안 크랭크축이 회전한 각도는 239°, 밸브오버랩은 63°이다.
② 배기밸브 열려 있는 기간 동안 크랭크축이 회전한 각도는 239°, 밸브오버랩은 32°이다.
③ 흡기밸브 열려 있는 기간 동안 크랭크축이 회전한 각도는 246°, 밸브오버랩은 63°이다.
④ 배기밸브 열려 있는 기간 동안 크랭크축이 회전한 각도는 246°, 밸브오버랩은 32°이다.

08 기관의 과열 원인을 보기 중에 맞는 원인으로 짝지은 것은?

㉠ 냉각수가 부족할 때 ㉡ 팬벨트의 장력이 클 때
㉢ 수온조절기가 열린 상태에서 고착되었을 때 ㉣ 펌프의 효율이 떨어졌을 때

① ㉡, ㉣   ② ㉠, ㉢   ③ ㉠, ㉣   ④ ㉡, ㉢

09 납산 축전지의 설명으로 틀린 것은?

① 화학적 평형을 고려하여 음극판을 양극판보다 1장 더 두고 있다.
② 양극은 해면상납(Pb), 음극은 과산화납(PbO_2)로 구성된다.
③ 전해액은 묽은황산($2H_2SO_4$)로 제조 시 물에다 황산을 조금씩 부어서 젓는다.
④ 배터리 단자의 굵기는 양극이 음극보다 더 굵다.

10 자동제한 차동기어장치의 특징이 아닌 것은?

① 슬립을 최대한 줄여 속도를 원활하게 증가시키는 장치이다.
② 제동압력을 증대 시켜 제동거리를 줄여 준다.
③ 한쪽 바퀴의 마찰력 낮아 슬립이 일어날 때 회전수를 보상해 주는 장치이다.
④ 차동기어 장치의 단점을 보완하기 위해 고안된 부속장치이다.

11 아래 보기 중 병렬연결과 관련 있는 것들로만 묶은 것을 고르시오.

㉠ 전압측정 시 측정기 연결 ㉡ 전류측정 시 측정기 연결
㉢ 좌우 전조등 회로 ㉣ 직권전동기 계자코일과 전기자 코일의 결선

① ㉢   ② ㉠, ㉢, ㉣   ③ ㉠, ㉢   ④ ㉡, ㉣

정답 ▶ **07.** ② **08.** ③ **09.** ② **10.** ② **11.** ③

01 크랭크축의 맥동운동을 관성운동으로 제어하기 위해 필요한 것은?

① 클러치 압력판　　　　　　　　② 플라이 휠
③ 토크 컨버터의 펌프와 터빈　　　④ 타이밍 체인

02 다음 보기 중 현가장치와 관련이 없는 것은?

① 스태빌라이저　　　　　　　　　② 각 부 금속 연결부의 부싱
③ 종감속장치　　　　　　　　　　④ 코일스프링

03 알칼리 전지의 장점이 아닌 것은 어느 것인가?

① 구조상 기계적 강도가 강하여 운반과 진동에 잘 견딜 수 있다.
② 과충전, 과방전에 강하며 전지의 수명이 길다.
③ 충전시간이 짧고 온도특성이 양호하다.
④ 공칭 전압이 높아 셀당 에너지 밀도가 좋다.

> **해설** 기타 **알칼리 전지의 특징**은 다음과 같다.
> ㉠ 공칭 전압이 1.2V 밖에 되지 않아 같은 기준 전압을 내기 위해서 더 많은 수의 셀이 필요하다.
> ㉡ 가격이 비싸다.
> ㉢ 전해액은 가성칼리(KOH)용행이 사용되며 전하를 이동 시키는 작용만 하고 충방전될 때 화학반응에는 관여하지 않아 비중의 변화가 거의 없다.
> ㉣ 종류로는 니켈(Ni,"+")/철(Fe,"−") 축전지와 니켈(Ni,"+") / 카드뮴(Cd,"−") 축전지가 있다.

04 배출가스 설명 중 옳은 것은?

① 질소산화물은 강한 태양 광선을 받아 광화학 스모그의 현상을 발생한다.
② 탄화수소는 인체에 들어가 산소와 결합하여 산소 결핍에 의한 두통, 현기증 등의 중독증상을 일으키게 된다.
③ 일산화탄소는 시계를 악화시키며 인체에 들어가면 호흡기 계통을 자극한다.
④ 매연은 인체에 들어가면 눈의 점막을 자극시키고, 미각 기능을 저하시킨다.

정답 　**01.** ②　　**02.** ③　　**03.** ④　　**04.** ①

05 성능 용어의 설명으로 거리가 먼 것은?

① 최소회전반경을 구할 때는 회전하는 타이어 안쪽의 기준으로 하며 허용기준은 12m 이내이다.
② 동력은 1마력(PS)과 1kw로 표시할 수 있으며 1PS은 대략 0.736kw이다.
③ 배기량은 엔진의 각각 실린더의 행정체적의 총합과 같다.
④ 등판능력은 최대 적재상태에서 1단 기어로 오를 수 있는 언덕의 최대경사도를 말한다.

06 수동 변속기의 소음원인이 아닌 것은?

① 싱크로 매시 기구의 마모
② 클러치 페달의 유격이 클 때
③ 변속기 축 방향 유격이 클 때
④ 유성기어 장치의 마모가 클 때

07 엔진헤드 쪽의 오일압력이 높은 이유가 아닌 것은?

① 릴리프 밸브 조정 불량으로 스프링의 장력이 클 때
② 고속회전으로 엔진의 온도가 높아 졌을 때
③ 오일이 리턴 되는 윤활부의 오염으로 인해 이물질이 쌓였을 때
④ 바이패스 밸브가 열린 채로 고착 되었을 때

08 앞엔진 앞바퀴 구동방식의 장점이 아닌 것은?

① 조향 안정성이 뛰어 나다.
② 제작 시 부품의 수를 줄일 수 있어 경제적이다.
③ 긴 추진축을 사용하므로 순간 가속력이 뛰어나다.
④ 국내 도로 여건에 맞아 세단에서 많이 사용하고 있는 방식이다.

09 교류발전기에서 과 충전을 방지하기 위해 사용하는 장치는?

① 컷 아웃 릴레이
② 전류제한기
③ 여자다이오드
④ 제너다이오드

10 하이포이드 기어의 특징을 설명한 것으로 거리가 먼 것은?

① 구동피니언의 중심을 링기어 중심보다 낮게 설계한다.
② 추진축의 위치를 낮출 수 있어 지상고도 낮출 수 있다.
③ 제작이 용이하고 낮은 압력으로 구동되므로 오일의 선택의 범위가 넓다.
④ 피니언 기어를 크게 제작할 수 있어 접촉률이 크고 원활하게 회전한다.

01 피스톤 압축링 절개부의 설명으로 거리가 먼 것은?

① 링에 탄성을 줄 수 있어 실린더 내벽에 밀착력을 높일 수 있다.
② 피스톤 운영 중의 열팽창을 고려하여 둔 것이다.
③ 링의 마모도가 높을 때 교환이 편리하여 정비성이 향상된다.
④ 간극이 클 경우 블로바이는 줄어들지만 열전도 효율은 향상된다.

02 엔진오일 팬의 섬프 부분에 설치되어 오일 속 비교적 큰 불순물을 여과하는 장치는?

① 오일 여과기
② 유압조절밸브
③ 오일펌프 스트레이너
④ 바이패스 밸브

03 정미마력에 대한 설명 중 옳은 것은?

① 기계 부분의 마찰에 의하여 손실되는 동력을 말한다.
② 기관의 축 끝에서 계측한 마력으로 축마력, 제동마력이라고도 한다.
③ 실린더에서 연료가 연소하면서 발생된 이론적인 기관의 출력을 말한다.
④ 지시마력과 손실마력의 합을 정미마력이라 한다.

04 스톨시험에 대한 설명으로 틀린 것은?

① 규정값 이상이면 엔진의 출력이 부족한 것으로 판단할 수 있다.
② 규정값 이하이면 토크컨버터에 문제가 있는 것으로 판단 할 수 있다.
③ 엔진과 토크컨버터 변속기의 성능을 점검하기 위한 시험이다.
④ 자동차가 이동할 수 있는 레인지의 위치에서 브레이크를 밟고 가속페달을 밟는 시험이다.

정답 **01.** ④ **02.** ③ **03.** ② **04.** ①

05 연 축전지 방전과 충전시의 내용으로 거리가 먼 것은?

① 충전 시 양극판은 과산화납이 된다.
② 묽은 황산은 방전 시 물이 된다.
③ 방전 시 양극판은 황산납이 된다.
④ 방전 시 음극판은 해면상납이 된다.

06 스러스트 각이 커져서 발생되는 현상과 같은 현상이 만들어 지는 이유로 맞는 설명은?

① 운전석 바퀴 정의캠버, 동승석 바퀴 부의캠버 일 때
② 운전석측 "−" 캐스터, 동승석 바퀴 정의캠버 일 때
③ 운전석 바퀴 토아웃, 동승석 바퀴 토인 일 때
④ 조향축(킹핀) 경사각이 맞지 않을 때

07 조향기어비가 12인 차량에서 핸들을 한 바퀴 돌리면 피트먼 암이 움직이는 각도로 맞는 것은?

① 15°   ② 20°   ③ 25°   ④ 30°

08 질소산화물은 디젤 기관에서 많이 발생되는 불순물이다. 이를 여과하기 위한 장치로 맞는 것은?

① VGT (Variable Geometry Turbocharger)
② DPF (Diesel Particulate Filter)
③ DOC (Diesel Oxidation Catalyst)
④ SCR (Selective Catalyst Reduction)

> **해설** DOC는 디젤산화촉매장치로 가솔린 자동차의 촉매변환기와 비슷한 역할을 한다.
> 즉 탄화수소나 일산화탄소를 이산화탄소와 물 등으로 산화시키는 작용을 한다.

09 다음 보기 중 압축비가 가장 큰 것은?

① 연소실 체적 80cc, 행정 체적 580cc
② 연소실 체적 75cc, 실린더 체적 525cc
③ 연소실 체적 65cc, 행정 체적 390cc
④ 연소실 체적 55cc, 실린더 체적 385cc

01 산소센서의 특징으로 거리가 먼 것은?

① 촉매 변환기의 정화율을 높이기 위한 장치이다.

② 지르코니아 방식과 티타니아 방식이 있다.

③ 흡기다기관에 설치되어 산소의 농도를 측정한다.

④ 일반적으로 370℃ 이상의 온도에서 활성화된다.

02 자동변속기에서 운전자가 임의로 변속레버를 작동시켜 1속, 2속으로 작동시킬 수 있는 장치를 무엇이라 하는가?

① 가속 주행 모드

② 매뉴얼 모드

③ 등판 모드

④ 스포츠 모드

03 에어컨 냉매의 구비조건이 아닌 것은?

① 불활성이어야 한다.

② 액체 상태에서 비열이 작아야 한다.

③ 증발잠열이 작아야 한다.

④ 밀도가 작으며 응축압력은 가급적 낮아야 한다.

04 하이브리드 자동차에서 교류를 직류로 변환시켜 주는 장치로 맞는 것은?

① 컨버터

② 인버터

③ 다이오드

④ 캐패시터

> **해설** 캐패시터(Capacitor)는 축전기와 같이 전자를 그대로 축적해 두고 필요할 때 방전시키는 장치를 말한다.

05 타이어에서 노면과 직접 접촉하는 부분으로 제동력과 구동력, 옆 방향 미끄러짐 등을 제어하기 위해 필요한 것을 무엇이라 하는가?

① 브레이커

② 카커스

③ 트레드

④ 바이어스

정답 　01. ③　02. ④　03. ③　04. ①　05. ③

06 주행 중 조향핸들이 무거워지는 원인 중 거리가 먼 것은?

① 타이어 공기압이 부족
② 동력 조향 장치 오일 부족
③ 볼 조인트의 마모
④ 타이어 밸런스 불량

07 밸브 개폐시기가 아래와 같을 때 보기 중 맞는 내용으로 짝지어진 것은?

흡입밸브 열림 : 상사점 전 15°　　　　흡입밸브 닫힘 : 하사점 후 35°
배기밸브 열림 : 하사점 전 35°　　　　배기밸브 닫힘 : 상사점 후 10°

① 흡입밸브 열림 기간 230°, 밸브오버랩 25°
② 배기밸브 열림 기간 230°, 밸브오버랩 25°
③ 흡입밸브 열림 기간 225°, 밸브오버랩 45°
④ 배기밸브 열림 기간 225°, 밸브오버랩 45°

08 전자제어 현가장치 ECU에 입력되는 센서는 무엇인가?

① 크랭크각 센서　　　　② 캠위치 센서
③ 수온센서　　　　　　　④ 스로틀 위치센서

09 에어백 구성요소로 맞는 것은?

① 프리텐셔너　　　　　② 토션스프링
③ 인플레이터　　　　　④ 안전벨트

10 디젤기관의 연소과정으로 맞는 것은?

① 착화지연기간 → 제어연소기간 → 폭발연소기간 → 후 연소기간
② 착화지연기간 → 화염전파기간 → 직접연소기간 → 후 연소기간
③ 착화지연기간 → 직접연소기간 → 화염전파기간 → 무기 연소기간
④ 착화지연기간 → 정압연소기간 → 정적연소기간 → 무기 연소기간

01 4행정 사이클 엔진에서 크랭크축이 10회전할 때 캠축은 몇 회전하는가?

① 5회전　　　　　　　　　　② 10회전

③ 15회전　　　　　　　　　④ 20회전

02 엔진의 온도가 높을 경우 발생량이 많은 질소산화물을 줄이기 위해 배기가스 중의 일부를 연소실로 재유입시키는 장치를 무엇이라 하는가?

① SCR 장치　　　　　　　　② EGR 장치

③ LNT 장치　　　　　　　　④ PCSV

03 초고압 직접분사 디젤 엔진에서 고압 펌프로부터 발생된 연료를 일시 저장하는 장소로 적합한 것은?

① 서지 탱크　　　　　　　　② 리저버 탱크

③ 압축기　　　　　　　　　④ 축압기

04 독립식 분사펌프를 사용하는 디젤엔진에서 연료분사량을 제어하는 순서로 맞는 것은?

① 제어 렉 → 제어 피니언 → 제어 슬리브 → 플런저 회전 → 분사량 조정

② 제어 피니언 → 제어 렉 → 제어 슬리브 → 플런저 회전 → 분사량 조정

③ 제어 슬리브 → 제어 렉 → 제어 피니언 → 플런저 회전 → 분사량 조정

④ 플런저 회전 → 제어 렉 → 제어 피니언 → 제어 슬리브 → 분사량 조정

05 친환경 자동차에서 제어 및 출력과 동력을 향상시키기 위해 교류전동기를 많이 사용한다. 하지만 배터리의 전원은 직류이다. 이렇게 직류전원을 이용해 교류전동기를 구동하기 위해 사용하는 장치는?

① 감속기　　　　　　　　　② 컨버터

③ 인버터　　　　　　　　　④ 콘덴서

정답 ▶ **01.** ①　**02.** ②　**03.** ④　**04.** ①　**05.** ③

06 키르히호프 제1법칙을 이용하여 다음 그림에서 I₅의 전류는 얼마인가?

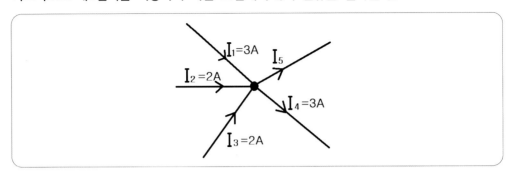

① 1A   ② 2A
③ 3A   ④ 4A

07 자동변속기에서 동력을 전달하기 위한 장치로 토크컨버터를 사용한다. 토크컨버터의 구성 요소로 토크를 증대시키고 유체의 흐르는 방향을 바꾸어 주기 위해 사용하는 장치로 적당한 것은?

① 임펠러   ② 러너
③ 스테이터   ④ 댐퍼클러치

08 다음 중 종감속기어 장치로 사용하지 않는 것은?

① 헤리컬기어   ② 스파이럴 베벨기어
③ 웜과 웜기어   ④ 웜과 섹터기어

09 브레이크의 배력장치로 서지탱크의 진공과 대기압의 압력차를 이용하는 방식을 무엇이라 하는가?

① 텐덤형 마스터 실린더   ② 하이드로 에어백
③ 하이드로 백   ④ 마이티 백

10 조향장치에서 사용하는 기어 형식이 아닌 것은?

① 랙과 피니언 형식   ② 웜과 섹터 형식
③ 볼 너트 형식   ④ 하이포이드 기어 형식

정답   06. ④   07. ③   08. ④   09. ③   10. ④

01 디젤 엔진을 사용하는 자동차의 시동장치와 관련된 구성요소가 아닌 것은?

① 점화플러그 ② 기동전동기

③ 예열플러그 ④ 축전지

02 전차륜 정렬의 구성요소가 아닌 것은?

① 캠버 ② 캐스터

③ 조향축 경사각 ④ 스러스트각

03 타이어의 형상에 따른 분류 중 카커스의 코드를 빗금방향으로 하고 브레이커를 원둘레 방향으로 넣어서 만든 타이어를 무엇이라 하는가?

① 편평 타이어 ② 레이디얼 타이어

③ 보통(바이어스) 타이어 ④ 런 플랫 타이어

04 전자제어장치 ECU(Electronic Control Unit)에 대한 설명으로 틀린 것은?

① 엔진이 구동되는데 필요한 연료의 분사량을 공기의 흡입량에 맞추어 정밀하게 제어한다.

② 자동차의 속도와 운전자가 가속 페달을 밟은 정도에 따라 알맞은 변속비를 설정한다.

③ 자동차의 속도에 맞춰 조향 핸들의 조작력을 고속에서는 무겁게 저속에서는 가볍게 제어한다.

④ 휠스피드 센서의 정보가 정확하지 않거나 고장 시 안전한 감속을 위하여 초기에 저장된 값으로 모듈레이터에서 제동유압을 높여준다.

정답 　**01.** ① 　**02.** ④ 　**03.** ③ 　**04.** ④

05 드럼브레이크의 방식에서 휠 실린더의 유압에 의해 피스톤 컵이 밀려 작동시키는 장치로 드럼과 직접 마찰을 발생시키는 장치를 무엇이라 하는가?

① 벤틸레이티드 디스크　　　② 부동형 캘리퍼
③ 브레이크 슈　　　　　　　④ 챔버

06 다음 그림을 보고 자동차의 진동에 대해 설명한 내용으로 맞는 것은?

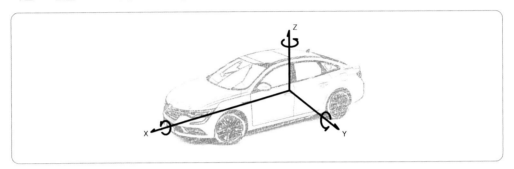

① X축을 기준으로 하는 회전진동을 피칭이라 한다.
② Y축을 기준으로 하는 회전진동을 롤링이라 한다.
③ Z축을 기준으로 하는 회전진동을 요잉이라 한다.
④ Z축을 기준으로 하는 직선왕복진동을 휠홉이라 한다.

07 승용형 타이어의 규격표시이다. 틀린 것은?

$$\underset{(\text{ㄱ})}{P\ \underline{205}}\ /\ \underset{(\text{ㄴ})}{\underline{60}}\ \ R\ \ \underset{(\text{ㄷ})}{\underline{15}}\ \underset{(\text{ㄹ})}{\underline{91}}V$$

① ㄱ – 타이어의 높이(단위 : mm)　② ㄴ – 편평비($\dfrac{\text{타이어의 높이}}{\text{타이어의 폭}} \times 100$)
③ ㄷ – 림의 직경(단위 : inch)　　　④ ㄹ – 하중 지수(91=615kgf)

08 다음 중 배기가스 제어장치가 아닌 것은?

① 제트에어장치　　　　　② 가열공기흡입장치
③ 캐니스터　　　　　　　④ 촉매변환장치

정답 **05.** ③ **06.** ③ **07.** ① **08.** ③

09 가솔린 엔진에서 노킹의 발생 원인과 거리가 먼 것은?

① 엔진에 걸리는 부하가 클 때 ② 압축비가 높을 때
③ 혼합비가 맞지 않을 때 ④ 점화시기가 느릴 때

10 자동차 구조와 기능에 대한 설명으로 옳은 것은?

① 제동장치는 열에너지를 기계적 에너지로 바꾸어 유효한 일을 할 수 있도록 하는 장치이다.
② 동력전달장치는 조향핸들이 회전할 때 주행 방향을 임의로 바꿔주는 장치이다.
③ 현가장치는 주행 중 노면에서 받은 충격이나 진동을 완화시켜 주는 장치이다.
④ 4행정 기관의 동력을 발생시키는 과정은 흡입, 동력, 압축, 배기행정 순이다.

01 변속기의 필요성에 대한 내용만을 골라 묶은 것은?

㉠ 엔진의 구동력을 크게 할 수 있다.
㉡ 엔진의 회전수보다 바퀴의 회전수를 높일 수 있다.
㉢ 후진 주행이 가능하다.
㉣ 엔진의 무부하 상태의 운전을 위해서

① ㉠, ㉡, ㉢
② ㉡, ㉢, ㉣
③ ㉠, ㉢, ㉣
④ ㉠, ㉣

02 기동전동기의 구비조건으로 거리가 먼 것은?

① 소형 경량이며, 내구성이 좋아야 한다.
② 시동 작업 시 회전력이 커야 한다.
③ 방진, 방수 성능을 가져야 한다.
④ 전원 용량이 커야 한다.

03 냉각팬 및 물펌프 구동 벨트에 대한 설명으로 틀린 것은?

① 장력이 크면 물펌프의 효율이 떨어져 엔진 과열의 원인이 된다.
② 이음새가 없는 V형 형상을 하고 있어 마찰면적을 크게 할 수 있다.
③ 장력이 너무 클 경우 베어링의 내구성에 문제가 될 수 있다.
④ 장력이 작을 경우 슬립으로 인한 소음이 발생될 수 있다.

04 타이어의 규격표시 중 편평비에 대한 설명으로 옳은 것은?

① 타이어 단면의 높이에 대한 단면의 폭의 비율
② 타이어 단면의 높이에 대한 타이어 안지름의 비율
③ 타이어 단면의 폭에 대한 단면의 높이의 비율
④ 타이어 단면의 폭에 대한 타이어의 안지름의 비율

정답 **01.** ② **02.** ④ **03.** ① **04.** ③

05 종감속 장치로 사용되는 하이포이드기어의 특징을 바르게 설명한 것은?

① 링기어를 낮게 설치할 수 있어 추진축의 설치 높이가 낮아진다.
② 제작하기가 용이하고 사용하는 오일의 범위가 넓다.
③ 링기어의 중심이 구동피니언의 중심보다 아래쪽에 위치한다.
④ 추진축을 낮게 설계할 수 있어 무게 중심을 낮출 수 있고 실내 및 화물적제 공간을 넓게 사용할 수 있다.

06 등화장치 중 전조등에 대한 설명이다. 옳지 않은 것은?

① 전조등에서 사용하는 전구는 안전성을 높이기 위해 병렬로 연결해서 사용한다.
② 전조등의 전구 안에는 2개의 필라멘트가 있으며 1개는 상향등, 1개는 하향등 용도로 사용한다.
③ 전조등의 3요소는 렌즈, 전구, 필라멘트이다.
④ 전구만 따로 교환할 수 있는 방식의 전조등을 세미 실드 빔이라 한다.

07 동력조향장치의 장점으로 맞지 않는 것은?

① 고속에서 조향핸들의 조작력이 가볍다.
② 안전체크 밸브를 사용하여 고장이 나더라도 기본조향은 가능하다.
③ 유체를 사용하여 진동 및 충격흡수가 가능하다.
④ 조향비를 높이지 않고도 핸들의 조작력을 작게 할 수 있다.

08 냉방장치에 사용되는 냉매의 구비조건으로 맞는 것은?

① 활성(活性) 물질이어야 한다.
② 비체적이 커야 한다.
③ 증발 잠열이 낮고 비열이 높아야 한다.
④ 기화점(비등점)이 낮아야 한다.

09 전차륜 휠 얼라인먼트 요소인 캠버의 필요성과 거리가 먼 것은?

① 조향 핸들의 조작력을 가볍게 할 수 있다.
② 차체의 수직 방향 하중에 의한 차축의 휨을 방지할 수 있다.
③ 선회 후 조향 핸들이 직진의 위치로 돌아오게 해준다.
④ 부의 캠버를 이용해 선회 주행 시 차체의 기울기를 줄일 수 있다.

10 주 제동장치인 디스크 브레이크의 특징을 바르게 설명한 것은?

① 자기작동이 있어 패드의 크기가 작아도 큰 제동력을 발휘할 수 있다.
② 부동형 캘리퍼는 유압실린더 있는 쪽의 패드가 빨리 마모된다.
③ 디스크 가운데 환풍구를 두어 방열성을 높인 것을 솔리드 디스크라 한다.
④ 서보브레이크와 넌-서보브레이크로 나눌 수 있다.

11 자동변속기 중 이중클러치변속기의 특징을 맞게 설명한 것은?

① 유성기어를 이용하는 변속기에 비해 높은 오일 압력을 사용하는 것이 단점이다.
② 이중클러치를 사용하기 때문에 출력 토크가 높은 편이다.
③ 주행 중 변속이 되는 순간을 인지하기 힘들 정도로 변속충격이 적은 편이다.
④ 홀수단 기어와 짝수단 기어를 나누어 각각의 클러치를 통해 동력을 전달한다.

12 아래 보기에서 하이드로플레이닝 현상을 방지하기 위한 방법으로 옳은 것으로만 짝지어 진 것은?

　ㄱ 트레드 마모가 적은 타이어를 사용한다.
　ㄴ 러브패턴의 타이어를 사용한다.
　ㄷ 타이어의 공기압을 10~15% 정도 높인다.
　ㄹ 트레드 패턴을 카프(calf)형으로 하고 세이빙(shaving) 가공한 것을 사용한다.

① ㄱ, ㄴ　　　　② ㄱ, ㄷ, ㄹ　　　③ ㄴ, ㄷ, ㄹ　　　④ ㄱ, ㄴ, ㄷ, ㄹ

13 자동차에서 배출되는 배기가스 중의 물질에 대한 특징을 설명한 것으로 틀린 것은?

① 농후한 혼합기에서 CO와 HC의 배출량은 높다.
② 과도하게 희박한 혼합비는 HC의 발생량을 높인다.
③ 경제적인 운전이 가능한 희박한 혼합비에서 NOx의 발생량이 가장 높다.
④ CO_2의 발생량은 지구 온난화에 영향을 준다.

14 밸브오버랩(정의 겹침)에 대한 설명으로 옳은 것은?

① 피스톤이 상사점에 위치할 때 흡기밸브와 배기밸브가 동시에 열려 있는 현상
② 피스톤이 상사점에 위치할 때 흡기밸브와 배기밸브가 동시에 닫혀 있는 현상
③ 피스톤이 하사점에 위치할 때 흡기밸브와 배기밸브가 동시에 열려 있는 현상
④ 피스톤이 하사점에 위치할 때 흡기밸브와 배기밸브가 동시에 닫혀 있는 현상

정답 ▶　**10.** ②　**11.** ④　**12.** ②　**13.** ③　**14.** ①

01 현가장치 중 긴 막대 형식의 스프링 강을 활용한 것으로서 비틀림 작용을 이용하여 차량의 기울기를 억제하는 스프링을 무엇이라 하는가?

① 코일 스프링
② 판 스프링
③ 토션바 스프링
④ 멀티링크 스프링

02 가솔린 전자제어 엔진에서 연소실에 연료가 직접분사하는 방식을 일컫는 용어로 적당한 것은?

① SPI(Single Point Injection)
② MPI(Multi Point Injection)
③ GDI(Gasoline Direct Injection)
④ TBI(Throttle Body Injection)

03 디젤의 연소과정 4단계의 순서를 바르게 표현한 것은?

① 제어연소기간 → 무기연소기간 → 연소준비기간 → 폭발연소기간
② 무기연소기간 → 연소준비기간 → 제어연소기간 → 폭발연소기간
③ 무기연소기간 → 연소준비기간 → 폭발연소기간 → 제어연소기간
④ 연소준비기간 → 폭발연소기간 → 제어연소기간 → 무기연소기간

04 자동차가 선회할 때 스프링 위 질량 진동을 나타내는 특성으로 옳은 것은? (단, 정속주행 중이다.)

① 롤링과 요잉 발생
② 피칭과 바운싱 발생
③ 휠홉과 와인더업 발생
④ 요잉과 바운싱 발생

05 공기량을 측정하기 위하여 흡입공기의 차가운 성질을 이용해 열손실이 일어나는 정도를 파악하는 센서의 방식은?

① 베인식 센서
② 열선·열막식 센서
③ 칼만 와류식 센서
④ MAP 센서

정답 ▶ **01.** ③ **02.** ③ **03.** ④ **04.** ① **05.** ②

06 실린더의 지름이 8cm, 행정이 9cm인 엔진의 총배기량은 약 얼마인가? (단, 6기통 엔진이다.)

① 2,400cc
② 2,700cc
③ 3,000cc
④ 3,300cc

07 자동차를 옆에서 보았을 때 전륜 타이어의 중심을 지나는 수선과 조향축이 만드는 각을 무엇이라 하는가?

① 캠버
② 캐스터
③ 조향축경사각
④ 토인

08 아래 그림의 브레이크에 대한 설명 중 ㉠과 ㉡에 들어갈 용어로 알맞은 것은?

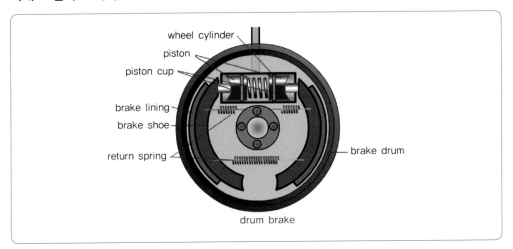

드럼 타입의 제동 기구에서 회전 중인 바퀴에 제동을 걸면 유압(油壓)에 의해 확장되는 슈는 드럼과의 마찰력에 의해 드럼과 함께 회전하려는 힘, 즉 확장력이 생겨 마찰력이 증대되는 작용을 (㉠)이라 한다. 이런 (㉠)이 일어나지 않는 슈를 (㉡)라 한다.

① ㉠ : 자기작동   ㉡ : 트레일링 슈
② ㉠ : 자기작동   ㉡ : 리딩 슈
③ ㉠ : 배력작동   ㉡ : 트레일링 슈
④ ㉠ : 배력작동   ㉡ : 리딩 슈

09 자동차에서 사용하는 축전지의 설치 목적이 아닌 것은?

① 발전기와 함께 전기적 부하를 균형적으로 담당한다.
② 엔진이 가동하지 않을 때 자동차에 전원을 공급하는 역할을 한다.
③ 엔진 구동을 가능하게 전동기에 전원을 공급한다.
④ 연료의 분사시기와 점화시기를 적절하게 조절한다.

10 삼원촉매장치의 산화·환원 반응에 대해 거리가 먼 것은?

① CO 산화반응 : $CO + 1/2O_2 \Rightarrow CO_2$, $CO + H_2O \Rightarrow CO_2 + H_2$
② NO 환원반응 : $NO + CO \Rightarrow 1/2N_2 + CO_2$
③ HC 산화반응 : $HC + O_2 \Rightarrow CO_2 + H_2O$
④ HC 환원반응 : $HC + H_2O \Rightarrow CO_2 + H_2$

정답 ▶ **09.** ④ **10.** ④

01 엔진의 윤활장치에서 엔진오일이 순환하는 과정을 바르게 표시한 것은?

① 오일펌프 → 오일스트레이너 → 오일필터 → 유압리프터 → 섬프
② 섬프 → 오일스트레이너 → 오일펌프 → 오일필터 → 유압리프터
③ 오일스트레이너 → 오일펌프 → 오일필터 → 섬프 → 유압리프터
④ 오일스트레이너 → 오일필터 → 오일펌프 → 유압리프터 → 섬프

02 자동차의 동력을 전달하기 위한 축에 관한 설명으로 맞는 것은?

① 플렉시블 자재이음은 경질의 고무나 가죽을 이용하여 각의 변화를 줄 수 있는 장치이며 설치각은 12~18도 이다.
② 등속도 자재이음의 휠쪽 부분을 더블옵셋조인트, 차동기어 장치 쪽을 버필드조인트라하고 퍼필드조인트는 축의 길이변화를 가능하게 한다.
③ 추진축의 길이변화를 가능하게 하기 위해 스플라인 장치를 사용하며 이를 슬립이음이라 한다.
④ 휠링이 발생 시 이를 줄이기 위하여 스파이럴과 니들베어링을 사용한다.

03 교류발전기에서 배터리의 전류가 흘러가는 순서로 맞는 것은?

① 브러시 → 정류자 → 전기자코일 → 정류자 → 브러시
② 브러시 → 슬립링 → 스테이터코일 → 슬립링 → 브러시
③ 브러시 → 정류자 → 스테이터코일 → 정류자 → 브러시
④ 브러시 → 슬립링 → 로터코일 → 슬립링 → 브러시

04 공연비에 관한 설명 중 맞는 것을 보기 중에 고르시오.

① 이론적 공연비 부근에서 CO, HC, NOx의 발생량은 줄어든다.
② 공연비가 과도하게 희박한 상태에서는 오히려 CO의 발생량이 증가된다.
③ 공연비가 농후한 상태나 불완전 연소 시 HC의 발생량은 증가하게 된다.
④ NOx의 발생 정도는 엔진의 온도에 크게 영향을 받지 않는다.

정답 **01.** ② **02.** ③ **03.** ④ **04.** ③

05 점화순서가 1-3-4-2 인 4실린더 기관에서 1번 실린더가 압축상사점에 위치한 후 크랭크 축이 360도 회전했다면 배기상사점에 가장 가까운 실린더는?

① 1번 실린더 ② 2번 실린더
③ 3번 실린더 ④ 4번 실린더

06 냉방장치에 관한 설명으로 맞는 것은?

① 압축기는 응축기 이후에 설치된다.
② 응축기에 온도를 측정하는 센서가 부착되어 저온 시 과도하게 냉매가 순환되는 것을 방지한다.
③ 에어컨 냉매 R-134a는 R-1234yf에 비해 냉방능력이 떨어진다.
④ 증발기에 위치한 냉매가 증발하며 주변의 열을 빼앗는다.

07 노킹에 대한 설명으로 옳은 것은?

① 가솔린 엔진에서 노킹의 주된 원인은 착화지연 때문이다.
② 디젤 엔진에서 점화시점이 늦어질 때 노킹이 일어나게 된다.
③ 가솔린 엔진에서 노킹이 발생하게 되면 배기가스의 온도는 상승하게 된다.
④ 가솔린 엔진에서 노킹이 발생하게 되면 엔진의 회전수를 높이는 것이 도움이 된다.

08 점화코일에 대한 설명으로 맞는 것은?

① 2차 코일에서 발생된 고전압은 1차 코일의 유효권수와 비례한다.
② 1차 코일은 굵고 감은 유효권수가 적으며 2차 코일은 얇게 많이 감겨진다.
③ 폐자로형 점화코일은 1차 코일의 과열을 방지하기 위해 2차 코일 밖으로 설치한다.
④ 2차 코일의 고전압에 의한 부품의 손상을 막기 위해 밸러스트 저항을 둔 형식도 있다.

09 다음 중 디젤엔진에 사용되는 연료의 특성으로 거리가 먼 것은?

① 상온에서 자연발화점이 높아 휘발유 보다 안전한 연료이다.
② 높은 온도에서 사용되는 연료이므로 질소산화물 발생량이 많다.
③ 세탄가가 높은 연료는 노킹을 잘 일으키지 않는다.
④ 연료의 착화성을 좋게 하기 위해 질산에틸, 과산화테드탈렌, 아질산아밀, 초산아밀 등의 촉진제를 사용한다.

정답 ▶ **05.** ① **06.** ④ **07.** ④ **08.** ② **09.** ①

10 전자제어 브레이크 시스템인 ABS의 장점으로 거리가 먼 것은?

① 초당 15~20회 반복 작동하여 제동마찰계수를 크게 할 수 있다.

② 눈길을 제외한 대부분의 도로에서 최소 제동거리를 확보를 해 줄 수 있다.

③ 긴급한 브레이킹 상황에서 조향능력을 가지게 한다.

④ 슬립률을 제어하므로 가속력도 좋아진다.

01 전자제어 연료분사 장치의 센서에 대한 설명으로 맞는 것은?

① 스로틀 위치센서는 브레이크 페달의 개도량을 측정한다.
② 맵센서는 흡입공기량을 질량으로 측정한다.
③ 수온센서는 냉각수 온도가 높아지면 저항값이 낮아지는 부특성 서미스터를 사용한다.
④ 캠 샤프트 포지션 센서는 1번 실린더의 하사점을 검출한다.

02 토크 컨버터의 록업 기구에 대한 설명으로 맞는 것은?

① 유체의 흐름을 펌프의 회전하는 방향으로 전환시킨다.
② 터빈이 고속으로 회전 시 스테이터를 공전시켜 유체 운동에 방해되지 않게 한다.
③ 펌프와 터빈을 기계적으로 직결하여 전달효율을 높인다.
④ 펌프의 유체 운동을 받아 회전하여 토크를 전달한다.

03 엔진 본체 부품의 설명으로 틀린 것은?

① 실린더는 연료와 공기의 폭발로부터 얻은 열에너지를 기계적 에너지로 바꾸는 역할을 한다.
② 커넥팅 로드는 피스톤의 왕복운동을 크랭크축의 직선운동으로 바꾸어 준다.
③ 커넥팅 로드는 피스톤과 크랭크축을 연결한다.
④ 크랭크 케이스는 실린더를 지지하고 엔진을 프레임에 고정시키는 역할을 한다.

04 ABS에서 펌프로부터 토출된 고압의 오일을 일시적으로 저장 및 맥동을 완화시켜주는 것은?

① 솔레노이드 밸브   ② 프로포셔닝 밸브
③ 하이드롤릭 유닛   ④ 어큐뮬레이터

정답 ▶ **01.** ③   **02.** ③   **03.** ②   **04.** ④

05 커먼레일에 대한 설명 중 맞는 것은?

① 캠축을 사용하여 구동하므로 구조가 단순하다.
② 속도가 증가하면 분사 압력과 분사량도 증가한다.
③ 파일럿 분사를 하지 않는다.
④ 분사압력의 발생과 분사과정이 독립적으로 행해진다.

06 현가장치에 대한 설명으로 맞는 것은?

① 코일 스프링은 단위 중량당 에너지 흡수율이 작아야 한다.
② 스프링 정수가 적을 때 저속 시미의 원인이 된다.
③ 독립차축의 현가식은 스프링 아래 질량이 커서 승차감이 좋지 않다.
④ 스태빌라이저는 커브 길을 선회할 때 차체가 상·하 진동하는 것을 잡아준다.

07 GDI에 대한 설명으로 틀린 것은?

① 연료를 연소하기 위해 전기방전 불꽃을 이용한다.
② 기화기가 구성요소로 사용된다.
③ 연료를 직접 연소실에 분사한다.
④ 연비를 향상시키기 위해 초희박연소가 가능하다.

08 자동차의 축전지의 설명으로 틀린 것은?

① 방전 충전이 가능한 2차 전지이다.
② 전해액의 비중이 크면 방전량도 크다.
③ 전해액이 수산화나트륨인 알칼리 축전지이다.
④ 축전지의 용량은 방전전류와 방전시간의 곱이다.

09 분사된 경유가 화염 전파기간에서 발생한 화염으로 분사와 거의 동시에 연소하는 기간으로 맞는 것은?

① 착화 지연기간   ② 화염 전파기간
③ 직접 연소기간   ④ 후 연소기간

정답 **05.** ④ **06.** ② **07.** ② **08.** ③ **09.** ③

10 동력전달장치의 전달경로로 옳은 것은?

가. 변속기　　　　나. 추진축　　　　다. 최종 감속 기어
라. 구동바퀴　　　마. 클러치　　　　바. 유니버설 조인트
사. 차동기어

① 가 → 마 → 나 → 바 → 다 → 사 → 라
② 나 → 마 → 가 → 바 → 다 → 사 → 라
③ 마 → 가 → 바 → 나 → 사 → 다 → 라
④ 마 → 가 → 바 → 나 → 다 → 사 → 라

11 차동장치에 대한 설명으로 틀린 것은?

① 차동 피니언은 좌우 사이드기어에 물려 있으며 직진 시 자전, 선회 시 공전한다.
② 자동차가 선회할 때 바깥쪽바퀴가 안쪽바퀴보다 더 많이 회전하도록 하는 장치이다.
③ 자동차가 직진할 때 차동 사이드기어는 차동기어 케이스와 동일하게 회전한다.
④ 좌측바퀴만 매끄러운 노면에 빠지면 저항이 적은 왼쪽 사이드기어만 회전하게 된다.

01 하이브리드 자동차에 대한 설명으로 틀린 것은?

① 2개의 동력원을 이용하여 구동되는 차량을 말하며 일반적으로 내연기관과 전기모 터를 함께 사용한다.

② 병렬형은 모터의 위치에 따라 마일드(소프트)타입과 풀(하드)타입으로 나뉜다.

③ 제동 시에는 회생제동 브레이크 시스템을 사용하여 차량의 전기에너지를 모터를 통 해 운동에너지로 전환하여 배터리를 충전한다.

④ 마일드(소프트) 타입은 모터 단독주행이 불가능하나 풀(하드)타입은 모터 단독주행 이 가능하여 내연기관의 연료소비율을 낮출 수 있다.

02 공차상태에 대한 설명으로 틀린 것은?

① 사람이 승차하지 않은 상태이다.

② 예비타이어가 있는 차량에서는 예비타이어의 무게도 공차중량에 포함이 된다.

③ 예비 부분품 및 공구도 공차중량에 포함이 된다.

④ 연료·냉각수 및 윤활유를 만재한 상태이다.

03 뒤엔진 뒤바퀴 구동방식의 장점으로 맞는 것은?

① 차량 아래쪽을 종단하는 추진축이 필요하지 않으므로 차량 실내 공간의 활용성이 높아 여유 공간이 많다.

② 도로 노면의 상태가 좋지 않더라도 안정적인 조향을 할 수 있다.

③ 차량의 무게 배분 및 밸런스가 좋아 순간 가속력 및 구동력이 뛰어나다.

④ 주로 화물차에 많이 접목되는 방식으로 적재공간의 활용성이 좋다.

04 잠김방지브레이크 시스템(ABS)에 대한 설명으로 맞는 것은?

① 각 바퀴가 미끄러질 때 바퀴로 가는 유압을 공급하는 역할을 한다.

② 제동 시 타이어의 미끄럼 방지, 조향성, 안정성을 확보하고 제동거리를 단축시킨다.

③ 모듈레이터의 조절상태에는 감압상태, 유지상태 2가지가 있다.

④ 모든 바퀴의 슬립률이 50%가 넘지 않도록 제어한다.

정답 01. ③　02. ③　03. ①　04. ②

05 옥탄가 60에 대한 설명으로 옳은 것은?

① 정햅탄 60에 이소옥탄 40의 비율을 뜻한다.
② α-메틸나프탈렌 40에 이소옥탄 60의 비율을 뜻한다.
③ 이소옥탄 60에 세탄 40의 비율을 뜻한다.
④ 노멀햅탄 40에 이소옥탄 60의 비율을 뜻한다.

06 일산화탄소를 정화하기 위한 장치로만 짝지어 진 것은?

ㄱ 배출가스 재순환장치
ㄴ 연료증발가스 제어장치
ㄷ PCV(Positive Crankcase Ventilation valve)
ㄹ 2차 공기공급 장치
ㅁ 촉매변환기

① ㄱ, ㄴ   ② ㄱ, ㄷ, ㅁ
③ ㄴ, ㄷ   ④ ㄹ, ㅁ

07 킥다운에 대한 설명으로 맞는 것은?

① 스로틀 밸브의 열림 정도가 같아도 업시프트와 다운시프트의 변속점에는 7~
  15km/h 정도의 차이를 두는데 이렇게 변속충격을 다운시키기 위한 설계를 말한다.
② 브레이크 페달을 급하게 밟았을 때 ABS가 작동되면서 페달을 쳐올리는 충격을 발
  생시키는데 이를 의미한다.
③ 가속페달에서 급격하게 발을 때서 속도가 떨어지면서 다운 시프트 되는 현상을 말
  한다.
④ 가속페달을 80%이상 갑자기 밟았을 때 강제적으로 다운 시프트 되는 현상을 말한
  다.

08 고에너지 점화방식에 사용되는 반도체 파워트랜지스터의 장점이 아닌 것은?

① 진동에 잘 견디고, 극히 소형이고 가볍다.
② 내부에서의 전압 강하와 전력 손실이 적다.
③ 내열성이 좋으며 순간적인 전기적 충격에도 강하다.
④ 기계적으로 강하고 수명이 길며, 예열하지 않아도 곧 작동된다.

정답   **05.** ④   **06.** ④   **07.** ④   **08.** ③

09 동력조향장치의 장점과 거리가 먼 것은?

① 고속에서 조향핸들의 조작력이 가볍다.
② 조향핸들 조작 시 유체가 완충역할을 해 충격을 흡수하고 작동이 부드럽다.
③ 차량의 무게에 상관없이 조향기어비를 작게 만들 수 있다.
④ 조향핸들 조작 시 조향바퀴의 선회반응이 빠르다.

10 교류발전기의 설명으로 맞는 것은?

① 플레밍의 왼손법칙에 따라 충전전류의 방향이 결정된다.
② 처음 발전 시에는 타여자방식을 일정이상 충전 후에는 자여자방식을 사용한다.
③ 전기자, 정류자, 오버닝클러치는 회전하고 계자코일, 브러시, 전자클러치는 회전하지 않는다.
④ 과충전을 막기 위해 전압조정기 내 정류자를 이용한다.

11 디젤 연소실 중 직접분사실식의 특징으로 거리가 먼 것은?

① 열효율이 높고, 구조가 간단하고, 기동이 쉽다.
② 복실식으로 구성되며 분사개시압력이 $130kg/cm^2$ 정도 된다.
③ 연소실 체적에 대한 표면적 비가 작아 냉각 손실이 적다.
④ 사용 연료에 민감하고 노크 발생이 쉽다.

12 라디에이터 압력캡에 대한 설명으로 거리가 먼 것은?

① 냉각수의 비등점 112℃ 정도로 높이기 위해 사용한다.
② 압력캡에 의한 압력은 게이지 압력으로 $0.2 \sim 0.9kg/cm^2$ 정도 된다.
③ 압력밸브와 진공밸브로 구성되며 보조 물탱크를 활용할 수 있도록 해 준다.
④ 운행 중 냉각수가 부족할 경우 즉시 압력캡을 이용하여 냉각수를 보충할 수 있다.

01 축전지의 방전이 계속되면 전압이 급격히 강하하여 방전능력이 없어진다. 이와 같이 방전능력이 없어지는 전압을 나타내는 용어는?

① 자기방전전압(self discharge voltage)

② 베이퍼록(vapor lock)

③ 방전종지전압(cut-off voltage)

④ 셀페이션(sulfation)

02 역방향 전압을 증가시켜 일정한 값에 이르게 되면 역방향으로도 전류가 흐를 수 있는 다이오드는?

① 발광 다이오드(light emission diode)

② 포토 다이오드(photo diode)

③ 서미스터(thermistor)

④ 제너 다이오드(zener diode)

03 엔진의 회전수 3,000rpm에서 회전력은 60kg·m이다. 이 때 클러치의 출력회전수가 2,400rpm이고 출력 회전력이 50kg·m라면, 클러치의 전달효율(%)은?

① 62.67   ② 64.67   ③ 66.67   ④ 68.67

04 제동장치에서 ABS컴퓨터를 이용하여 이상적인 제동력 배분곡선에 맞도록 전륜과 후륜의 제동압력을 제어하는 것은?

① EPS(Electronic Power Steering)

② EBD(Electronic Brake-force Distribution)

③ ASCC(Advanced Smart Cruise Control)

④ TCS(Traction Control System)

05 전자제어 연료분사 장치의 센서 중 부특성 서미스터를 이용한 것은?

① 노크 센서   ② 수온 센서   ③ MAP 센서   ④ 산소 센서

정답 ▶ **01.** ③   **02.** ④   **03.** ③   **04.** ②   **05.** ②

06 차량이 곡선도로를 주행하거나 회전할 때 안쪽 바퀴와 바깥쪽 바퀴의 회전거리가 달라진다. 이를 조정하는 역할을 하는 장치는?

① 토크컨버터(torque convertor)
② 차동기어 장치(differential gear system)
③ 종감속기어 장치(final reduction gear system)
④ 유성기어 장치(planetary gear system)

07 <보기>에서 자동차 무게와 비례관계에 있는 주행저항을 모두 고른 것은?

〈보기〉
ㄱ. 구름 저항　　ㄴ. 공기 저항　　ㄷ. 등판 저항　　ㄹ. 가속 저항

① ㄱ, ㄴ, ㄷ
② ㄱ, ㄴ, ㄹ
③ ㄱ, ㄷ, ㄹ
④ ㄴ, ㄷ, ㄹ

08 라이너방식 실린더 중 습식 라이너 방식에 대한 설명으로 가장 옳지 않는 것은?

① 냉각효과가 커서 열로 인한 실린더 변형이 적다.
② 실린더 블록이 라이너 전체를 받쳐줘서 라이너의 두께가 얇다.
③ 냉각수가 새는 것을 방지하기 위해 실링(seal ring)을 사용한다.
④ 물재킷 부분의 세척이 쉽다.

09 LPG 기관에서 액체 상태의 연료를 기체 상태로 전환하는 장치는?

① 베이퍼라이저
② 솔레노이드밸브
③ 봄베
④ 믹서

10 배출가스 저감장치 중 삼원촉매(Catalytic converter) 장치를 사용하여 저감할 수 있는 유해가스의 종류로 옳게 짝지은 것은?

① CO(일산화탄소), HC(탄화수소), 흑연
② CO(일산화탄소), NOx(질소산화물), 흑연
③ CO(일산화탄소), HC(탄화수소), NOx(질소산화물)
④ NOx(질소산화물), HC(탄화수소), 흑연

정답 ▶ **06.** ② **07.** ③ **08.** ② **09.** ① **10.** ③

01 일체식 차축의 현가장치에 대한 장점으로 맞는 것은?

① 시미 현상에 대한 대응이 좋다.
② 선회 시 차체의 기울기가 적다.
③ 경량화된 스프링을 사용할 수 있어 승차감 좋다.
④ 스프링 정수가 작은 것을 사용할 수 있다.

02 ABS에 대한 설명으로 옳은 것은?

① 가속하여 바퀴가 미끄러질 때 제동을 해준다.
② 앞 차량과의 거리가 가까워 졌을 때 경고를 해 주고 상황에 따라 제동도 해준다.
③ 급 브레이크를 밟았을 때 후방 추돌을 방지하기 위해 비상등을 점등시킨다.
④ 제동 시 바퀴가 미끄러질 때 브레이크를 풀었다가 잠그는 작업을 반복한다.

03 전(前)차륜 휠 얼라인먼트에 대한 설명으로 맞는 것은?

① 차량을 정면에서 봤을 때 지면의 수선과 타이어 중심선이 만드는 각을 캐스터라 한다.
② 토인을 조정하기 위해 타이로드의 길이를 수정하면 된다.
③ 차량을 옆면에서 봤을 때 타이어 중심선의 수선과 조향축의 중심이 만드는 각을 캠버라 한다.
④ 캠버와 캐스터의 각을 합한 것을 협각 혹은 인클루디드각이라 한다.

04 피스톤에 대한 설명으로 거리가 먼 것은?

① 피스톤 간극이 커지면 피스톤 슬랩이 발생하고 블로바이가 증대된다.
② 피스톤링의 내마모성을 키우기 위해 크롬으로 도금하기도 한다.
③ 전부동식은 커넥팅로드의 소단부와 피스톤 핀을 클램프로 고정해서 사용하는 방식이다.
④ 고정식은 고정볼트로 피스톤과 피스톤 핀을 고정한 방식이다.

정답 ▶ **01.** ② **02.** ④ **03.** ② **04.** ③

05 실린더 헤드에 위치한 흡·배기 밸브에 관한 설명 중 거리가 먼 것은?

① 밸브의 헤드에서 발생된 열은 밸브면을 통해 실린더 헤드의 시트로 전달된다.
② 배기말에서 흡기초의 행정에서 흡·배기 밸브를 동시에 여는 오버랩 두어 충진효율 향상시킬 수 있다.
③ 실린더 헤드에 설치된 밸브스프링이 밸브를 여는 역할을 한다.
④ 흡입 효율을 높이기 위해 흡기밸브의 헤드를 배기밸브의 헤드 보다 크게 제작한다.

06 뒷 바퀴 액슬축의 지지방식 중 전부동식에 대한 설명으로 맞는 것은?

① 뒤 차축 하우징과 차축 사이에 베어링을 연결하여 사용한다.
② 한쪽 휠의 지지에 1개의 볼 베어링을 사용한다.
③ 바퀴의 하중은 모두 차축이 부담한다.
④ 바퀴를 떼지 않고 액슬축을 분리 할 수 있다.

07 자동차가 주행 중 언더스티어 현상이 발생될 때 제어하는 것으로 맞는 것은?

① 회전방향 안쪽 뒷바퀴에 제동력을 가한다.
② 회전방향 안쪽 앞바퀴에 제동력을 가한다.
③ 회전방향 바깥쪽 뒷바퀴에 제동력을 가한다.
④ 회전방향 바깥쪽 앞바퀴에 제동력을 가한다.

08 고에너지방식 점화장치에 대한 설명으로 맞는 것은?

① 이미터단자와 연결된 것은 점화코일 (–) 단자이다.
② 컬렉터와 연결된 것은 접지이다.
③ NPN형 트랜지스터에 ECU에 의해 신호 받는 단자는 베이스이다.
④ 게이트는 배터리의 본선과 연결되어 있는 단자이다.

09 엔진오일에 대한 설명으로 틀린 것은?

① 오일의 색깔이 우유색일 경우 냉각수가 유입된 것이다.
② 냉각수 등에 희석되면 유압이 낮아진다.
③ 온도가 낮으면 오일점도와 유압이 낮아진다.
④ 윤활유의 작용에는 밀봉작용, 응력분산 및 열전도 작용 등이 있다.

정답　**05.** ③　**06.** ④　**07.** ①　**08.** ③　**09.** ③

10 축전지의 방전에 대한 설명으로 틀린 것은?

① 축전지 셀당 기전력이 1.75V 일 경우 방전종지전압에 해당된다.
② 축전지의 방전은 화학에너지를 전기에너지로 바꾸는 것이다.
③ 온도가 낮으면 축전지의 자기 방전율이 높아져 용량이 작아진다.
④ 배터리의 용량이 크면 자기 방전율도 커진다.

11 다음 중 구동력이 가장 큰 경우는 몇 번인가?

① 차량중량 1200kg, 바퀴의 회전력이 50kg·m, 바퀴의 반지름이 0.4m 일 때
② 차량중량 1000kg, 바퀴의 회전력이 60kg·m, 바퀴의 반지름이 0.5m 일 때
③ 차량중량 1200kg, 바퀴의 회전력이 60kg·m, 바퀴의 반지름이 0.4m 일 때
④ 차량중량 1000kg, 바퀴의 회전력이 50kg·m, 바퀴의 반지름이 0.5m 일 때

해설 ① 50kg·m/0.4m = 125kg ② 60kg·m/0.5m = 120kg
③ 60kg·m/0.4m = 150kg ④ 50kg·m/0.5m = 100kg

12 엔진 3000rpm에서 40kg·m의 회전력이 발생되었을 때 클러치의 회전수는 2500rpm이다. 이 때 클러치에 전달되는 토크는? (단, 클러치의 전달효율은 80%이다.)

① 26.7 kg·m
② 38.4 kg·m
③ 41.8 kg·m
④ 60 kg·m

해설 3000rpm × 40kg·m × 0.8 = 2500rpm × x

13 기관 해체 정비 기준으로 맞는 것은?

① 압축압력이 규정값의 70% 이하일 때
② 연료소비율이 표준 소비율의 20% 이상일 때
③ 윤활유 소비율이 표준 소비율의 20% 이상일 때
④ 각 실린더의 압축압력의 차이 20% 이상일 때

01 가솔린 엔진에서 노킹의 원인으로 틀린 것은?

① 옥탄가가 낮은 연료를 사용했을 때
② 규정의 점화시기 보다 빠르게 했을 때
③ 농후한 혼합비로 연소하였을 때
④ 화염 전파속도가 느릴 때

02 LPG 공급연료 순서로 맞는 것은?

① 연료탱크 – 베이퍼라이저 – 믹서 – 연료휠터 – 연료차단밸브
② 연료탱크 – 믹서 – 베이퍼라이저 – 연료차단밸브 – 연료휠터
③ 연료탱크 – 연료휠터 – 연료차단밸브 – 베이퍼라이저 – 믹서
④ 연료탱크 – 연료차단밸브 – 연료휠터 – 믹서 – 베이퍼라이저

03 종감속장치 접촉상태 중 이 뿌리와 접촉하는 것은?

① 플랭크 ② 토우
③ 힐 ④ 페이스

04 최대 분사량 57, 최소 분사량 45, 평균 분사량 50일 때 "+"불균율과 "-"불균율의 차는 몇 %인가?

① 2% ② 4%
③ 8% ④ 12%

05 직접 실린더에서 압력을 직접 측정한 마력을 무엇이라 하는가?

① 지시마력 ② 손실마력
③ 제동마력 ④ 연료마력

정답 **01.** ③ **02.** ③ **03.** ① **04.** ② **05.** ①

06 엔진에 사용되는 윤활유 작용이 아닌 것은?

① 응력집중작용

② 마찰 및 마멸 방지 작용

③ 냉각 작용

④ 가스 누출 방지 작용

07 타이어 호칭 표시 "205 / 60 R 15 89 H"에서 밑 줄 친 H가 뜻하는 것으로 맞는 것은?

① 편평비

② 타이어 폭

③ 하중지수

④ 속도기호

08 점화장치의 작동 순서를 설명한 것으로 맞는 것은?

① 크랭크각 센서 → ECU → 파워 TR → 점화 코일

② 크랭크각 센서 → 파워 TR → ECU → 점화 코일

③ 파워 TR → 크랭크각 센서 → ECU → 점화 코일

④ 파워 TR → ECU → 크랭크각 센서 → 점화 코일

09 배출가스 색깔로 구분한 내용으로 거리가 먼 것은?

① 검은색 – 공연비가 농후할 때이거나 공기 여과기가 막혔을 때

② 백색 – 많은 양의 연료가 연소 되었을 때

③ 무색 – 정상연소 일 때

④ 엷은 자색 – 희박 연소 일 때

10 압연에 의해 휨, 변형, 넓게 퍼지는 성질을 무엇이라 하는가?

① 연성

② 인성

③ 전성

④ 취성

01 TPS의 설명으로 틀린 것은?

① 고정 저항형 센서이다.
② 스로틀밸브의 열림각을 검출한다.
③ 스로틀밸브의 회전에 따라 출력전압이 변화한다.
④ 센서 내부의 축 연결 부위는 스로틀밸브와 같이 회전한다.

02 터보과급장치에서 흡입공기를 냉각시켜 충진 효율을 향상시켜주는 장치는?

① 터보차저
② 인터쿨러
③ 슈퍼차저
④ 웨스트 게이트 밸브

03 배출가스 재순환장치인 EGR밸브를 활용하여 줄일 수 있는 유해가스는?

① 질소산화물
② 탄화수소
③ 일산화탄소
④ 이산화탄소

04 기관 윤활유의 작용으로 옳지 않은 것은?

① 냉각작용
② 밀봉작용
③ 연마작용
④ 응력분산작용

05 교류발전기의 구성부품 중 3상 교류 전기를 발생시키는 장치는?

① 전압조정기
② 정류기
③ 스테이터
④ 로터

06 독립식 현가장치 차량이 주행하면서 선회할 때 차체 좌·우 진동인 롤링을 제어하는 것은?

① 코일스프링
② 쇼크 업소버
③ 스태빌라이저
④ 판스프링

정답 01. ① 02. ② 03. ① 04. ③ 05. ③ 06. ③

07 전자제어 기관에 사용되는 센서의 설명 중 틀린 것은?

① MAP 센서는 흡기다기관에서 공기량을 직접 계측한다.
② APS(악셀포지션센서)는 가속페달 밟는 양을 감지한다.
③ ATS(흡기온도센서)는 흡입공기온도를 검출한다.
④ O_2(산소센서)는 배기가스 중 산소농도를 측정한다.

08 주행 중 핸들이 무거워지는 원인으로 가장 거리가 먼 것은?

① 볼 조인트의 과도한 마모
② 동력조향기어의 오일 부족
③ 앞 타이어 공기부족
④ 휠 밸런스 불량

09 축전지 용량이 12V 60AH일 때, 12V용30W 전구와 12V용 60W전구를 병렬로 연결하여 사용한다면 이론상 축전지 최대 사용시간은?

① 3시간
② 4시간
③ 6시간
④ 8시간

10 수냉식 기관의 과열원인으로 맞는 것을 모두 고르시오.

① 물펌프의 날개 파손
② 팬벨트 장력이 규정보다 강함
③ 수온조절기가 고장으로 상시 열림
④ 수온센서와 수온스위치의 고장

11 하드형 하이브리드 자동차의 특징으로 옳은 것은?

① 전기모터가 변속기에 설치되어있다.
② 직렬형 하이브리드로 분류된다.
③ 부하가 적은 평탄한 도로 주행 시 모터만 구동하여 주행한다.
④ 출발 주행 시 엔진과 모터를 동시에 구동한다.

12 엔진 회전수가 2500RPM, 변속비가 3 : 1, 종감속장치 구동피니언 잇수가 12이고 링기어 잇수가 60일 때 자동차의 주행속도는?(단, 타이어의 유효 반지름은 50cm이다.)

① 15.7km/h
② 31.4km/h
③ 78.5km/h
④ 94.2km/h

정답 ▶ **07.** ① **08.** ④ **09.** ④ **10.** ①, ④ **11.** ① **12.** ②

01 기관 윤활회로 내의 유압이 낮아지는 원인에 대한 설명으로 가장 옳지 않은 것은?

① 유압 조절 밸브스프링 장력이 과다하다.
② 크랭크축 베어링의 과다 마멸로 오일 간극이 커졌다.
③ 오일펌프의 마멸 또는 윤활회로에서 오일이 누출된다.
④ 오일팬의 오일량이 부족하다.

02 자동차용 엔진의 밸브 구동 장치에 해당하지 않는 것은?

① 캠축(camshaft)
② 타이밍 체인(timing chain)
③ 커넥팅 로드(connecting rod)
④ 로커 암(rocker arm)

03 자동차 엔진에서 피스톤 링의 구비 조건에 해당하지 않는 것은?

① 열팽창률이 낮을 것
② 실린더 벽에 동일한 압력을 가할 것
③ 장시간 사용해도 피스톤 링과 실린더의 마멸이 적을 것
④ 열전도성이 낮을 것

04 자동차용 발전기 중 직류발전기에 비해 교류발전기가 가지는 특징에 대한 설명으로 가장 옳지 않은 것은?

① 소형, 경량이며 저속에서도 충전이 가능한 출력 전압이 발생한다.
② 회전부분에 정류자를 두지 않으므로 허용 회전속도 한계가 높다.
③ 전압조정기가 필요 없다.
④ 실리콘 다이오드로 정류하므로 대체로 전기적 용량이 크다.

정답 **01.** ① **02.** ③ **03.** ④ **04.** ③

05 내연기관 자동차의 에어컨 작동 시 냉매의 순환 경로에 대한 설명으로 가장 옳은 것은?

① 압축기 → 응축기 → 팽창밸브 → 리시버드라이어 → 증발기
② 압축기 → 응축기 → 리시버드라이어 → 팽창밸브 → 증발기
③ 압축기 → 응축기 → 팽창밸브 → 증발기 → 리시버드라이어
④ 압축기 → 응축기 → 리시버드라이어 → 증발기 → 팽창밸브

06 축전기(condenser)의 정전용량에 대한 설명으로 가장 옳지 않은 것은?

① 금속판 사이의 거리에 비례한다.
② 상대하는 금속판의 면적에 비례한다.
③ 금속판 사이 절연체의 절연도에 비례한다.
④ 가해지는 전압에 비례한다.

07 주행 중 과도한 제동장치 작동으로 인해 드럼과 라이닝 사이에 마찰열이 축적되어 라이닝의 마찰계수가 저하하는 현상을 나타내는 용어는?

① 베이퍼 록(vapor lock)
② 하이드로플래닝(hydroplaning)
③ 페이드(fade)
④ 스탠딩 웨이브(standing wave)

08 자동변속기 차량에서 스톨 테스트(stall test)로 점검할 수 없는 것은?

① 토크컨버터의 동력전달 기능　② 타이어의 구동력
③ 클러치의 미끄러짐　④ 브레이크밴드의 미끄러짐

09 자동차 앞바퀴 정렬의 요소에 대한 설명으로 가장 옳지 않은 것은?

① 캐스터는 앞바퀴를 평행하게 회전시킨다.
② 캠버는 조향휠의 조작을 가볍게 한다.
③ 킹핀경사각은 조향휠의 복원력을 준다.
④ 토인은 주행 시 캠버에 의해 토아웃이 되는 것을 방지한다.

정답　**05.** ②　**06.** ①　**07.** ③　**08.** ②　**09.** ①

10 하이브리드(hybrid) 자동차 동력전달 방식 중 직렬형(series type)의 동력전달 순서로 가장 옳은 것은?

① 기관 → 발전기 → 축전지 → 전동기 → 변속기 → 구동바퀴
② 기관 → 축전지 → 발전기 → 전동기 → 변속기 → 구동바퀴
③ 기관 → 변속기 → 축전지 → 발전기 → 전동기 → 구동바퀴
④ 기관 → 전동기 → 축전지 → 변속기 → 발전기 → 구동바퀴

2019
보훈청

기출문제

자동차구조원리

※ 서울시 보훈청 지원 문제(나머지 문제는 동일함)

---

01 가솔린 기관의 노킹발생 원인에 대한 설명으로 가장 옳지 않은 것은?

① 착화 지연 기간이 길 때 주로 발생한다.
② 점화시기가 빠를 때 주로 발생한다.
③ 기관을 과부하로 운전할 때 주로 발생한다.
④ 압축비가 너무 높을 때 주로 발생한다.

---

04 자동차용 납산 축전지에서 격리판(separator)의 구비 조건에 해당하지 않는 것은?

① 전도성일 것　　　　　　　② 다공성일 것
③ 내산성이 있을 것　　　　　④ 전해액의 확산이 잘 될 것

---

08 자동변속기의 토크 컨버터에서 오일 흐름의 방향을 바꾸어 엔진에서 발생한 토크를 증대하는 역할을 하는 것은?

① 펌프(pump)　　　　　　　② 스테이터(stator)
③ 터빈(turbine)　　　　　　④ 로크업 클러치(lock-up clutch)

정답　**10.** ①　/　**01.** ①　**04.** ①　**08.** ②

01 타이어 공기압의 부족으로 고속주행 시 타이어에 물결무늬가 생기는 현상을 무엇이라 하는가?

① 스탠딩 웨이브   ② 하이드로 플레이닝

③ 히트 세퍼레이트   ④ 스폿

02 독립식 현가장치의 구성부품으로 틀린 것은?

① 코일 스프링   ② 스트럿   ③ 평행판 스프링   ④ 스태빌라이저

03 주행 중 차량의 무게 중심 변화에 차고를 일정하게 유지시켜 주기 위한 현가장치로 적합한 것은?

① 공기 스프링   ② 고무 스프링

③ 금속 스프링   ④ 유체 스프링

04 디스크 브레이크의 특성으로 거리가 먼 것은?

① 브레이크 작동 압력이 높아 마찰에 의한 열변형이 크다.
② 제동 성능이 안정되고 한 쪽만 제동 되는 일이 적다.
③ 고속에서 반복 사용하여도 안정된 제동력을 얻을 수 있다.
④ 디스크에 물이 묻어도 제동력 회복이 빠르다.

05 자동변속기의 스톨테스트로 이상 유무를 확인할 수 없는 것은?

① 엔진의 출력   ② 전진 클러치   ③ 후진 클러치   ④ 댐퍼 클러치

06 다음 중 현가장치 구성품에 해당하는 것은?

① 너클 암   ② 타이로드   ③ 쇽업소버   ④ 아이들 암

정답   **01.** ①   **02.** ③   **03.** ①   **04.** ①   **05.** ④   **06.** ③

07 밸브기구의 구비조건으로 거리가 먼 것은?

① 압축압력에 견딜 것　　　　② 신축성이 좋을 것
③ 열전도성이 좋을 것　　　　④ 충격에 대한 저항력이 클 것

08 수동변속기에 사용되는 클러치의 설명으로 틀린 것은?

① 동력 전달 및 발진 시 빠르게 작동되어야 한다.
② 클러치판이 마모되면 유격은 작아진다.
③ 클러치에서 동력 차단이 불량하면 변속이 원활하지 못하다.
④ 막스프링 형식에서 스프링 핑거가 릴리스 레버의 역할을 대신한다.

09 트럭의 짐칸 형상으로 볼 수 없는 것은?

① 일방향 열림형　　　　　　② 2방향 열림형
③ 3방향 열림형　　　　　　④ 픽업형

10 저항플러그의 역할로 맞는 것은?

① 오손된 점화 플러그에서도 실화되지 않도록 한다.
② 라디오나 무선 통신기에 고주파 소음의 발생을 제어한다.
③ 고전압 발생을 느리게 한다.
④ 플러그의 열 방출 능력을 높여준다.

11 디젤 감압장치의 설명으로 틀린 것은?

① 냉간 시 엔진의 시동을 쉽게 해 준다.
② 고장 시 정비를 용이하게 할 수 있게 해 준다.
③ 압축행정 시 압축압력을 높여 착화지연으로 인한 노킹을 줄여준다.
④ 엔진을 멈추기 위해서 사용된다.

01 타이어 공기압이 규정보다 높을 때의 현상으로 맞는 것은?

① 구름 저항이 증가한다.
② 노면 충력의 흡수력은 증가되지만 트레드의 마모도가 높아진다.
③ 주행 시 진동저항 증가로 승차감이 저하된다.
④ 고속 주행 시 스탠딩 웨이브 현상이 잘 발생된다.

02 실린더의 체적이 200cc, 연소실의 체적이 20cm^3 인 기관의 압축비는 얼마인가?

① 8 : 1 　　　　　　　　　② 9 : 1
③ 10 : 1 　　　　　　　　 ④ 11 : 1

03 하이브리드자동차에서 전기차주행(EV) 모드가 주로 사용되는 경우는 언제인가?

① 급격한 오르막을 등판할 때
② 급 가속하여 다른 차량을 추월할 때
③ 고속으로 주행 할 때
④ 차량 출발 시나 저속으로 주행할 때

04 LNG엔진의 연료인 액화천연가스의 일반적인 주성분은 무엇인가?

① 메탄 　　　　　　　　　② 부탄
③ 프로판 　　　　　　　　 ④ 올레핀

05 조향비가 15 : 1일 때 피트먼 암이 20도 회전하였다면 조향핸들을 몇 도 회전하였는가?

① 30° 　　　　　　　　　② 270°
③ 300° 　　　　　　　　 ④ 330°

정답 ▶ **01.** ③　**02.** ③　**03.** ④　**04.** ①　**05.** ③

06 기관의 엔진오일 압력이 증가하는 원인이 아닌 것은?

① 릴리프 밸브 스프링의 장력이 높을 때
② 베어링과 축간 거리가 커졌을 때
③ 저온에서 엔진오일의 점도가 증가되었을 때
④ 실린더 헤드의 윤활 경로가 막혔을 때

07 옥탄가가 높은 연료의 특징을 설명한 것으로 맞는 것은?

① 발화점이 낮다.
② 자연발화점을 높인다.
③ 노멀헵탄의 함유량이 높다.
④ 이소옥탄의 함유량이 낮다.

08 스프링 위 질량 진동의 요소로만 구성된 것을 고르시오.

① 피칭, 요잉, 롤링, 바운싱
② 휠 트램프, 와인드 업, 트위스팅, 휠홉
③ 피칭, 와인드 업, 요잉, 휠홉
④ 완더, 롤링, 바운싱, 쉐이크

09 자동차 배선의 색을 표현하는 기호 중 빨강바탕에 회색 줄선을 나타내는 기호로 맞는 것은?

① R Gr
② G R
③ L B
④ Gr R

10 토크컨버터의 주요 3가지 구성요소로 거리가 먼 것은?

① 펌프(임펠러)
② 터빈(러너)
③ 스테이터
④ 가이드링

01 컴퓨터에서 신호를 받아 점화 코일의 1차 전류를 단속하는 장치로 컴퓨터와 연결된 베이스, 점화 1차코일 마이너스 단자와 연결된 컬렉터, 접지와 연결된 이미터로 구성되어 진 것은?

① 사이리스터　　② 제너 다이오드　③ 파워 트랜지스터④ 밸러스트 저항

02 선택적 촉매 환원장치 SCR은 "요소수"라 불리는 액체를 별도의 탱크에 보충한 배기라인에 공급하여 열을 가한 뒤 화학반응을 일으키는 원리로 배기가스 중 어떤 유해 물질을 주로 줄일 수 있는가?

① 탄화수소　　　② 질소산화물　　③ 입자상물질　　④ 일산화탄소

03 자동차의 차체와 차축 사이에 설치되어 노면의 요철이나 단차외에 선회시나 급제동시의 차체의 상하좌우 움직임을 허용하고 또한 충격을 완화하기 위한 현가장치의 구성요소가 아닌 것은?

① 스태빌라이저　　② 쇽업쇼버　　　③ 스프링　　　　④ 피트먼 암

04 회전하는 원판형의 디스크에 패드를 밀착시켜 제동력을 발생시키는 디스크브레이크의 특성에 대한 설명으로 옳은 것은?

① 방열성이 양호하여 페이드 경향성이 낮다.
② 자기작동작용(서보작용)을 활용하여 제동력을 높일 수 있다.
③ 패드의 면적이 커서 큰 제동력을 발생시킬 수 있으며 패드 교환 시 작업성도 용이하다.
④ 종류에 따라 넌 서보, 유니 서보, 듀어 서보 브레이크로 나눌 수 있다.

05 액화석유가스의 특성에 대한 설명으로 틀린 것은?

① 액체 상태에서 물보다 가볍다.
② 기체 상태에서 공기보다 가볍다.
③ 옥탄가가 가솔린 보다 높아 노킹이 발생이 적다.
④ 겨울철에 시동성능을 높이기 위해 프로판의 함유량을 늘린다.

정답　**01. ③　02. ②　03. ④　04. ①　05. ②**

06 라디에이터 캡의 기능 및 특징에 대한 설명으로 틀린 것은?

① 냉각장치의 비등점을 높여 냉각범위를 넓히기 위해 사용한다.
② 압력은 게이지 압력으로 $0.9kg/cm^2$ 정도이며, 비등점은 112℃이다.
③ 라디에이터 캡은 압력밸브와 진공밸브로 구성된다.
④ 압력밸브는 냉각장치 내 온도가 낮아 졌을 때 열리게 되며 오버플로 파이프를 통해
   보조 물탱크 쪽으로 냉각수를 배출시키는 역할을 한다.

07 다음 중 종감속장치의 구동 피니언과 링기어의 잇수 선정으로 적당한 것은?

① 구동피니언 잇수 8, 링기어 잇수 42 ② 구동피니언 잇수 8, 링기어 잇수 44
③ 구동피니언 잇수 9, 링기어 잇수 37 ④ 구동피니언 잇수 9, 링기어 잇수 36

08 인히비터 스위치의 기능에 대한 설명으로 옳은 것은?

① 변속레버의 위치를 엔진 ECU에 입력시키는 스위치 역할을 한다.
② 후진 영역의 위치에서 차폭등에 전원을 공급하는 역할을 한다.
③ 중립과 파킹 영역의 위치에서 시동이 가능하게 하는 역할을 한다.
④ 변속제어 솔레노이드 밸브에 전원을 공급하는 역할을 한다.

09 축전지의 격리판에 대한 설명 중 틀린 것은?

① 양극판과 음극판 사이에 끼워져 양쪽 극판이 단락되는 것을 방지한다.
② 극판에서 좋지 않은 물질을 내뿜지 않아야 한다.
③ 전해액에 부식되지 않고 기계적 강도가 있어야 한다.
④ 전도성이고 전해액의 확산이 잘 되어야 한다.

10 과급기에 대한 설명으로 옳은 것은?

① 인터쿨러는 배기쪽에 설치되어 배출가스의 온도를 떨어뜨려 터빈이 원활하게 작동
   될 수 있도록 도와준다.
② 과급기는 배기가스에 의해 작동되는 루트식과 엔진의 동력을 이용하는 터빈식이 있
   다.
③ 과급기를 설치하면 엔진의 중량은 10~15% 정도 증가하게 되지만 35~45%의 출력
   을 증가시킬 수 있다.
④ 디퓨저는 기체의 통로를 좁게 하여 유체의 흐름 속도를 빠르게 하여 압력을 높이게
   하는 장치로 체적효율을 향상시킬 수 있다.

정답 **06.** ④ **07.** ③ **08.** ③ **09.** ④ **10.** ③

01 직렬 4기통 기관의 제1기통이 흡기 밸브 열림, 배기 밸브 닫힘 상태이고, 제 3기통은 흡기, 배기 양 밸브가 모두 닫혀있었다. 이 기관의 점화순서로 맞는 것은?

① 1-2-3-4

② 1-2-4-3

③ 1-3-4-2

④ 1-3-2-4

02 CRDI(Common Rail Direct injection system)의 설명으로 틀린 것은?

① 각 실린더의 인젝터와 공통으로 연결되어 있는 "커먼레일"이라는 부품에 분사에 필요한 압력을 항시 대기시켜 놓은 상태에서 전기적인 신호를 이용하여 인젝터를 작동시켜 연료를 공급하는 방식이다.

② 인젝터의 분사압력은 1350~1600bar 정도로 기존에 사용한 분사펌프의 압력보다 높아 연소실로 분무되는 연료의 무화와 관통력을 좋게 하였다.

③ 강화된 배기가스 규제에 만족시키기 위한 전자제어 장치로 출력향상과 연비의 향상까지 도모하였다.

④ 인젝터의 정밀화로 저압펌프 없이 고압펌프 만으로도 높은 분사압력을 유지할 수 있다.

03 밸브를 열고 닫는 시점을 지속적으로 바꿀 수 있는 장치를 뜻하는 원어로 맞는 것은?

① CVVT(Continuously Variable Valve Timing)

② CVVL(Continuously Variable Valve Lift)

③ VVT(Variable Valve Timing)

④ CVT(Continuously Variable Transmission)

04 엔진동력계로 회전수 2000rpm에서 40kg·m의 토크를 내는 엔진 값을 측정하였다. 이 때 출력축이 1800rpm에서 35kg.m의 토크를 낼 때 기계효율은 몇 퍼센트(%)인가?

① 77.75

② 78.75

③ 79.75

④ 80.75

정답 **01.** ② **02.** ④ **03.** ① **04.** ②

05 모노코크바디(Monocoque body)의 특징으로 맞는 것은?

① 철에 아연도금을 하여 내식성을 높이고 알루미늄 합금, 카본파이버, 두랄루민 등의 경량화 재료를 사용하며 스폿용접을 활용하여 접합한다.

② 외력을 받았을 때 차체 전체에 분산시켜 힘을 받도록 제작하여 충격흡수가 뛰어나지만 소음과 진동이 발생할 수 있는 요소가 증가하였다.

③ 바닥을 낮게 설계 할 수 있어 충격위험이 큰 곳에서 주행용으로 사용하기 적합하다.

④ 엔진과 변속기 등의 하중이 집중되는 부분에 따로 프레임을 설치하지 못하는 구조여서 하중에 의한 응력을 분산하기 어려운 단점이 있다.

06 이력현상(히스테리시스)의 정의로 맞는 것은?

① 원활한 변속을 위해 변속시점에 엔진의 회전수를 150~300rpm 낮춰 주는 것을 말한다.

② 상향 변속과 하향 변속시점의 속도차이를 두어 주행 중 빈번히 변속되어 주행이 불안정한 것을 방지하는 것을 말한다.

③ 자동차가 출발 시 구동력이 강하여 바퀴가 미끄러지는 것을 방지하기 위해 상향 변속하는 것을 말한다.

④ 주행 중 큰 회전력이 필요한 경우 하향 변속하여 순간가속이 원활하도록 하는 것을 말한다.

07 납산축전지의 화학반응으로 틀린 것은?

① 충전 시 양극은 해면상납, 음극은 과산화납이 된다.

② 방전 시 전해액은 묽은 황산에서 비중이 점점 낮아져 물에 가깝게 된다.

③ 방전 시 양극과 음극 모두 황산납이 된다.

④ 충전 시 양극에서는 산소가 음극에서는 수소가 발생된다.

08 전자제어 디젤엔진의 인젝터의 사후분사 과정을 동해 배기가스 후처리 장치(CPF)에 매연을 재생 시키는 기준에 해당되지 않는 것은?

① 차압센서에 의한 기준

② 일정거리 및 주행시간에 의한 기준

③ ECU의 시뮬레이션 계산에 의한 기준

④ PM 입자크기에 의한 기준

정답 **05.** ① **06.** ② **07.** ① **08.** ④

09 하이브리드 자동차에서 직렬형 구조에 대한 설명으로 옳은 것은?

① 엔진과 구동축이 기계적으로 연결되어 변속기가 필요함.
② 구동용 모터의 용량을 작게 할 수 있는 장점이 있다.
③ 엔진은 배터리를 충전하기 위해 사용되며 모터가 변속기를 구동하여 동력을 전달한다.
④ 구동용 모터의 위치가 플라이휠이나 변속기에 부착되기도 한다.

10 고에너지 점화장치에 사용되는 파워 트랜지스터의 설명으로 틀린 것은?

① 주로 NPN형 트랜지스터를 사용하며 베이스, 컬렉터, 이미터로 구성된다.
② 베이스는 ECU와 연결되며 크랭크각 센서, 1번 상사점 센서의 신호를 기준으로 제어된다.
③ 컬렉터는 점화코일 "−"단자와 연결되며 베이스의 신호에 의해 전원이 제어된다.
④ 이미터는 접지와 연결되며 베이스 전원이 인가되는 순간 불꽃이 발생한다.

11 2행정 사이클 엔진과 4행정 사이클 엔진의 특성에 대한 설명으로 옳은 것은?

① 2행정 사이클 엔진은 크랭크축이 2회전 할 때 1회전 폭발하는 형식이다.
② 2행정 사이클 엔진은 행정 구분이 확실하지 않아 출력이 낮은 편이고 관성력이 큰 플라이 휠이 요구된다.
③ 4행정 사이클 엔진은 연료 소비율 및 열적 부하가 적고 기동이 쉬운 편이다.
④ 4행정 사이클 엔진은 각 행정 구분이 확실하여 실린더의 수가 적더라도 원활하게 동력을 전달하는 장점이 있다.

정답 ▶ **09.** ③ **10.** ④ **11.** ③

01 댐퍼클러치순서의 동력 전달 순서로 맞는 것은?

① 엔진 → 프론트 커버 → 댐퍼 클러치 → 변속기 입력축
② 엔진 → 펌프 임펠러 → 댐퍼 클러치 → 변속기 입력축
③ 엔진 → 댐퍼 클러치 → 터빈 러너 → 변속기 입력축
④ 엔진 → 펌프 임펠러 → 터빈 러너 → 댐퍼 클러치

02 배기가스 재순환 장치에 대한 설명으로 옳은 것은?

① 배출가스에 포함되어 있는 입자상물질(PM)을 줄이기 위해 배출가스의 높은 온도를 별도의 격실에 유입시켜 PM을 연소시키는 장치
② 농후한 공연비에서 많이 발생되는 탄화수소를 줄이기 위해 배출가스의 일부를 다시 연소실로 유입시키는 장치
③ 배출가스 중의 일부를 신선한 공기가 유입되는 흡기쪽으로 순환하여 일산화탄소를 줄이는 장치
④ 높은 온도에서 많이 발생되는 질소산화물을 줄이기 위해 배출가스 중의 일부를 다시 연소실로 순환시켜 엔진의 온도를 낮추는 장치

03 제동장치에서 발생할 수 있는 베이퍼록 현상에 대한 설명으로 틀린 것은?

① 내리막에서 과도한 풋 브레이크 사용으로 인해 발생할 확률이 높다.
② 베이퍼록 현상을 줄이기 위해 제동력이 큰 드럼브레이크를 사용하여 슬립에 의한 열 발생을 줄여야 한다.
③ 브레이크액에 기포가 발생하여 브레이크가 제대로 작동하지 않는 현상을 뜻한다.
④ 만약, 디스크 브레이크를 사용 시 벤틸레이티드 디스크를 사용하면 베이퍼록 현상을 줄 수 있다.

정답   **01.** ①   **02.** ④   **03.** ②

04 다음 중 딜리버리 밸브의 기능이 아닌 것은?

① 분사 노즐에서 연료가 분사된 뒤 후적을 막을 수 있다.

② 배럴 내의 연료압력이 낮아질 때 노즐에서의 역류를 방지하는 역할을 한다.

③ 분사 압력이 규정보다 높아지려 할 때 압력을 낮추어 연료장치의 내구성 향상에 도움이 된다.

④ 잔압을 유지하여 다음 분사노즐 작동 시 신속하게 반응하도록 돕는 역할을 한다.

05 기동전동기의 오버러닝클러치에 대한 설명으로 틀린 것은?

① 피니언기어의 회전을 전기자 축으로 전달하는 역할을 한다.

② 종류로는 롤러식, 다판식, 스프레그식 등이 있다.

③ 기동전동기를 사용하여 엔진의 시동이 걸린 후 엔진의 회전력이 기동전동기 쪽으로 전달되는 것을 방지한다.

④ 피니언의 관성을 이용하는 벤딕스식에는 오버러닝클러치 없다.

06 자동차에 사용되는 교류발전기의 특징과 기능에 대한 설명으로 옳은 것은?

① 직류발전기에 사용되는 슬립링 대신 정류자를 사용하여 브러시의 수명이 길어진다.

② 소형, 경량으로 제작할 수 있고 잡음이 적으나 고속회전용으로는 적합하지 않다.

③ 충전 역방향의 과전류에도 실리콘 다이오드의 내구성이 좋아 잘 견딘다.

④ 저속 시에도 발전 성능이 좋고 공회전에도 충전이 가능하다.

07 자동차에 사용되는 축전지에 대한 설명으로 틀린 것은?

① 납축전지는 알칼리축전지 보다 기전력이 높고 내부저항도 낮다.

② 축전지는 오래 될수록 자기 방전량이 늘어나고 용량이 줄어들게 된다.

③ 직렬로 연결된 축전지는 전압을 높이고 병렬로 연결된 축전지는 용량을 증가시킨다.

④ 2차 전지를 사용하게 되며 용량의 단위로 전류와 시간의 곱인 AH를 사용한다.

정답 ▶ **04.** ③ **05.** ① **06.** ④ **07.** ①

08 디젤 엔진에 사용되는 요소수의 기능으로 옳은 것은?

① 연료와 함께 연소실에 유입되어 연소될 때 발생되는 다량의 질소산화물을 태워내는 역할을 한다.

② 배기가스 중에 노출시켜 고온에 의해 암모니아로 전환 후 질소산화물과 화학반응을 일으켜 물과 이산화탄소로 바꾸는 역할을 한다.

③ 배출가스 중의 탄화수소를 포집시킨 장치에 유입시켜 탄화수소와 함께 연소시켜 대기 중에 배출되는 것을 방지한다.

④ 흡입되는 공기 중에 무화상태로 공급하여 산소의 밀도를 높이고 연소가 원활하게 될 수 있도록 하여 엔진의 출력을 높여주는 기능을 한다.

09 타이어 공기압에 대한 설명 중 맞는 것은?

① 공기압이 높으면 더 많은 공기가 주행 중 발생하는 충격을 완화시켜주므로 승차감이 좋아진다.

② 공기압이 낮으면 고속 주행 시 타이어의 접지부에 열이 축적되어 심할 경우 타이어가 파손되기도 한다.

③ 공기압이 낮으면 타이어 접지면의 가운데 부분의 마모가 심해진다.

④ 공기압이 높을 때 보다 낮을 때가 수막현상이 잘 발생되지 않는다.

10 자동차에 사용되는 기동전동기에 대한 설명으로 틀린 것은?

① 가솔린 엔진보다 디젤엔진에 사용되는 기동전동기의 용량이 더 커야한다.

② 기동전동기의 감속비는 엔진의 회전저항이 커질수록 낮아져야 한다.

③ 기동전동기는 플레밍의 왼손법칙에 따라 구동방향이 결정되고 전압 및 전류계에도 같은 법칙이 적용된다.

④ 저온에서 축전지의 화학반응이 활발하지 못하고 엔진 오일의 점도도 높아지게 되어 링기어의 회전저항이 커지게 된다. 이는 피니언기어의 회전수를 떨어트리는 원인이 된다.

01 자동차 기관에서 흡기밸브와 배기밸브 모두가 실린더 헤드에 설치되어 있는 엔진 형태로 옳은 것은?

① F 형식   ② I 형식

③ L 형식   ④ T 형식

02 실린더의 행정 60mm인 엔진의 회전수가 2500rpm일 때 피스톤의 평균 왕복 속도는 얼마인가?

① 2.5m/s   ② 5 m/s

③ 25 m/s   ④ 50m/s

03 경유를 사용하는 디젤기관에서 노킹 발생을 억제하기 위한 조치로 옳은 것은?

① 착화성이 낮은 연료를 사용한다.

② 기관의 압축비를 가능한 낮게 설계하여 흡입공기의 압축압력과 연소온도를 낮게 한다.

③ 기관의 회전속도를 낮추고 냉각수의 온도를 낮게 유지한다.

④ 연료분사 개시시의 초기 연료 분사량을 가능한 적게 한다.

04 자동변속기의 장점으로 옳지 않는 것은?

① 기관 회전력의 전달은 유체를 매개로 하기 때문에 출발, 가속 및 감속이 원활하다.

② 유체가 댐퍼 역할을 하기 때문에 기관에서 동력전달 장치로 전달되는 진동이나 충격을 흡수 할 수 있다.

③ 클러치 페달이 없고 주행 중 변속조작을 하지 않으므로 운전하기가 편리하고 운전자의 피로가 줄어든다.

④ 클러치와 변속기의 조작을 자동화하여 연료 소비율이 약 10% 감소한다.

정답   **01.** ②   **02.** ②   **03.** ④   **04.** ④

05 2개의 트랜지스터를 하나로 결합하여 전류의 증폭도가 높아 아주 작은 베이스 전류로 큰 컬렉터 전류를 제어할 수 있는 장치를 무엇이라 하는가?

① 다링톤 트랜지스터   ② 사이리스터
③ 제너다이오드   ④ 포토 트랜지스터

06 직선왕복 운동하는 기관에서 피스톤의 왕복운동을 회전운동으로 바꿔주는 역할을 하며 커넥팅로드 대단부를 지지해 주는 크랭크축의 요소를 무엇이라 하는가?

① 크랭크 핀   ② 메인 저널
③ 크랭크 암   ④ 평형추

07 다음 그림에서 A와 B 사이 합성저항을 구하는 공식에 해당되는 것은?

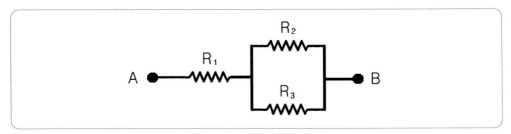

① $R = R_1 + \dfrac{1}{R_2} + \dfrac{1}{R_3}$ ② $R = \dfrac{1}{R_1} + \dfrac{1}{R_2} + \dfrac{1}{R_3}$

③ $R = R_1 + \dfrac{R_2 \times R_3}{R_2 + R_3}$ ④ $R = \dfrac{1}{R_1} + \dfrac{R_2 + R_3}{R_2 \times R_3}$

08 전자제어 엔진에 사용되는 센서에 대한 설명 중 틀린 것은?

① 핫와이어 방식의 공기유량 센서는 체적 유량을 직접 계량하는 방식으로 공기 중에 발열체를 놓아 공기에 흐름에 의해 빼앗기는 열의 온도 변화를 활용하는 방식이다.
② 스로틀 포지션 센서는 스로틀 밸브의 개방 각도를 감지하기 위해 위치변화형 가변 저항을 활용하여 전압의 변화를 측정하는 방식을 사용한다.
③ 냉각수 온도 센서는 부특성 서미스터를 활용하여 온도의 변화에 따라 저항이 바뀌는 특성을 활용하며 냉간 시 연료의 분사량을 증량하는데 사용한다.
④ 산소센서는 지르코니아 소자의 양면에 백금 전극을 설치하여 양쪽 전극사이의 산소의 농도차에 의해 발생되는 기전력을 활용하여 피드백제어를 할 수 있다.

09 에탁스에 의해 제어되는 기능이 아닌 것은?

① 이모빌라이저   ② 트렁크 도어 알람
③ 뒷유리 열선   ④ 점화 키 홀 조명

10 자동차에서 사용하는 기동전동기의 형식으로 맞는 것은?

① 직렬직권식   ② 병렬분권식
③ 직렬분권식   ④ 병렬복권식

11 축전지 용량에 대한 설명으로 틀린 것은?

① 25암페어율은 셀 전압이 1.75V로 떨어지기 전에 전해액 온도 27℃에서 25암페어의 전류를 공급할 수 있는 시간을 나타낸다.

② 축전지의 용량은 극판의 크기(면적), 극판의 수에 비례하고 전해액의 양을 늘리면 커지게 된다.

③ 충전된 축전지를 사용하지 않고 방치해 두면 조금씩 자기방전을 하여 용량이 감소되는데, 일반적으로 1일 방전율은 3~5%정도 이다.

④ 20시간율은 셀당 전압이 1.75V 될 때까지 20시간 사용할 수 있는 전류의 양으로 나타내는데 온도가 높고 비중이 높은 것에 따라 약간의 차이는 있다.

정답 ▶ **09.** ①   **10.** ①   **11.** ③

01 자동차 기관에서 흡기밸브와 배기밸브 모두가 실린더 헤드에 설치되어 있는 엔진 형태로 옳은 것은?

① F 형식

② I 형식

③ L 형식

④ T 형식

02 자동차의 제원 중 공주거리에 대한 설명으로 옳은 것은?

① 제동거리와 정지거리를 합한 거리를 말다.

② 자동차가 주행 중 제동장치의 영향을 받아 감속이 시작 되는 시점부터 실제로 정지 할 때의 거리를 말한다.

③ 운전자가 자동차를 정지하려고 생각하고 브레이크가 걸리는 순간부터 실제로 정지 할 때 까지 거리를 말한다.

④ 운전자가 자동차를 정지하려고 생각하고 브레이크를 걸려는 순간부터 실제로 브레 이크가 걸리기 직전까지 거리를 말한다.

03 미끄러운 노면에서 차량의 TCS(Traction Control System)가 작동하는 과정을 설명한 것 으로 옳지 않는 것은?

① 엔진 회전력 조절

② 변속기의 단수 조절

③ 구동력 브레이크 조절

④ ABS에 의한 엔진과 브레이크 병용 조절

04 경유를 사용하는 디젤기관에서 노킹 발생을 억제하기 위한 조치로 옳은 것은?

① 착화성이 낮은 연료를 사용한다.

② 기관의 압축비를 가능한 낮게 설계하여 흡입공기의 압축압력과 연소온도를 낮게 한다.

③ 기관의 회전속도를 낮추고 냉각수의 온도를 낮게 유지한다.

④ 연료분사 개시시의 초기 연료분사량을 가능한 적게 한다.

정답 **01.** ② **02.** ④ **03.** ② **04.** ④

05 파워 트랜지스터에서 ECU로부터 신호를 받아 점화 코일의 1차 전류를 단속(ON/OFF)하는 것으로 옳은 것은?

① 베이스 단자
② 컬렉터 단자
③ 이미터 단자
④ 애노드 단자

06 기존의 내연기관과 전기식 모터를 동시에 사용하는 하이브리드 자동차의 장점에 대한 설명으로 옳지 않은 것은?

① 고전압 밧데리를 사용함으로써 전기적인 안전에 유리하다.
② 자동차의 감속주행 시 제동에너지를 회수하여 재사용할 수 있다.
③ 자동차의 주행상황과 무관하게 내연기관의 효율이 최고인 운전영역에서 운전할 수 있다.
④ 자동차의 정차 시 내연기관의 공회전에 의한 에너지 손실을 방지할 수 있다.

07 내연기관에서 윤활유의 역할 중 섭동면이나 부품 등에 유막을 형성하여 공기나 유해 가스의 접촉으로 인한 산화나 부식을 방지하는 작용으로 옳은 것은?

① 밀봉작용
② 방청작용
③ 세척작용
④ 응력분산 작용

08 자동차 타이어의 공기압이 낮은 상태에서 고속 주행 시 바닥면이 받는 원심력과 타이어 내부의 고열로 인해 트레드 부분이 분리되어 파손되는 현상으로 옳은 것은?

① 수막현상
② 스키드
③ 스탠딩 웨이브
④ 페이드

09 4행정 가솔린 기관에 대한 설명으로 옳은 것은?

① 크랭크축이 1회전하는 동안 1회 폭발한다.
② 4개의 행정이 각각 독립적으로 이루어져 각 행정마다 작용이 확실하며 2행정 기관에 비해 체적효율이 높다.
③ 배기량이 같은 기관에서 발생하는 동력은 2행정기관에 비해 높다.
④ 윤활방법이 확실하며 윤활유의 소비량이 많다.

10 자동변속기의 장점으로 옳지 않는 것은?

① 기관 회전력의 전달은 유체를 매개로 하기 때문에 출발, 가속 및 감속이 원활하다.

② 유체가 댐퍼 역할을 하기 때문에 기관에서 동력전달 장치로 전달되는 진동이나 충격을 흡수 할 수 있다.

③ 클러치 페달이 없고 주행 중 변속조작을 하지 않으므로 운전하기가 편리하고 운전자의 피로가 줄어든다.

④ 클러치와 변속기의 조작을 자동화하여 연료 소비율이 약 10% 감소한다.

정답   **10.** ④

9급운전직 공무원 자동차구조원리

초판 발행 | 2019년 01월 18일
개정 2판1쇄발행 | 2020년 01월 15일

지 은 이 | 이윤승 · 윤명균 · 강주원
발 행 인 | 김길현
발 행 처 | (주)골든벨
등   록 | 제 1987—000018 호   ⓒ 2019 Golden Bell
I S B N | 979-11-5806-347-4
가   격 | 25,000원

이 책을 만든 사람들

교 정 및 교 열	이상호	디 자 인	조경미, 김한일, 김주휘
일러스트 및 사진	GB기획센터	제 작 진 행	최병석
웹 매 니 지 먼 트	안재명, 김경희	오 프 마 케 팅	우병춘, 강승구, 이강연
공 급 관 리	오민석, 김정숙, 김봉식	회 계 관 리	이승희, 김경아

㉾ 04316 서울특별시 용산구 245(원효로1가 53-1) 골든벨빌딩 5~6F
● TEL : 도서 주문 및 발송 02-713-4135 / 회계 경리 02-713-4137
　　　　내용 관련 문의 02-713-7452 / 해외 오퍼 및 광고 02-713-7453
● FAX : 02-718-5510　　● http : // www.gbbook.co.kr　　● E-mail : 7134135@ naver.com